建筑结构加固技术及工程应用

STRENGTHENING TECHNOLOGY AND ENGINEERING APPLICATION OF BUILDING STRUCTURE

刘 航 编著

中国建筑工业出版社

图书在版编目（CIP）数据

建筑结构加固技术及工程应用＝STRENGTHENING TECHNOLOGY AND ENGINEERING APPLICATION OF BUILDING STRUCTURE/刘航编著. —北京：中国建筑工业出版社，2020.12（2024.1重印）

ISBN 978-7-112-25822-2

Ⅰ. ①建… Ⅱ. ①刘… Ⅲ. ①建筑结构-加固-工程施工 Ⅳ. ①TU746.3

中国版本图书馆CIP数据核字（2021）第002017号

本书较为系统地介绍了建筑结构加固技术及工程应用实例，首先根据现行国家标准和规范，对建筑加固常用材料、各种建筑结构的常用加固技术进行了分析和解读，进而重点介绍了作者及研究团队有关既有砖砌体结构后张预应力抗震加固技术的最新研究成果，之后对十余项建筑加固改造工程实例进行了较为详细的介绍。

本书主要内容包括：绪论、建筑结构加固用材料、钢筋混凝土结构加固、砌体结构加固、钢结构加固、后张预应力加固砖砌体结构试验研究、预应力加固砖砌体结构设计与施工、钢筋混凝土结构加固工程、砌体结构加固工程、后张预应力加固砖砌体结构工程、钢结构加固工程。

本书内容涵盖了各类建筑结构的加固设计原则、加固方案选择、设计计算方法，并通过工程实例介绍了大量加固施工技术，内容丰富，实用性强，可供相关工程技术人员参考。

责任编辑：李笑然 赵梦梅
责任校对：李美娜

建筑结构加固技术及工程应用
STRENGTHENING TECHNOLOGY AND ENGINEERING
APPLICATION OF BUILDING STRUCTURE
刘 航 编著

*

中国建筑工业出版社出版、发行（北京海淀三里河路9号）
各地新华书店、建筑书店经销
霸州市顺浩图文科技发展有限公司制版
北京中科印刷有限公司印刷

*

开本：787毫米×1092毫米 1/16 印张：20¼ 字数：504千字
2021年1月第一版 2024年1月第五次印刷
定价：**65.00**元
ISBN 978-7-112-25822-2
（36578）

前　　言

城市更新和既有建筑加固改造是当前建筑工程领域的重点发展方向之一。据统计，国内既有建筑总面积超过500亿平方米，受不同历史时期建筑材料、设计理论和抗震设防观念的影响，许多建筑存在结构安全性不足、防灾减灾能力弱和使用功能不能满足需求等问题。对既有建筑进行加固改造，既可以提高其安全性，延长其使用寿命，又可以大幅度降低资源消耗，符合绿色低碳的可持续发展方向。

本书作者长期从事既有建筑加固改造技术领域的科研开发和工程实践工作。自1998年起，在多项国家和北京市科技计划的支持下，开展了既有建筑耐久性评估和加固改造相关技术研究工作：参与北京市科技项目“钢筋混凝土工程耐久性质量检测与治理技术研究”，完成了体外预应力加固既有钢筋混凝土受弯构件相关技术的试验研究和理论分析；参与国家“十一五”科技支撑计划“建筑节能改造关键技术研究”，进行了既有玻璃幕墙结构加固改造技术的研究；负责北京市重大科技项目“新型后张预应力复位减震技术开发与既有砖砌体建筑结构抗震加固的改造示范”，在国内率先提出既有砖砌体结构后张预应力加固技术并开展了系统的研究；入选“科技北京百名领军人才”培养工程，负责“老旧建筑绿色抗震加固关键技术研究及产业化”和“既有建筑结构安全性加固综合技术服务”等的研究工作，对预应力碳纤维板加固混凝土受弯构件、粘贴碳纤维加固钢筋混凝土柱的延性和轴心受压性能等开展了研究。作为主要编制人参编了北京市地方标准《建筑抗震鉴定与加固技术规程》DB11/T 689—2009和《建筑抗震加固技术规程》DB11/689—2016、中国工程建设标准化协会标准《建筑结构体外预应力加固技术规程》和《预应力结构诊治技术规程》等。此外，还作为项目负责人或技术负责人，完成了百余项既有建筑更新改造工程的综合安全性鉴定、加固设计和加固施工工作，如人民大会堂厅室加固改造施工、北京西长安街88号中国人保大厦加固施工、北京贵宾楼饭店安全性鉴定和加固改造施工、北京饭店综合安全性鉴定、北京联合大学多个校区校舍的抗震鉴定、加固设计和加固施工等。这些科研和实践工作为本书的写作提供了基础。

本书首先根据建筑结构类型的不同，依据现行国家相关标准和规范，对建筑结构加固用材料、钢筋混凝土结构、砖砌体结构和钢结构建筑的常用加固技术进行了系统的介绍和解读，在此基础上，对作者及研究团队开展的既有砖砌体结构后张预应力抗震加固技术的最新研究成果进行了介绍和分析，之后用4章的篇幅对十余项既有建筑加固改造工程实例进行了介绍。本书内容涵盖了各类建筑结构的加固设计原则、加固方案选择、设计计算方法，并通过工程实例介绍了大量建筑加固方法和施工技术，力图为建筑加固改造专业技术人员提供有价值的参考。

本书的绪论、第1章～第6章、第7章第7.1节和第7.3～7.4节、第8章、第9章第9.1和第9.3节由刘航编写，其他章节编写情况如下：

第7.2节由杨建文编写，第9.2节和第9.4节由韩明杰编写，第10.1节由杨学中编写，第 10.2 节和第 10.3 节由刘崇焱编写，第 10.4 节由吴岳松编写，第 10.5 节由崔宏剑编写，全书由刘航负责统稿和审定。

本书第 6.3 节编入了朱立新研究员及其团队关于北京市农村危房加固振动台试验的相关研究内容，在此表示感谢。

本书的写作和出版得到了北京市委组织部百千万人才培养工程专项经费的资助，书中所涉及的研究项目获得了北京市科学技术委员会的经费支持，作者所在单位的领导和同事也给予了大力协助。兰春光、刘浩、郭青骅参与了相关研究工作，与北京建筑大学联合培养的研究生贺宇龙、华少锋、班力壬、吴昆仑、李光耀、翟帅虎，与北京交通大学联合培养的研究生王柄辉、张继杰、岳永盛、李宗峰等为本书的研究工作和本书的插图绘制做出了贡献，在此一并表示感谢。

鉴于作者的认知水平和能力有限，本书难免存在诸多缺陷和不足之处，敬请广大读者予以批评指正。

刘 航
2020 年 8 月
于北京市建筑工程研究院有限责任公司

目　录

绪论

一、既有建筑结构加固改造的必要性

1. 抗震防灾的需要

人类社会的发展史就是一部不断适应自然、改造自然，与各种自然灾害不断抗争的历史。据统计，各类自然灾害造成的死亡人数中，由于地震所造成的死亡人数是最多的。根据2016年4月18日在维也纳召开的欧洲地球联盟会议上发表的研究报告，1900年至2015年的115年间，各类自然灾害在全球造成约800万人死亡，其中地震导致的死亡人数达到了230万，接近总死亡人数的30%。在我国，这一比例更大，达到了54%，地震造成的死亡人数超过各类自然灾害死亡人数总和的一半。

我国地处欧亚板块东部，与世界上两个最为活跃的地震带相邻，东部是太平洋地震带，西南部是欧亚地震带。由于这样的地理位置，我国是世界上遭受地震灾害最为严重的国家之一。在世界地震史上，死亡人数最多的一次地震就发生于我国，这就是公元1556年发生在陕西省华县的8.0级大地震，该地震导致了83万余人的死亡；20世纪，世界上死亡人数最多的一次地震是1976年发生在我国河北省唐山市的7.8级大地震，该地震死亡人数超过了24万人。2008年5月12日，我国四川省汶川县发生了8.0级大地震，此次地震造成6万余人死亡，37万余人受伤，2万余人失踪，房屋倒塌796万间、损毁2418万间，近5800万人口受灾，给人民生命财产造成了巨大的损失。

历次地震后开展的震害调查表明，地震中房屋建筑的倒塌破坏是造成人员伤亡的主要原因。因此，提高房屋建筑的抗震能力是减轻地震灾害的最为有效的措施。

然而，人们对地震灾害和房屋抗震能力的认识也是经历了从无到有、从少到多、从不完善到逐渐完善的一个发展历程。同时，由于地震的发生具有随机性和不可预见性，地质条件也复杂多变，对建筑抗震机理的认识仍将是一个持续不断深入、不断完善的过程。

我国在1976年唐山大地震后，在全国范围内开展了大量建筑抗震加固技术的研究和工程实践工作。在大量研究工作的基础上，建立了抗震鉴定及加固的基本管理体制，制定了相关技术标准等。在国家计划的统一安排下，进行了大批既有建筑的鉴定和加固，至1988年，共完成了两亿多平方米的建筑物的加固。从1988年到汶川地震发生的2008年，这20年间，对既有建筑的加固改造工作虽没有国家计划的统一安排，但也陆续在开展。

尽管开展了上述大量工作，但是当2008年5月12日汶川地震发生时，仍然导致了大量房屋的倒塌、大量人员的伤亡和财产的巨大损失。

究其原因，主要有以下几个方面：

首先是由发展阶段所决定的，新中国成立以来，建筑抗震设计理念经历了从无到有、从不完善到逐步完善的发展过程，许多较早阶段建造的房屋没有抗震设防或抗震设防不满足要求，且尚未进行加固或加固不足。这种情况在汶川地震后对国内中小学校校舍开展的全面抗震鉴定工作中得到了印证：以北京为例，北京市中小学校校舍90%以上不满足抗震鉴定要求，需进行抗震加固处理。

其次，从唐山地震到汶川地震之间相隔了32年，期间国内虽也发生过一些破坏性地震，但总体上未造成太大的损失，这导致人们对地震的危害逐渐淡忘，重视程度不足，没有抓紧时间对抗震能力不足的房屋进行全面抗震加固。同时，在汶川地震后进行的全国中小学校舍抗震普查中，发现存在部分建筑缺乏正规的设计、未按当时的设计标准进行抗震设防的情况。

另外，特别需要指出的是，我国广大农村地区是历次地震的重灾区。这一方面是由于农村地区幅员辽阔，农村地区面积占全国土地面积的70%以上，地震震中位于农村地区的概率较大；另一方面，更重要的是，农村住房大多属于农民自建房屋，长期缺乏规范监管，农村群众的抗震知识普及率也较低，这导致大量农村房屋几乎完全未进行抗震设防，没有抗震能力。在强烈地震作用下很容易发生倒塌或严重损毁，导致大量的人员伤亡。汶川地震、玉树地震和雅安地震中，大量农村自建房屋倒塌，造成了极为严重的损失。

随着我国国力的增强，人民的物质文化需求也大幅度提高，老百姓不仅应“居者有其屋”，而且所居住的房屋更应该是安全的，能够“风雨不动安如山”，抵御地震以及常见的自然灾害。因此，对既有建筑进行加固改造，提高其安全性是当前迫切需要解决的问题。

2. 城市建设发展的需要

我国既有建筑总量超过500亿平方米，存量巨大。目前我国城镇普通建筑结构的设计使用年限为50年，纪念性建筑和特别重要的建筑结构的设计使用年限为100年。对于达到设计使用年限的建筑，根据城市建设的要求，一部分可能拆除重新建设，另一部分可能需要保留下来继续使用。对于需要保留继续使用的建筑，应首先对建筑物进行安全性和抗震检测与鉴定，如果建筑物不满足相关鉴定要求，应根据其不满足的情况进行加固补强。对这些已达到设计使用年限的建筑进行加固改造，既可以提高其安全性，进一步延长其使用寿命，又可以大幅度降低资源消耗，是建筑业实现绿色低碳、可持续发展的重要方向。

既有建筑按照主体结构所采用的建筑材料不同，主要包括砖砌体结构建筑、钢筋混凝土结构建筑以及钢结构建筑等。随着建筑的长期使用，在各种荷载、环境侵蚀、自然腐蚀等作用下，建筑材料均将出现不同程度的老化、劣化，导致材料性能指标的下降，引起结构构件承载能力的降低甚至丧失。对这些建筑也应定期进行安全性和抗震检测与鉴定，并对不满足鉴定要求的建筑结构进行加固补强。

此外，工程实践中，对建筑进行加固改造主要涉及下述几种情况：

建筑设计和施工质量存在问题。由于建造时条件所限，一些建筑结构设计本身存在一定的不合理性，或者，即使建筑结构设计不存在问题，但是，由于当时施工人员缺乏施工经验、技术水平参差不齐或者施工方法受到局限，导致施工质量较差，甚至一定数量的结构构件的实际强度和承载力达不到设计的预期目标值。这类建筑物虽没有影响其正常使用功能，但是严重影响建筑的安全性，存在安全隐患，因此，需要对此类建筑结构进行安全性和抗震鉴定，必要时应进行加固改造以达到相关规范的规定。

建筑使用功能发生改变。建筑在其服役的全寿命周期内经常可能出现变更使用功能的情况，有些建筑为配合使用功能的改变还需要进行改扩建或加层改造，有时还需要拆除某些结构构件以获得足够的空间，一些建筑需要加装电梯等。这些改变将直接导致结构局部或整体受到的荷载发生变化，结构体系发生变化，原有结构形式可能无法满足相关规范要求，也需要对其进行加固改造。

二、国内外研究及发展现状

1. 日本抗震加固技术的发展情况

日本在 1981 年制定了新的抗震设计法。在该法实施之前，所建设的建筑由于抗震设防标准较低，抗震性能较差。1981 年以前所建设的建筑中，除中小学校和重要的公共建筑外，只有较少量的建筑物进行了抗震加固，大部分建筑仍未采取任何抗震加固措施。

1995 年 1 月 17 日在兵库县南部发生了 7.3 级的阪神大地震，在这次地震中，神户市大量钢筋混凝土结构、钢骨混凝土结构、木结构和钢结构建筑物遭到了很大的破坏，其中损伤严重或者倒塌的建筑基本上都建于 1981 年之前，1981 年之后建设的建筑物损伤较为轻微。这一结果既证明了新抗震设计法的有效性，也验证了 1981 年以前的许多建筑抗震能力不足。因此，日本建设省于 1995 年颁布了“关于促进建筑物抗震加固的相关法律”，并于 1996 年进一步修正，并设定了在今后十年中将合格抗震建筑的比例提高到 90%的目标。然而，由于该规定不是强制性规定，到目前为止，日本仍有许多抗震性能不足的建筑未能进行加固。虽然如此，日本在抗震加固技术的研究和应用领域仍是世界上最先进的国家之一，其所采用的许多抗震加固方法在提高建筑物抗震性能的同时，可以满足业主不同的要求，如加固方法不影响采光、通风、使用方便，施工中建筑物不中断使用功能、用户不搬迁，施工中减少噪声、粉尘、振动以及化学品气味等，缩短工期，不改变建筑物外观设计等。

日本既有建筑的主要结构形式中，砌体结构保有量很少，主要为钢筋混凝土结构和一些传统低层木结构房屋，本书主要介绍了有关钢筋混凝土结构抗震加固技术的发展现状。

日本的既有钢筋混凝土建筑的抗震加固方法主要可分为如下几类：

（1）增加结构的抗侧承载力（强度型加固）；

（2）提高结构的延性（延性型加固）；

（3）减少作用于结构上的地震力（隔震、减震加固）；

（4）防止结构受损位置过度集中。

上述强度型和延性型加固方法是通过对既有建筑物进行加固以提高建筑物的承载能力

或延性，隔震和减震加固法则是通过在建筑物中设置隔震层、阻尼器等装置从而降低作用于建筑物上的地震作用的加固方法，防止结构受损位置过度集中的加固方法采用的不是对既有建筑物进行加强，而是通过设置防震缝或在填充墙与框架柱之间设缝改善柱的破坏形态等措施，以达到提高建筑物抗震性能的方法。

强度型加固方法根据其加固的构件不同及设置位置的不同包括多种加固方法，列于表1中。

日本的强度型加固方法　　表1

加固方法	新增抗侧构件
内部增设抗震墙	新增抗震墙 原有抗震墙增厚 抗震墙洞口封堵 增设翼墙
内部增设钢结构	钢支撑 钢板抗震墙
外部增设钢结构	钢支撑 劲性混凝土支撑 钢棒支撑
外部增设混凝土结构	增设核心筒结构 增设巨型框架 增设扶壁墙垛 增设混凝土框架
其他强度型加固	格子型砌块抗震墙 预制砌块抗震墙 预制支撑 无粘结支撑

可以看出，强度型加固技术是将剪力墙、支撑、框架等抗侧力构件设置在既有钢筋混凝土结构内侧或外侧的加固方法，该方法通过新增墙体、支撑和框架提供很大的抗侧能力，是一种可以显著增强建筑物抗震承载力的加固方法。新增抗侧力构件与原结构主体的连接可以采用后植入螺栓连接法、PC钢棒施压连接法或粘接连接法。

延性型加固方法根据其采用的材料及加固方式的不同包括多种加固方法，列于表2中。

可以看出，延性型加固方法主要是采用钢筋、钢板、连续纤维布等对钢筋混凝土柱进行外包的加固方法。其实质是增强框架柱混凝土的约束作用，从而可提高柱的抗剪承载力、轴压承载力以及延性。加固材料与柱子之间的连接采用混凝土、填充砂浆、胶粘剂，或通过预应力钢棒施压的方法。

隔震和减震加固方法根据加固位置的不同以及采用阻尼器的不同，可分成若干种，列于表3中。

日本的延性型加固方法　　表2

加固方法	加固材料做法
外包钢筋混凝土加固	焊接钢丝网＋现浇混凝土 焊接箍筋＋现浇混凝土
外绕钢筋箍加固	带肋钢筋＋连接件 PC钢棒＋连接件
外包钢板加固	厚钢板＋灌浆料
外包连续纤维布加固	纤维增强复合材料布＋粘结胶
同时采用钢板和连续纤维布加固	薄钢板＋连续纤维布＋粘结胶

日本的隔震和减震加固方法　　表3

加固方法	加固装置
隔震加固	基础隔震装置 地下基础隔震装置 中间层隔震装置
减震加固	钢阻尼器 摩擦阻尼器 油压阻尼器 黏性阻尼器 黏弹性阻尼器

可以看出，隔震加固方法主要根据隔震层的位置分类，隔震层既可以设在既有基础以下，也可设在既有基础与上部结构之间，还可设在上部结构某中间层。作为加固方法时，与新建建筑不同，施工时必须对上部结构采取相应的支护措施。

减震工法主要根据其所采用的阻尼器不同而分类。应该指出的是，阻尼器的主要作用是限制由地震产生的层间位移，减少地震作用，但同时也可在一定程度上提高原结构的承载力。

对既有建筑物进行抗震加固时，应根据其预期达到的抗震目标确定所采用的抗震加固方法。当抗震目标需要增加结构的抗侧承载力时，应采用强度型抗震加固方法。但是当柱子因箍筋不够，可能发生受剪破坏时，为改善其破坏形态，应采用延性型加固方法。

在进行既有建筑物的抗震改造施工时，应注意不破坏建筑物的美观，并做到尽量不影响建筑物的使用功能。除了对抗震性能的要求外，噪声、工期及造价等对施工方面的要求也是影响选择抗震加固方法的重要因素。

此外，日本近年来在不入户加固技术、自复位加固技术等方面开展了不少研究，并在实际工程中进行了推广应用。

2. 美国抗震加固技术的发展情况

美国的建筑结构抗震设计理念出现较早，可以追溯到20世纪的20、30年代，最早的抗震设计规范主要是以西部加利福尼亚州为代表的UBC（Uniform Building Code）规范，后来发展出在美国中部及东北部地区使用的NBC（National Building Code）规范和在美国东南部地区使用的SBC（Standard Building Code）规范。这三大系列规范于2000年由新成立的国际规范协会 ICC（International Code Council）统一为 IBC（International Building Code）规范。

但是，上述规范主要是针对新建建筑的抗震设计。美国在 1980 年以前，人们很少对既有建筑进行安全性评估或抗震加固。当需要进行评估或加固时，一般是按上述用于新建建筑设计的规范进行的。这导致的结果就是，既有建筑结构加固的代价太高，而且也不见得可靠。因为新建建筑设计规范对结构抗震能力的要求是建立在结构具有一定的规则性和延性的基础上的，而对于一些既有建筑来说，可能不具有这样的规则性和结构延性。

为了解决既有建筑抗震评估和抗震加固方面的问题，经过系列研究，美国联邦紧急事务管理署（Federal Emergency Management Agency）于 1997 年 10 月发布了第一本真正意义上的有关既有建筑加固改造的抗震设计规范 FEMA273，并于 2000 年发布了 FEMA356。与此同时，加州抗震安全应用技术委员会（Applied Technology Council）也发布了一本类似的、用于混凝土结构加固的 ATC-40 报告。

根据 FEMA356 规范，美国的既有建筑结构的加固方法根据既有建筑结构的类型主要可分为如下几类：

（1）既有钢结构建筑加固法；

（2）既有混凝土结构建筑加固法；

（3）既有砌体结构建筑加固法；

（4）既有木结构和轻型金属结构加固法。

既有钢结构建筑的加固方法根据具体结构形式的不同包括多种加固方法，部分列于表 4 中。

FEMA356 规范的钢结构加固方法　　**表 4**

加固方法	适用的结构类型
增加钢支撑加固 增加混凝土或砌体剪力墙或填充墙加固 外附钢框架加固 抗弯节点加固 消能减震加固 增大截面加固	完全约束钢结构抗弯框架 部分约束钢结构抗弯框架 钢结构对轴支撑框架 钢结构偏轴支撑框架
增设加强板加固 外包钢筋混凝土加固 增设混凝土或钢板剪力墙加固	钢板剪力墙结构
选择性移除部分材料加固 钢筋混凝土板墙加固墙体 本表中适用于无填充墙钢框架的加固方法	带填充墙钢框架

既有混凝土结构建筑的加固方法根据所适用的结构形式的不同包括多种加固方法，部分列于表 5 中。

既有砌体结构建筑的加固方法根据所适用的结构形式的不同包括多种加固方法，部分列于表 6 中。

既有木结构和轻型金属结构建筑的加固方法根据所适用的结构形式的不同包括多种加固方法，部分列于表 7 中。

FEMA356规范的混凝土结构加固方法　　表5

加固方法	适用的结构类型
外包钢筋混凝土围套加固 外包钢围套加固 外包纤维复合材料围套加固 体外预应力加固 选择性移除部分材料加固 改进构造缺陷加固 改变结构体系减少构件受力加固 增加剪力墙、填充墙、支撑框架加固	钢筋混凝土抗弯框架 后张预应力混凝土抗弯框架 板柱结构抗弯框架 装配整体式预制混凝土框架 干式连接预制混凝土框架 不直接承受水平荷载的预制混凝土框架 钢筋混凝土支撑框架
体外预应力加固 选择性移除部分材料加固 改变结构体系减少构件受力加固 钢筋混凝土板墙加固墙体 本表中适用于无填充墙框架的加固方法	带砌体填充墙框架 带混凝土填充墙框架
增加墙体边缘构件加固 墙体边缘增加约束围套加固 减少弯曲强度加固 增加抗剪强度加固 连梁和框支柱外包约束围套加固 框支柱间增加填充墙加固	整截面剪力墙及墙肢 不连续剪力墙的框支柱 混凝土连梁
增强墙体间连接加固 增强墙体与基础连接加固 增强墙体与楼板连接加固 本表中适用于现浇剪力墙的加固方法	装配整体式预制剪力墙 半刚性连接预制剪力墙 现场预制剪力墙

FEMA356规范的砌体结构加固方法　　表6

加固方法	适用的结构类型
填充洞口加固 上下扩大洞口加固 喷射混凝土板墙加固 外包面层加固 增加混凝土芯柱加固 预应力加固 注浆加固 砂浆嵌缝加固 面外增设支撑加固 面外增设刚性构件加固	砌体承重墙
填充洞口加固 喷射混凝土板墙加固 外包面层加固 注浆加固 砂浆嵌缝加固 面外增设刚性构件加固 边缘约束加固 周边缝隙填充加固	砌体填充墙
注浆加固 配筋加固 预应力加固 喷射混凝土扩大基础加固 增加钢筋混凝土扩大基础加固	砌体基础

FEMA356 规范的木结构和轻型金属结构加固方法　　表 7

加固方法	适用的结构类型
未完工的墙骨架外增加木结构覆面板加固 既有剪力墙外增加木结构覆面板加固 既有剪力墙面板更换木结构覆面板加固 增加连接配件加固 增加连接节点加固	轻型木骨架剪力墙
既有金属骨架墙外增加木结构覆面板加固 增加连接配件加固	轻型金属骨架剪力墙

除上面表中列出的适用于各类不同结构体系的加固方法外，FEMA356 规范还专门列出了隔震加固方法和消能减震加固方法。

总体上看，美国规范给出的建筑加固方法较为全面，几乎涵盖了所有既有建筑结构的类型。

3. 欧洲抗震加固技术的发展情况

欧洲地处欧亚板块西部，其南部与欧亚地震带相邻，也是世界上遭受地震灾害较为严重的地区之一。欧洲各国的古建筑、历史建筑等保有量很多，且普遍仍在使用，各国的建筑维修改造技术发展很早。欧洲共同体委员会（Commission of the European Community，简称 CEC）成立后，在 1975 年，为了消除贸易过程中的技术壁垒以协调各成员国的技术规范，开始编制一套统一的建筑设计技术规范，即“欧洲规范”（Eurocode）。

1989 年，在 CEC 与欧洲标准委员会（European Committee for Standardization，简称 CEN）达成协议的基础上，CEC 与欧洲联盟（European Union，简称 EU）和欧洲自由贸易协会（European Free Trade Association，简称 EFTA）各成员国决定通过一系列的委任托管权，把欧洲规范的编制和出版权转让给 CEN。

1990 年，CEN 成立了第 250 技术委员会（CEN/TC 250）负责欧洲规范的制定工作，同时命名为“建筑工程欧洲规范”，并确定了其工作基础、目标和工作方法，规定欧洲规范首先以“试行欧洲规范（Euro Norm Vornorm，简称 ENV）”的名义颁布，在各成员国试行一段时期，根据试行经验及评议、讨论结果，修订成正式的欧洲规范，以取代各成员国的国家规范。

欧洲规范中第 8 节为抗震设计规范，其中第 3 部分规定了既有建筑安全性评估与加固的相关内容。根据该规范，既有建筑结构的加固设计分为三个步骤，即概念设计、计算分析和安全性验证。

概念设计主要包括：加固技术和加固材料的选择，以及对既有建筑的干预和影响的形式与程度等；估算新增结构部分的体量和尺寸；估算结构构件加固后的刚度等。

结构计算分析所采用的计算方法与鉴定评估所用计算方法相同，但是应考虑加固后结构相关特性的改变。

安全性验证包括全部未加固构件、加固构件以及新增结构构件，对于原有结构材料，应采用现场实测材料强度数据推定值，对于新增的加固材料，应采用其名义强度指标。

欧洲规范中的加固方法根据既有建筑结构的类型主要可分为如下几类：

（1）既有混凝土结构建筑加固法；
（2）既有钢结构和组合结构建筑加固法；
（3）既有砌体结构建筑加固法。

既有混凝土结构建筑的加固方法根据其适用范围的不同包括多种加固方法，部分列于表8中。

欧洲规范的混凝土结构加固方法 **表8**

加固方法	适用范围和用法
外包钢筋混凝土围套加固	主要用于混凝土柱、墙的加固。提高构件的受压承载力、受弯承载力、受剪承载力，提高延性和变形能力，对有缺陷的接缝进行补强等
外包钢围套加固	主要用于混凝土柱的加固。提高构件的受剪承载力，对有缺陷的接缝进行补强，提高延性和变形能力
外包纤维增强复合材料加固	沿环箍方向粘贴，主要用于提高混凝土柱、墙的受剪承载力；在构件端部沿周长方向粘贴成围套，提高延性和变形能力；在构件接缝处沿周长方向粘贴成围套，提高接缝处强度，防止失效

既有钢结构和组合结构建筑的加固方法根据其适用范围的不同包括多种加固方法，部分列于表9中。

欧洲规范的钢结构和组合结构加固方法 **表9**

加固方法	适用范围和用法
增设支点加固法	用于提高梁的整体稳定性，减小跨度
翼缘侧向约束加固法	用于提高梁、柱、支撑构件的侧向稳定性
翼缘焊接钢板加固法	用于提高梁、柱、支撑构件的受弯承载力，降低翼缘板宽厚比，提高翼缘板的稳定性
外包钢筋混凝土加固法	用于提高梁、柱、支撑构件的受弯承载力、受剪承载力、刚度、延性和截面稳定性
梁增加纵向钢筋加固法	用于提高梁的受弯承载力
腹板焊接钢板加固法	用于提高梁、柱、支撑构件的受剪承载力，降低腹板宽厚比，提高腹板的稳定性
增设腹板加劲肋加固法	用于提高梁、柱、支撑构件翼缘和腹板的稳定性
削弱梁截面加固法	用于提高梁的延性，保证强柱弱梁工作机制
增设交叉支撑加固法	用于提高整体结构的抗侧刚度和承载力
增设无粘结支撑加固法	该类支撑即为屈曲约束支撑，用于提高整体结构的耗能能力和刚度
梁端节点加腋加固法	用于提高梁柱节点区的受剪承载力，转移塑性铰区域

既有砌体结构建筑的加固方法根据所适用的范围不同包括多种加固方法，部分列于表10中。

欧洲规范的砌体结构加固方法　　表 10

加固方法	适用范围和用法
砌体墙的裂缝修补	当裂缝宽度小于 10mm，且墙体厚度较小时，采用表面砂浆封闭法加固；当裂缝宽度较小，但墙体厚度较大时，采用注浆或注胶法加固；当裂缝宽度较大（大于 10mm）时，采用拆砌或镶边法加固；当墙体出现竖向裂缝时，采用在水平砂浆缝内嵌小直径钢丝绳或纤维绳的加固法；对于较大的对角斜裂缝，采用双面竖向钢筋混凝土肋＋砂浆缝内嵌钢丝绳或纤维绳的加固法
墙体交接处连接加固	采用钢筋混凝土条带加固； 采用水平砂浆缝内嵌钢板或钢丝网加固； 采用砌体墙斜向穿入钢筋加固； 采用后张预应力加固
楼盖结构加固	木楼盖通过下述方法增加其面内抗扭刚度：在原楼板上增加与原楼板正交或斜交的木楼板；在原楼板上增加钢筋混凝土面层；增加双向对角布置的钢筋网片。 屋面桁架通过增加水平、竖向支撑加固
圈梁加固	当未布置圈梁或圈梁不满足要求时，增加圈梁加固
钢拉杆加固	当用于提高房屋的整体性时，采用普通钢拉杆加固；当用于提高墙体的抗裂能力时，采用预应力钢拉杆加固
毛石夹心砌体加固	采用注浆法或注浆＋拉结钢筋加固法
喷射混凝土板墙或型钢加固	根据需要采用单面或双面喷射混凝土板墙加固，应保证其与被加固墙体的拉结；型钢加固也可采用单面或双面布置，也应保证其与墙体的拉结
纤维网格加固	纤维网格可采用单面或双面布置加固砌体墙，并锚固于垂直相交的墙体上

4. 国内抗震加固技术的进展

国内既有建筑抗震加固的历史可以溯源到 1966 年。1966 年 3 月 8 日，河北邢台发生了里氏 6.8 级大地震，造成大量人员伤亡，其后，国内开始了既有建筑抗震鉴定与加固技术的研究、标准编制与工程实践工作。首先在京津地区开展了既有建筑结构的抗震鉴定工作，在加固技术方面，提出了砌体结构增设外加柱-圈梁与钢拉杆的加固方法以及其他的一些应急保护措施等。1968 年发布了京津地区民用房屋、工业厂房、旧建筑、农村房屋以及烟囱和水塔等抗震鉴定标准草案。1975 年辽宁海城地震后，对京津地区一些重要工程进行了抗震鉴定和加固，并对 1968 年发布的抗震鉴定标准草案进行了修订，形成了国内第一个抗震鉴定标准《京津地区工业与民用建筑抗震鉴定标准（试行）》，于 1975 年 9 月正式试行。

1976 年 7 月 28 日发生了唐山大地震，震中地区房屋大量倒塌，死亡人数超过 24 万人。震后总结经验教训，于 1977 年 12 月发布了全国性的《工业与民用建筑抗震鉴定标准》TJ 23-77。此后，全国上下进一步加强了抗震加固的研究工作，许多单位开展了大量既有建筑抗震加固技术的研究工作。以砌体结构为例，唐山地震中大量砌体房屋倒塌，使人们认识到对砌体结构如不采取构造加强措施是无法满足抗震设防要求的。因此，在唐山地震后首先针对砖砌体房屋开展了大量研究工作，其中最主要的成果就是目前广泛应用的采用圈梁构造柱提高砖混结构整体性的构造措施，同时，当时针对许多既有砖混结构房屋采用了外加柱和圈梁并用钢拉杆拉结、钢筋混凝土板墙或钢筋网砂浆面层的方法进行了加固处理。除了多层砌体结构，对于多高层钢筋混凝土结构房屋、内框架和底框房屋、单层厂房等也开展了相应的研究，并提出了不少行之有效的抗震构造措施或抗震加固处理方法，研发了钢构套、增设钢筋混凝土抗震墙（或翼墙）、钢支撑等多种抗震加固技术。1988 年，在认真总结国内抗震鉴定与加固的实践经验的基础上，开始着手对 77 标准进行修订，到 1995 年和 1998 年正式发布了《建筑抗震鉴定标准》GB 50023—95、《建筑抗震加固技术规程》JGJ 116—98。抗震鉴定与加固的范围由原来的 7 度以上设防地区扩大到 6 度设防地区，提出了基础隔震、消能减震加固技术等先进的加固技术，并开始应用于大型重要公共建筑的抗震加固中。

2008 年 5 月 12 日，发生了四川汶川大地震，汶川地震引起的灾害几乎又重现了当年唐山地震的灾害：大量建筑物倒塌，大量人员伤亡。汶川地震后对 95 标准与 98 规程进行了紧急修订，该修订工作总结了国内外历次大地震的经验教训，以及国内外抗震鉴定与加固的最新研究成果。两本标准分别于 2009 年 7 月 1 日、8 月 1 日正式实施。2009 版标准首次根据既有建筑建造年代的不同和当时设计标准的不同，规定了抗震鉴定与加固的最低后续使用年限，当条件许可时可采用更长的后续使用年限，使其抗震性能进一步提高。

虽然国内抗震加固技术经历了上述的蓬勃发展，但是，对比 98 版和 2009 版抗震加固技术规程不难看出，从 1988 年到 2008 年这 20 年间，国内所提出的新的抗震加固方法仍较少，仍需开展进一步的深入研究。

汶川地震后，国内不少学者在深入总结地震灾害和经验教训的基础上，对既有建筑的抗震加固技术开展了大量研究工作。

在既有钢筋混凝土加固技术方面，潘鹏等开展了混凝土框架结构增设摇摆墙结构进行加固的研究，结果表明，框架结构增设摇摆墙后，结构以摆动振型振动，各层层间位移角趋于一致，防止局部层屈服破坏；尹保江等开展了外部附加带框钢支撑对钢筋混凝土框架结构进行加固的试验研究，结果表明，外加带框钢支撑加固可以显著提高框架结构的抗震承载能力和抗侧刚度，有效限制结构的层间位移；敬登虎等开展了采用钢板带加固带砖填充墙的钢筋混凝土框架结构的研究，结果表明，钢板带可有效提高被加固结构的承载能力和耗能能力；陈盈等开展了采用自复位耗能装置对钢筋混凝土框架结构进行加固的研究，结果表明，采用自复位耗能装置加固混凝土框架结构可以有效减少结构的残余变形，但可能增大结构的内力响应，应进一步优化弹簧刚度和预拉力以获得最优加固效果等。在既有砖砌体结构加固技术方面，刘航等提出了采用体外后张预应力技术对砖砌体墙体进行加固的新型抗震加固技术，并开展了从构件试验到房屋模型的系统性试验研究，提出了全套加固技术；苗启松等提出了装配式外套钢筋混凝土结构加固多层砖混结构的新型抗震加固技术并开展了系统研究，实现了对既有砖砌体住宅抗震加固技术的新突破；邓明科等提出了采用高延性混凝土加固砖砌体墙体的抗震加固方法并开展了试验研究，结果表明，高延性混凝土面层可以对砖墙形成有效约束，延缓开裂，改善墙体破坏形态，提高墙体的承载力和延性；荆磊等提出了采用纤维编织网增强水泥基材料加固砌体结构的方法，并开展了相关研究等。

在标准编制方面，现行行业标准《建筑抗震加固技术规程》JGJ 116 仍为 2009 年版，尚未开始修编，但是从各地方标准的情况看，北京市地方标准《建筑抗震加固技术规程》DB11/689—2016 于 2015 年开始修订，2017 年 7 月 1 日正式发布实施，其中已经吸纳了包括装配式外套钢筋混凝土结构加固砌体结构、体外预应力加固砌体结构等最新的加固技术研究成果；陕西省地方标准《高延性混凝土应用技术规程》DBJ61/T 112—2016 于 2016 年 6 月 16 日正式实施，采纳了有关高延性混凝土用于砌体结构加固的最新研究成果。

第1章　建筑结构加固用材料

1.1　水泥基材料

1.1.1　混凝土

混凝土作为最为常见的一种建筑材料，在既有建筑加固改造工程中应用广泛，如既有钢筋混凝土结构采用增大截面法加固，既有砌体墙体采用钢筋混凝土板墙加固、外加圈梁构造柱加固，既有钢结构采用外包钢筋混凝土加固等。

建筑结构加固用的混凝土，当用于既有钢筋混凝土结构加固时，其强度等级应比原结构、构件提高一个强度等级，且不得低于C20级。加固用混凝土的性能和质量应符合现行国家标准《混凝土结构设计规范》GB 50010的有关规定。混凝土强度等级应按立方体抗压强度标准值确定。立方体抗压强度标准值系指按标准方法制作、养护的边长为150mm的立方体试件，在28d或设计规定龄期以标准试验方法测得的具有95%保证率的抗压强度值。

除由于加固工艺的限制，导致无法使用预拌商品混凝土的情况外，如喷射混凝土施工工艺等，加固用混凝土宜使用预拌商品混凝土，但所掺的粉煤灰应为Ⅰ级灰，且烧失量不应大于5%。

当选用聚合物混凝土、减缩混凝土、微膨胀混凝土、钢纤维混凝土、合成纤维混凝土或喷射混凝土时，应在施工前进行试配，经检验其性能符合设计要求后方可使用。

配制加固用混凝土时，其原材料的品种和质量应符合下列规定：

(1) 水泥应采用强度等级不低于32.5级的硅酸盐水泥和普通硅酸盐水泥；也可采用矿渣硅酸盐水泥或火山灰质硅酸盐水泥，但其强度等级不得低于42.5级；必要时，还可采用快硬硅酸盐水泥或复合硅酸盐水泥。水泥的性能和质量应分别符合现行国家标准《通用硅酸盐水泥》GB 175和《快硬硅酸盐水泥》GB 199的有关规定。

(2) 粗骨料应选用坚硬、耐久性好的碎石或卵石。其最大粒径，对现场拌合混凝土，不宜大于20mm，对喷射混凝土，不宜大于12mm，对掺有短纤维的混凝土，不宜大于10mm。另外，粗骨料的质量还应符合现行行业标准《普通混凝土用砂、石质量及检验方法标准》JGJ 52的有关规定，不得使用含有活性二氧化硅石料制成的粗骨料。

(3) 细骨料应选用中、粗砂，对于喷射混凝土，其细度模数不宜小于2.5，细骨料的质量及含泥量应符合现行行业标准《普通混凝土用砂、石质量及检验方法标准》JGJ 52的有关规定。

(4) 混凝土拌合用水应采用饮用水或水质符合现行行业标准《混凝土用水标准》JGJ 63 规定的天然洁净水。

1.1.2 水泥基灌浆料

水泥基灌浆料是由水泥、骨料、外加剂和矿物掺合料等原材料在专业化工厂按比例计量混合而成，在使用地点按规定比例加水或配套组分拌合的高强快硬型水泥基加固材料。水泥基灌浆料由于具有快硬、高强、无收缩等特点，在既有建筑结构加固工程中应用较多。例如，其可以替代普通混凝土材料，用于既有钢筋混凝土构件的增大截面法加固、混凝土构件外包型钢法灌浆加固等，也可用于混凝土工程中出现的局部蜂窝、孔洞、烂根等的修补。

水泥基灌浆料根据其流动度、抗压强度和最大骨料粒径的不同分为Ⅰ、Ⅱ、Ⅲ、Ⅳ四种类型，其中Ⅰ类主要用于预应力孔道灌浆，而Ⅱ、Ⅲ、Ⅳ三种类型主要用于结构加固补强，其主要性能指标见表 1-1。

水泥基灌浆料主要性能指标 **表 1-1**

类别		Ⅰ类	Ⅱ类	Ⅲ类	Ⅳ类
最大骨料粒径(mm)		≤4.75			>4.75,≤25
截锥流动度(mm)	初始值	—	≥340	≥290	≥650 *
	30min	—	≥310	≥260	≥550 *
流锥流动度(mm)	初始值	≤35	—	—	—
	30min	≤50	—	—	—
竖向膨胀率(%)	3h	0.1～3.5			
	24h 与 3h 的膨胀值之差	0.02～0.5			
抗压强度(MPa)	1d	≥15	≥20.0		
	3d	≥30	≥40.0		
	28d	≥50	≥60.0		
劈裂抗拉强度(MPa)	7d	—	≥2.5		
	28d	—	≥3.5		
抗折强度(MPa)	7d	—	≥6.0		
	28d	—	≥9.0		
与钢筋握裹强度(MPa)	28d	—	≥5.0		
对钢筋腐蚀作用	0	无	无		
氯离子含量(%)		<0.1			
泌水率(%)		0			

注：* 表示坍落扩展度数值。

用于冬期施工的水泥基灌浆料除应符合表 1-1 的规定外，还应符合表 1-2 的规定。

用于冬期施工时的水泥基灌浆料性能指标 表 1-2

规定温度(℃)	抗压强度比(%)		
	R_{-7}	R_{-7+28}	R_{-7+56}
−5	≥20	≥80	≥90
−10	≥12		

注：表中 R_{-7+28} 表示在规定的负温下养护 7d，再转标准养护 28d，依此类推。

用于高温环境（200～500℃）的水泥基灌浆料性能除应符合表 1-1 的规定外，还应符合表 1-3 的规定。当环境温度超过 80℃时，不得使用硫铝酸盐水泥配成的水泥基灌浆料，这主要是由于硫铝酸盐水泥水化硬化后生成的钙矾石在高温环境下易脱水发生晶形转变，引起强度大幅下降。

用于高温环境的水泥基灌浆料耐热性能指标 表 1-3

使用环境温度(℃)	抗压强度比(%)	热震性(20 次)
200～500	≥100	(1)试块表面无脱落； (2)热震后的试件浸水端抗压强度与试件标准养护 28d 的抗压强度比(%)≥90

对于常温环境下使用的水泥基灌浆材料，应按设计年限不少于 50 年进行设计，对于高温环境下使用的水泥基灌浆材料，应按用户与设计单位共同商定的使用年限，且不大于 30 年进行设计。

1.1.3 聚合物改性水泥砂浆

聚合物改性水泥砂浆是指以高分子聚合物为增强粘结性能的改性材料配制而成的水泥砂浆。建筑结构加固用的聚合物改性水泥砂浆，按聚合物材料的状态分为乳液类和干粉类。

聚合物改性水泥砂浆中采用的聚合物材料，应为改性环氧类、改性丙烯酸酯类、改性丁苯类或改性氯丁类聚合物，不得使用耐水性差的水溶性聚合物如聚乙烯醇等，更应禁止采用可能加速钢筋锈蚀的氯偏类聚合物、显著影响耐久性能的苯丙类聚合物以及对人体健康有危害的乙烯-醋酸乙烯共聚物等。

对重要结构加固，应选用乳液类聚合物改性水泥砂浆，且应选用改性环氧类聚合物配制。对一般结构的加固，可选用改性环氧类、改性丙烯酸酯类、改性丁苯类或改性氯丁类聚合物乳液配制。

建筑结构加固用的聚合物改性水泥砂浆分为Ⅰ级和Ⅱ级，其基本性能和长期使用性能应分别符合表 1-4 和表 1-5 的规定。

建筑结构加固用聚合物改性水泥砂浆应分别按下列规定采用：

对混凝土结构，当原构件混凝土强度等级不低于 C30 时，应采用Ⅰ级聚合物改性水泥砂浆；当原构件混凝土强度等级低于 C30 时，可采用Ⅰ级或Ⅱ级聚合物改性水泥砂浆。

对砌体结构，由于砌体自身材料强度较低，在无特殊要求的情况下，宜采用Ⅱ级聚合物改性水泥砂浆。

聚合物改性水泥砂浆基本性能要求（MPa） 表 1-4

检验项目			检验条件	鉴定合格指标	
				Ⅰ级	Ⅱ级
浆体性能	劈裂抗拉强度		浆体成型后，不拆模，湿养护 3d，然后拆侧模，只留底模再湿养护 25d（个别为 4d），到期立即在 23±2℃、50±5%RH 条件下测试	≥7	≥5.5
	抗折强度			≥12	≥10
	抗压强度	7d		≥40	≥30
		28d		≥55	≥45
粘结性能	与钢丝绳粘结抗剪强度	标准值	粘结工序完成后，静置湿养护 28d，到期立即在 23±2℃、50±5%RH 条件下测试	≥9	≥5
	与混凝土正拉粘结强度			≥2.5，且为混凝土内聚破坏	

注：表中指标，除注明为标准值外，均为平均值。

聚合物改性水泥砂浆长期使用性能要求 表 1-5

检验项目		检验条件	鉴定合格指标	
			Ⅰ级	Ⅱ级
耐环境作用能力	耐湿热老化能力	在 50℃、RH 为 98%环境中，老化 90d（Ⅱ级聚合物砂浆为 60d）后，其室温下钢丝绳与浆体粘结（钢套筒法）抗剪强度降低率（%）	≤10	≤15
	耐冻融性能	在−25～35℃冻融交变流环境中，经受 50 次循环（每次循环 8h）后，其室温下钢丝绳与浆体粘结（钢套筒法）抗剪强度降低率（%）	≤5	≤10
	耐水性能	在自来水浸泡 30d 后，拭去浮水进行测试，其室温下钢标准块与基材的正拉粘结强度（MPa）	≥1.5，且为基材内聚破坏	

使用聚合物改性水泥砂浆的结构加固工程，其设计使用年限宜按 30 年确定。当用户要求按 50 年设计时，应通过耐长期应力作用能力的检验，取得鉴定合格的证书。

1.1.4 合成纤维改性混凝土和砂浆

合成纤维改性混凝土和砂浆是指以聚丙烯腈纤维、改性聚酯纤维、聚酰胺纤维、聚乙烯醇纤维和聚丙烯纤维配置的改性混凝土和砂浆。

建筑结构加固工程中，合成纤维改性混凝土或砂浆主要用于下列情况：

（1）防止新增混凝土或砂浆的早期塑性收缩开裂；

（2）限制新增混凝土或砂浆在使用过程中的干缩裂缝和温度裂缝；

（3）增强新增混凝土或砂浆的弯曲韧性、耐冲击性和耐疲劳能力；

（4）提高混凝土或砂浆的抗渗性和抗冻性。

当用于结构增韧、增强时，应采用聚丙烯腈纤维、改性聚酯纤维、聚酰胺纤维和聚乙烯醇纤维；当仅用于限制裂缝时，还可采用聚丙烯纤维。

常用纤维混凝土与同强度的普通素混凝土的主要性能参数对比见表 1-6。可以看出，合成纤维混凝土与普通素混凝土相比，其抗收缩裂缝能力、抗渗性、抗冻融循环能力以及弯曲韧性、耐冲击和疲劳能力均有不同程度的提高和改善。

常用纤维混凝土与同强度等级素混凝土主要性能参数对比　　表 1-6

项目	掺量及变化	聚丙烯腈纤维混凝土	聚丙烯纤维混凝土	聚酰胺纤维混凝土
收缩裂缝	降低比例(%)	58～73	55	57
	纤维掺量(kg/m³)	0.5～1.0	0.9	0.9
28d 收缩率	降低比例(%)	11～14	10	12
	纤维掺量(kg/m³)	0.5～1.0	0.9	0.9
相同水压下渗透高度降低	降低比例(%)	44～56	29～43	30～41
	纤维掺量(kg/m³)	0.5～1.0	0.9	0.9
50 次冻融循环强度损失	损失比例(%)	0.2～0.4	0.6	0.5～0.7
	纤维掺量(kg/m³)	0.5～1.0	0.9	0.9
冲击耗能	提高比例(%)	42～62	70	80
	纤维掺量(kg/m³)	1.0～2.0	1.0～2.0	1.0～2.0
弯曲疲劳强度	提高比例(%)	9～12	6～8	—
	纤维掺量(kg/m³)	1.0	1.0	—

注：1. 表中收缩裂缝降低的试验基体采用砂浆，其余各项试验基体采用混凝土；
2. 表中性能适用于中等强度等级（CF20～CF40）的混凝土。

建筑结构加固用的合成纤维，其细观形态和几何特征应符合表 1-7 的规定。

合成纤维的形态识别和几何尺寸控制要求　　表 1-7

检测项目	识别标志与控制指标				
	聚丙烯腈纤维（腈纶纤维）	改性聚酯纤维（涤纶纤维）	聚酰胺纤维（尼龙纤维）	聚乙烯醇纤维（PVA 纤维）	聚丙烯纤维（丙纶纤维）
纤维形态	束状,纵向有纹理	束状	束状,易分散成丝	集束	单丝或膜裂
截面形状	肾形或圆形	三角形	圆形	异形	圆形或异形
纤维直径(mm)	20～27	10～15	23～30	10～14	10～15
纤维长度(mm)	12～20	6～20	6～19	6～20	6～20

结构加固用的合成纤维，其安全性鉴定标准应符合表 1-8 的规定。

用于防止混凝土或砂浆早期塑性收缩开裂的合成纤维，其纤维体积率一般应控制在 0.1%～0.4%范围内；若有特殊要求，应通过试配确定。用于混凝土或砂浆增韧的合成纤维，其纤维体积率一般应控制在 0.5%～1.5%范围内；在能达到设计要求的情况下，应采用较低的纤维体积率。

采用合成纤维增韧的混凝土或砂浆，其强度等级分别不应低于 C20 和 M10；弯曲韧性指标——剩余强度指数 RSI 不应小于 40%；硬化混凝土或砂浆的抗冻性应分别符合现行国家有关标准的规定；合成纤维改性混凝土的强度等级，应按普通混凝土的强度等级确定。但当纤维掺率大于 0.5%时，应按普通混凝土的强度等级降低一级采用。

使用合成纤维改性混凝土和砂浆的结构加固工程，其设计使用年限宜按 30 年确定。当用户要求按 50 年设计时，应通过耐长期应力作用能力的检验，取得鉴定合格的证书。

合成纤维安全性鉴定标准　　表 1-8

检验项目	鉴定合格指标				
	聚丙烯腈纤维（腈纶纤维）	改性聚酯纤维（涤纶纤维）	聚酰胺纤维（尼龙纤维）	聚乙烯醇纤维（PVA 纤维）	聚丙烯纤维（丙纶纤维）
抗拉强度(MPa)	≥600	≥600	≥600	≥800	≥280
弹性模量(MPa)	$\geq 1.7\times10^4$	$\geq 1.4\times10^4$	$\geq 5.0\times10^3$	$\geq 1.2\times10^4$	$\geq 3.7\times10^3$
伸长率(%)	≥15	≥20	≥18	≥5	≥18
吸水率(%)	<2	<0.4	<4	<2	<0.1
熔点(℃)	240	250	220	210	175
再生链烯烃（再生塑料）含量	不允许	不允许	不允许	不允许	不允许
毒性	无	无	无	无	无

1.2 钢材

建筑结构加固用钢材的选择不同于新建结构。首先，既有建筑加固时大多处于二次受力条件下，选用钢材时，要考虑具有较高的强度利用率和较好的延性，能较充分地发挥新增部分的材料潜力。其次，受既有建筑结构条件所限，加固钢材的连接方式经常可能采用焊接连接，因此，钢材应具有良好的可焊性，保证焊接连接性能可靠。

1.2.1 钢筋

建筑结构加固用钢筋，其品种、质量和性能应符合下列规定：

（1）宜选用 HRB400 级或 HPB300 级普通钢筋；当有工程经验时，也可采用 HRB500 级和 HRBF500 级的钢筋。

（2）钢筋的质量应符合现行国家标准《钢筋混凝土用钢 第 1 部分：热轧光圆钢筋》GB/T 1499.1、《钢筋混凝土用钢 第 2 部分：热轧带肋钢筋》GB/T 1499.2 的规定；钢筋网的质量应符合现行国家标准《钢筋混凝土用钢 第 3 部分：钢筋焊接网》GB/T 1499.3 的规定。

（3）钢筋性能的标准值和设计值应按现行国家标准《混凝土结构设计规范》GB 50010 的规定采用，钢筋网的性能标准值和设计值应按现行行业标准《钢筋焊接网混凝土结构技术规程》JGJ 114 的规定采用。

（4）不得使用无出厂合格证、无中文标志或未经进场检验的钢筋及再生钢筋。

（5）预应力筋宜采用预应力钢绞线、钢丝和预应力螺纹钢筋。

钢筋的强度标准值应具有不小于 95%的保证率。普通钢筋和预应力筋的强度标准值分别按表 1-9 和表 1-10 采用。

普通钢筋强度标准值（N/mm^2） **表 1-9**

牌号	符号	公称直径 d(mm)	屈服强度标准值 f_{yk}	极限强度标准值 f_{stk}
HPB300	Φ	6～14	300	420
HRB400 HRBF400 RRB400	Φ Φ^{F} Φ^{R}	6～50	400	540
HRB500 HRBF500	Φ Φ^{F}	6～50	500	630

预应力筋强度标准值（N/mm^2） **表 1-10**

种类		符号	公称直径 d(mm)	屈服强度标准值 f_{pyk}	极限强度标准值 f_{ptk}
中强度预应力钢丝	光面 螺旋筋	Φ^{PM} Φ^{HM}	5、7、9	620	800
				780	970
				980	1270
预应力螺纹钢筋	螺纹	Φ^{T}	18、25、32、40、50	785	980
				930	1080
				1080	1230
消除应力钢丝	光面 螺旋筋	Φ^{P} Φ^{H}	5	—	1570
				—	1860
			7	—	1570
			9	—	1470
				—	1570
钢绞线	1×3 （三股）	Φ^{S}	8.6、10.8、12.9	—	1570
				—	1860
				—	1960
	1×7 （七股）		9.5、12.7、15.2、17.8	—	1720
				—	1860
				—	1960
			21.6	—	1860

普通钢筋和预应力筋的强度设计值分别按表 1-11 和表 1-12 采用。

普通钢筋强度设计值（N/mm^2） **表 1-11**

牌号	抗拉强度设计值 f_y	抗压强度设计值 f'_y
HPB300	270	270
HRB400、HRBF400、RRB400	360	360
HRB500、HRBF500	435	435

预应力筋强度设计值（N/mm^2） 表 1-12

种类	极限强度标准值 f_{ptk}	抗拉强度设计值 f_{py}	抗压强度设计值 f'_{py}
中强度预应力钢丝	800	510	410
	970	650	
	1270	810	
消除应力钢丝	1470	1040	410
	1570	1110	
	1860	1320	
钢绞线	1570	1110	390
	1720	1220	
	1860	1320	
	1960	1390	
预应力螺纹钢筋	980	650	400
	1080	770	
	1230	900	

普通钢筋和预应力筋的弹性模量按表 1-13 采用。

钢筋的弹性模量（$\times 10^5 N/mm^2$） 表 1-13

牌号或种类	弹性模量 E_s
HPB300	2.1
HRB400、HRB500 HRBF400、HRBF500、RRB400 预应力螺纹钢筋	2.0
消除应力钢丝、中强度预应力钢丝	2.05
钢绞线	1.95

1.2.2 型钢、钢板等

建筑结构加固用的钢板、型钢、扁钢和钢管等，其品种、质量和性能应符合下列规定：

（1）既有混凝土结构和砌体结构加固应采用 Q235 级或 Q345 级钢材；对重要结构的焊接构件，当采用 Q235 级钢时，应选用 Q235-B 级钢。

（2）既有钢结构加固用钢材的钢号应与原构件的钢号相同或相当，加固用钢材的韧性、塑性和焊接性能应与原构件钢材相匹配。

（3）钢材质量应分别符合现行国家标准《碳素结构钢》GB/T 700、《低合金高强度结构钢》GB/T 1591 和《建筑结构用钢板》GB/T 19879 的相关规定。

（4）钢材的性能设计值应按现行国家标准《钢结构设计标准》GB 50017 的规定采用。

(5) 不得使用无出厂合格证、无中文标志或未经进场检验的钢材。

结构加固常用钢材的强度设计值和物理性能指标分别按表1-14和表1-15采用。

钢材强度设计值（N/mm²）　　表1-14

钢材牌号		钢材厚度或直径(mm)	强度设计值			屈服强度 f_y	抗拉强度 f_u
			抗拉、抗压或抗弯 f	抗剪 f_v	端面承压（刨平顶紧）f_{ce}		
碳素结构钢	Q235	≤16	215	125	320	235	370
		>16,≤40	205	120		225	
		>40,≤100	200	115		215	
低合金高强度结构钢	Q345	≤16	305	175	400	345	470
		>16,≤40	295	170		335	
		>40,≤63	290	165		325	
		>63,≤80	280	160		315	
		>80,≤100	270	155		305	
	Q390	≤16	345	200	415	390	490
		>16,≤40	330	190		370	
		>40,≤63	310	180		350	
		>63,≤100	295	170		330	
	Q420	≤16	375	215	440	420	520
		>16,≤40	355	205		400	
		>40,≤63	320	185		380	
		>63,≤100	305	175		360	
	Q460	≤16	410	235	470	460	550
		>16,≤40	390	225		440	
		>40,≤63	355	205		420	
		>63,≤100	340	195		400	

钢材的物理性能指标　　表1-15

弹性模量 E（$\times10^5$N/mm²）	剪切模量 G（$\times10^5$N/mm²）	线膨胀系数 α（以每℃计）	质量密度 ρ（kg/m³）
2.06	0.79	1.2×10^{-5}	7850

1.2.3 锚栓

建筑结构加固用锚栓包括碳素钢、合金钢锚栓和不锈钢锚栓等，其性能指标按表1-16和表1-17采用。

碳素钢及合金钢锚栓的力学性能指标　　表 1-16

性能等级	屈服强度标准值 f_{yk}(N/mm^2)	极限强度标准值 f_{stk}(N/mm^2)	伸长率 δ_5(%)
4.8	320	400	14
5.8	400	500	10
6.8	480	600	8
8.8	640	800	12

奥式体不锈钢锚栓的力学性能指标　　表 1-17

性能等级	螺纹直径 (mm)	屈服强度标准值 f_{yk}(N/mm^2)	极限强度标准值 f_{stk}(N/mm^2)	伸长值 δ(mm)
50	≤32	210	500	0.6d
70	≤24	450	700	0.4d
80	≤24	600	800	0.3d

锚栓钢材的弹性模量可取 2.0×10^5 N/mm^2。

1.2.4　钢丝绳

建筑结构加固用钢丝绳主要用于钢丝绳网片-聚合物砂浆面层加固法，分为高强度不锈钢丝绳和高强度镀锌钢丝绳两类。当用于加固重要结构、构件，或被加固结构处于腐蚀介质环境、潮湿环境和露天环境时，应选用高强度不锈钢丝绳制作的网片；对于处于正常温、湿度环境中的一般结构、构件的加固，可以采用高强度镀锌钢丝绳制作的网片，但应采取有效的阻锈措施。此外，为保证钢丝绳与聚合物砂浆之间的粘结强度，钢丝绳的内外均不得涂有油脂。

钢丝绳的抗拉强度性能指标按表 1-18 采用，弹性模量及拉应变设计值按表 1-19 采用。

钢丝绳抗拉强度性能指标 (N/mm^2)　　表 1-18

种类	符号	高强不锈钢丝绳			高强镀锌钢丝绳		
		公称直径 (mm)	抗拉强度设计值 f_{rw}	抗拉强度标准值 f_{tk}	公称直径 (mm)	抗拉强度设计值 f_{rw}	抗拉强度标准值 f_{tk}
6×7+IWS	Φ^r	2.4～4.0	1200	1600	2.5～4.5	1100	1650
1×19	Φ^s	2.5	1100	1470	2.5	1050	1580

钢丝绳弹性模量及拉应变设计值　　表 1-19

类　别		弹性模量设计值 E_{rw}($\times10^5$N/mm^2)	拉应变设计值 ε_{rw}
不锈钢丝绳	6×7+IWS	1.2	0.01
	1×19	1.1	0.01

续表

类别		弹性模量设计值 $E_{rw}(\times10^5N/mm^2)$	拉应变设计值 ε_{rw}
镀锌钢丝绳	6×7+IWS	1.4	0.008
	1×19	1.3	0.008

1.3 加固用胶粘剂

建筑结构加固用的胶粘剂按胶粘基材的不同，分为混凝土用胶、结构钢用胶、砌体用胶和木材用胶等，每种胶按其固化条件的不同，划分为室温固化型、低温固化型和高湿面（或水下）固化型等三种类型结构胶。有时也根据使用环境的不同，区分为普通结构胶、耐温结构胶和耐介质腐蚀结构胶等。

室温固化型结构胶根据其最高使用温度类别分为三类：Ⅰ类适用的温度范围为−45～60℃；Ⅱ类适用的温度范围为−45～95℃；Ⅲ类适用的温度范围为−45～125℃。

胶粘剂当用于既有建筑物加固时，其设计使用年限一般为30年，当业主要求结构加固后的使用年限为50年时，其所使用的胶粘剂应通过耐长期应力作用能力的检验。胶粘剂当用于新建工程的加固改造时，其设计使用年限应为50年，因此也需要通过耐长期应力作用能力的检验。

承重结构加固用的胶粘剂，其性能均应符合现行国家标准《工程结构加固材料安全性鉴定技术规范》GB 50728第4章的相关规定。

以混凝土为基材，室温固化型的结构胶，当用于粘贴钢材、纤维复合材和植筋锚固时的基本性能应分别符合表1-20、表1-21和表1-22的要求。

以混凝土为基材，粘贴钢材用结构胶基本性能　　表1-20

检验项目			检验条件	鉴定合格指标			
				Ⅰ类胶		Ⅱ类胶	Ⅲ类胶
				A级	B级		
胶体性能	抗拉强度(MPa)		在23±2℃、50±5%RH条件下，以2mm/min加荷速度进行测试	≥30	≥25	≥30	≥35
	弹性模量(MPa)	涂布胶		$\geq3.2\times10^3$		$\geq3.5\times10^3$	
		压注胶		$\geq2.5\times10^3$	$\geq2.0\times10^3$	$\geq3.0\times10^3$	
	伸长率(%)			≥1.2	≥1.0	≥1.5	
	抗弯强度(MPa)			≥45	≥35	≥45	≥50
				且不得呈碎裂状破坏			
	抗压强度(MPa)			≥65			
粘结性能	钢对钢拉伸抗剪强度(MPa)	标准值	23±2℃、50±5%RH	≥15	≥12	≥18	
		平均值	60±2℃，10min	≥17	≥14	—	—
			95±2℃，10min	—	—	≥17	—
			125±3℃，10min	—	—	—	≥14
			−45±2℃，30min	≥17	≥14	≥20	

续表

检验项目		检验条件	鉴定合格指标			
			Ⅰ类胶		Ⅱ类胶	Ⅲ类胶
			A级	B级		
粘结性能	钢对钢对接粘结抗拉强度(MPa)	在23±2℃、50±5%RH条件下，按所执行试验方法标准规定的加荷速度测试	≥33	≥27	≥33	≥38
	钢对钢T冲击剥离长度(mm)		≤25	≤40	≤15	
	钢对C45混凝土正拉粘结强度(MPa)		≥2.5，且为混凝土内聚破坏			
热变形温度(℃)		固化、养护21d，到期使用0.45MPa弯曲应力的B法测定	≥65	≥60	≥100	≥130
不挥发物含量(%)		125±3℃、180±5min	≥99			

注：表中各项性能指标，除标有标准值外，均为平均值。

以混凝土为基材，粘贴纤维复合材用结构胶基本性能　　表1-21

检验项目			检验条件	鉴定合格指标			
				Ⅰ类胶		Ⅱ类胶	Ⅲ类胶
				A级	B级		
胶体性能	抗拉强度(MPa)		在23±2℃、50±5%RH条件下，以2mm/min加荷速度进行测试	≥38	≥30	≥38	≥40
	弹性模量(MPa)			$\geq 2.4\times10^3$	$\geq 1.5\times10^3$	$\geq 2.0\times10^3$	
	伸长率(%)			≥1.5			
	抗弯强度(MPa)			≥50	≥40	≥45	≥50
				且不得呈碎裂状破坏			
	抗压强度(MPa)			≥70			
粘结性能	钢对钢拉伸抗剪强度(MPa)	标准值	23±2℃、50±5%RH	≥14	≥10	≥16	
		平均值	60±2℃，10min	≥16	≥12	—	—
			95±2℃，10min	—	—	≥15	—
			125±3℃，10min	—	—	—	≥13
			−45±2℃，30min	≥16	≥12	≥18	
	钢对钢粘结抗拉强度(MPa)		在23±2℃、50±5%RH条件下，按所执行试验方法标准规定的加荷速度测试	≥40	≥32	≥40	≥43
	钢对钢T冲击剥离长度(mm)			≤20	≤35	≤20	
	钢对C45混凝土正拉粘结强度(MPa)			≥2.5，且为混凝土内聚破坏			
热变形温度(℃)			使用0.45MPa弯曲应力的B法测定	≥65	≥60	≥100	≥130
不挥发物含量(%)			105±2℃、180±5min	≥99			

注：表中各项性能指标，除标有标准值外，均为平均值。

以混凝土为基材，锚固用结构胶基本性能 **表 1-22**

<table>
<tr><th colspan="3" rowspan="3">检验项目</th><th colspan="2" rowspan="3">检验条件</th><th colspan="4">鉴定合格指标</th></tr>
<tr><th colspan="2">Ⅰ类胶</th><th rowspan="2">Ⅱ类胶</th><th rowspan="2">Ⅲ类胶</th></tr>
<tr><th>A级</th><th>B级</th></tr>
<tr><td rowspan="4">胶体性能</td><td colspan="2">劈裂抗拉强度(MPa)</td><td colspan="2" rowspan="4">在23±2℃、50±5%RH条件下，以2mm/min加荷速度进行测试</td><td>≥8.5</td><td>≥7.0</td><td>≥10</td><td>≥12</td></tr>
<tr><td colspan="2" rowspan="2">抗弯强度(MPa)</td><td>≥50</td><td>≥40</td><td>≥50</td><td>≥55</td></tr>
<tr><td colspan="4">且不得呈碎裂状破坏</td></tr>
<tr><td colspan="2">抗压强度(MPa)</td><td colspan="4">≥60</td></tr>
<tr><td rowspan="8">粘结性能</td><td rowspan="5">钢对钢拉伸抗剪强度(MPa)</td><td>标准值</td><td colspan="2">23±2℃、50±5%RH</td><td>≥10</td><td>≥8</td><td colspan="2">≥12</td></tr>
<tr><td rowspan="4">平均值</td><td colspan="2">60±2℃，10min</td><td>≥11</td><td>≥9</td><td>—</td><td>—</td></tr>
<tr><td colspan="2">95±2℃，10min</td><td>—</td><td>—</td><td>≥11</td><td>—</td></tr>
<tr><td colspan="2">125±3℃，10min</td><td>—</td><td>—</td><td>—</td><td>≥10</td></tr>
<tr><td colspan="2">−45±2℃，30min</td><td>≥12</td><td>≥10</td><td colspan="2">≥13</td></tr>
<tr><td colspan="2" rowspan="2">约束拉拔条件下带肋钢筋(或全螺杆)与混凝土粘结强度(MPa)</td><td rowspan="2">23±2℃、50±5%RH</td><td>C30
Φ25
l=150</td><td>≥11</td><td>≥8.5</td><td>≥11</td><td>≥12</td></tr>
<tr><td>C60
Φ25
l=125</td><td>≥17</td><td>≥14</td><td>≥17</td><td>≥18</td></tr>
<tr><td colspan="2">钢对钢T冲击剥离长度(mm)</td><td colspan="2">23±2℃、50±5%RH</td><td>≤25</td><td>≤40</td><td colspan="2">≤20</td></tr>
<tr><td colspan="3">热变形温度(℃)</td><td colspan="2">使用0.45MPa弯曲应力的B法测定</td><td>≥65</td><td>≥60</td><td>≥100</td><td>≥130</td></tr>
<tr><td colspan="3">不挥发物含量(%)</td><td colspan="2">105±2℃、180±5min</td><td colspan="4">≥99</td></tr>
</table>

注：表中各项性能指标，除标有标准值外，均为平均值。

1.4 纤维复合材料

建筑结构加固用的纤维复合材料，包括碳纤维复合材料、玻璃纤维复合材料和芳纶纤维复合材料等。加固用的纤维复合材料的纤维必须为连续纤维，其品种和质量应符合下列规定：

(1) 承重结构加固用的碳纤维，应选用聚丙烯腈基不大于15K的小丝束纤维。

(2) 承重结构加固用的芳纶纤维，应选用饱和吸水率不大于4.5%的对位芳香族聚酰胺长丝纤维，且经人工气候老化5000h后，1000MPa应力作用下的蠕变值不应大于0.15mm。

(3) 承重结构加固用的玻璃纤维，应选用高强度玻璃纤维、耐碱玻璃纤维或碱金属氧化物含量低于0.8%的无碱玻璃纤维，严禁使用高碱的玻璃纤维和中碱的玻璃纤维。

(4) 承重结构加固工程，严禁采用预浸法生产的纤维织物。

建筑结构加固用的纤维复合材料的抗拉强度标准值按表1-23采用。工程应用时，应根据置信水平为0.99、保证率为95%的要求确定。

纤维复合材料抗拉强度标准值（N/mm²）　　表1-23

品种	等级或代号	抗拉强度标准值	
		单向织物(布)	条形板
碳纤维复合材料	高强度Ⅰ级	3400	2400
	高强度Ⅱ级	3000	2000
	高强度Ⅲ级	1800	—
芳纶纤维复合材料	高强度Ⅰ级	2100	1200
	高强度Ⅱ级	1800	800
玻璃纤维复合材料	高强玻璃纤维	2200	—
	无碱玻璃纤维、耐碱玻璃纤维	1500	—

建筑结构加固用的碳纤维复合材料、芳纶纤维复合材料和玻璃纤维复合材料的抗拉强度设计值分别按表1-24、表1-25和表1-26采用。

碳纤维复合材料抗拉强度设计值（N/mm²）　　表1-24

强度等级 结构类别	单向织物(布)			条形板	
	高强度Ⅰ级	高强度Ⅱ级	高强度Ⅲ级	高强度Ⅰ级	高强度Ⅱ级
重要构件	1600	1400	—	1150	1000
一般构件	2300	2000	1200	1600	1400

芳纶纤维复合材料抗拉强度设计值（N/mm²）　　表1-25

强度等级 结构类别	单向织物(布)		条形板	
	高强度Ⅰ级	高强度Ⅱ级	高强度Ⅰ级	高强度Ⅱ级
重要构件	960	800	560	480
一般构件	1200	1000	700	600

玻璃纤维复合材料抗拉强度设计值（N/mm²）　　表1-26

结构类别 纤维品种	单向织物(布)	
	重要构件	一般构件
高强玻璃纤维	500	700
无碱玻璃纤维、耐碱玻璃纤维	350	500

建筑结构加固用的纤维复合材料的弹性模量及拉应变设计值按表1-27采用。

纤维复合材料弹性模量及拉应变设计值　　表1-27

性能项目 品种		弹性模量($\times10^5$N/mm²)		拉应变设计值	
		单向织物	条形板	重要构件	一般构件
碳纤维复合材料	高强度Ⅰ级	2.3	1.6	0.007	0.01
	高强度Ⅱ级	2.0	1.4		
	高强度Ⅲ级	1.8	—	—	—

续表

性能项目 品种		弹性模量（$\times 10^5 N/mm^2$）		拉应变设计值	
		单向织物	条形板	重要构件	一般构件
芳纶纤维复合材料	高强度Ⅰ级	1.1	0.7	0.008	0.01
	高强度Ⅱ级	0.8	0.6		
高强玻璃纤维	代号S	0.7	—	0.007	0.01
无碱玻璃纤维、耐碱玻璃纤维	代号E、AR	0.5	—		

采用纤维复合材料织物（布）对承重结构进行加固时，其织物的单位面积质量应不超过表1-28的规定，以保证浸渍胶的粘贴效果。

纤维复合材料单位面积质量限值（g/m^3） **表1-28**

施工方法	碳纤维布	芳纶纤维布	玻璃纤维织物	
			高强玻璃纤维	无碱或耐碱玻璃纤维
手工涂抹胶粘剂	300	450	450	600
真空灌注胶粘剂	450	650	550	750

第2章　钢筋混凝土结构加固

2.1　加固设计规定

既有钢筋混凝土结构房屋进行加固改造前，一般应先对房屋结构在各种预期的设计状况下的安全性能进行鉴定，主要包括安全性鉴定和抗震鉴定两类。对不包括地震效应组合的建筑结构的承载力和结构整体稳定性进行的调查、检测、验算、分析和评定等称为安全性鉴定。通过检查既有建筑的设计、施工质量和现状，按规定的抗震设防要求，对其在地震作用下的安全性进行的评估称为抗震鉴定。

钢筋混凝土结构房屋经安全性鉴定和抗震鉴定后，确认需要进行加固时，应根据鉴定结论和委托方的要求进行加固设计。加固方案设计时，应根据具体鉴定结果采用房屋整体加固、区段加固或构件加固的方式。不论采用何种加固方式，应使房屋在加固后进一步提高其整体性、改善构件的受力状况，提高房屋的安全性和抗震能力。

加固后结构的安全性等级，应根据结构破坏后果的严重性、结构的重要性和加固设计的后续使用年限，由委托方与设计方按实际情况共同确定。

加固设计应与实际施工方法紧密结合，采取有效措施，保证新增构件和部件与原结构连接可靠，新增截面与原截面粘结牢固，形成整体共同工作；并应避免对未加固部分，以及相关的结构、构件和地基基础造成不利的影响。

对高温、高湿、低温、冻融、化学腐蚀、振动、收缩应力、温度应力、地基不均匀沉降等影响因素引起的原结构损坏，应在加固设计时提出有效的防治对策，并按设计规定的顺序进行治理和加固。

结构加固设计应综合考虑其技术经济效果，避免不必要的拆除或更换；对加固过程中可能出现倾斜、失稳、过大变形或坍塌的结构，应在加固设计时提出相应的临时性安全措施，明确要求施工单位严格执行。

2.1.1　后续使用年限

既有钢筋混凝土结构安全性加固的设计使用年限的确定，应考虑下述原则：

（1）结构加固后的使用年限，应由业主和设计单位共同商定。

（2）当结构的加固材料中含有合成树脂或其他聚合物成分时，其结构加固后的使用年限宜按30年考虑；当要求结构加固后的使用年限为50年时，其所使用的合成树脂和聚合物的粘结性能，应通过耐长期应力作用能力的检验。

（3）使用年限到期后，当重新进行的安全性鉴定认为该结构工作正常，仍可继续延长其使用年限。

(4) 对使用合成树脂和聚合物材料加固的结构、构件，还应定期检查其工作状态；检查的时间间隔一般不超过10年。

(5) 当为局部加固时，应考虑原建筑物剩余设计使用年限对结构加固后设计使用年限的影响。

(6) 设计应明确结构加固后的用途。在加固设计使用年限内，未经技术鉴定或设计许可，不得改变加固后结构的用途和使用环境。

既有钢筋混凝土结构房屋的抗震加固设计应以抗震鉴定结果为主要依据。根据现行国家标准《建筑抗震鉴定标准》GB 50023的规定，既有建筑在进行抗震鉴定时，按下述规定选择其后续使用年限：

(1) 在20世纪70年代及以前建造经耐久性鉴定可继续使用的建筑，其后续使用年限不应少于30年；在20世纪80年代建造的建筑，宜采用40年或更长，且不得少于30年。

(2) 在20世纪90年代（按当时施行的抗震设计规范系列设计）建造的建筑，后续使用年限不宜少于40年，条件许可时应采用50年。

(3) 在2001年以后（按当时施行的抗震设计规范系列设计）建造的建筑，后续使用年限宜采用50年。

对上述不同后续使用年限的建筑，采用不同的抗震鉴定要求和方法。后续使用年限30年的建筑，简称A类建筑；后续使用年限40年的建筑，简称B类建筑；后续使用年限50年的建筑，简称C类建筑。

当前，根据最新颁布的《中国地震动参数区划图》（GB 18306—2015，简称“第五代区划图”）的规定，国内全部地区均为抗震设防区，因此，对既有建筑的改造应根据建筑的实际情况综合考虑上述因素，确定其后续使用年限。

2.1.2 抗震加固设计原则

钢筋混凝土结构房屋的抗震加固设计一般应遵循下列原则：

抗震加固时应根据房屋的抗震鉴定结果，按房屋不满足抗震鉴定要求的实际情况选择加固方案。加固方案主要包括提高结构构件抗震承载力、增强结构变形能力或改变结构体系等三类，也可以是这三类方案的有机组合。

加固或新增构件的布置，应消除或减少不利因素，防止局部加强导致的结构刚度或强度突变，避免由于加固形成新的薄弱层，或者由于加固进一步加重结构的扭转不规则程度。

加固后的框架应避免形成短柱、短梁或强梁弱柱。

采用综合抗震能力指数验算时，加固后楼层屈服强度系数、体系影响系数和局部影响系数应根据房屋加固后的状态计算和取值。

既有钢筋混凝土结构房屋加固后，如果结构在罕遇地震下的层间位移角小于现行标准规范限值的1/2时，则该建筑结构的抗震构造措施可按抗震等级降低一级考虑。

既有钢筋混凝土结构房屋进行抗震加固设计时，应与实际施工方法紧密结合，保证新增结构构件与原有结构连接可靠，能够有效形成整体，共同工作。新增构件与原有构件之间应有可靠连接，新增的抗震墙、柱等竖向构件应有可靠的基础。加固所用材料类型与原结构相同时，其强度等级不应低于原结构材料的实际强度等级。同时，也应考虑新增构件的应变滞后以及新旧构件协同工作程度的影响。

既有钢筋混凝土房屋的抗震措施和抗震承载力不满足要求时，可选择下列加固方法：

（1）既有钢筋混凝土框架结构宜优先采用消能减震技术或隔震技术进行加固。此外，还可采取增设抗震墙、抗震支撑等抗侧力构件的加固方法，提高结构的抗侧刚度和整体抗震性能。增设抗震墙、抗震支撑或消能减震支撑时，如原房屋楼盖整体性较差、刚度不足，应同时采取加强楼、屋盖整体性和刚度的加固措施，确保地震力能有效传递给新增的抗侧力构件。另外，新增的抗震墙和抗震支撑等抗侧力构件宜优先设置在楼梯间四周，以减小楼梯结构的地震反应。

（2）如原有结构为单向钢筋混凝土框架结构，应通过在框架平面之外增设框架梁、柱将之改为双向框架结构进行加固；也可以通过加强楼、屋盖整体性并增设抗震墙、抗震支撑等抗侧力构件，将结构体系变为框架抗震墙结构、框架支撑结构进行加固。

（3）如原有结构为单跨框架结构，且不满足抗震鉴定要求时，可通过增设抗震墙、翼墙、抗震支撑等抗侧力构件将结构体系变为框架抗震墙结构、框架支撑结构的方法进行加固，增设的抗震墙、翼墙、抗震支撑的最大间距应不超过框架抗震墙结构的抗震墙最大间距，且不超过 24m。此外，单跨框架结构也可以通过增设框架柱，将对应轴线的单跨框架改为多跨框架结构的方法进行加固。

（4）既有钢筋混凝土结构房屋存在抗侧刚度不足、明显不均匀或有明显的扭转效应时，也可采用增设钢筋混凝土抗震墙或翼墙，增设抗震支撑或消能减震支撑等方法进行加固。

（5）当框架梁、柱、楼梯构件等的配筋不满足鉴定要求时，可采用外包型钢、增大截面或粘贴钢板、碳纤维布、钢丝绳网片-聚合物砂浆面层等方法进行加固。

（6）当框架柱轴压比不满足鉴定要求时，宜采用增大截面法加固。

（7）钢筋混凝土抗震墙配筋不满足鉴定要求时，可采用增大截面法加厚原有墙体或增设边缘构件、增设抗震墙等加固，也可采用外包型钢和粘贴钢板、碳纤维布、钢丝绳网片-聚合物砂浆面层等方法进行加固。

（8）局部钢筋混凝土承重构件受压区混凝土强度偏低或有严重缺陷时，可选择采用置换混凝土加固法。钢筋混凝土构件有局部损伤时，可采用细石混凝土修复；出现裂缝时，可灌注水泥基灌浆料等补强。

（9）填充墙体与框架柱连接不满足鉴定要求时，可增设拉筋连接；填充墙体与框架梁连接不满足鉴定要求时，可在墙顶增设钢夹套等与梁拉结；楼梯间的填充墙不满足鉴定要求，可采用钢筋网砂浆面层加固。

实际工程中，应综合考虑抗震鉴定结果，根据上述抗震加固的设计原则，合理制定加固设计方案。

2.2 钢筋混凝土构件直接加固技术

2.2.1 增大截面加固

1. 技术特点

钢筋混凝土构件的增大截面加固法，主要用于对钢筋混凝土梁、柱、抗震墙和楼板等构件进行加固。该方法在原有结构构件外包一定厚度的钢筋混凝土，新增钢筋混凝土和原有结构可靠连接，在荷载和地震作用下共同受力，实现了提高原结构配筋，增大原结构截面，从而提高原结构的承载力和刚度的效果。

采用增大截面法加固钢筋混凝土构件时，要求按现场检测结果确定的原构件混凝土强度等级不应低于 C13。当用于梁、柱加固时，由于外包钢筋混凝土层内同时配置纵向钢筋和箍筋，该方法还可以显著提高原结构的延性和耗能性能。该方法适用范围较广，可同时解决结构的承载能力不足、刚度不足以及延性不足等问题。

2. 构造要求

增大截面法加固的新增混凝土宜采用细石混凝土，强度等级不应低于 C20，且不应低于原构件实际的混凝土强度等级，一般宜高于原构件一个强度等级。新增混凝土可采用现浇混凝土、自密实混凝土或喷射混凝土浇筑而成，也可采用掺有细石混凝土的水泥基灌浆料。

当采用增大截面法加固梁、柱混凝土构件时，可根据原构件的受力性质、构造特点和现场条件，选用四面加厚（即围套式）、三面加厚或两面加厚等构造形式。

框架柱增大截面加固的纵向钢筋遇到楼板时，应在楼板上凿洞穿过并上下连接，其根部应伸入基础并满足锚固要求，其顶部应在屋面板处封顶锚固；梁增大截面的纵向钢筋应与柱可靠连接。

增大截面法加固的材料和构造还应满足下列要求：

(1) 新增混凝土的最小厚度，加固板时不应小于 40mm，加固梁、柱、抗震墙时不应小于 60mm，用喷射混凝土施工时不应小于 50mm。

(2) 加固用的钢筋，应采用热轧钢筋。加固楼板的受力钢筋直径不应小于 8mm，加固梁的受力钢筋直径不应小于 12mm，加固柱的受力钢筋直径不应小于 14mm；加锚式箍筋直径不应小于 8mm，U 形箍筋的直径应与原箍筋直径相同；分布筋的直径不应小于 6mm。

(3) 加固的受力钢筋与原构件的受力钢筋间的净距不应小于 20mm，并应采用短筋焊接连接，箍筋应采用封闭箍筋或 U 形箍筋。抗震加固时，箍筋直径和间距应符合其抗震等级的相关要求，靠近梁柱节点处应加密；柱加固的箍筋应封闭，梁加固的箍筋应有一半穿过楼板后弯折封闭。

(4) 当采用单侧或双侧加固时，应设置 U 形箍筋。U 形箍筋应焊在原有箍筋上，单面焊缝长度应为 $10d$，双面焊缝应为 $5d$（d 为 U 形箍筋直径）。U 形箍筋可直接植入锚孔内，植筋直径 d 不应小于 10mm，距构件边缘不小于 $3d$，且不小于 40mm，锚固深度不小于 $10d$，并采用高强度胶粘剂将锚钉锚固于原有梁、柱的钻孔内，钻孔直径应大于锚钉直径 4mm。

典型的钢筋混凝土柱、梁增大截面法加固示意图分别如图 2-1 和图 2-2 所示。

3. 设计计算要点

采用增大截面法加固后的钢筋混凝土构件，可按整体截面进行承载力计算和抗震验算，新增的混凝土和钢筋的材料强度应按规范规定乘以相应的折减系数。

不考虑地震效应组合时，采用增大截面法加固钢筋混凝土结构构件时，受弯构件正截面、受弯构件斜截面和受压构件正截面承载力计算应符合现行国家标准《混凝土结构加固

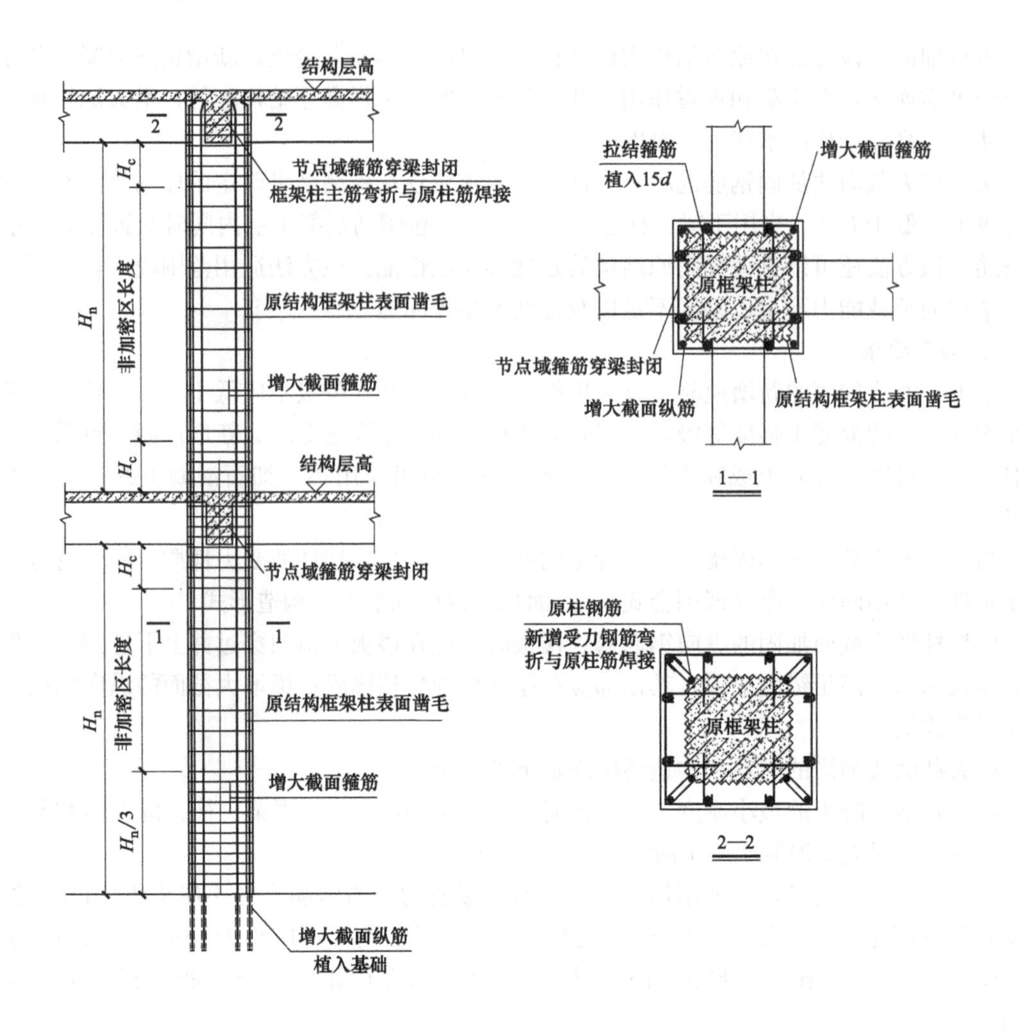

图 2-1　钢筋混凝土柱增大截面法加固示意

设计规范》GB 50367 的规定。其中，对于新增钢筋、混凝土的强度折减系数如下：

(1) 受弯构件正截面加固承载力计算时，新增纵筋强度折减系数取 0.9；

(2) 受弯构件斜截面加固承载力计算时，新增箍筋强度折减系数取 0.9，新增混凝土强度折减系数取 0.7；

(3) 受压构件正截面加固承载力计算时，新增混凝土和钢筋的强度折减系数均取 0.8。

抗震验算时，加固构件的现有承载力，A、B 类钢筋混凝土结构可按现行国家标准《建筑抗震鉴定标准》GB 50023 规定的方法确定，C 类钢筋混凝土结构可按现行国家标准《建筑抗震设计规范》GB 50011 规定的方法确定。

其中，新增钢筋、混凝土的强度折减系数不宜大于 0.85。具体应用时，可参考上述不考虑地震效应组合时的材料强度折减系数，当折减系数大于 0.85 时，取 0.85；当折减系数不大于 0.85 时，取原折减系数。

对 A、B 类钢筋混凝土结构，按楼层综合抗震能力指数验算时，梁柱箍筋、轴压比等

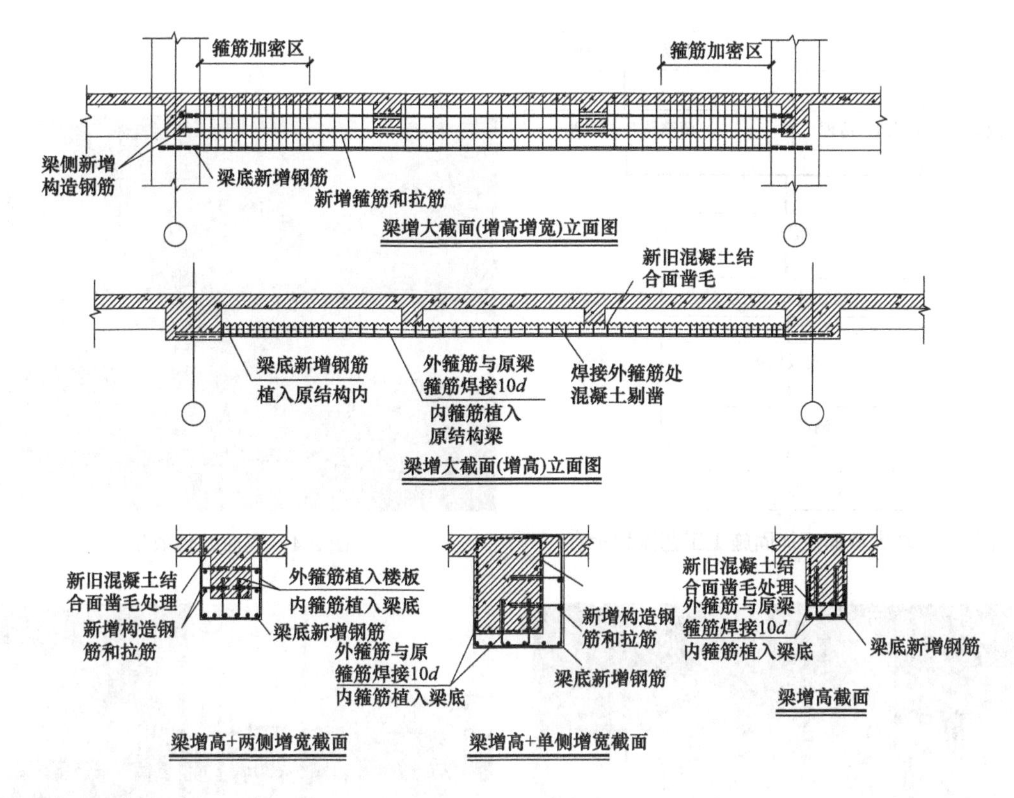

图 2-2　钢筋混凝土梁增大截面法加固示意

的体系影响系数可取 1.0。

4. 施工要点

采用增大截面法加固钢筋混凝土构件时，应符合如下施工规定：

原构件混凝土表面应进行处理，应对原构件混凝土存在的缺陷清理至密实部位，并将表面凿毛或打成沟槽，沟槽深度不宜小于 6mm，间距不宜大于箍筋间距或 200mm，被包的混凝土棱角应打掉，同时应除去浮渣、尘土。

加固前应卸除或大部分卸除作用在梁上的活荷载，浇筑混凝土前，原混凝土表面以新鲜水泥浆或其他界面剂进行处理；浇筑后应加强养护。

对原有和新增受力钢筋应进行除锈处理；在受力钢筋上施焊前应采取卸荷或支撑措施，并应逐根分区段分层进行焊接。

混凝土构件增大截面法加固施工工艺流程如图 2-3 所示。

首先根据设计图纸要求进行测量放线，测量混凝土梁增大截面尺寸，及梁上植筋位置、主筋位置的布置线。对钢筋进行打磨除锈处理，然后用脱脂棉沾丙酮擦拭干净。对原混凝土构件的新旧结合面进行剔凿，然后用无油压缩空气除去粉尘，或清水冲洗干净，表面剔凿需要将保护层剔除，凿毛深度不小于 6mm（图 2-4）。

新增纵向钢筋位置定位后用电锤钻孔，清孔处理后注入植筋胶进行植筋，植筋深度应满足设计图纸要求，进行箍筋、拉结钢筋的植筋，然后进行钢筋绑扎、模板支设以及混凝土浇筑。增大截面法加固柱、梁钢筋绑扎照片如图 2-5 所示。

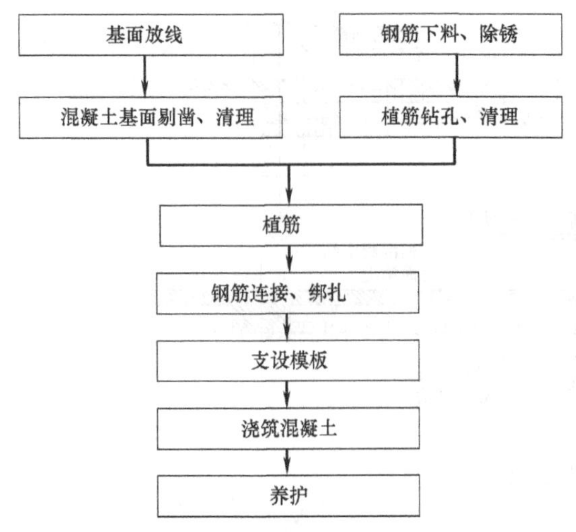

图 2-3　增大截面法加固施工工艺流程示意

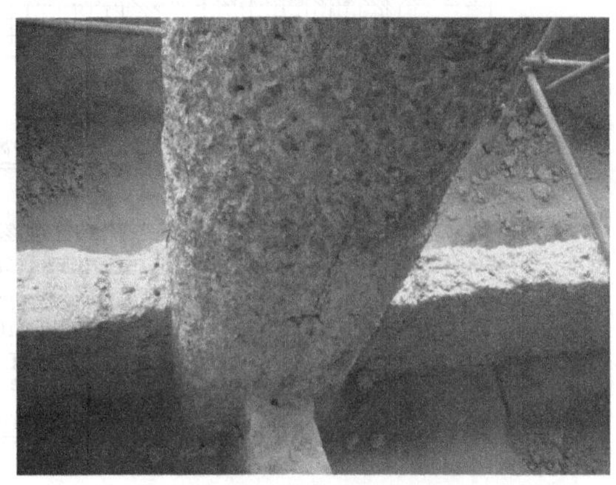

图 2-4　表面处理效果

图 2-5　柱、梁钢筋绑扎照片

2.2.2　外包型钢加固

1. 技术特点

外包型钢加固法，主要用于对钢筋混凝土梁、柱等进行加固，是指在梁、柱的角部外包角钢，角钢之间通过扁钢或缀板连接的加固方法。根据施工工艺的不同，可分为干式外包型钢加固法和湿式外包型钢加固法。干式外包型钢加固法是指型钢和扁钢直接外包于原结构，与原结构之间没有粘接，或者虽然在缝隙中填有水泥砂浆，但也无法保证粘接面剪力的有效传递，不能整体工作的外包型钢加固法；湿式外包型钢加固法是指在外包的型钢与原结构之间填充乳胶水泥或环氧树脂结构胶的方法使型钢与原结构能够实现有效粘接，共同受力的加固方法。当用于抗震加固时，宜采用湿式外包型钢加固法。采用外包型钢加固法对钢筋混凝土构件进行加固后，可以显著提高构件的受弯、受剪承载能力以及延性性能，且对原结构自重增加不大。另外，由于外包型钢并没有使结构截面增加很大，对结构刚度增加有限，因此通常不用于需要提高抗侧刚度的情况。

2. 构造要求

(1) 外包型钢加固梁时，纵向角钢两端应与柱有可靠连接。应在梁的阳角外贴角钢（图 2-6a），角钢应与钢缀板焊接，钢缀板应穿过楼板形成封闭环形。

(2) 外包型钢加固柱时，应采取措施使楼板上下的角钢可靠连接；顶层的角钢应与屋面板可靠连接；底层的角钢应与基础锚固。应在柱四角外贴角钢（图 2-6b），角钢应与外围的钢缀板焊接。

(3) 角钢不宜小于∟50×6；钢缀板截面不宜小于 40mm×4mm，其间距不应大于单肢角钢的截面最小回转半径的 40 倍，且不应大于 400mm，构件两端应适当加密（图 2-7）。

(4) 外包型钢与梁柱混凝土之间应采用胶粘剂粘结。

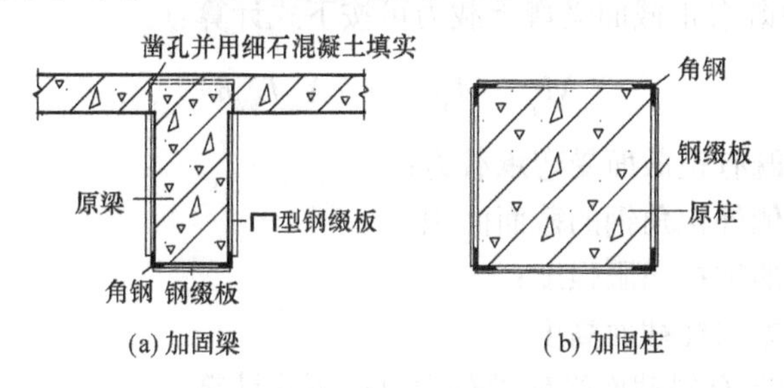

图 2-6 混凝土构件外包型钢加固截面示意

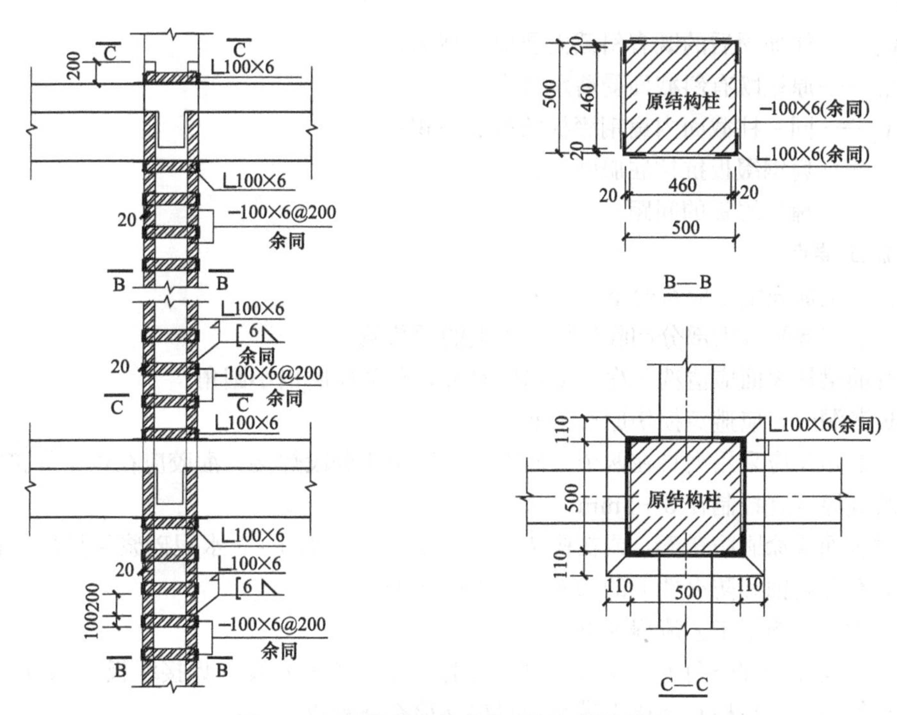

图 2-7 钢筋混凝土柱外包型钢加固法示意

3. 设计计算要点

梁、柱采用外包型钢加固后，截面抗震验算时，角钢应作为纵向钢筋，钢缀板应作为箍筋进行计算，其材料强度应乘以规定的折减系数。

加固后结构抗震验算时，梁柱箍筋构造的体系影响系数可取 1.0。构件按组合截面进行抗震验算，加固梁的钢材强度宜乘以折减系数 0.8；加固柱应符合下列规定：

（1）柱加固后的初始刚度可按下式计算：

$$K=K_0+0.5E_aI_a \tag{2-1}$$

式中：K——加固后的初始刚度；

K_0——原柱截面的弯曲刚度；

E_a——角钢的弹性模量；

I_a——外包角钢对柱截面形心的惯性矩。

（2）柱加固后的既有正截面受弯承载力可按下式计算：

$$M_y=M_{y0}+0.7A_af_{ay}h \tag{2-2}$$

式中：M_{y0}——原柱既有正截面受弯承载力；

A_a——柱一侧外包角钢的截面面积；

f_{ay}——角钢的抗拉屈服强度；

h——验算方向柱截面高度。

（3）柱加固后的既有斜截面受剪承载力可按下式计算：

$$V_y=V_{y0}+0.7f_{ay}(A_a/s)h \tag{2-3}$$

式中：V_y——柱加固后的既有斜截面受剪承载力；

V_{y0}——原柱既有斜截面受剪承载力；

A_a——同一柱截面内扁钢缀板的截面面积；

f_{ay}——扁钢缀板抗拉屈服强度；

s——扁钢缀板的间距。

4. 施工要点

外包型钢加固施工应符合下列要求：

加固前应卸除或大部分卸除作用在梁上的活荷载。

原有的梁柱表面应清洗干净，缺陷应修补，角部应磨出小圆角。

楼板凿洞时，应避免损伤原有钢筋。

构架的角钢应采用夹具在两个方向夹紧，缀板应分段焊接。灌胶应在构架焊接完成后进行，胶缝厚度宜控制在 3～5mm。

钢材表面应涂刷防锈漆，或在构架外围抹 25mm 厚的 1∶3 水泥砂浆保护层，也可采用其他具有防腐蚀和防火性能的饰面材料加以保护。

外包钢加固施工工艺流程如下：

混凝土表面处理→角钢及钢板下料、打磨拼装→角钢安装→焊接缀板（钢箍）→安装灌胶嘴排气口→密封检查→压力灌胶→封口→检查→验收。

将结构面清理干净，在混凝土粘钢位置测放打磨控制线，用角磨机打磨掉混凝土浮层，直至完全露出坚实新结构面，对混凝土粘合面及角部进行打磨，去掉 1～3mm 表层，用压缩空气除去粉尘，角钢安装前用清洗剂擦拭干净。混凝土表层出现剥落、空鼓、蜂窝、腐蚀等劣化现象的部位应予以剔除，用指定材料修补，裂缝部位应首先进行封闭处理。

钢材粘接面须进行除锈和粗糙处理，用砂轮磨光机打磨出金属光泽，打磨粗糙度越大越好，打磨纹路应与钢材受力方向垂直，其后用棉丝沾丙酮擦拭干净。

根据构件尺寸配好的角钢、钢板运至现场后，对钢材进行组装试安装，对运输过程中产生的变形必须进行矫正处理，符合规范要求后，才能进行安装焊接。柱角钢安装时先用钢管作柱箍，采用对拉螺栓固定（图 2-8）。

角钢及钢板安装好经检查尺寸符合要求后进行焊接连接，用特制紧固件夹紧固定，角钢与原结构构件尽量贴紧，竖向基本顺直，如原结构柱出现较大偏差，应进行顺直处理，缀板与角钢搭接部位须三面围焊。

焊缝检验合格后，用环氧砂浆沿钢材边缘封严，并按 2m 间距留出排气孔，结合现场实际情况，利于灌胶处梅花状埋设灌胶嘴。待灌胶嘴粘牢后用高压注胶泵灌注改性环氧树脂胶粘剂，灌胶时竖向按从下向上的顺序，水平方向按同一方向的顺序，灌胶时待下一灌胶管（孔）溢出胶为止，以环氧胶泥堵孔，依次灌胶，直至所有灌胶管（孔）均灌完。最后一个灌胶管（孔）用于出气孔可不灌胶，灌胶结束后清理残留结构胶。

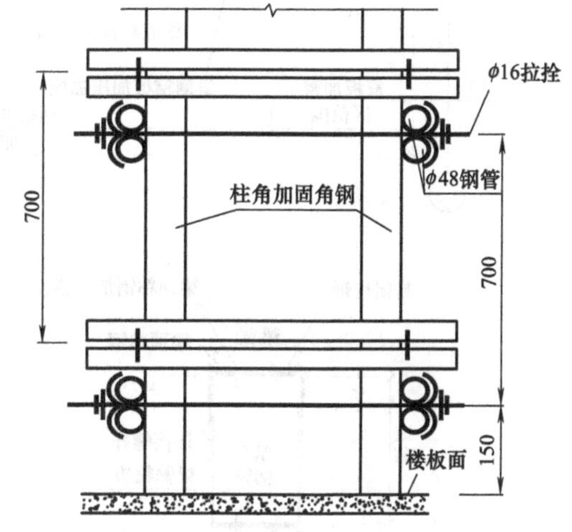

图 2-8　柱加固角钢固定示意图

结构胶固化后用小锤轻轻敲击钢材表面，从音响判断粘接效果，如有个别空洞声，表明局部不密实，须再次高压灌胶补实。

2.2.3　粘贴钢板加固

1. 技术特点

粘贴钢板加固通常指在混凝土构件表面用结构胶粘贴钢板，使钢板和混凝土粘接成整体，共同工作，从而补足原结构配筋的不足，提高构件的受弯或受剪承载力。该方法主要适用于混凝土受弯构件，如框架梁、板等构件的加固。

采用粘贴钢板加固的混凝土结构构件，其现场实测混凝土强度等级应不低于 C15，同时，混凝土表面的正拉粘结强度不应低于 1.5MPa。被加固混凝土结构构件强度较低时，其与钢板的粘结强度也较低，在承载力极限状态，钢板易发生脆性剥离破坏，难以实现加固效果。另外，粘贴钢板加固法一般也不适用于素混凝土构件以及纵向受力钢筋单侧配筋率小于 0.2%的构件。

钢筋混凝土结构构件采用粘贴钢板法加固后，其正截面受弯承载力的提高幅度不应超过 40%，同时，应验算其受剪承载力，必要时应同时进行抗剪加固，避免出现“强弯弱剪”的问题。

2. 构造要求

采用粘贴钢板加固梁柱时（图 2-9），应符合下列要求：

（1）粘贴钢板应采用粘结强度高且耐久的胶粘剂；钢板可采用 Q235 或 Q345 钢。粘

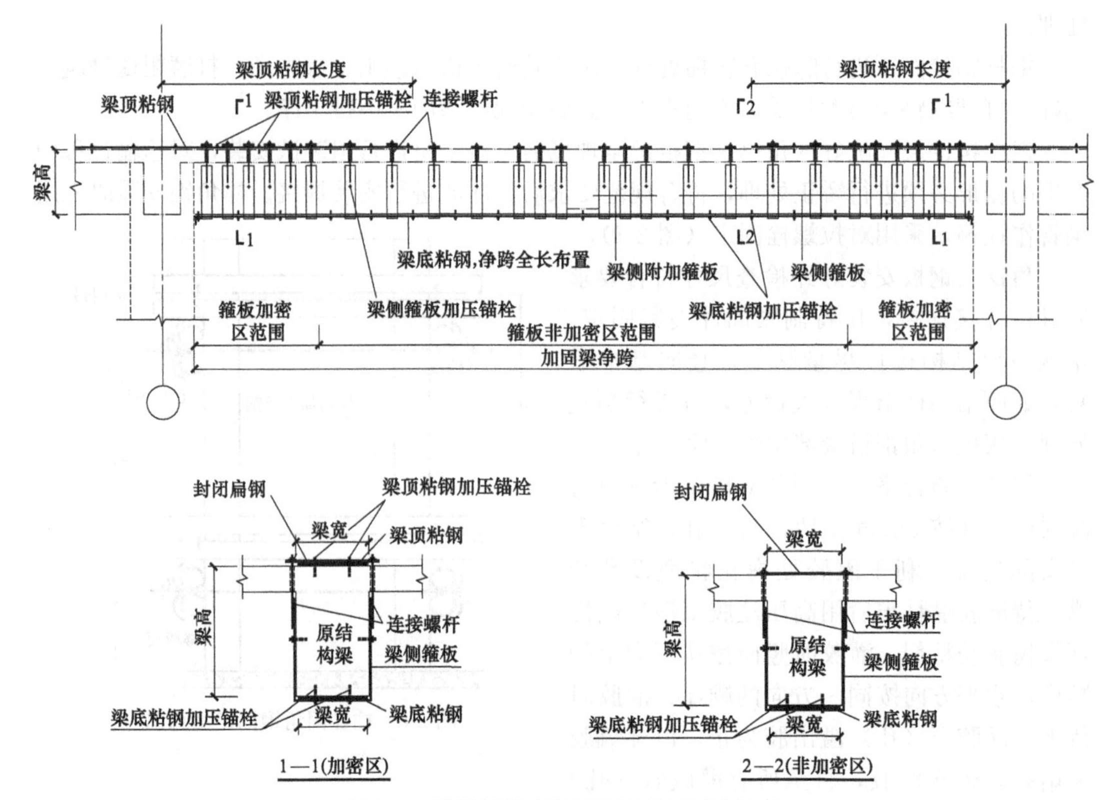

图 2-9 钢筋混凝土梁粘贴钢板加固法示意

贴钢板的宽度不宜大于 100mm。采用手工涂胶粘贴的钢板厚度不应大于 5mm，采用压力注胶粘贴的钢板厚度不应大于 10mm。

(2) 钢板的受力方式应设计成仅承受轴向应力作用。钢板在需要加固的范围以外的锚固长度，受拉时不应小于钢板厚度的 200 倍，且不应小于 600mm；受压时不应小于钢板厚度的 150 倍，且不应小于 500mm。

(3) 对钢筋混凝土受弯构件进行正截面加固时，应在钢板的端部或截断处及集中荷载作用点的两侧，设置附加 U 形钢箍板，对板则应设置横向钢压条进行锚固。

(4) 当粘贴的钢板延伸至构件边缘仍不满足上述锚固长度规定时，对于梁构件，应在锚固长度范围内均匀设置 U 形箍，并在端部设置一道加强箍。端部加强箍的宽度不应小于加固钢板宽度的 2/3，其他 U 形箍的宽度不应小于加固钢板宽度的 1/2，且不应小于 40mm。U 形箍板的厚度不应小于加固钢板厚度的 1/2，也不应小于 4mm。对于板构件，应在锚固长度范围内设置垂直于加固钢板方向的钢压条，钢压条一般不少于 3 条，其宽度不应小于加固钢板宽度的 3/5，其厚度不应小于加固钢板厚度的 1/2。

(5) 当加固的受弯构件粘贴不止一层钢板时，相邻两层钢板的截断位置应错开不小于 300mm，并应在截断处加设 U 形箍板或横向压条进行锚固。

(6) 当采用粘贴钢板箍对结构构件进行斜截面承载力加固时，宜选用封闭箍或加锚的 U 形箍，其受力方向应垂直于构件轴向，封闭箍或 U 形箍的净间距应不大于规范规定的箍筋最大间距的 0.7 倍，且不大于梁高的 0.25 倍。箍板的粘贴高度应为构件的截面高度，上端应设置纵向钢压条予以锚固。当构件的截面高度大于等于 600mm 时，应在其腰部增设纵向钢压条。

(7) 粘贴钢板与原构件尚宜采用专用化学锚栓加压固定。

(8) 粘贴用钢板的焊接连接必须在粘贴前进行，粘贴以后不得对构件进行任何焊接连接，以免破坏粘胶的强度。

3. 设计计算要点

采用粘贴钢板对钢筋混凝土梁、板等构件进行加固的设计计算方法，可按现行国家标准《混凝土结构加固设计规范》GB 50367 的有关规定执行。

采用粘贴钢板对钢筋混凝土梁、板等构件进行受弯加固时，除应符合现行国家标准《混凝土结构设计规范》GB 50010 有关正截面承载力计算的基本假定外，尚应符合下列规定：

(1) 构件达到受弯承载能力极限状态时，外贴钢板的拉应变应按截面应变保持平面的假设确定；

(2) 当考虑二次受力影响时，应根据构件加固前的初始受力情况，确定钢板的滞后应变；

(3) 在达到承载能力极限状态前，外贴钢板与混凝土之间不致出现粘结剥离破坏；

(4) 受弯构件加固后的相对界限受压区高度应按加固前控制值的 0.85 倍采用。

采用粘贴钢板对钢筋混凝土构件进行斜截面受剪加固时，应采用粘贴钢板箍的方式进行加固，承载力计算时也应考虑与钢板的粘贴方式及受力条件有关的抗剪强度折减系数。

抗震验算时，对构件承载力的新增部分，其加固承载力抗震调整系数宜采用 1.0，且对 A、B 类钢筋混凝土结构，原构件的材料强度设计值和抗震承载力，应按现行国家标准《建筑抗震鉴定标准》GB 50023 的有关规定采用。

4. 施工要点

采用粘贴钢板加固法加固钢筋混凝土结构时，应符合下列施工要求：

粘钢加固施工应按如下工艺流程进行：表面处理→卸荷→配胶并涂敷胶→粘贴→固定加压→固化→卸支撑检验→粉刷防护处理。

混凝土构件表面处理：对原混凝土构件的粘合面，可用硬毛刷沾高效洗涤剂，刷除表面油垢污物后用清水冲洗，再对粘合面进行打磨，除去 2～3mm 厚表层，直至完全露出新面，并用无油压缩空气吹除粉粒。如混凝土表面不是很旧，则可直接对粘合面进行打磨，去掉 1～2mm 厚表层，用无油压缩空气除去粉尘或用清水冲洗干净，待完全干燥后用脱脂棉沾丙酮擦拭表面即可。

钢板粘结面，须进行除锈和粗糙处理。如钢板未生锈或轻微锈蚀，可用喷砂、砂布或平砂轮打磨，直至出现金属光泽。打磨粗糙度越大越好，打磨纹路应与钢板受力方向垂直。其后，用脱脂棉沾丙酮擦拭干净。

粘贴钢板前，可能时应对被加固构件进行卸荷。如采用千斤顶顶升方式卸荷，对于承受均布荷载的梁，应采用多点（至少两点）均匀顶升；对于有次梁作用的主梁，每根次梁下要设一台千斤顶，顶升吨位以顶面不出现裂缝为准。

胶粘剂使用前应现场抽样，进行质量检验，合格后方能使用，按产品使用说明书规定配制。注意搅拌时应避免雨水进入容器，按同一方向进行搅拌，容器内不得有油污、灰尘和水分。

胶粘剂配制好后，用抹刀同时涂抹在已处理好的混凝土表面和钢板面上，厚度1～3mm，中间厚边缘薄，然后将钢板贴在预定位置。如果是立面粘贴，为防止流淌，可加一层脱蜡玻璃丝布。粘好钢板后，用手锤沿粘贴面轻轻敲击钢板，如无空洞声，表示已粘贴密实，否则应剥下钢板，补胶，重新粘贴。

钢板粘贴后立即用夹具夹紧，并用锚栓固定，适当加压，以使胶液刚从钢板边缘挤出为度。

承重用的胶粘剂在常温下固化，保持在20℃以上，24h即可拆除夹具或支撑，3d可受力使用。若低于15℃，应采取人工加温，一般用红外线灯加热。

加固完工并经验收合格后，钢板表面应粉刷水泥砂浆保护。如钢板表面积较大，为利于砂浆粘结，可粘一层铁丝网或点粘一层豆石。

2.2.4 粘贴纤维复合材料加固

1. 技术特点

粘贴纤维复合材料加固是指在混凝土构件表面用结构胶粘贴高强纤维复合材料，使纤维材料和混凝土粘结成整体，共同工作，从而补足原结构配筋的不足，提高被加固构件的受弯、受剪承载力或延性性能。该方法主要适用于混凝土受弯构件，如框架梁、板等构件的加固，也经常用于混凝土压弯构件如框架柱结构的延性加固。

与粘贴钢板加固的情况相似，为保证纤维复合材料与混凝土之间的粘结强度，实现加固效果，采用粘贴纤维复合材料加固的混凝土结构构件，其现场实测混凝土强度等级应不低于C15，同时混凝土表面的正拉粘结强度不应低于1.5MPa。同时，粘贴纤维复合材料加固法一般也不适用于素混凝土构件以及纵向受力钢筋单侧配筋率小于0.2%的构件。

钢筋混凝土结构构件采用粘贴纤维复合材料加固后，其正截面受弯承载力的提高幅度不应超过40%，同时应验算其受剪承载力，避免因受弯承载力提高后而导致构件受剪破坏先于受弯破坏。

2. 构造要求

采用粘贴纤维复合材料加固梁柱时（图2-10），应符合下列要求：

（1）纤维复合材料的加固量，对预成型的纤维复合材料板，不宜超过2层，对纤维复合材料布，不宜超过4层。

（2）纤维复合材料的受力方式应设计成仅承受拉应力作用。当提高梁的受弯承载力时，纤维复合材料应设在梁顶面或底面受拉区；当提高梁的受剪承载力时，纤维复合材料应采用U形箍加纵向压条或封闭箍的方式；当提高柱受剪承载力时，纤维复合材料布宜沿环向螺旋粘贴并封闭，当矩形截面采用封闭环箍时，至少缠绕3圈且搭接长度应超过200mm。粘贴纤维复合材料在需要加固的范围以外的锚固长度，受拉时不应小于600mm。

（3）当粘贴的纤维复合材料延伸至构件边缘仍不满足上述锚固长度规定时，对于梁构件，应在锚固长度范围内均匀设置不少于三道纤维复合材料U形箍，并在端部设置一道加强箍。端部加强箍的宽度不应小于加固纤维复合材料宽度的2/3，且不应小于150mm，其他U形箍的宽度不应小于加固纤维复合材料宽度的1/2，且不应小于100mm。U形箍的厚度不应小于加固纤维复合材料厚度的1/2。对于板构件，应在锚固长度范围内设置垂

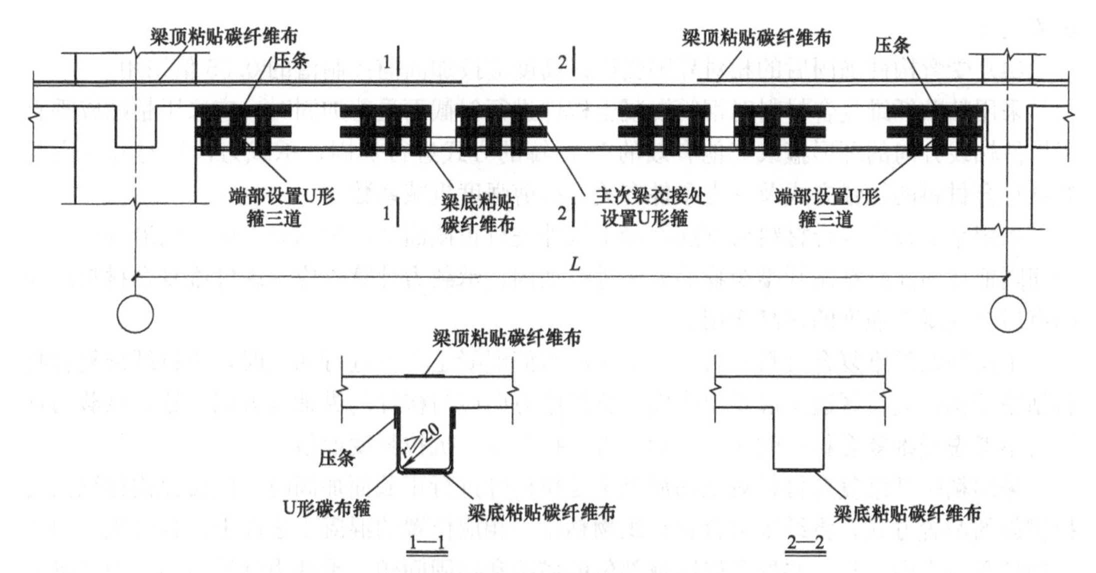

图 2-10 钢筋混凝土梁粘贴纤维复合材料加固法示意

直于加固纤维复合材料方向的纤维复合材料压条，压条一般不少于 2 条，其中锚固长度端部应布置 1 条，其宽度不应小于加固纤维复合材料宽度的 3/5，其厚度不应小于加固纤维复合材料厚度的 1/2。

（4）当采用纤维复合材料对结构构件进行斜截面受剪承载力加固时，宜选用环形封闭箍或端部自锁式 U 形箍，纤维复合材料箍的纤维受力方向应垂直于构件轴向，环形封闭箍或 U 形箍的净间距应不大于规范规定的箍筋最大间距的 0.7 倍，且不大于梁高的 0.25 倍。箍板的粘贴高度应为构件的截面高度，当 U 形箍的上端无自锁装置时，应粘贴纵向压条予以锚固。当构件的截面高度大于等于 600mm 时，应在其腰部增设纵向压条。

（5）当采用纤维复合材料 U 形箍、环向围束等对结构构件加固而需要在构件阳角处绕过时，其截面棱角应在加固前通过打磨进行圆化处理。对于梁构件，其棱角圆化半径，对碳纤维和玻璃纤维不应小于 20mm，对芳纶纤维不应小于 15mm；对于柱构件，其棱角圆化半径，对碳纤维和玻璃纤维不应小于 25mm，对芳纶纤维不应小于 20mm。

3. 设计计算要点

钢筋混凝土构件采用纤维复合材料加固的设计计算方法，可按现行国家标准《混凝土结构加固设计规范》GB 50367 的有关规定执行。

采用粘贴钢板对钢筋混凝土梁、板等构件进行受弯加固时，除应符合现行国家标准《混凝土结构设计规范》GB 50010 有关正截面承载力计算的基本假定外，尚应符合下列规定：

（1）构件达到受弯承载能力极限状态时，外贴纤维复合材料的拉应变应按截面应变保持平面的假设确定；纤维复合材料的应力应变关系按线弹性考虑，其拉应力等于拉应变与弹性模量的乘积。

（2）对于加固时无法完全卸载的构件，应考虑二次受力影响，根据加固前的受力情况确定纤维复合材料的滞后应变。

（3）在达到受弯承载力极限状态时，加固的纤维复合材料与混凝土之间不会出现粘结剥离破坏。

(4) 受弯构件加固后的相对界限受压区高度应按加固前控制值的0.85倍采用。

采用粘贴纤维复合材料对钢筋混凝土构件进行斜截面受剪加固时，应采用粘贴成垂直于构件轴线方向的环形箍或其他有效的U形箍的方式进行加固，承载力计算时应考虑与纤维复合材料的加锚方式及受力条件有关的抗剪强度折减系数。

采用粘贴纤维复合材料对钢筋混凝土构件进行正截面受压加固时，应采用沿构件全长无间隔地环向连续粘贴纤维织物的方法进行加固，承载力计算时应考虑纤维复合材料环向围束后对混凝土强度的提高作用。

采用粘贴纤维复合材料对大偏心受压的钢筋混凝土构件进行加固时，应将纤维复合材料粘贴于构件受拉区边缘混凝土表面，且纤维方向应与构件的纵轴线方向一致，承载力计算时不考虑纤维复合材料的应变滞后，直接按其设计抗拉强度取值。

采用粘贴纤维复合材料对钢筋混凝土受拉构件进行正截面加固时，应按原构件纵向受拉钢筋的配置方式，将纤维复合材料织物粘贴于相应位置的混凝土表面上，且纤维方向应与构件受拉方向一致，并处理好围拢部位的搭接和锚固问题，承载力计算时不考虑纤维复合材料的应变滞后，直接按其设计抗拉强度取值。

采用粘贴纤维复合材料提高钢筋混凝土柱的延性时，应采用环向连续粘贴纤维织物的方法对柱构成环向围束作为附加箍筋的方法进行加固，纤维复合材料可换算为等效体积配箍率。

抗震验算时，对构件承载力的新增部分，其加固承载力抗震调整系数宜采用1.0，且对A、B类钢筋混凝土结构，原构件的材料强度设计值和抗震承载力，应按现行国家标准《建筑抗震鉴定标准》GB 50023的有关规定采用。

4. 施工要点

粘贴纤维布加固时，应卸除或大部分卸除作用在梁上的活荷载，其施工应符合专门的规定。

采用粘贴碳纤维布加固混凝土结构，应由熟悉该技术施工工艺的专业施工队伍承担，并应有加固方案和施工技术措施。

施工应按照下列工序进行：

(1) 施工准备；

(2) 混凝土表面处理；

(3) 配制并涂刷底层树脂；

(4) 配制找平材料并对不平整处进行找平处理；

(5) 配制并涂刷浸渍树脂或粘贴树脂；

(6) 粘贴碳纤维布；

(7) 表面防护。

施工宜在5℃以上的条件下进行，并应符合配套树脂要求的施工使用温度。当环境温度低于5℃时，应采用适用于低温环境的配套树脂或采取升温措施。

施工时应考虑环境湿度对树脂固化的不利影响。

在进行混凝土表面处理和粘贴碳纤维布前，应按加固设计部位放线定位。

树脂配制时，应按产品使用说明规定的配比配制，并按要求严格控制使用时间。

5. 碳纤维加固混凝土柱试验研究

为验证碳纤维环绕包裹加固对钢筋混凝土柱延性的提高作用，开展了相关试验研究。

（1）试件设计与制作

试验共设计了 5 根钢筋混凝土柱，柱高 900mm，截面尺寸为 200mm×200mm。混凝土强度设计等级为 C20，柱纵筋采用 HRB335 钢筋，4Φ14，纵筋配筋率 $\rho_v=1.54\%$，并伸入到底座底部；箍筋采用 HPB235 钢筋，双肢Φ8，间距 100mm，$\rho_{sv}=0.505\%$，混凝土保护层厚度 15mm。

试件的主要变化参数为碳纤维用量和轴压比。碳纤维采用沿柱高全包的方式，纤维方向与柱轴线方向垂直，包裹方式如图 2-11 所示。各试件主要变化参数列于表 2-1。

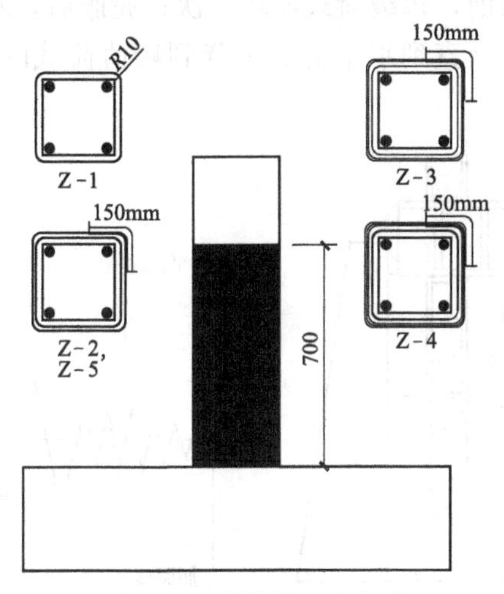

图 2-11 碳纤维包裹方式

各试件主要变化参数 **表 2-1**

试件编号	剪跨比	加固方式	体积配箍率	轴压比 n
Z-1	3.4	未加固	0.000594	0.31
Z-2	3.4	全包一层	0.03099	0.31
Z-3	3.4	全包二层	0.05604	0.31
Z-4	3.4	全包三层	0.08109	0.31
Z-5	3.4	全包一层	0.03099	0.63

试验用钢筋、混凝土和碳纤维布的材料性能试验结果分别列于表 2-2 和表 2-3。

钢筋和混凝土力学性能表 **表 2-2**

材料	直径 (mm)	面积 (mm^2)	屈服强度 (N/mm^2)	极限强度 (N/mm^2)	弹性模量 (N/mm^2)
主筋	14	153.9	345	530	172000
箍筋	6	28.3	320	460	214000
混凝土	第一批 f_{cu}(N/mm^2)			第二批 f_{cu}(N/mm^2)	
C20	27.5			17.4	

碳纤维布的性能指标 **表 2-3**

材料名称	抗拉强度(MPa)	弹性模量(MPa)	延伸率(%)
CFRP	3.2×10^3	2.1×10^5	1.7

(2) 试验加载方案

试验采用MTS液压伺服设备进行加载，加载装置如图2-12所示。竖向液压千斤顶安装在横梁的滚轴支座上，试验中施加水平荷载时，竖向千斤顶可随柱顶的移动而作水平移动，从而保证竖向荷载方向始终垂直于柱顶横断面，不发生偏移。

试验时先施加竖向荷载至设计值，并保持恒定，然后施加水平荷载。水平荷载的施加采用位移控制的方法。屈服前，每级荷载循环一次；屈服后，水平位移值取试件屈服位移值的整数倍，每级循环两次。直到水平荷载下降到峰值荷载的85%为止。具体加载制度如图2-13所示。

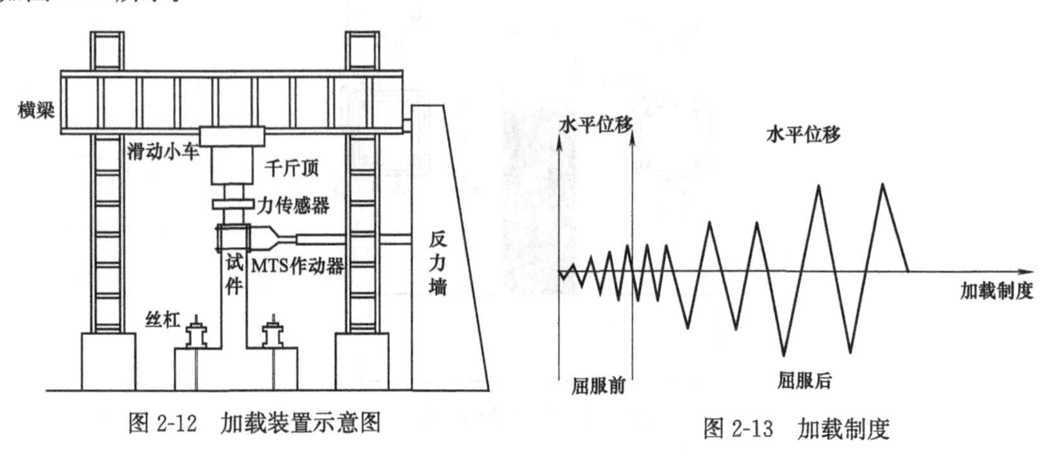

图2-12 加载装置示意图

图2-13 加载制度

试验主要量测内容包括：纵筋应变、箍筋应变、碳纤维布的应变、竖向荷载与水平荷载、水平位移等。MTS液压伺服作动器自动记录加荷点水平荷载，位移传感器测量加荷点水平位移，水平荷载和位移传感器通过IMP量测系统采集数据并实时绘制荷载-位移关系曲线。

(3) 试件的主要破坏特征

本次试验中各试件均按“强剪弱弯”的原则设计，破坏特征均为弯曲受压破坏。

未加固柱Z-1：开始施加水平荷载后，混凝土及纵筋应变呈线形增长，当荷载达22.4kN时，柱开裂，第一条裂缝出现在柱根部，沿水平方向；纵筋受拉屈服前，柱根部混凝土只出现少量水平微裂缝；当纵筋受拉屈服后，应变增长较快，混凝土受拉区裂缝不断发展、贯通，并有新的裂缝出现，裂缝主要分布在柱根部以上100mm范围内。当构件达到最大承载力时，柱根部形成一条最宽的主裂缝，延伸到柱侧面形成弯剪斜裂缝，箍筋应变发展较快，受压区混凝土保护层出现竖向裂缝；当水平位移继续增大时，荷载开始下降，受压区混凝土开始剥落，部分箍筋屈服。试验进行到构件承载力下降到85%时止。Z-1的破坏形态如图2-14(a)所示。

加固柱Z-2～Z-5：由于包裹了碳纤维，开裂点无法准确观测。在纵筋受拉屈服前，纵筋应力与水平荷载基本呈线形变化，箍筋应变变化不大；当纵筋屈服时，透过碳纤维缝隙可看出，柱根部受拉区混凝土出现水平裂缝；随着构件侧移的增加，柱根部裂缝不断发展、贯通，形成一条主裂缝，受压区混凝土横向变形增大，柱根部受压区包裹的碳纤维布外鼓，其横向应变增加较快，箍筋应变发展稳定；当达到最大承载力时，柱根部受压区混凝土开始出现竖向裂缝，碳纤维布外鼓现象也越来越严重，箍筋屈服，碳纤维布的约束作用不断增强；随后构件承载力开始下降。在整个试验过程中，未发现碳纤维布出现脱落撕开等现象。试验结束后剥掉碳纤维布，发现混凝土酥裂段高度比未加固柱低，但酥裂程度更加严重。其中高轴压比的 Z-5 柱，进入下降段后，碳纤维布被拉断。Z-5 的破坏形态如图 2-14（b）所示。

(a) Z-1

(b) Z-5

图 2-14　部分试验柱破坏照片

（4）滞回曲线

试验柱的荷载-位移滞回曲线如图 2-15 所示。

由图中可以看出，当轴压比相同时，柱采用碳纤维布加固后，柱的滞回环更加饱满，延性和能量耗散能力得到明显改善，且其改善效果随碳纤维包裹层数的增加而提高。但当轴压比增大时，柱的延性和耗能能力将显著降低。未加固柱在达到屈服之后，试件的加载与卸荷刚度退化明显，相比之下加固柱的刚度退化则不显著。反向加载阶段，由于钢筋的粘结滑移，位移增长较荷载增长要快，加载曲线出现滑移段。但随着荷载的继续增加，原来处于受拉区的混凝土裂缝逐渐闭合，试件刚度有明显的提高，加载曲线的走向基本上达到相应的最大位移点，然后再沿骨架线发展。

（5）主要受力性能指标

试验测得各试件的主要受力性能指标列于表 2-4。

试件主要受力性能指标　　　**表 2-4**

试件编号	屈服荷载(kN)	极限荷载(kN)	屈服位移(mm)	极限位移(mm)	位移延性系数
Z-1	38.23	46.03	4.57	23.10	5.05
Z-2	34.97	41.08	6.31	36.88	5.85
Z-3	32.64	39.12	5.59	38.95	6.96
Z-4	35.45	42.51	5.62	39.08	6.95
Z-5	49.92	59.62	4.83	21.49	4.45

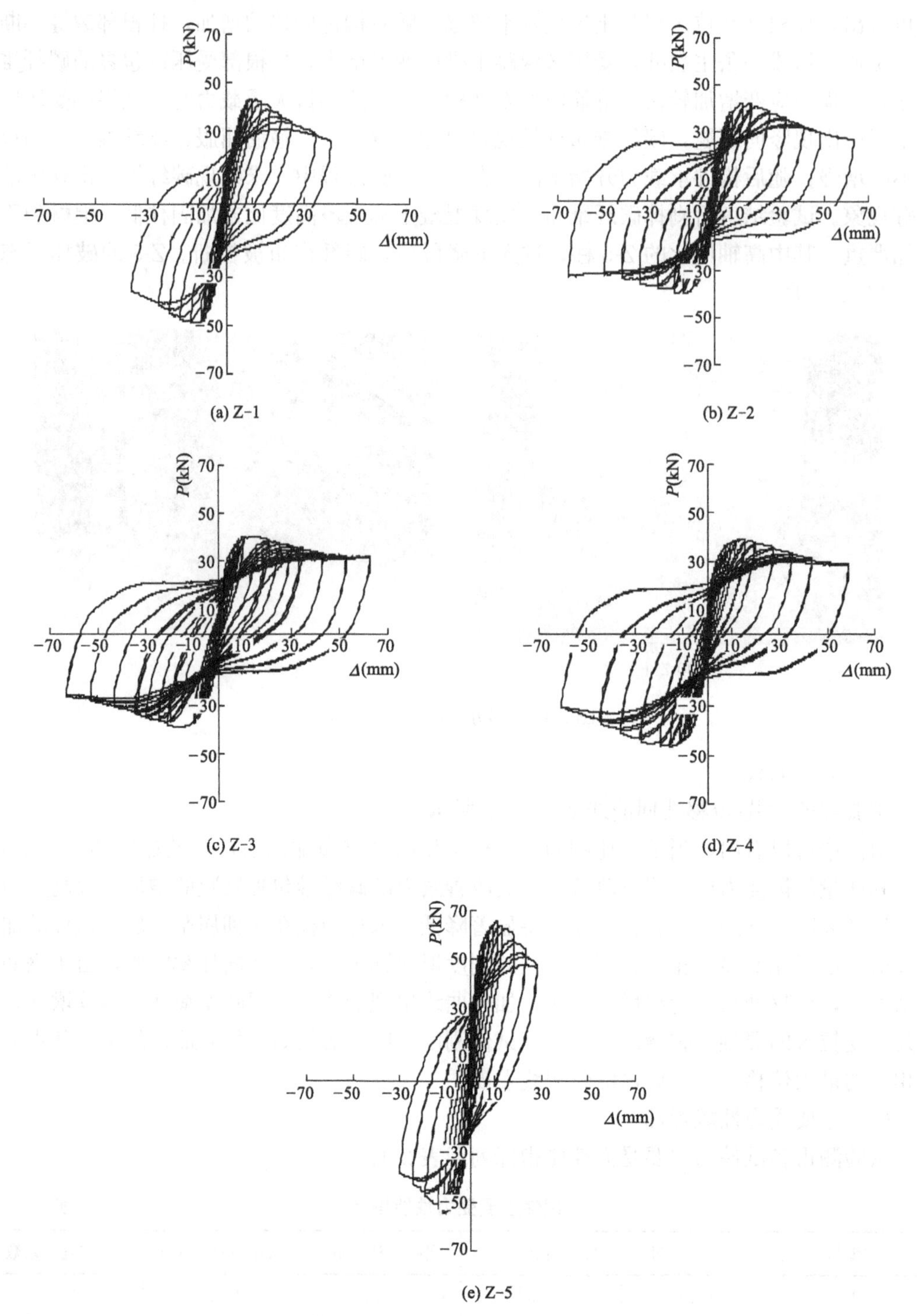

图 2-15 荷载-位移滞回曲线

从表 2-4 可以看出，对按“强剪弱弯”原则设计的构件，碳纤维对受剪承载力的提高效果并不明显，但可以明显改善构件的变形性能和延性。Z-2 柱比 Z-1 柱的延性提高 16%，Z-3 和 Z-4 柱比 Z-1 柱的延性提高 38%。但 Z-4 与 Z-3 相比，柱延性提高并不明显。

可见，加固柱延性的改善与碳纤维用量之间并非简单的线形增长关系。当所用的碳纤维布粘贴层数较少时，碳纤维布的使用效率较高，加固柱延性提高幅度较大；而当碳纤维布粘贴层数相对较多时，各层碳纤维布难以完全共同工作，部分碳纤维布的作用不能充分发挥，加固柱延性提高的程度较小。因此，碳纤维布用于钢筋混凝土柱的抗震加固时，应根据工程实际需要合理使用。

（6）等效黏滞阻尼系数

结构构件的能量耗散能力通常用等效黏滞阻尼系数来衡量。试验各试件的等效黏滞阻尼系数 β 与试件水平位移 δ 关系曲线如图 2-16 所示。

由图 2-16 可见，等效黏滞阻尼系数随构件位移的增大而增大。达极限位移时，试件 Z-1 的等效黏滞阻尼系数为 0.18，而试件 Z-2、Z-3、Z-4 分别达到了 0.28、0.30、0.35。可见与不包裹碳纤维的试件 Z-1 相比，试件 Z-2～Z-4 的等效黏滞阻尼系数显著提高，达到极限状态时，裂缝开展更为均匀充分，能量耗散能力显著提高。即使对于高轴压比的试件 Z-5，其等效黏滞阻尼系数也达到了 0.27，高于试件 Z-1，可见碳纤维环绕包裹柱对提高柱的耗能能力效果显著。

（7）延性分析

影响钢筋混凝土框架柱延性的因素较多，包括混凝土和钢筋的强度、剪跨比、轴压比、横向钢筋等，对于碳纤维加固柱，还应包括碳纤维用量等。

钢筋混凝土框架柱延性系数的计算公式中主要考虑了轴压比和箍筋配箍特征值的影响，而对于碳纤维包裹钢筋混凝土柱对于延性的提高作用，还没有统一的定量计算方法。

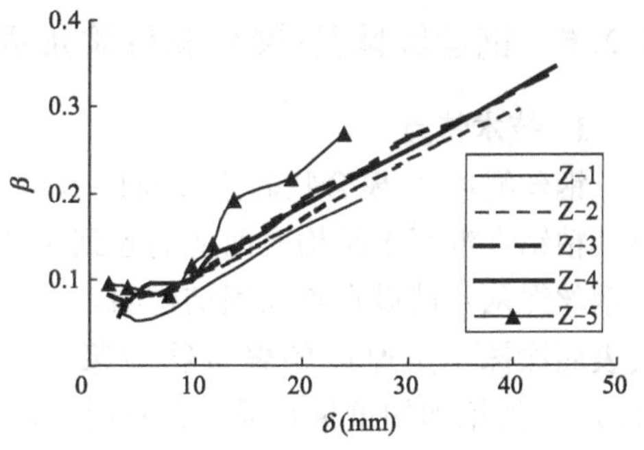

图 2-16 β-δ 关系曲线

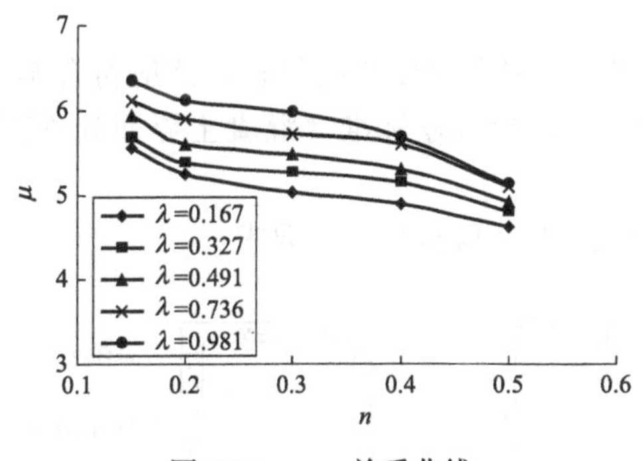

图 2-17 μ-n 关系曲线

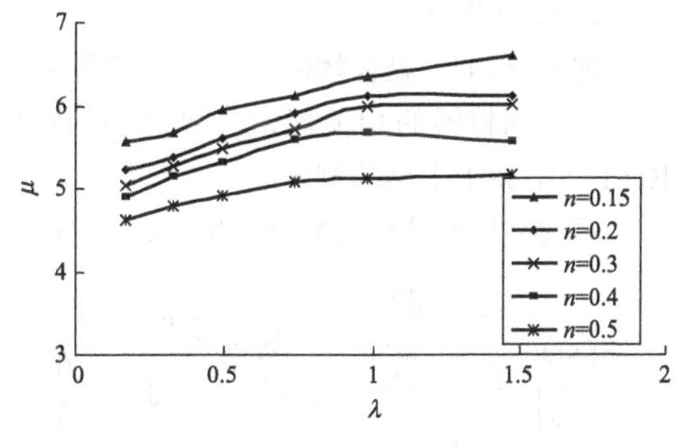

图 2-18 μ-λ 关系曲线

为得到碳纤维包裹钢筋混凝土柱位移延性系数的计算方法，用有限元分析方法对试件进行了大量变参数分析，图 2-17 和图 2-18 分别为参数分析得到的位移延性系数 μ 随轴压比 n 和碳纤维特征值 λ 的变化曲线。由图 2-18 中可以看出，延性系数随碳纤维特征值的提高而提高，但两者不是线性关系，随轴压比的增加，碳纤维特征值对延性的提高作用递减。从图 2-17 可以看出，延性系数随轴压比的增加而降低，两者也不是线性关系。

参考钢筋混凝土框架柱的延性系数计算方法，用回归分析的方法得到延性系数可按下式计算：

$$\mu=\frac{\sqrt{1+30\alpha\lambda_{v}+2\lambda}}{0.045+1.4n} \tag{2-4}$$

式中，λ_v 为箍筋配箍特征值，α 为修正系数，对于普通矩形箍筋，取 $\alpha=1.0$。

（8）小结

碳纤维布加固钢筋混凝土柱，可以显著地改善其延性。

对于按“强剪弱弯”原则设计的框架柱，碳纤维环绕包裹加固对柱极限承载能力的提高不大。

随着碳纤维布层数的增加，构件的延性系数也有较大的提高，但包裹二层与三层间相差不大，这与碳纤维布约束作用的发挥效率有关，碳纤维布层数越多，其发挥效率越低。

碳纤维布对混凝土的约束作用机理与箍筋基本相同，但由于碳纤维布在其包裹范围内的连续使用，且直接约束最外层混凝土，所以它比箍筋的作用更直接，所起的作用也更大。

2.2.5 钢丝绳网片-聚合物砂浆加固

1. 技术特点

钢丝绳网片-聚合物砂浆加固技术是一种以钢丝绳网片为增强材料，通过聚合物砂浆将其粘结在混凝土结构表面从而起到对结构加固作用的加固方法。采用该方法加固时，先将钢丝绳网片铺设在被加固结构的表面，钢丝绳网片与混凝土采用专用金属胀栓固定，在其表面涂抹一定厚度的聚合物砂浆。钢丝绳网片-聚合物砂浆面层的厚度一般在 25～40mm，所增加的重量有限。在应用时，钢绞线必须设计成为仅承受拉力作用。该项加固方法一般用于楼板承载力不足、框架梁受弯或受剪承载力不足的情况，也可用于环绕加固钢筋混凝土柱，以提高柱的延性和抗剪承载力。

2. 构造要求

钢丝绳网片-聚合物砂浆加固梁柱的钢丝绳网片、聚合物砂浆的材料性能应符合本书第 1 章所列材料的相关规定。界面剂的性能应符合现行行业标准《混凝土界面处理剂》JC/T 907 关于Ⅰ型的规定。

钢丝绳网片-聚合物砂浆加固梁柱的设计（图 2-19），应符合下列要求：

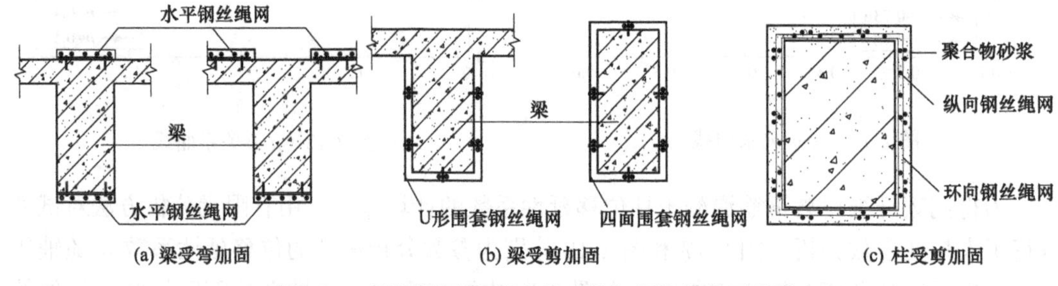

图 2-19 钢丝绳网片-聚合物砂浆加固构件截面示意

（1）原有构件混凝土的实际强度等级不应低于 C15，且混凝土表面的正拉粘结强度不应低于 1.5MPa。

（2）钢丝绳网片的受力方式应设计成仅承受拉应力作用。当提高梁的受弯承载力时，钢丝绳网片应设在梁顶面或底面受拉区；当提高梁的受剪承载力时，钢丝绳网片应采用三面围套或四面围套的方式；当提高柱受剪承载力时，钢丝绳网片应采用四面围套的方式。

钢丝绳网片-聚合物砂浆面层加固梁柱的构造，应符合下列要求：

（1）面层的厚度应大于 25mm，钢丝绳保护层厚度不应小于 15mm。

（2）钢丝绳网片应设计成仅承受单向拉力作用，其受力钢丝绳的间距不应小于 20mm，也不应大于 40mm；分布钢丝绳不应考虑其受力作用，间距在 200～500mm。

（3）钢丝绳网片应采用专用金属胀栓固定在构件上，端部胀栓应错开布置，中部胀栓应交错布置，且间距不宜大于 300mm。

3. 设计计算要点

钢丝绳网片-聚合物砂浆面层加固梁的承载力验算，应符合现行国家标准《混凝土结构加固设计规范》GB 50367 的有关规定。

采用钢丝绳网片-聚合物砂浆面层对钢筋混凝土梁、板等构件进行受弯加固时，除应符合现行国家标准《混凝土结构设计规范》GB 50010 有关正截面承载力计算的基本假定外，尚应符合下列规定：

（1）构件达到受弯承载能力极限状态时，钢丝绳网片的拉应变可按截面应变保持平面的假设确定；钢丝绳网片的应力应变关系按线弹性考虑，其拉应力等于拉应变与弹性模量的乘积。

（2）对于加固时无法完全卸载的构件，应考虑二次受力影响，根据加固前的受力情况确定钢丝绳网片的滞后应变。

（3）在达到受弯承载力极限状态时，加固的钢丝绳网片-聚合物砂浆面层与混凝土之间不会出现粘结剥离破坏。

（4）受弯构件加固后的相对界限受压区高度应按加固前控制值的 0.85 倍采用。

采用钢丝绳网片-聚合物砂浆面层对钢筋混凝土构件进行斜截面受剪加固时，应在面层中配置垂直于构件轴线方向的以钢丝绳构成的环形箍筋或 U 形箍筋，承载力计算时应考虑与钢丝绳箍筋构造方式及受力条件有关的抗剪强度折减系数。

抗震验算时，对构件承载力的新增部分，其加固承载力抗震调整系数宜采用 1.0，且对 A、B 类钢筋混凝土结构，原构件的材料强度设计值和抗震承载力，应按现行国家标准《建筑抗震鉴定标准》GB 50023 的有关规定采用。

钢丝绳网片-聚合物砂浆面层加固柱简化的承载力验算，环向钢丝绳可按箍筋计算，但钢丝绳的强度应依据柱剪跨比的大小乘以折减系数，剪跨比不小于 3 时取 0.50，剪跨比不大于 1.5 时取 0.32。

4. 施工要点

钢丝绳网片-聚合物砂浆面层的施工应符合下列要求：

（1）加固前应卸除或大部分卸除作用在梁上的活荷载。

（2）加固的施工顺序和主要注意事项可按规程的规定执行。

（3）加固时应清除原有抹灰等装修面层，处理至裸露原混凝土结构的坚实面，结构缺陷应涂刷界面剂后用聚合物砂浆修补，基层处理的边缘应比设计抹灰尺寸外扩 50mm。

（4）界面剂喷涂施工应与聚合物砂浆抹面施工配合进行，界面剂应随用随搅拌，分布应均匀，不得遗漏被钢丝绳网片遮挡的基层。

2.2.6 体外预应力加固受弯构件

1. 技术特点

体外预应力加固技术是指加固的预应力筋布置于被加固结构构件的截面之外，通过对被加固构件施加与荷载作用相反的预应力作用，实现对结构构件“主动卸载＋配筋补强”的加固方法。体外预应力加固技术常用于加固钢筋混凝土受弯构件。

一般情况下，体外预应力加固体系由体外预应力束主体（预应力筋、外套管、防腐材料）、锚固系统（锚具、连接器、中间锚具及锚固系统的防护构造等）、转向块节点及转向器、减振装置与定位构造等组成，分为单根预应力筋体系和预应力体外束多层防腐蚀体系，可根据结构设计的要求选用。

钢筋混凝土受弯构件采用体外预应力技术加固后，其受力特点不同于传统意义上的体内无粘结或有粘结预应力混凝土，主要差别在于预应力筋和混凝土构件之间的协调工作程度不同。体外预应力加固技术由于预应力筋仅在锚固区和转向块处与钢筋混凝土受弯构件相连接，预应力筋与混凝土构件之间除了在上述连接点处变形一致外，其他部位均不相同，预应力筋的线形与混凝土受弯构件也会有明显偏离，会引起显著的二阶效应。相比之下，普通体内布置的无粘结预应力筋通常只在锚固点处与混凝土变形协调，由于无粘结外套管形成的孔道的约束作用，预应力筋线形可以随梁的变形而变形；普通体内布置的有粘结预应力筋则沿全跨与混凝土变形协调。三者各不相同，因此承载力极限状态下预应力筋的应力增量也不相同，需要在设计时引起注意。

2. 构造要求

（1）预应力筋布置原则

体外预应力加固设计时，体外预应力筋束可采用直线、双折线或多折线布置方式，且其布置应使结构对称受力，对矩形、T形或I字形截面受弯构件，体外预应力筋束宜布置在受弯构件腹板的两侧。对箱形截面受弯构件，体外预应力筋束可以对称布置在箱形截面腹板的内侧。

体外预应力筋束的转向块和锚固块的设置宜根据设计线型确定，对多折线体外预应力筋束，转向块宜布置在距受弯构件端部（1/4～1/3）跨度的范围内，锚固块与转向块之间或两个转向块之间的自由段长度不宜大于8m，超过8m时，宜设置固定节点或防振动装置；对多跨连续受弯构件，当采用多折线体外预应力筋束时，可在中间支座或其他部位增设锚固块，当大于三跨时，宜采用分段锚固方法。

体外预应力筋束在每个转向块处的弯折角不宜大于15°，当弯折角大于15°时，应依据现行国家标准《预应力混凝土用钢绞线》GB/T 5224中有关偏斜拉伸试验方法确定其力学性能指标或依据可靠的理论、试验数据对体外预应力筋的强度值进行折减。

（2）节点构造

体外预应力束的锚固体系节点构造应满足下列要求：

对于有整体调束要求的钢绞线夹片锚固体系，可采用外螺母支撑承力方式调束；对处于低应力状态下的体外束，对锚具夹片应设防松装置；对可更换的体外束，应采用体外束专用锚固体系，且应在锚具外预留钢绞线的张拉工作长度。

体外预应力加固混凝土结构的转向块、锚固块的设置应根据既有建筑结构、体外预应力筋布置选用（图 2-20）。

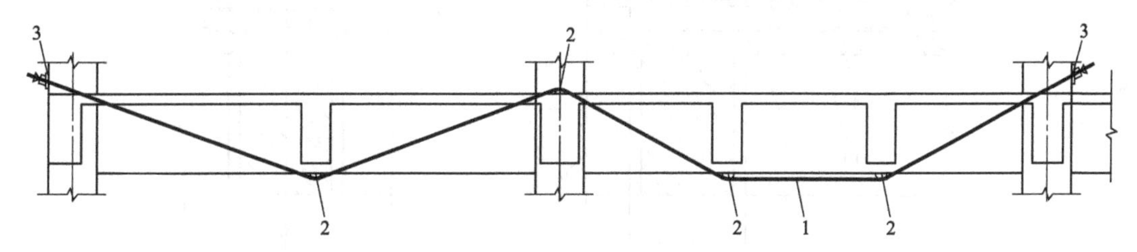

图 2-20　转向块、锚固块布置

1—体外预应力束；2—转向块；3—锚固块

转向块宜布置于被加固受弯构件的底部、顶部或次梁与被加固梁交接处。

转向块宜采用鞍形构造。此时，预应力筋束套管可在鞍形转向块上平顺通过，并宜通过挡板固定预应力束位置，转向块构造及与加固梁的连接可采用下列形式：

当转向块安装在加固梁底部时，可通过不同高度的横向加劲形成弧面鞍座，并通过水平钢板、加劲板利用锚栓及结构胶与加固梁底部、侧面或跨中次梁连接固定（图 2-21）。

当转向块安装在加固梁顶部时，可通过不同高度的横向加劲形成弧面鞍座，并通过水平钢板、加劲板利用锚栓及结构胶与加固梁顶部连接固定（图 2-22）。

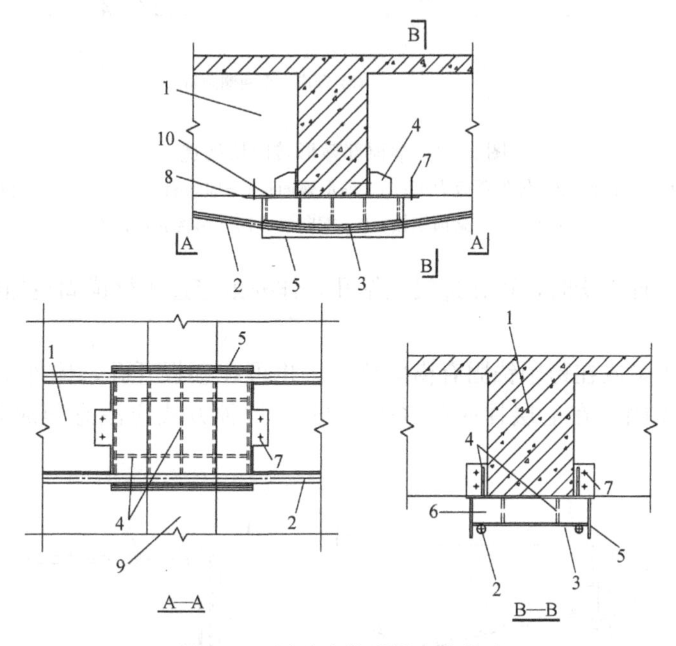

图 2-21　梁跨中鞍形转向块构造

1—原混凝土梁；2—体外预应力束；3—鞍形弧面；4—加劲板；5—挡板；6—鞍座；7—锚栓；8—梁底钢板；9—次梁；10—结构胶连接面

锚固块宜做成钢结构横梁形式布置在加固梁端部，并将预加力传递给加固混凝土结构，锚固块的布置可采用下列形式：

当加固梁为独立梁时，锚固块宜布置在加固梁端中性轴稍偏上的位置（图 2-23）。

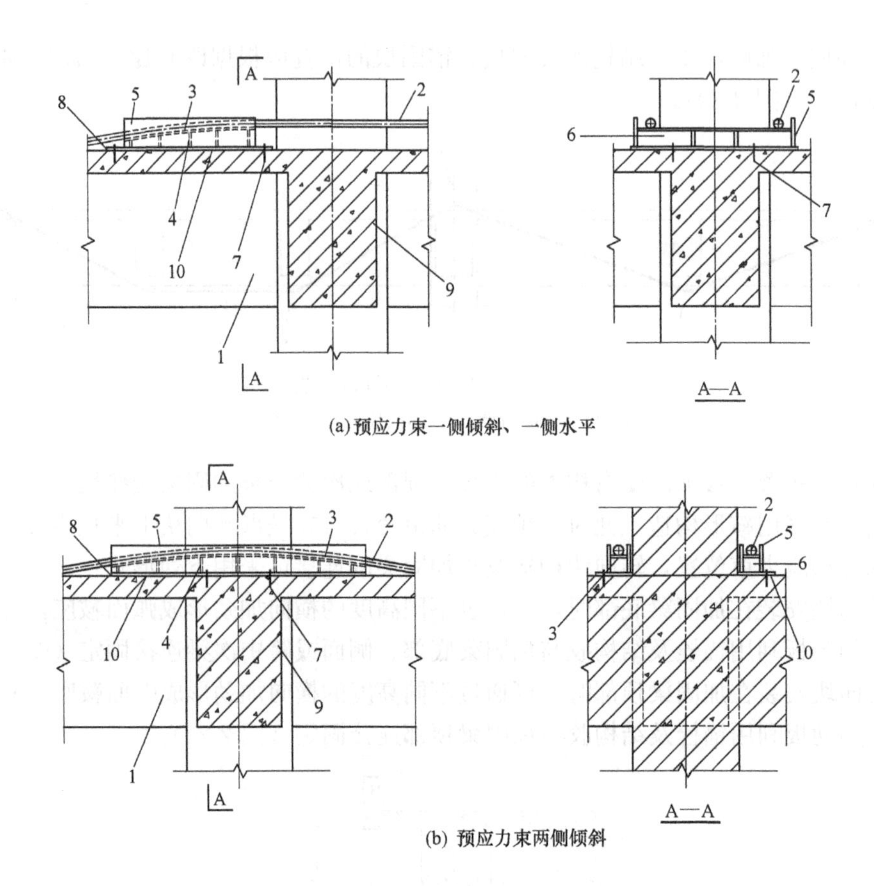

(a) 预应力束一侧倾斜、一侧水平

(b) 预应力束两侧倾斜

图 2-22　梁顶部鞍形转向块构造

1—原混凝土梁；2—体外预应力束；3—鞍形弧面；4—加劲板；5—挡板；6—鞍座；7—锚栓；8—梁顶钢板；9—横向梁；10—结构胶连接面

当加固梁端部有边梁时，可在边梁上钻孔，体外束穿过边梁锚固在加固梁中性轴稍偏上的位置（图 2-24）。

当加固梁有边梁或在跨中锚固有横向梁时，也可在楼板开孔，体外束穿过楼板锚固，锚固块通过钢板箍固定在上层柱底部（图 2-25），这种方式应注意预加力对柱底剪力的影响。

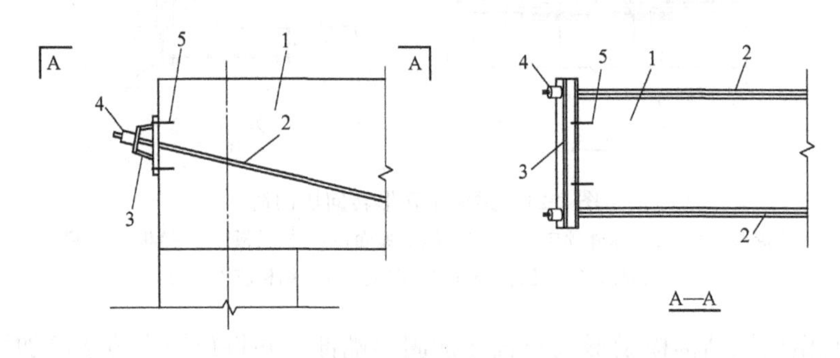

图 2-23　梁端部锚固块构造

1—原混凝土梁；2—体外预应力束；3—锚固块；4—锚具；5—锚栓

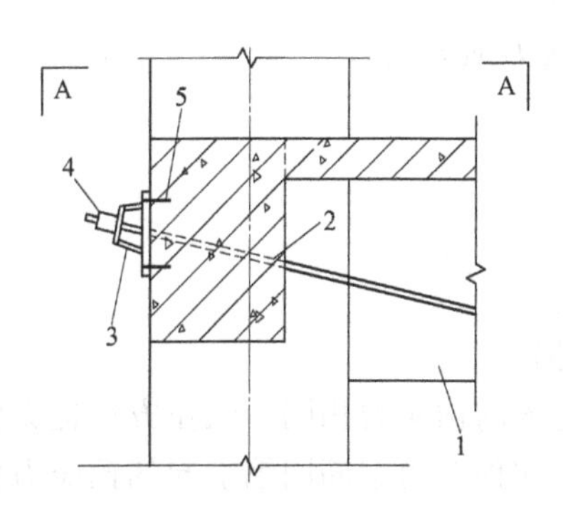

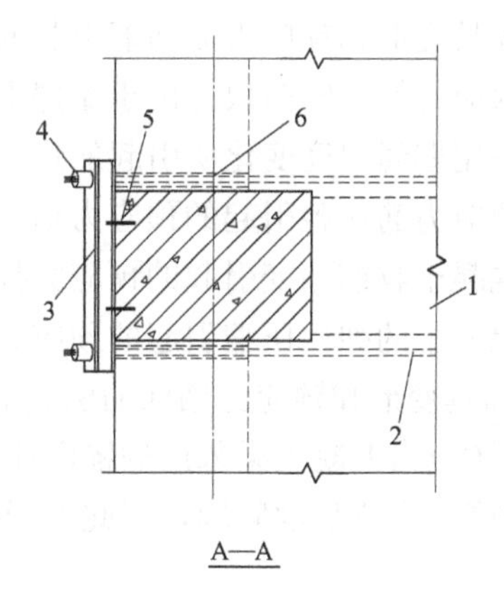

图 2-24　穿边梁锚固块构造

1—原混凝土梁；2—体外预应力束；3—锚固块；4—锚具；5—锚栓；6—边梁开孔

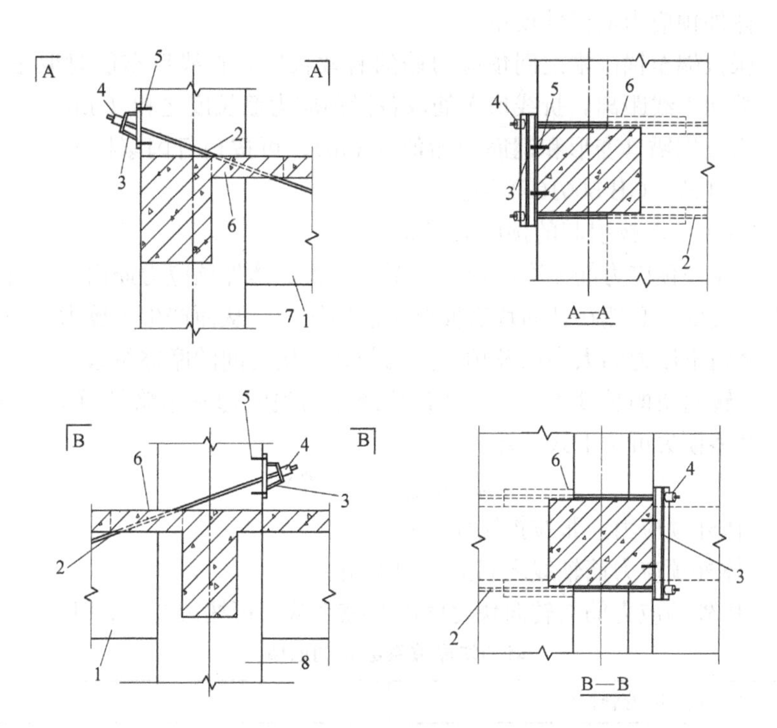

图 2-25　穿楼板锚固块构造

1—原混凝土梁；2—体外预应力束；3—锚固块；4—锚具；5—锚栓；

6—楼板开孔；7—边柱；8—中柱

3. 设计计算方法

（1）预应力损失计算

体外预应力混凝土梁的预应力筋只在锚固块和转向块处与梁体相连接，其受力特点不同于体内有粘结和无粘结预应力结构。关于如何计算体外预应力筋的预应力损失，目前试验研究仍较少，通常是参考现有体内预应力筋预应力损失的影响因素和计算方法，并考虑到体外预应力的一些特点。体外预应力结构一般应考虑下述因素所引起的预应力损失：

① 锚具变形和预应力筋回缩引起的预应力损失 σ_{l1}；

② 预应力筋在转向块处由于摩擦引起的预应力损失 σ_{l2}；

③ 使用期间温度变化所引起的预应力损失 σ_{l3}。

④ 预应力筋松弛引起的预应力损失 σ_{l4}；

⑤ 混凝土收缩徐变引起的预应力损失 σ_{l5}；

⑥ 混凝土的弹性压缩引起的预应力损失 σ_{l6}；

1）锚具变形和预应力筋回缩引起的预应力损失

体外预应力混凝土梁采用的锚固体系一般与体内预应力相同，张拉方法也类似，且不存在反向摩擦影响长度问题，因此由于锚具变形和预应力钢筋回缩引起的预应力损失可按下式计算：

$$\sigma_{l1}=\frac{a}{l}E_{\mathrm{p}} \tag{2-5}$$

式中：E_{p}——体外预应力筋弹性模量；

l——张拉端至锚固端之间预应力筋的有效长度，直线形布筋时取张拉端至锚固端间直线距离，折线形布筋取各段预应力筋长度之和（mm）；

a——张拉端锚具变形和钢筋回缩值（mm），可按现行国家标准《混凝土结构设计规范》GB 50010 采用。

2）转向块处由于摩擦引起的预应力损失

直线布置的体外预应力筋无摩擦损失。折线布置的体外预应力筋由于通过各转向块处弯折，方向发生改变，必然在转向块表面产生法向压力，从而产生摩擦力。该摩擦力的大小取决于相互之间正压力的大小以及预应力筋与转向块之间的摩擦系数。

一般而言，转向块的长度均较小，在计算摩擦损失时通常忽略管道局部偏差的影响，单个转向块的摩擦损失可按下式计算：

$$\sigma_{l2}=\sigma_{\mathrm{con}}(1-\mathrm{e}^{-\mu\theta}) \tag{2-6}$$

式中：σ_{con}——体外预应力筋张拉控制应力；

θ——体外预应力筋轴线之间的空间夹角；

μ——体外预应力筋与转向块之间的摩擦系数，可按表 2-5 采用。

转向块摩擦系数 μ 的取值　　表 2-5

体外束类型/套管材料	μ
光面钢绞线/镀锌钢管	0.20～0.25
光面钢绞线/HDPE 塑料管	0.12～0.20
无粘结预应力筋/钢套管	0.08～0.12
热挤聚乙烯成品束/钢套管	0.10～0.15
无粘结平行带状束/钢套管	0.04～0.06

当布置多个转向块时，摩擦损失的计算应根据转向块分段考虑。锚固端的摩擦损失应取全部转向块摩擦损失之和。折线预应力筋任意段的摩擦损失应取该段与张拉端之间的各转向块摩擦损失之和。

3）使用期间温度变化引起的预应力损失

体外预应力混凝土梁，由于预应力筋外露且与混凝土无粘结，当使用阶段外界环境温度高于张拉施工时的外界环境温度时，由于预应力筋与混凝土的线膨胀系数不同，将引起体外预应力筋中的应力损失。此项损失可按下式计算：

$$\sigma_{l3}=(\alpha_p-\alpha_c)\Delta t\cdot E_p \tag{2-7}$$

式中：Δt——年最高温度与施工时的温度差；

α_p、α_c——分别为体外预应力筋和混凝土的线膨胀系数，如无实测资料，可取 $\alpha_p=1.2\times10^{-5}$、$\alpha_c=1.0\times10^{-5}$。

由于体外预应力筋与混凝土的线膨胀系数相差较小，年最高温差一般也较小，因而该项损失计算结果也较小。

4）预应力筋松弛引起的预应力损失

当$\frac{\sigma_{con}}{f_{ptk}}\leqslant0.5$时，应力松弛损失值可取为0。

当采用普通松弛级预应力钢丝、钢绞线作体外预应力筋时，由预应力筋应力松弛所引起的预应力损失按下式计算：

$$\sigma_{l4}=0.4\psi\left(\frac{\sigma_{con}}{f_{ptk}}-0.5\right)\sigma_{con} \tag{2-8}$$

式中，系数 ψ 的取值为：一次张拉时取1.0；超张拉时取0.9。

当采用低松弛级预应力钢丝、钢绞线作体外预应力筋时，由预应力筋应力松弛所引起的预应力损失按下述计算：

当 $\sigma_{con}\leqslant0.7f_{ptk}$ 时，

$$\sigma_{l4}=0.125\left(\frac{\sigma_{con}}{f_{ptk}}-0.5\right)\sigma_{con} \tag{2-9}$$

当 $0.7f_{ptk}<\sigma_{con}<0.8f_{ptk}$ 时，

$$\sigma_{l4}=0.2\left(\frac{\sigma_{con}}{f_{ptk}}-0.575\right)\sigma_{con} \tag{2-10}$$

当采用热处理钢筋作体外预应力筋时，由预应力筋应力松弛所引起的预应力损失按下述计算：

一次张拉时，

$$\sigma_{l4}=0.05\sigma_{con} \tag{2-11}$$

超张拉时，

$$\sigma_{l4}=0.035\sigma_{con} \tag{2-12}$$

5）混凝土收缩徐变引起的预应力损失

对于既有钢筋混凝土梁，当混凝土浇筑完成后的时间超过5年时，由于混凝土收缩徐变已基本完成，且体外预应力加固体系不仅不会明显增加结构所受恒荷载，而且可以使被加固梁的受压区应力显著减小，此时，可忽略混凝土收缩徐变引起的预应力损失。

当既有混凝土浇筑完成的时间不足5年，仍应考虑混凝土收缩徐变引起的体外预应力筋的应力损失，该损失值可按现行行业标准《建筑结构体外预应力加固技术规程》JGJ/T 279的相关规定计算。

6）混凝土弹性压缩引起的预应力损失

体外预应力筋采用分批张拉时，应考虑后批张拉筋压缩产生的混凝土弹性压缩对先批张拉筋的影响，由于混凝土产生压缩变形，先批张拉的预应力筋将产生预应力损失，该损失可按下式计算：

$$\sigma_{l6}=\alpha_{Ep}\sigma_{pci} \tag{2-13}$$

式中：α_{Ep}——预应力筋弹性模量与混凝土弹性模量比值；

σ_{pci}——为后批张拉筋在先批张拉筋重心处产生的混凝土法向应力。

工程上通常可采用对先批张拉预应力筋进行超张拉或重复张拉的办法，调整预应力，使得先、后张拉所建立的有效预应力基本相等。

（2）正截面受弯承载力计算

1）受力特点和破坏特征

体外预应力混凝土梁的预应力筋位于混凝土截面之外，只在锚固端和转向节点处与混凝土截面相连接，其正截面受力性能和破坏特征不同于体内有粘结或无粘结预应力混凝土梁。

试验研究表明，体外预应力混凝土梁在外荷载作用下，由于预应力筋与混凝土无粘结，预应力筋对裂缝间距及分布几乎没有影响，这一点类似于无粘结预应力混凝土梁，明显不同于有粘结预应力混凝土梁。从体外预应力加固钢筋混凝土梁的试验结果可以看出，在预应力施加之前，梁的裂缝分布符合非预应力梁的特点，施加预应力后，可以使较大的裂缝宽度变小，较小的裂缝闭合，同时产生与外荷载作用反向的变形；加固后进一步施加荷载时，纯弯段基本不再出现新的裂缝，而主要表现出原有裂缝的宽度和高度的增加。

在承载力极限状态下，对于体外预应力适筋梁，其主要破坏特征仍表现为受拉区非预应力钢筋屈服，受压区混凝土压碎，为典型的适筋梁延性破坏，但体外预应力筋一般达不到屈服强度，应力增量较小；相比之下，有粘结预应力筋由于沿全跨与混凝土应变协调，有粘结筋在承载力极限状态下的应变取决于截面受力情况，通常可以达到屈服强度；无粘结预应力筋由于布置在混凝土内部由外套管所形成的孔道内，其应变不与任一混凝土截面应变相协调，而与梁沿全跨的平均应变有对应关系，因此无粘结预应力筋在承载力极限状态下也达不到屈服强度，应力增量较小。

从上述分析可以看出，体外预应力梁在承载力极限状态下的受力性能与无粘结预应力梁有相似性，但又不完全相同。其主要区别在于，一方面体外预应力筋除了在锚固端和转向节点处与混凝土变形一致外，在竖向与梁体还将产生相对变形，这导致预应力筋的有效偏心距减小，产生二次效应；另一方面，无粘结筋无论采用直线还是曲线布置，通常沿梁整个跨度顺滑布置，无明显转折点，因此，其应变取决于梁沿全跨的平均应变，但是体外预应力筋如采用折线形布置，其在折点处必将产生较大的摩擦力，这导致体外预应力筋的应力在各折线段各不相同，通常跨中折线段应力最大，成为控制截面，就这一点而言，又与有粘结预应力梁有一定相似性。试验研究也已表明，折线形体外预应力筋的极限应力增量高于直线形体外预应力筋，也高于曲线无粘结筋的极限应力增量。

体外预应力加固可以有效提高梁的极限承载力，对于连续梁和框架梁等超静定结构，按其弯矩图布置的折线形体外预应力筋较按直线布置的体外预应力筋对承载能力的提高作用更为显著。

2）预应力筋极限应力增量计算方法

体外预应力混凝土梁的预应力筋游离在混凝土截面之外，只在锚固端和转向节点处与混凝土相连，因此，预应力筋在承载力极限状态下的应变不同于该截面同高度处混凝土或非预应力钢筋的应变。试验与理论分析均表明，在混凝土开裂之前，体外预应力混凝土梁的受力性能与普通有粘结梁相似，但在混凝土开裂之后则明显不同，平截面假定只适用于混凝土梁体的平均变形，而不适用于预应力筋。因此，计算体外预应力梁的正截面受弯承载力的关键是确定体外预应力筋的极限应力增量。

一般工程设计时，体外预应力加固钢筋混凝土梁的预应力筋极限应力增量可按现行行业标准《建筑结构体外预应力加固技术规程》JGJ/T 279 的规定，对于简支受弯构件，取为 $100N/mm^2$，对于连续、悬臂受弯构件取为 $50N/mm^2$，斜截面受剪承载力计算时也取为 $50N/mm^2$。这样的规定较为简单，同时偏于安全。

如果想计算得到较为准确的预应力筋极限应力增量，可参考下述研究成果：

普通钢筋混凝土适筋梁在破坏时，受拉区非预应力钢筋可以达到屈服，受压区混凝土被压碎，对加固梁来说，试验和计算结果也得到了相同的结论。对于加固梁的截面抗弯承载力，按截面平衡条件可以表述为非预应力筋与预应力筋合力作用与内力臂的乘积，因此，只要确定预应力筋的极限应力就可以求得加固梁的抗弯承载力。预应力筋的极限应力可以表述为有效张拉应力和极限应力增量之和：

$$\sigma_{pu}=\sigma_{pe}+\Delta\sigma_p \tag{2-14}$$

式中：$\Delta\sigma_p$——体外预应力筋极限应力增量（MPa）；

σ_{pe}——扣除全部预应力损失后，体外预应力筋中的有效预应力；

σ_{pu}——体外预应力筋极限应力设计值。

影响预应力筋极限应力增量的因素较多，包括预应力筋配筋率 ρ_p、非预应力筋配筋率 ρ_s、有效预应力 σ_{pe} 和预应力筋离梁顶的距离 h_p 与弯折角度 θ 等。用有限元程序对加固梁在各种影响因素下的性能进行了分析，图 2-26～图 2-30 分别为极限应力增量$\Delta\sigma_p$ 与各影响因素的关系曲线。

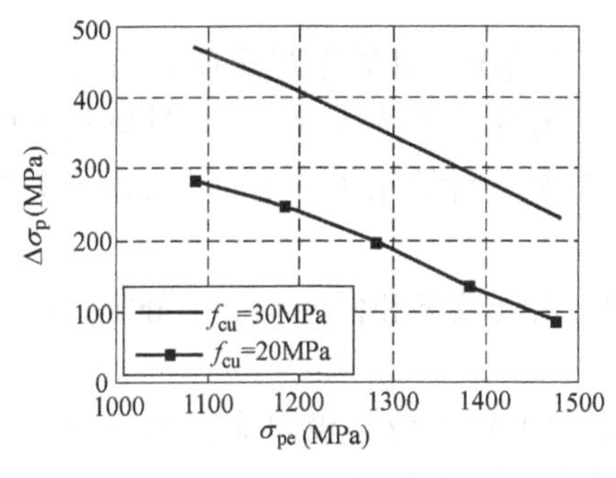

图 2-26 σ_{pe}-$\Delta\sigma_p$ 关系曲线

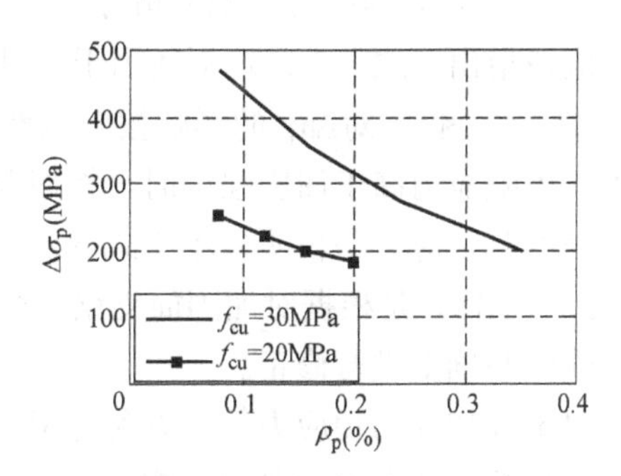

图 2-27 ρ_p-$\Delta\sigma_p$ 关系曲线

由图可见，在各项影响因素中，除弯折角度 θ 对预应力筋极限应力增量$\Delta\sigma_p$ 的影响较小外，其他影响因素均对$\Delta\sigma_p$ 有显著影响。其中预应力筋配筋率 ρ_p、非预应力筋配筋率 ρ_s、有效预应力 σ_{pe} 的增大均可以使$\Delta\sigma_p$ 变小，预应力筋离梁顶的距离 h_p 越大，$\Delta\sigma_p$ 也越大。此外，混凝土强度也对$\Delta\sigma_p$ 有较大影响，$\Delta\sigma_p$ 随混凝土强度的增大而增大。

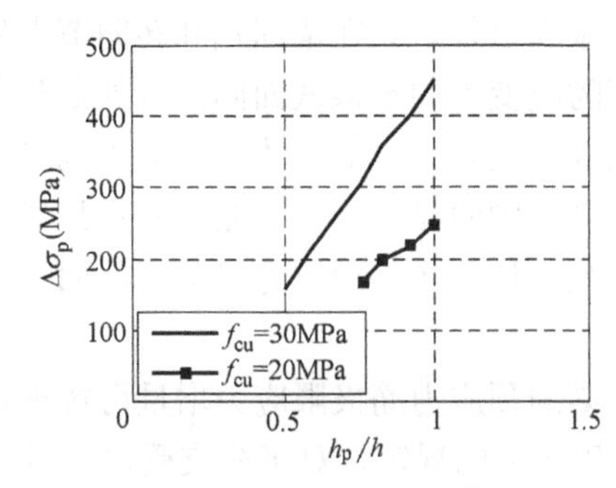

图 2-28　h_p/h-$\Delta\sigma_p$ 关系曲线

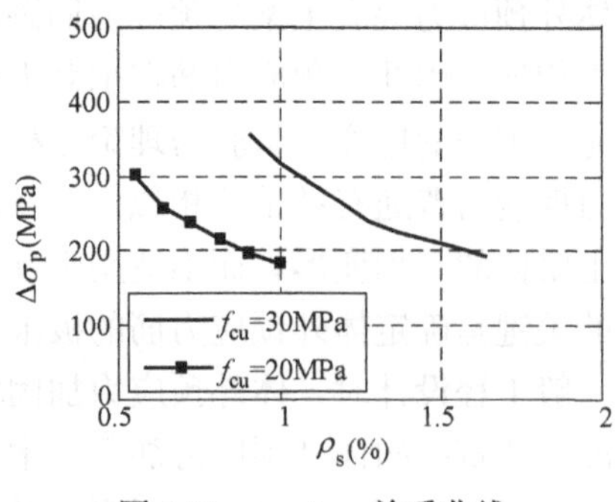

图 2-29　ρ_s-$\Delta\sigma_p$ 关系曲线

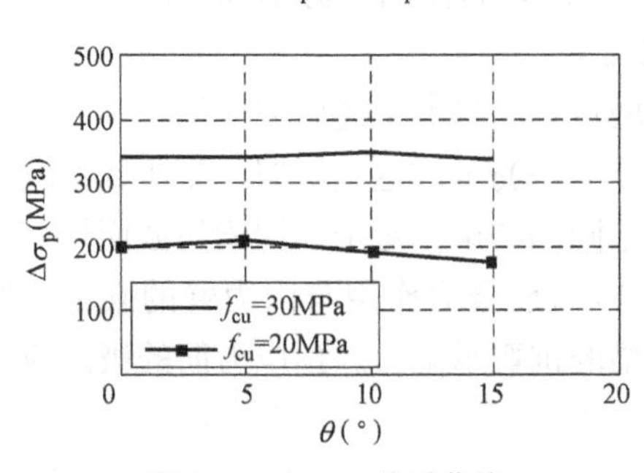

图 2-30　θ-$\Delta\sigma_p$ 关系曲线

由于体外预应力筋的变形与梁沿整个跨度的变形相协调，$\Delta\sigma_p$ 的变化规律应与无粘结预应力筋相似。参考现行行业标准《无粘结预应力混凝土结构技术规程》JGJ 92 中无粘结预应力筋极限应力增量的计算方法，将上述影响因素综合考虑为预应力筋配筋指标 ξ_p、非预应力筋配筋指标 ξ_s 的函数，经过对四十多根模拟梁的计算结果的回归分析，$\Delta\sigma_p$ 可按下式进行计算：

$$\Delta\sigma_p=700-(1330\xi_p+1100\xi_s) \tag{2-15}$$

$$\xi_p=\frac{\sigma_{pe}A_p}{f_c bh_p},\quad \xi_s=\frac{f_y A_s}{f_c bh_p} \tag{2-16}$$

式中：A_p——预应力筋截面面积；

h_p——预应力筋合力作用点离梁顶距离；

ξ_p——体外预应力筋配筋指标；

ξ_s——非预应力筋配筋指标。

应该指出，式（2-15）不适用于 $\xi_p+\xi_s>0.45$ 的情况，计算结果表明，当 $\xi_p+\xi_s>0.45$ 时，ξ_p 和 ξ_s 对$\Delta\sigma_p$ 的影响按非线性显著减小。另外，当按式（2-15）计算得到的预应力筋极限应力高于屈服强度时，按屈服强度进行计算，计算结果表明，当极限应力接近屈服强度时，应力增长明显小于式（2-15）的计算结果。

式（2-15）是根据对加固简支梁的分析得到的，对连续梁和框架梁等超静定结构，可在该式的基础上进行修正。

对折线加固的预应力筋，在纯弯状态下，弯折角度对预应力极限应力增量的影响较小，但如综合考虑剪弯段的影响，h_p 应取沿整个跨度的加权平均值。

3）简支梁正截面受弯承载力计算方法

对于简支梁，其正截面受弯承载力可按下式计算：

$$M=f_y A_s(h_0-x/2)+\sigma_{pu}A_p(h_p-x/2)+f_y' A_s'(x/2-a_s') \tag{2-17}$$

$$x=\frac{f_y A_s+\sigma_{pu}A_p-f_y' A_s'}{f_c b} \tag{2-18}$$

式中：x——混凝土截面受压区高度。

σ_{pu} 按式（2-14）计算，对于折线预应力加固梁，应根据具体计算截面和弯折情况考虑角度的影响，如对试验梁的跨中截面，应将 σ_{pu} 的计算结果乘以 $\cos\theta$。θ 为折线预应力筋斜段与水平向夹角。

在由截面受弯承载力反求外荷载时，直线预应力筋加固梁只需考虑外荷载作用下的弯矩图即可，而折线预应力筋加固梁应考虑外荷载与预应力竖向分力的综合作用效果。

4）连续梁和框架梁受弯承载力计算方法

对于连续梁和框架梁的控制截面，按其截面平衡条件，其受弯承载力可以按式（2-17）和式（2-18）进行计算，但需要确定 σ_{pu} 的计算方法。

连续梁和框架梁与简支梁的 σ_{pu} 相差较大。这主要是由于简支梁在受力过程中，沿整个梁跨度形成单向挠曲线，对直线预应力筋来说，如果预应力筋锚固在中和轴以下，其伸长量必然随外荷载的增大而增大。而在连续梁或框架梁结构中，梁在跨中部位产生的挠曲线方向与支座部位相反，如果采用布置在中和轴以下的直线预应力筋，在加载过程中，跨中部位的挠曲线虽然使得预应力筋伸长，支座部位的变形却使得预应力筋缩短。因此，对直线预应力筋加固连续梁和框架梁的情况，预应力筋的极限应力增量应小于式（2-15）的计算值。

根据上述分析，当连续梁或框架梁采用直线体外预应力筋时，其极限预应力增量 $\Delta\sigma_{p1}$ 可按下述简化方法进行计算：

$$\Delta\sigma_{p1}=k_1\cdot\Delta\sigma_p \tag{2-19}$$

式中，$\Delta\sigma_p$ 按式（2-15）进行计算；k_1 为折减系数，按下式计算：

$$k_1=1-(1+k)\frac{l^-}{l} \tag{2-20}$$

式中，l 为预应力筋连续跨总长度；l^- 为梁反弯段总长度；k 为考虑正、负弯矩不等的影响系数，可按下式计算：

$$k=M^-/M^+ \tag{2-21}$$

式中，M^- 为按弹性分析求得的各跨负弯矩平均值；M^+ 为按弹性分析求得的各跨正弯矩平均值。

当连续梁或框架梁采用按结构弯矩图布置的折线体外预应力筋时，由于预应力筋在跨中和支座部位均产生伸长，其性能类似于纯弯段内的直线预应力筋，因此预应力筋的极限应力增量仍可按式（2-15）进行计算，但在计算 h_p 时，应取沿整个跨度的加权平均值。

对于连续梁或框架梁等超静定结构，在由截面受弯承载力反求外荷载时，应该计入预应力对结构产生的次弯矩的影响。次弯矩可以按等效荷载方法计算综合弯矩和主弯矩之差求得。在计算次弯矩时，结构的约束条件按未出现塑性铰考虑。计算极限状态次弯矩时，预应力筋的应力按计算的极限应力取值。

（3）斜截面受剪承载力计算

影响体外预应力加固混凝土梁受剪承载力的主要因素包括预应力、剪跨比、混凝土强度、配箍率和箍筋强度、纵向钢筋配筋率等。

1）体外预应力的抗剪作用

体外预应力通常采用直线和折线布筋方式。这两种布筋方式沿水平方向都可使混凝土梁受到预压作用，这种预压作用延缓了斜裂缝的出现和发展，增加了混凝土剪压区的高度，提高了裂缝截面上混凝土的咬合作用。因此，体外预应力混凝土梁比相应的普通钢筋混凝土梁具有较高的受剪承载力。

体外预应力对混凝土梁的水平预压作用对抗剪能力的主要贡献取决于预应力的大小、预应力合力作用点的位置等。

预应力的作用越大，梁的抗剪能力提高就越多。然而，预应力对抗剪能力的提高作用是有一定限度的。当换算截面重心处的混凝土预压应力 σ_{pc} 与混凝土抗压强度 f_c 之比超过 0.3～0.4 时，预应力的有利影响就有下降趋势。

对于折线形状配置的体外预应力筋，除了水平向的预压作用外，预加力还将对梁产生一个竖向分力，该竖向分力在梁上产生的剪力与外荷载在梁上产生的剪力方向相反，从而减小了梁端所受剪力，也提高了梁的受剪承载力。

2）剪跨比

剪跨比实质上反映了截面上弯矩与剪力的相对比值。对于承受集中荷载的梁，可以用剪跨与截面有效高度的比值来计算：

$$\lambda=\frac{a}{h_0} \tag{2-22}$$

对于承受分布荷载或其他复杂荷载的梁，可用下式计算出的无量纲参数来反映截面上弯矩与剪力的相对比值：

$$\lambda=\frac{M}{Vh_0} \tag{2-23}$$

式（2-23）又称广义剪跨比。

试验研究表明，剪跨比对无腹筋梁的抗剪能力和破坏形态的影响是显著的。随剪跨比的增大，破坏性态显著变化，梁的抗剪能力显著降低。当剪跨比较小时，发生斜压破坏，抗剪能力较高；中等剪跨比时，发生剪压破坏，抗剪能力次之；大剪跨比时，发生斜拉破坏，抗剪能力很低。对于有腹筋梁，在低配箍时剪跨比影响较大；在中等配箍时，剪跨比的影响略小；在高配箍时，剪跨比的影响很小。

3）混凝土强度

梁的剪切破坏是由于混凝土达到相应受力状态下的极限强度而发生的。因此，混凝土的强度对梁的抗剪能力影响很大。对于体外预应力加固混凝土梁，预应力对梁抗剪能力的贡献也是通过混凝土来传递的，如前所述，预压应力 σ_{pc} 与混凝土抗压强度 f_c 之比超过 0.3～0.4 时，预应力的有利影响就有下降趋势，因此，各影响因素是相互关联的。如片面提高预应力，而不顾混凝土的强度，是不会有效提高抗剪能力的，反之亦然。

4）配箍率和箍筋强度

有腹筋梁出现斜裂缝后，箍筋不仅直接承受相当部分的剪力，而且有效地抑制斜裂缝的开展和延伸，对提高剪压区混凝土的抗剪能力和纵向钢筋的销栓作用有有利的影响。试验表明，在配箍率适当的范围内，梁的抗剪能力随配箍率和箍筋强度的提高而有较大幅度的增长。

5）纵向钢筋配筋率

试验表明，梁的抗剪能力随纵向钢筋配筋率的提高而增大。一方面，由于纵向钢筋能抑制斜裂缝的开展和延伸，使斜裂缝上端混凝土剪压区面积较大，从而提高了剪压区混凝土承受的剪力；另一方面，纵筋数量的增加也将导致其销栓作用增大，由销栓作用所传递的剪力也随之增大。纵筋对抗剪能力的贡献受剪跨比的影响，剪跨比较小时，纵筋的销栓作用较强，对抗剪能力的贡献较大；剪跨比较大时，纵筋的销栓作用减弱，对抗剪能力的贡献较小。

除上述主要因素外，与钢筋混凝土梁类似，影响体外预应力混凝土梁抗剪能力的因素还包括构件的类型（简支梁、连续梁、轴力杆件等）、构件的截面形式、荷载形式（集中荷载、均布荷载、轴向荷载、复杂荷载等）、加载方式（直接加载、间接加载等）等。

对于体外预应力加固混凝土梁斜截面受剪承载力的计算，可用钢筋混凝土梁受剪承载力计算公式为基础，再加上预应力作用所提高的受剪承载力。计算公式如下：

$$V \leqslant V_u = V_{cs} + V_b + V_{p1} + V_{p2} \tag{2-24}$$

式中：V_{cs}——构件斜截面上混凝土和箍筋的受剪承载力设计值，按《混凝土结构设计规范》GB 50010 的规定计算；

V_b——非预应力弯起钢筋的受剪承载力；

V_{p1}——体外预应力筋轴向预压作用所提高的构件的受剪承载力设计值；

V_{p2}——体外预应力筋竖向分力所提高的构件受剪承载力设计值。

由非预应力弯起钢筋所提供的受剪承载力 V_b 按下式计算：

$$V_b = 0.8 f_y A_{sb} \sin\alpha_s \tag{2-25}$$

式中：A_{sb}——同一弯起平面内的非预应力弯起钢筋截面面积；

α_s——斜截面上非预应力弯起钢筋与构件纵向轴线的夹角。

由于体外预应力筋合力点至换算截面重心的偏心距一般变化不大，为简化计算，可忽略偏心距的影响，只考虑预应力筋合力这一主要因素，体外预应力筋对混凝土梁轴向预压作用对梁受剪承载力的提高作用 V_{p1} 可偏安全地按下式计算：

$$V_{p1} = 0.05 N_{p0} \tag{2-26}$$

式中：N_{p0}——计算截面上混凝土法向预应力等于零时的体外预应力筋及非预应力钢筋的合力，按《混凝土结构设计规范》GB 50010 的规定计算；当 $N_{p0} > 0.3 f_c A_0$ 时，取 $N_{p0} = 0.3 f_c A_0$，此处，A_0 为构件的换算截面面积。

计算体外预应力筋竖向分力所提高的梁受剪承载力 V_{p2} 时，其作用与体内预应力弯起钢筋相似，可参考《混凝土结构设计规范》GB 50010 相应预应力弯起钢筋的计算公式进行计算。不同之处在于预应力筋极限应力的取值。

体外预应力混凝土梁发生斜截面剪压破坏时，预应力筋在外荷载作用下也将产生应力增量，但其应力通常尚未达到其屈服强度。该应力增量既不同于正常使用状态下的应力增量，也不同于正截面承载力极限状态下的应力增量。目前关于体外预应力斜截面承载力的试验研究相对较少，偏于安全起见，预应力筋极限应力可采用有效预应力值，考虑到预应力弯起钢筋与破坏斜截面相交位置的不确定性，仍保留钢筋应力不均匀系数 0.8。

V_{p2} 可按下式计算：

$$V_{p2} = 0.8 \sigma_{pe} A_{py} \sin\alpha_{py} \tag{2-27}$$

式中：A_{py}——体外预应力筋截面面积；

α_{py}——体外预应力弯起钢筋与构件纵向轴线的夹角；

σ_{pe}——体外预应力筋有效预应力。

4. 施工要点

采用体外预应力加固混凝土结构时，应根据加固设计方案中预应力体系的不同确定预应力施工工艺。体外预应力加固施工前，应由专业施工单位根据设计图纸与现场施工条件，编制体外预应力加固施工方案，施工方案应经加固设计单位确认后方可实施。体外预应力加固工程中穿孔孔道宜采用静态开孔机成型，开孔前应探测既有结构钢筋位置，钻孔时应避开构件中的钢筋，无法避开时应通知设计单位，采取相应措施。

预应力筋的下料长度应通过计算确定。计算时应综合考虑其孔道长度、锚具长度、千斤顶长度、张拉伸长值和混凝土压缩变形量以及根据不同张拉方法和锚固形式预留的张拉长度等因素。

转向块、锚固块安装固定时设计曲线竖向位置偏差应符合表 2-6 的规定；转向块曲率半径和转向导管半径偏差均不应大于相应半径的±5%。

束形控制点的设计曲线竖向位置允许偏差 **表 2-6**

截面高(厚)度(mm)	$h \leqslant 300$	$300 \leqslant h \leqslant 1500$	$h > 1500$
允许偏差(mm)	±5	±10	±15

体外预应力束在安装过程中应注意排序，无法进行整束穿索的宜采用单根穿索的方法。在张拉之前应对所有预应力筋进行预紧。在穿索过程中应进行严格的防护措施，不应拖曳体外束，避免造成对表面防护层的损害，减弱体外束的防腐性能。

体外预应力束张拉前，应由定位支架或其他措施控制其位置。

张拉设备的选用、标定和维护应满足下列规定：

(1) 张拉设备应满足体外预应力筋的张拉和锚具的锚固；

(2) 张拉设备及仪表，应定期维护和校验；

(3) 张拉设备应配套标定、配套使用；

(4) 张拉设备的标定期限不应超过半年，当在使用过程中张拉设备出现反常现象时或千斤顶检修后应重新标定；

(5) 张拉所用压力表的精度不宜低于 1.6 级，标定千斤顶用的试验机或测力计的精度不应低于±1%；标定时千斤顶活塞的运行方向，应与实际张拉工作状态一致；

预应力筋张拉应在转向块、锚固块安装完成，且连接材料达到设计强度时进行。

预应力筋用应力控制法张拉时，应以伸长值进行校核。实际伸长值与计算伸长值之差应控制在±6%以内，否则应暂停张拉，待查明原因并采取措施予以调整后，方可继续张拉。

千斤顶张拉体外预应力筋的计算伸长值 Δl 可按下式计算：

$$\Delta l = \frac{F_{pm} l_p}{A_p E_p} \tag{2-28}$$

式中：F_{pm}——预应力筋平均张拉力（N），取张拉端拉力与计算截面扣除摩擦损失后的拉力平均值；

l_p——预应力筋的实际长度（mm）。

预应力筋的实际伸长值宜在初应力为张拉控制应力的 10%时开始量测，分级记录。

实际伸长值 Δl_0 可按下式确定：

$$\Delta l_0 = \Delta l_1 + \Delta l_2 - \Delta l_3 \tag{2-29}$$

式中：Δl_1——从初应力至最大张拉力间的实测伸长值（mm）；

Δl_2——初应力以下的推算伸长值（mm），可根据张拉力与伸长值成正比关系确定；

Δl_3——张拉过程中构件变形引起的预应力筋缩短值（mm），对于变形较小的构件，可略去。

预应力筋的张拉顺序应符合下列规定：

（1）当设计中无具体要求时，可根据结构受力特点、施工方便、操作安全等因素确定；

（2）张拉宜对称进行，减小对既有结构的偏心，也可采用分级张拉；

（3）当预应力筋采取逐根张拉或逐束张拉时，应保证各阶段不出现对结构不利的应力状态，同时宜考虑后批张拉的预应力筋产生的弹性压缩对先批张拉预应力筋的影响。

应根据设计要求采用一端张拉或两端张拉。当采用两端张拉时，宜两端同时张拉，也可一端先张拉，另一端补张拉。

对同一束预应力筋，宜采用相应吨位的千斤顶整束张拉。如整束张拉有困难，也可采用单根张拉工艺，单根张拉时应考虑各根之间的相互影响。

张拉过程中应避免预应力筋断裂或滑脱，如有断裂时应该进行更换，如有滑脱时应对滑脱的预应力筋重新穿筋张拉。

预应力筋张拉时，应对张拉力、压力表读数、张拉伸长值、异常现象等作详细记录。

2.3 钢筋混凝土结构整体性抗震加固技术

2.3.1 增设抗震墙加固

1. 技术特点

增设抗震墙是钢筋混凝土结构最常用的抗震加固技术之一。增设抗震墙主要用于结构抗侧刚度不足的情况，通过增设抗震墙可以有效地提高结构的抗侧刚度，减小地震作用下结构的层间侧移变形。当原结构为框架结构时，新增加的抗震墙的抗侧刚度将显著高于框架柱的抗侧刚度，新增墙体将承受更大的地震剪力，原框架柱所承担的地震剪力将显著减小，从而改善了原有结构的受力。另外，当框架结构增设抗震墙达到一定数量，使得框架部分承受的地震倾覆力矩不大于结构总倾覆力矩的50%时，加固后的结构中，框架部分的抗震等级也将有所降低，对其构造要求相应也会降低，通常不再需要另行加固处理。

2. 构造要求

（1）抗震墙宜设置在框架的轴线位置；翼墙宜在柱两侧对称布置。

（2）混凝土强度等级不应低于C20，且不应低于原框架柱的实际混凝土强度等级。

（3）墙厚不应小于140mm，竖向和横向分布钢筋的最小配筋率，均不应小于0.20%，墙厚和配筋尚应符合其抗震等级的相应要求。

（4）抗震墙或翼墙的墙体构造应符合下列规定：

墙体的竖向和横向分布钢筋宜双排布置，且两排钢筋之间的拉结筋间距不应大于600mm；墙体周边宜设置边缘构件。

墙与原有框架可采用锚筋或现浇钢筋混凝土套连接；锚筋可采用Φ10或Φ12的钢筋，与梁柱边的距离不应小于30mm，与梁柱轴线的间距不应大于300mm，钢筋的一端应采用胶粘剂锚入梁柱的钻孔内，且埋深不应小于锚筋直径的10倍，另一端宜与墙体的分布钢筋焊接（单面焊10d，双面焊5d）；现浇钢筋混凝土套与柱应可靠连接，且厚度不应小于50mm（图2-31）。

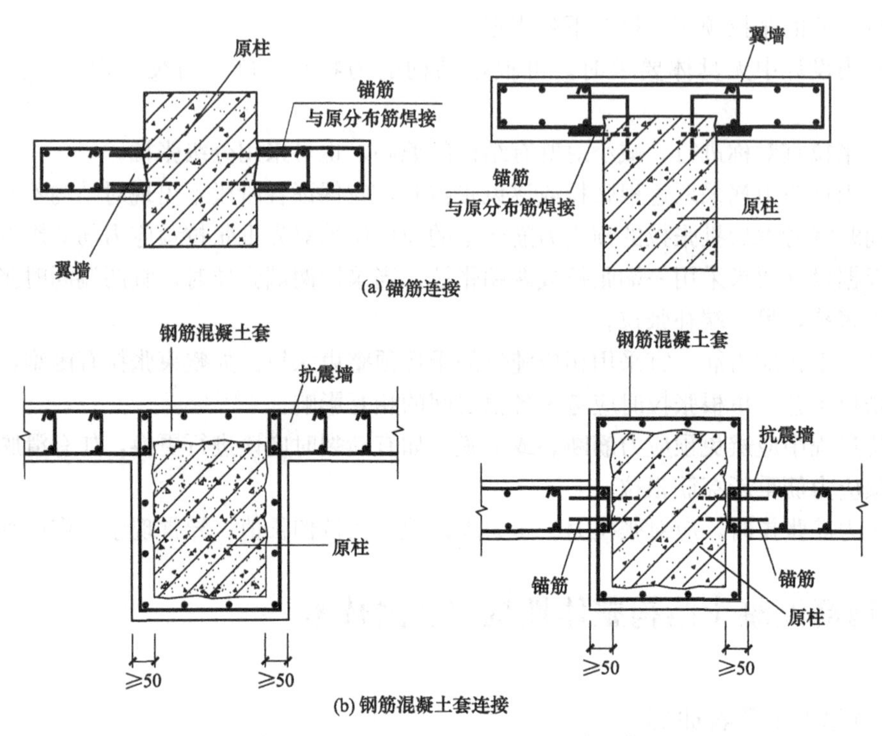

图2-31　增设墙与原混凝土柱连接示意

3. 抗震验算要点

增设抗震墙后应按框架-抗震墙结构进行抗震分析，增设的混凝土和钢筋的强度均应乘以规定的折减系数。加固后抗震墙之间楼、屋盖长宽比的局部影响系数应作相应改变。

增设翼墙后，翼墙与柱形成的构件可按整体偏心受压构件计算。新增钢筋、混凝土的强度折减系数不宜大于0.85；当新增的混凝土强度等级比原框架柱高一个等级时，可直接按原强度等级计算而不再计入混凝土强度的折减系数。

4. 施工要点

（1）原有的梁柱表面应凿毛，浇筑混凝土前应清洗并保持湿润，浇筑后应加强养护。

（2）锚筋应除锈，锚孔应采用钻孔成型，不得用手凿，孔内应采用压缩空气吹净并用水冲洗，注胶应饱满并使锚筋固定牢靠。

（3）为确保抗震墙顶部与梁板可靠连接，至少在梁板以下500mm高度范围内的抗震墙采用微膨胀混凝土浇筑。

2.3.2 增设支撑加固

1. 技术特点

这里的增设支撑加固指的是在钢筋混凝土结构中增设普通刚性钢结构支撑或混凝土结构支撑，以达到增加结构的抗侧刚度、提高结构的抗侧承载力、减小地震变形的作用。该加固方法也可以用来加强结构的整体性，调整结构平面或竖向的不规则性。根据设置支撑位置的不同，增设支撑加固方法又可以分为内设支撑加固和外设支撑加固两类。顾名思义，内设支撑加固是指在钢筋混凝土结构房屋内部设置支撑进行加固，增设的支撑一般采用内嵌于框架梁柱之间的安装方式；外设支撑加固则是指在房屋外侧设置支撑进行加固，此时，增设的支撑通常通过外贴于边框架上的附加框架进行安装（图 2-32）。

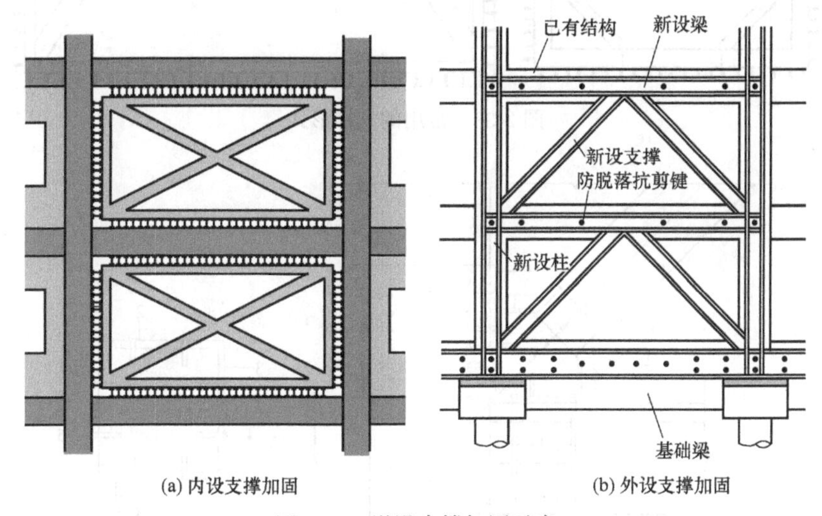

(a) 内设支撑加固　　(b) 外设支撑加固

图 2-32　增设支撑加固示意

2. 构造要求

采用支撑加固钢筋混凝土框架结构时，应符合下列构造要求：

（1）增设的支撑宜沿结构的两个主轴方向同时设置。

（2）支撑的布置应有利于减少结构沿平面或竖向的不规则性。支撑在平面内的布置应避免导致扭转效应，支撑的间距不应超过框架-抗震墙结构中墙体最大间距的规定；支撑宜上下连续布置，当受建筑方案影响无法连续布置时，宜在邻跨延续布置。

（3）支撑的形式可选择带边框或不带边框两类，支撑斜杆的布置可以选择 X 形、人字形或 V 形、K 形等形式（图 2-33），支撑的水平夹角宜为 35°～55°。

（4）钢结构支撑杆件的长细比和板件的宽厚比，应依据设防烈度的不同，按现行国家标准《建筑抗震设计规范》GB 50011 对钢结构设计的有关规定采用。

（5）不带边框的钢结构支撑可采用钢箍套与原有钢筋混凝土构件可靠连接（图 2-34），并应采取措施将支撑的地震内力可靠地传递到基础。

（6）带边框的钢结构支撑可通过钢边框与原有梁柱间的现浇混凝土带可靠连接，现浇混凝土带内应设置锚固钢筋和抗裂钢筋网片或螺旋筋（图 2-35）。

（7）钢结构支撑应采取防腐、防火措施。

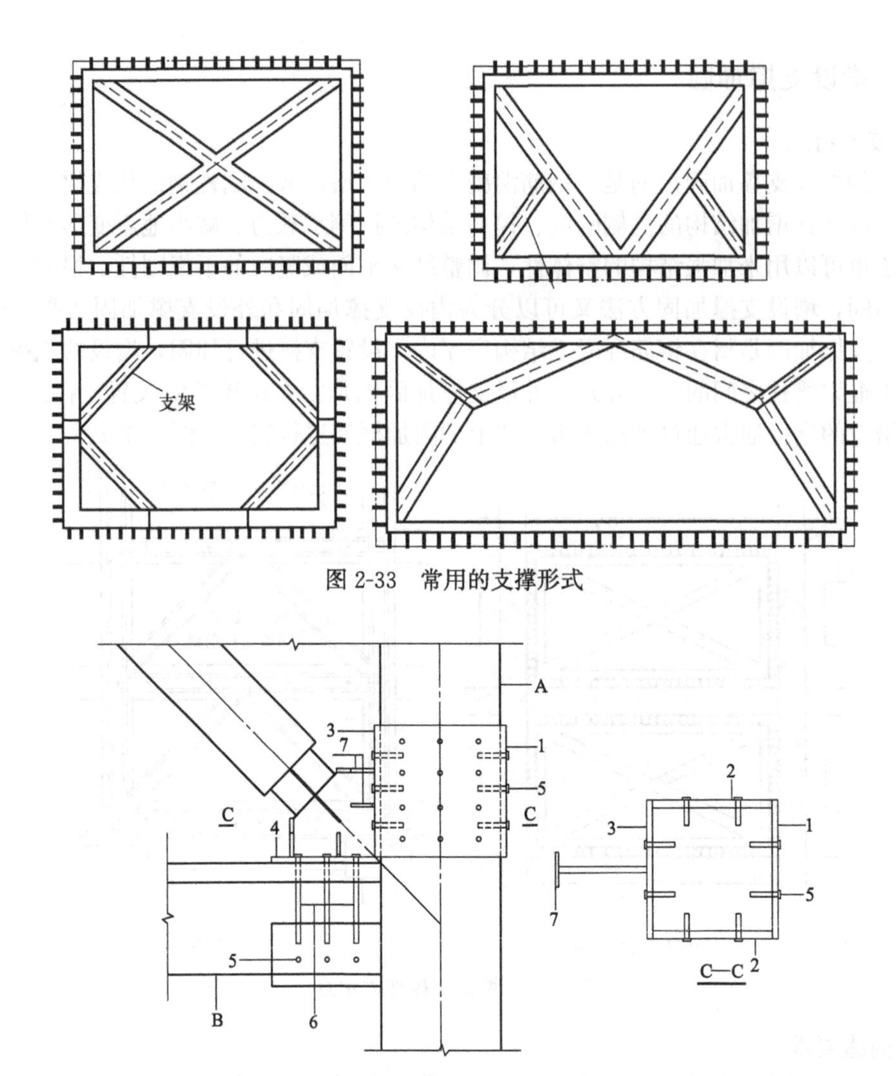

图 2-33 常用的支撑形式

图 2-34 钢支撑采用钢箍套与混凝土构件连接示意

A—既有框架柱；B—既有框架梁；1—背板；2—侧板；3—柱锚板；4—梁锚板；5—锚栓；6—对穿螺杆，穿楼板焊接；7—加劲肋

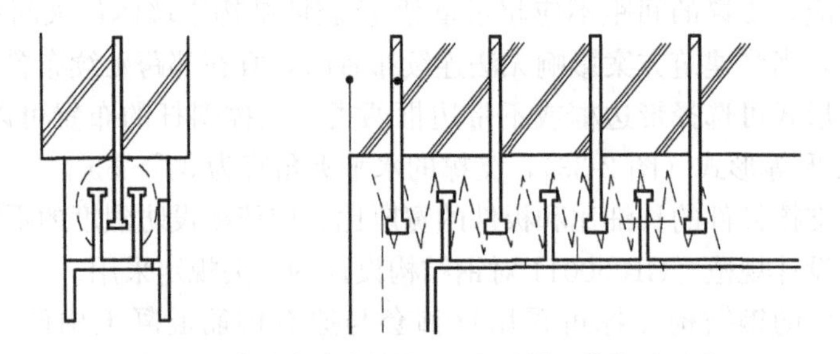

图 2-35 钢边框与梁柱间现浇混凝土带构造示意

3. 抗震验算要点

新增支撑可采用两端铰接的计算简图，且只承担地震作用。

增设支撑加固后，应按支撑框架结构进行抗震分析，计算时还应符合下列规定：

如增设钢结构支撑进行加固，结构的阻尼比不应大于0.045，也可按混凝土框架部分和钢结构支撑部分在结构总变形能所占的比例折算为等效阻尼比。如增设混凝土支撑进行加固，结构阻尼比按0.05采用。

当支撑斜杆的轴线偏离混凝土柱轴线超过柱宽1/4时，应考虑附加弯矩。

混凝土框架部分承担的地震作用，应按框架结构和支撑框架结构两种模型计算，并宜取二者的较大值。

结构的层间位移角限值，宜按框架结构和框架-抗震墙结构内插。

4. 施工要点

(1) 当增设混凝土支撑加固时，主要施工要点与增设抗震墙加固的施工要点基本相同。

(2) 当增设钢结构支撑时，钢结构支撑的制作与安装应符合现行《钢结构工程施工质量验收标准》GB 50205的规定。

(3) 钢支撑加工安装前，需对现场进行施工测量定位。钢支撑构件的下料尺寸应根据现场实际测量情况确定。

(4) 采用带边框钢支撑时，在拟安装结构支撑部位的原有的混凝土梁柱表面应凿毛处理，浇筑混凝土前应清洗并保持湿润，浇筑后应加强养护。锚筋应除锈，锚孔应采用钻孔成型，不得用手凿，孔内应采用压缩空气吹净并用水冲洗，注胶应饱满并使锚筋固定牢靠。

(5) 采用无边框钢支撑时，钢箍套与原有钢筋混凝土构件的连接做法应符合外包钢加固的施工做法。支撑斜杆采用节点板与钢箍相连时，斜杆、节点板的轴线应保持共平面。

(6) 支撑钢构件应按现行国家标准《钢结构设计标准》GB 50017的规定进行除锈和防腐处理。

2.3.3 增设消能减震装置加固

1. 技术特点

增设消能减震装置对钢筋混凝土结构进行加固，相当于在混凝土结构上增加了缓冲吸能装置，可以吸收并耗散地震能量，从而防止结构构件在地震中发生破坏。消能减震加固设计时，应按既有建筑的抗震鉴定结果、多遇地震作用下的预期设计要求及罕遇地震作用下的预期结构变形控制要求，并考虑既有建筑状况，设置适当的消能器。

多高层钢筋混凝土结构房屋采用消能减震技术进行加固时，可按下列原则选取消能器：

(1) 房屋刚度不足、明显不均匀或有明显扭转效应时，可增设位移相关型消能器加固。

(2) 结构构件的承载力不足或抗震构造措施不满足要求且房屋刚度足够时，可增设速度相关型消能器加固。

(3) 单跨框架，可设置屈曲约束支撑加固，并在必要时加强楼盖和屋盖的整体性。

单层钢筋混凝土柱厂房采用消能减震技术进行加固时，可按下列原则选取消能器：

(1) 厂房柱间支撑布置不满足要求时，可增设位移相关型消能器。

(2) 厂房扭转较大、纵向刚度不足时，宜将既有柱间支撑按等刚度原则替换为位移相关型消能器，同时还可调整支撑的刚度及布置以减小扭转。

（3）当采用较大刚度的位移相关型消能器替代既有柱间支撑，遇到既有预埋件、连接件承载力不足时，应按国家现行标准对预埋件、连接件的要求进行抗震设计校核，也可采用在排架柱侧面附加框架并设置消能器进行加固。

（4）厂房排架柱纵向承载力不满足要求时，可增设位移相关型消能器并加强连接构造措施，也可增设速度相关型消能器，或增设附加框架并设置消能器进行加固。

2. 构造要求

消能减震装置可根据需要沿结构的两个主轴方向分别设置，且宜设置在层间相对位移或相对速度较大的位置。消能器的数量和分布应通过综合分析确定，并有利于提高整个结构的消能减震能力，形成均匀合理的受力体系。

消能器可直接布置于既有建筑内部，并对既有建筑进行抗震性能验算，必要时对连接部位或个别构件进行局部加固；当在既有建筑内部不便于设置消能器时，可采用附加框架设置消能器进行加固。

消能器的安装形式一般分为支撑型、墙型、柱型、门架型和腋撑型等，设计时应根据工程具体情况和消能器的类型合理选择安装形式及连接构造。

当消能器与既有建筑之间直接连接时，消能器连接部件中的锚板、锚栓、节点板、连接件、预埋件等连接构造在消能器设计承载力范围内应处于正常工作状态，不应出现平面外失稳、局部屈曲、开焊、滑脱、滑移或拔出破坏等。

当消能器通过附加框架与既有建筑连接时，附加框架宜采用钢框架或现浇混凝土框架。

附加框架宜上下连通设置，宜设置基础，或与既有建筑基础连为整体。

附加框架采用现浇钢筋混凝土时，其抗震构造应满足相同抗震等级的新建混凝土框架的要求，内部箍筋宜通高（跨）加密。现浇混凝土附加框架与既有建筑可采用贯穿螺栓连接或采用后锚固抗剪键连接，连接区域宜避开节点核心区，与附加框架相连的既有结构构件表面应凿毛。抗剪键锚筋应在附加框架内设置拉结弯钩或其他可靠拉结措施。后锚固抗剪键可采用后锚固扩底型机械锚栓或特殊倒锥形化学锚栓连接，或后锚固锚栓＋钢筋混凝土抗剪键连接等形式（图 2-36）。

附加框架采用钢结构时，钢框架与既有结构构件宜采用后锚固抗剪键连接（图 2-37），并应采取必要的防锈措施。

后锚固抗剪键的施工应考虑附加框架自重变形的影响，附加框架施工宜在既有结构构件或节点的加固完成后进行。

3. 抗震验算要点

B类和C类既有建筑采用消能减震技术进行加固，消能减震结构在罕遇地震下层间位移角小于国家现行标准限值的 1/2 时，既有建筑抗震构造措施可按抗震等级降低一级考虑。应进行加固后结构的抗震变形验算，加固后结构在多遇地震和罕遇地震下的层间位移角应满足现行国家标准《建筑抗震设计规范》GB 50011 的要求。

（1）计算分析方法和设计参数

消能减震加固设计的计算分析，应符合下列规定：

当消能减震结构主体结构处于弹性工作状态，且消能器处于非线性工作状态时，可将

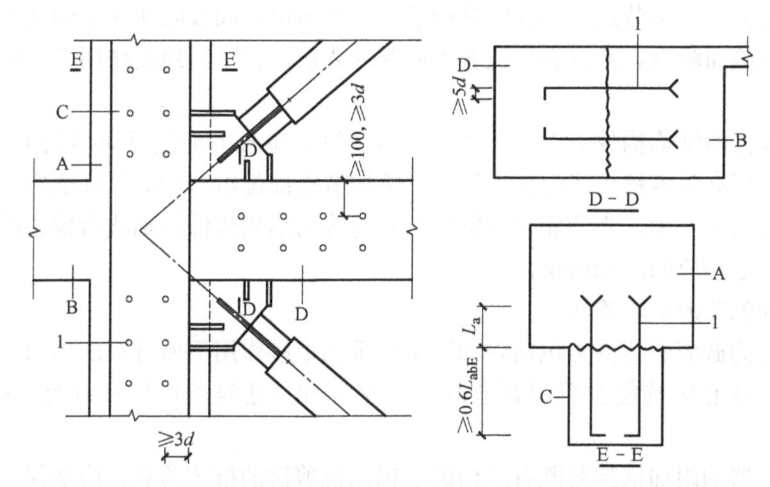

图 2-36　外贴附加现浇混凝土框架后锚固抗剪键连接示意图

A—既有框架柱；B—既有框架梁；C—附加框架柱；D—附加框架梁；1—后锚固抗剪键

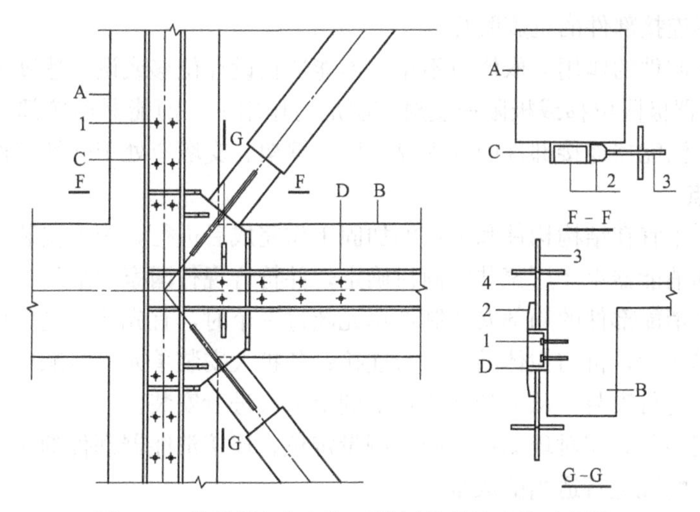

图 2-37　外贴附加钢框架后锚固抗剪键连接示意图

A—既有框架柱；B—既有框架梁；C—附加框架柱；D—附加框架梁；

1—后锚固抗剪键；2—加劲肋；3—节点板

消能器进行等效线性化，采用附加有效阻尼比和有效刚度的振型分解反应谱法、弹性时程分析法；也可采用弹塑性时程分析法。当消能减震结构主体结构进入弹塑性状态时，应采用静力弹塑性分析方法或弹塑性时程分析方法。

消能减震加固结构的自振周期应根据消能减震加固结构的总刚度确定，总刚度应包括结构刚度和消能部件的有效刚度。消能减震结构的总阻尼比应包括结构黏滞阻尼比和消能器附加给结构的等效阻尼比；多遇地震和罕遇地震作用下的总阻尼比应分别计算。消能减震加固结构的恢复力模型应包括结构恢复力模型和消能部件的恢复力模型。

消能部件的设计参数应符合现行行业标准《建筑消能减震技术规程》JGJ 297 的有关规定。

（2）连接消能器的结构构件抗震验算

连接消能器的结构节点和构件应进行消能器极限位移和极限速度下的消能器引起的阻尼力作用下的截面验算，并应满足抗剪不屈服的要求，在罕遇地震作用下应能保证消能器正常工作。

连接消能器的结构构件节点核心区的抗震验算，应考虑消能器对结构的作用，同时，当消能部件采用高强度螺栓或焊接连接时，结构节点部位组合弯矩设计值应考虑连接器连接部件端部的附加弯矩，当消能器的轴线与其连接的结构构件的轴线有偏差时，结构构件截面验算应考虑相应的附加弯矩。

(3) 附加框架的抗震验算

附加框架的截面组合内力包括附加框架自重和地震作用下所分担的内力，构件截面抗震验算、节点核心区抗震验算应符合现行国家标准《建筑抗震设计规范》GB 50011 的规定。

设置消能器的附加框架与既有结构的后锚固抗剪键的抗剪验算，应能保证消能器达到极限位移或极限速度时附加框架与既有结构之间有效连接。抗剪键的设计应考虑群锚效应，梁上群锚可按开裂混凝土考虑，柱上群锚可按不开裂混凝土考虑。

(4) 消能器连接部件的抗震验算

消能器连接部件的作用力取值应不小于消能器在设计位移或设计速度下对应阻尼力的1.2倍。在消能器极限位移或极限速度对应阻尼力作用下，消能器连接部件应避免出现整体或局部失稳，消能器连接部件中的支撑、墙、框架、支墩应处于弹性工作状态。

4. 施工要点

消能部件施工宜在结构构件和节点的加固工作完成后进行，施工安装顺序应由设计单位、施工单位和消能器生产厂家共同商讨确定，并符合现行国家标准的相关规定。

同一部位各消能部件的局部安装制作单元超过一个时，宜先将各制作单元及连接件拼装为扩大安装单元后，再与主体结构进行连接；各扩大安装单元安装顺序宜遵循保留一端为自由端的原则进行安装，从上到下或从下到上依次进行安装。

消能部件安装前，需对现场进行施工测量定位。连接消能器部件的构件下料尺寸可根据现场实际测量情况进行适当的放量。

消能器与结构构件采用斜撑或支墩连接时，消能器和斜撑或支墩的轴线应保持共平面。

连接消能器的斜撑与节点板采用螺栓连接或销轴连接或消能器为屈曲约束支撑时，斜撑或屈曲约束支撑的轴线与其他相关构件或连接件的轴线应共平面，偏差应控制在斜撑或约束套管宽度 1/100 以内；该平面与既有结构构件轴线所在平面的偏差应控制在最小柱截面尺寸 25%范围内；连接螺栓扩孔误差应控制在屈曲约束支撑屈服位移的 5%以内；屈曲约束支撑平面外垂直度偏差应控制在结构层高的 1/1000 以内；屈曲约束支撑与节点板采用焊缝连接时，应采取对应措施控制焊接变形，并防止锚板与混凝土表面明显开裂。

消能部件中的钢构件应按现行国家标准《钢结构设计标准》GB 50017 的规定进行除锈和防腐处理。

2.3.4 基础隔震加固

1. 技术特点

基础隔震加固是指在既有建筑基础与上部结构之间设置由隔震装置等组成的隔震层，

减小既有结构所承受的地震作用，提高既有结构的抗震性能的加固方法。采用隔震技术加固结构的高宽比宜不大于4。

采用隔震技术加固前应根据结构抗震设防类别、场地条件和使用要求等，对隔震技术加固方案进行技术和经济综合分析后确定。采用隔震技术加固的既有建筑结构周边应具备预留隔震层变形空间的条件。隔震技术加固方案应考虑施工的可行性，应考虑穿越隔震层楼梯、电梯和管线的构造做法以及隔震支座检修、维护和更换的需求。

隔震支座的性能应满足设计要求，当采用橡胶隔震支座时，隔震支座的选型应满足下列要求：

（1）宜采用极限变形能力相近的隔震支座。

（2）橡胶隔震支座在重力荷载代表值作用下的竖向压应力不应超过表2-7的规定。

橡胶隔震支座压应力限值 　　表2-7

建筑类别	甲类建筑	乙类建筑	丙类建筑
压应力限值(MPa)	10	12	15

（3）隔震层的总屈服力应满足下列公式要求：

$$r_{w}V_{wk}\leqslant V_{rw} \tag{2-30}$$

式中：r_w——风荷载分项系数，取1.4；

V_{wk}——风荷载作用下隔震层水平剪力标准值；

V_{rw}——隔震层水平屈服力的设计值。

2. 构造要求

隔震层刚度中心宜与上部结构质量中心一致。隔震支座的平面布置宜与上部结构和下部结构中竖向构件的平面位置相一致，隔震支座底面宜布置在相同标高位置上。同一支承处选用多个隔震支座时，隔震支座之间的净距应大于安装和更换时所需的空间尺寸。隔震层应留有便于观测和更换隔震支座的空间，上、下部结构所形成的缝隙，应根据使用功能要求，采用柔性材料封堵、填塞。

采用隔震技术加固混凝土框架结构时，隔震支座与上部结构和下部结构宜通过设置钢筋混凝土支墩实现可靠的连接，并应按罕遇地震作用下的内力进行强度验算。隔震支座上、下支墩的混凝土强度宜不低于C30，支墩截面宜大于支座连接板，确保支座与上、下支墩的可靠连接，支墩等与隔震支座直接相连构件的纵向钢筋在端部宜采用135°弯钩进行锚固，并宜采用双向钢筋网片对纵筋进行拉结，钢筋网片采用的钢筋直径宜不小于16mm。隔震支座上、下预埋钢板中起连接作用的预埋锚筋应对称布置，且不应少于4根，直径不应小于20mm，其锚固长度应大于20倍的锚筋直径。预埋钢板的厚度不应小于12mm。连接螺栓在连接板上应均匀对称分布，螺栓孔径间距应符合现行国家标准《钢结构设计标准》GB 50017的规定。

当有竖向管线穿越隔震层时，宜采用柔性管线或采用柔性接头。柔性管线或接头在隔震层处应预留伸展长度，其值应不小于其在罕遇地震作用下最大水平位移的1.2倍。

隔震层的上部结构应与周围固定物体脱开，与水平向固定物的脱开距离不宜小于隔震层在罕遇地震作用下最大水平位移的1.2倍，且不应小于200mm。对相邻隔震建筑，脱开距离宜取最大水平位移之和的1.2倍，且不应小于400mm。采用橡胶隔震支座时，与竖向固定物的脱开距离宜取所采用的橡胶隔震支座总厚度的 1/25 加 10mm，且不应小于 15mm，并用柔性材料填充（图 2-38）。

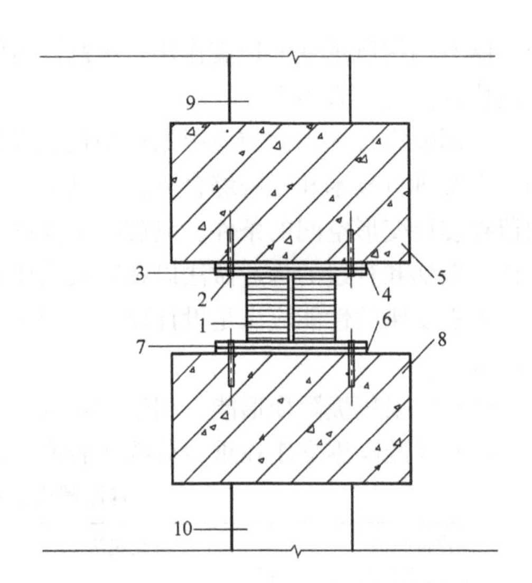

图 2-38　框架柱隔震加固示意图

1—隔震支座；2—连接螺栓；3—上连接板；4—上预埋钢板；5—上支墩；6—下预埋钢板；7—下连接板；8—下支墩；9—上框架柱；10—下框架柱

3. 抗震验算要点

隔震技术加固结构的计算分析可采用时程分析法和振型分解反应谱法。采用时程分析法计算水平地震作用减震系数时应按照设防地震进行计算。采用振型分解反应谱法计算水平地震作用减震系数时，应取剪切变形 100%的等效刚度和等效黏滞阻尼比；对罕遇地震验算，宜采用剪切变形 250%时的等效刚度和等效黏滞阻尼比。

隔震层的水平等效刚度和等效黏滞阻尼比可按下列公式计算：

$$K_h=\sum K_j \tag{2-31}$$

$$\zeta_{eq}=\sum K_j\zeta_j/K_h \tag{2-32}$$

式中：K_h——隔震层水平等效刚度；

K_j——隔震支座由试验确定的水平等效刚度；

ζ_{eq}——隔震层等效黏滞阻尼比；

ζ_j——隔震支座由试验确定的等效黏滞阻尼比，设置阻尼装置时，应包含相应阻尼比。

采用隔震方法加固时，A 类、B 类建筑隔震层以上结构抗震验算应符合现行国家标准《建筑抗震鉴定标准》GB 50023 的有关规定；C 类建筑隔震层以上结构抗震验算应符合现行国家标准《建筑抗震设计规范》GB 50011 的相关规定。

水平向减震系数应通过隔震后上部结构的层间剪力和对应的基础固定结构的层间剪力的比值确定。对高层建筑结构，尚应计算隔震与非隔震各楼层倾覆力矩的最大比值，并与层间剪力的最大比值相比较，取二者的较大值。

隔震加固设计应进行罕遇地震下结构弹塑性时程分析计算，分析计算应考虑隔震层、上部结构和下部结构的非线性行为。隔震加固设计应验算罕遇地震下隔震支座的水平位移，橡胶隔震支座在罕遇地震下的极限水平变形应不大于其有效直径的 0.55 倍和支座内部橡胶总厚度 3 倍二者的较小值。

隔震加固设计应按罕遇地震作用进行抗倾覆验算，并按上部结构重力荷载代表值计算抗倾覆力矩，抗倾覆安全系数应大于 1.2；上部结构传递到隔震支座的短期压应力应考虑倾覆力矩所引起的增加值，橡胶隔震支座的短期压应力限值应满足表 2-8 的要求；同时，橡胶隔震支座不宜出现拉应力，当隔震支座不可避免处于受拉状态时，橡胶隔震支座的拉应力限值应按表 2-9 采用。对隔震支座进行罕遇地震下拉应力计算时，橡胶隔震支座的受拉刚度宜取受压刚度的 1/10。

橡胶隔震支座短期压应力限值　　表 2-8

建筑类别	甲类建筑	乙类建筑	丙类建筑
压应力限值(MPa)	20	25	30

橡胶隔震支座拉应力限值　　表 2-9

建筑类别	甲类建筑	乙类建筑	丙类建筑
拉应力限值(MPa)	0	0.5	1

4. 施工要点

采用基础隔震技术加固钢筋混凝土结构时，主要施工流程如下：

(1) 开挖隔震沟，拆除首层室内建筑地面；(2) 首层地面土方开挖及非承重墙拆除；(3) 隔震层上部混凝土板梁新建或加固；(4) 隔震层下部结构及基础加固；(5) 采用支撑对隔震层上部结构进行卸载；(6) 卸载完成后切断原混凝土柱；(7) 下支墩钢筋绑扎并安装下预埋板；(8) 安装隔震支座并调试；(9) 下支墩混凝土浇筑；(10) 上支墩钢筋绑扎并安装上预埋板；(11) 上支墩混凝土浇筑；(12) 对隔震层外露金属部件进行防锈处理；(13) 拆除支撑；(14) 恢复地面及装修。

隔震沟的挖土深度和宽度应满足设计要求，室内外土方的挖土深度应确保结构安全并满足施工要求，应根据土质不同进行适当的放坡或支护，室内、外土方宜同时开挖。雨季施工时，应采取临时覆盖或排水措施，冬季应严格按照冬季施工标准进行，隔震沟开挖过程中应及时进行挡土墙施工，并按设计要求做好防潮、防水处理。

采用隔震技术加固钢筋混凝土框架结构时，宜设置满堂红竖向支撑托起上部结构，并完成全部框架柱卸载，同时应设置水平支撑，以防止上部结构水平移位，保证侧向稳定。切断框架柱的施工顺序宜遵循由内向外，间隔分批进行。

当进行模板安装和混凝土浇筑时，应对模板及支架进行观察和维护。当发生异常情况时，应按施工技术方案及时进行处理。隔震支座的下支墩的混凝土宜分两次浇筑，第一次浇筑至预埋板下方 3～5cm 处，第二次浇筑宜采用无收缩混凝土或灌浆料，确保预埋板下无空洞。现浇的隔震层构件不应有影响结构性能和设备安装的尺寸偏差。在支墩混凝土二次浇筑前，应对混凝土接槎处进行处理，剔除浮石、凿毛，并对预埋螺栓、预埋钢板进行检查校正，洒水、冲洗湿润后，方可浇筑混凝土。拆模时的混凝土强度应满足设计要求。

隔震支座安装完成，且上支墩混凝土强度达到设计要求后，宜一次性拆除全部竖向支撑和水平支撑，应避免上部结构承受不均匀变形。

在隔震技术加固工程施工阶段，应对隔震支座采取临时覆盖保护措施。应对支墩顶面、隔震支座顶面的水平度、隔震支座中心的平面位置和标高进行精确测量校正。应保证上部结构、隔震层构配件与周围固定物的最小允许间距。

在隔震层周边应布置沉降观测点，各沉降观测点之间的距离不宜超过 15m；伸缩缝两侧应各布置 1 个观测点，施工全过程及竣工后均应进行沉降观测，直至竖向变形量趋于稳定，并应进行裂缝观测。

隔震技术加固工程竣工验收前，应具有完整、齐备，并能真实反映工程实际的技术档案和竣工图，作为工程竣工验收依据。

第3章　砌体结构加固

3.1　加固设计规定

砌体结构房屋经安全性鉴定和抗震鉴定，确认需要进行加固时，应根据鉴定结论和委托方的要求，由有资质的专业技术人员进行加固设计。加固设计的范围，应根据具体鉴定结果采用整幢建筑物加固、建筑物中某独立区段加固，也可按指定的结构、构件或连接部位确定。不论按照何种加固范围，采用何种加固方式，砌体结构房屋在加固后均应进一步提高其整体牢固性、改善构件的受力状况，提高房屋的安全性和抗震能力。

砌体结构的主要承重构件为砌体墙，其由砖、石块体通过砌筑砂浆砌筑而成，结构整体性相对较差。因此，砌体结构的加固首先应考虑提高其整体性。在加固设计中，若发现原砌体结构无圈梁或构造柱，或者涉及结构整体性牢固性部位无拉结、锚固或必要的支撑，或这些构造措施设置不足，或设置不当，均应在加固设计中予以补足或加以改造。

加固后结构的安全性等级，应根据结构破坏后果的严重性、结构的重要性和加固设计的后续使用年限，由委托方与设计方按实际情况共同确定。

加固设计应根据结构特点，选择科学、合理的方案，并与实际施工方法紧密结合，采取有效措施，保证新增构件和部件与原结构连接可靠，新增截面与原截面粘结牢固，形成整体共同工作；并应避免对未加固部分，以及相关的结构、构件和地基基础造成不利的影响。

对高温、高湿、低温、冻融、化学腐蚀、振动、收缩应力、温度应力、地基不均匀沉降等影响因素引起的原结构损坏，应在加固设计时提出有效的防治对策，并按设计规定的顺序进行治理和加固。

砌体结构的加固设计应综合考虑其技术经济效果，既应避免加固适修性很差的结构，也应避免不必要的拆除或更换；对加固过程中可能出现倾斜、失稳、过大变形或坍塌的砌体结构，应在加固设计时提出相应的临时性安全措施，明确要求施工单位严格执行。

3.1.1　后续使用年限

砌体结构安全性加固的设计使用年限的确定，应考虑下述原则：

(1) 结构加固后的使用年限，应由产权人和设计单位共同商定。

(2) 当结构的加固材料中含有合成树脂或其他聚合物成分时，其结构加固后的使用年限宜按30年考虑；当要求结构加固后的使用年限为50年时，其所使用的合成树脂和聚合物的粘结性能，应通过耐长期应力作用能力的检验。

（3）使用年限到期后，当重新进行的安全性鉴定认为该结构工作正常，仍可继续延长其使用年限。

（4）对使用合成树脂和聚合物材料加固的结构、构件，还应定期检查其工作状态；检查的时间间隔一般不超过 10 年。

（5）当为局部加固时，应考虑原建筑物剩余设计使用年限对结构加固后设计使用年限的影响。

（6）在加固设计使用年限内，未经技术鉴定或设计许可，不得改变加固后结构的用途和使用环境。

既有砌体结构房屋的抗震加固设计应以抗震鉴定结果为主要依据。与既有钢筋混凝土结构房屋相似，既有砌体结构房屋的抗震加固设计也应根据现行国家标准《建筑抗震鉴定标准》GB 50023 的规定选择其后续使用年限及相应的抗震加固设计要求和方法。后续使用年限 30 年的建筑，简称 A 类建筑；后续使用年限 40 年的建筑，简称 B 类建筑；后续使用年限 50 年的建筑，简称 C 类建筑。

3.1.2 抗震加固设计原则

砌体结构房屋的抗震加固应注意下列原则：

同一楼层中，自承重墙体由于只需保证自身的抗震能力，不考虑其对整个楼层抗震承载力的贡献，其加固后的抗震能力一般不应超过承重墙体加固后的抗震能力。

楼层内加固墙体的布置除应根据抗震鉴定的结果，对不满足抗震承载力要求的墙体进行加固外，还应充分考虑加固后由于墙体刚度发生变化，将使楼层内地震剪力的分配发生变化，应注意保证加固后的墙段受力均匀，防止个别构件失效后导致结构各个击破，发生严重破坏。地震作用下，楼梯作为建筑的重要逃生通道，应考虑进行局部加强以保证其在地震中不致发生严重破坏，可以继续使用，当选用区段加固的方案时，应对楼梯间的墙体采取加强措施。

对于抗震横墙间距较大，楼、屋盖结构采用装配式楼、屋盖或木屋盖等非刚性结构体系的房屋，应首先选择增设抗震墙，提高楼、屋盖刚度等有利于消除不利因素的抗震加固方案，当采用加固柱或墙垛、增设支撑或支架等保持非刚性结构体系的加固措施时，应控制层间位移和提高其变形能力。

加固后的房屋，各楼层的抗震承载力应较为均匀分布，防止相邻楼层间抗震承载力相差较大而出现薄弱层，如果某一楼层的抗震承载力超过相邻楼层 20%时，该相邻楼层也需要加固以减小差距。

砌体结构经过抗震鉴定，评定为不满足抗震鉴定要求时，应采取加固措施。通常可根据存在问题的不同分为以下几类情况：

1. 当既有多层砌体房屋的高度、层数超过规定限值时，应采取下列抗震加固方法：

（1）当既有多层砌体房屋的总高度超过规定而层数不超过规定的限值时，应采取高于一般房屋的承载力且加强墙体约束的有效措施。

（2）当既有多层砌体房屋的层数超过规定限值时，应采取改变结构体系加固法，如双面钢筋混凝土板墙加固法等或直接拆除房屋上部超过的楼层，减少层数以满足规范要求。如果原房屋为乙类设防的房屋，也可通过改变用途按丙类设防房屋使用，并符合丙类设防的层数限值。当采用改变结构体系的方案时，可在两个方向均匀增设总厚度不小于120mm的钢筋混凝土双面夹板墙，混凝土墙应计入竖向压应力滞后的影响并宜承担结构的全部地震作用。

（3）当丙类设防且横墙较少的房屋超出规定限值一层和3m以内时，应提高墙体承载力且新增构造柱、圈梁等应达到现行国家标准《建筑抗震设计规范》GB 50011对横墙较少房屋不减少层数和高度的相关要求。

2. 房屋抗震承载力不能满足要求时，可以选择如下的加固方法：

（1）增加砂浆面层或板墙加固：在墙板的一侧或两侧采用水泥砂浆面层、钢筋网砂浆面层或钢绞线砂浆面层或喷射混凝土板墙加固。该方法通过增加配筋并加厚墙体的方式直接提高墙体的承载力。

（2）后张预应力加固：沿墙体两侧按设计间距对称布置竖向无粘结预应力筋并施加预应力进行加固（详见本书第5、6章），该方法可直接提高墙体的抗震受剪承载力。

（3）隔震加固：在房屋基础设置隔震层，减小房屋的地震反应，从而使房屋的抗震承载力满足要求。

（4）外加柱加固：在墙体交接处采用现浇钢筋混凝土构造柱加固，柱应与圈梁、拉杆连成整体，或与现浇钢筋混凝土楼、屋盖可靠连接。该方法主要用于提高房屋的整体性，外加混凝土构造柱也可以在一定程度上提高房屋的承载力。

（5）包角或镶边加固：在柱、墙角或门窗洞口边用型钢或钢筋混凝土包角或镶边；柱、墙垛还可用外包现浇钢筋混凝土围套加固。

（6）拆砌或增加抗震墙：对强度过低或严重破坏的原墙体以及抗震性能差的墙体，如空斗墙，采取拆除重砌的办法，重砌和增设抗震墙的材料可以为砖或砌块，也可用轻骨料混凝土或普通混凝土，最大限度地减小对下部结构与基础的影响；拆除时，应采取可靠的支撑和防护措施。

（7）修补或灌浆：对已经开裂的墙体，可采用压力灌浆修补，对砌筑砂浆饱满度差或砌筑砂浆强度等级偏低的墙体，可用满墙灌浆加固。修补后墙体的刚度和抗震能力，可按原砌筑砂浆强度等级计算；满墙灌浆加固后的墙体，可按原砌筑砂浆强度等级提高一级计算。

3. 房屋的整体性不满足要求时，应选择下列加固方法：

（1）当构造柱或芯柱设置不符合鉴定要求时，应增设外加柱；当墙体采用双面钢筋网砂浆面层或钢筋混凝土板墙加固，且在墙体交接处增设相互可靠拉结的配筋加强带时，可不另设构造柱。

（2）当圈梁设置不符合鉴定要求时，应增设圈梁；外墙圈梁宜采用现浇钢筋混凝土，内墙圈梁可用钢拉杆或在进深梁端加锚杆代替；当采用双面钢筋网砂浆面层或钢筋混凝土板墙加固，且在上下两端增设配筋加强带时，可不另设圈梁。

（3）当墙体布置在平面内不闭合时，可增设墙段或在开口处增设现浇钢筋混凝土框形成闭合。当纵横墙连接较差时，可采用钢拉杆、长锚杆、外加柱、外加圈梁或内部增设型钢拉结等方法加固。

（4）当预制楼、屋盖不满足抗震鉴定要求，或楼、屋盖构件支承长度不满足要求时，可增设托梁或采用现浇钢筋混凝土叠合层等增强楼、屋盖整体性等的措施；对腐蚀变质的构件应更换；对无下弦的人字屋架应增设下弦拉杆。

4. 对房屋中易倒塌的部位，宜选择下列加固方法：

（1）窗间墙宽度过小或抗震能力不满足要求时，可增设钢筋混凝土窗框或采用钢筋网砂浆面层、板墙等加固。

（2）支承大梁等的墙段抗震能力不满足要求时，可增设组合柱、钢筋混凝土柱或采用钢筋网砂浆面层、板墙加固。

（3）支承悬挑构件的墙体不符合鉴定要求时，宜在悬挑构件端部增设钢筋混凝土柱或组合柱加固，并对悬挑构件进行复核，当悬挑构件的锚固长度不满足要求时，可加拉杆或采取减少悬挑长度的措施。

（4）隔墙无拉结或拉结不牢，可采用镶边、埋设钢夹套、锚筋或钢拉杆加固；当隔墙过长、过高时，可采用钢筋网砂浆面层进行加固。

（5）出屋面的楼梯间、电梯间和水箱间不符合鉴定要求时，可采用面层或外加柱加固，其上部应与屋盖构件有可靠连接，下部应与主体结构的加固措施相连。出屋面的烟囱、无拉结女儿墙、门脸等超过规定的高度时，宜拆除、降低高度或采用型钢、钢拉杆加固。

3.2 砌体结构直接加固技术

3.2.1 水泥砂浆和钢筋网砂浆面层加固

1. 技术特点

水泥砂浆面层加固是砌体结构现有常用加固方法之一。该方法是在砖墙的一侧或两侧涂抹一定厚度的水泥砂浆面层或钢筋网水泥砂浆面层，以提高砖墙的抗震承载力。该方法主要用于砖砌体砌筑砂浆低于M2.5的情况，当原有砖砌体结构的砌筑砂浆高于M2.5时，该方法的加固效果不明显。采用该方法进行加固时，砂浆面层的厚度一般为20～40mm，加固后增加的重量较少，因此加固位置不必自下而上连续，可以根据抗震鉴定结果，仅对不满足抗震承载力的楼层或墙段进行加固，同时，在底层进行加固时，水泥砂浆面层不需要另设基础，但在室外底层的面层在地面以下部分宜适当加厚并深入地面以下500mm，以增加其耐久性。

2. 构造要求

（1）原砌体实际的砌筑砂浆强度等级不宜高于M2.5。

（2）面层的砂浆强度等级，宜采用M10。

（3）水泥砂浆面层的厚度宜为20mm；钢筋网砂浆面层的厚度宜为35～40mm。

（4）钢筋网的钢筋直径宜为4mm或6mm；网格尺寸，实心墙宜为300mm×300mm。

（5）单面加面层的钢筋网应采用Φ6的L形锚筋，双面加面层的钢筋网应采用Φ6的S形穿墙筋连接；L形锚筋的间距宜为600mm，S形穿墙筋的间距宜为900mm。

（6）钢筋网的横向钢筋遇有门窗洞时，单面加固宜将钢筋弯入洞口侧边锚固，双面加固宜将两侧的横向钢筋在洞口闭合。

（7）底层的面层，在室外地面下宜加厚并伸入地面下500mm。

(8) 钢筋网应采用呈梅花状布置的锚筋、穿墙筋固定于墙体上；钢筋网四周应采用锚筋、插入短筋或拉结筋等与楼板、大梁、柱或墙体可靠连接；钢筋网外保护层厚度不应小于 10mm，钢筋网片与墙面的空隙不应小于 5mm。

钢筋网砂浆面层加固的典型节点构造如图 3-1 所示。

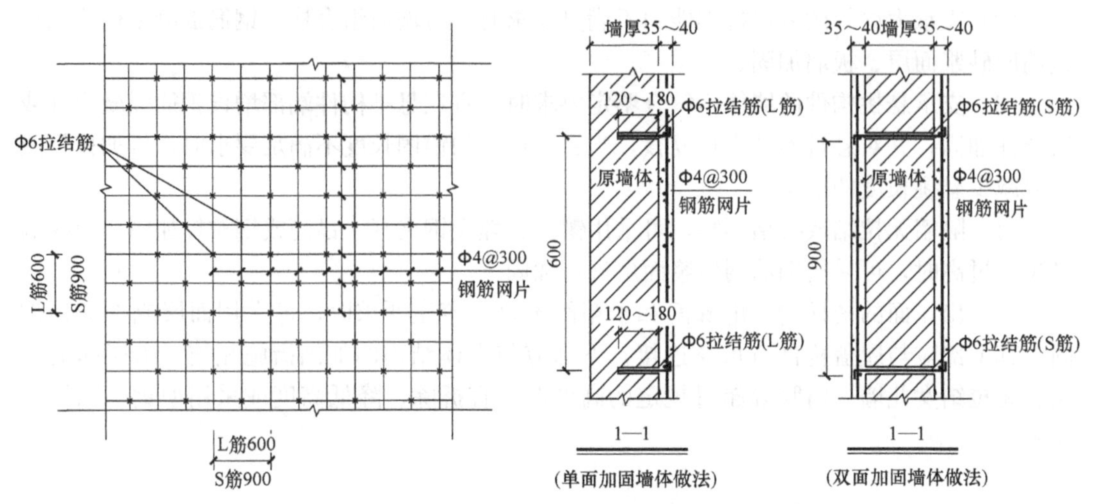

图 3-1 钢筋网砂浆面层加固做法示意图

3. 抗震验算方法

钢筋网水泥砂浆面层加固验算时，有关构件支承长度的影响系数应作相应改变，有关墙体局部尺寸的影响系数应取 1.0。

面层加固后，楼层和各墙段抗震能力的增强系数可按下列公式计算：

$$\eta_{Pi}=1+\frac{\sum_{j=1}^{n}(\eta_{Pij}-1)A_{ij0}}{A_{i0}} \tag{3-1}$$

$$\eta_{Pij}=\frac{240}{t_{w0}}\left[\eta_0+0.075\left(\frac{t_{w0}}{240}-1\right)/f_{vE}\right] \tag{3-2}$$

式中：η_{Pi}——面层加固后第 i 楼层抗震能力的增强系数；

η_{Pij}——第 i 楼层第 j 墙段面层加固的增强系数；

η_0——基准增强系数，砖墙体可按表 3-1 采用；

A_{i0}——第 i 楼层中验算方向原有抗震墙在 1/2 层高处净截面的面积（mm^2）；

A_{ij0}——第 i 楼层中验算方向面层加固的抗震墙 j 墙段在 1/2 层高处净截面的面积（mm^2）；

n——第 i 楼层中验算方向面层加固的抗震墙数量；

t_{w0}——原墙体厚度（mm）；

f_{vE}——原墙体的抗震抗剪强度设计值（MPa）。

加固后砖墙段刚度的提高系数应按下列公式计算：

实心墙单面加固 $$\eta_k=\frac{240}{t_{w0}}\eta_{k0}-0.75\left(\frac{240}{t_{w0}}-1\right) \tag{3-3}$$

实心墙双面加固 $$\eta_k=\frac{240}{t_{w0}}\eta_{k0}-\left(\frac{240}{t_{w0}}-1\right) \quad (3\text{-}4)$$

式中：η_k——加固后墙段的刚度提高系数；

η_{k0}——刚度的基准提高系数，可按表 3-2 采用。

面层加固的基准增强系数 **表 3-1**

面层厚度(mm)	面层砂浆强度等级	钢筋网规格(mm)		单面加固			双面加固		
				原墙体砂浆强度等级					
		直径	间距	M0.4	M1	M2.5	M0.4	M1	M2.5
20	M10	无筋	—	1.46	1.04	—	2.08	1.46	1.13
30		6	300	2.06	1.35	—	2.97	2.05	1.52
40		6	300	2.16	1.51	1.16	3.12	2.15	1.65

面层加固时墙段刚度的基准提高系数 **表 3-2**

面层厚度(mm)	面层砂浆强度等级	单面加固			双面加固		
		原墙体砂浆强度等级					
		M0.4	M1	M2.5	M0.4	M1	M2.5
20	M10	1.39	1.12	—	2.71	1.98	1.70
30		1.71	1.30	—	3.57	2.47	2.06
40		2.03	1.49	1.29	4.43	2.96	2.41

4. 施工要点

面层加固的施工应符合下列要求：

(1) 面层宜按下列顺序施工：原有墙面清底、钻孔并用水冲刷，孔内干燥后安设锚筋并铺设钢筋网，浇水湿润墙面，抹水泥砂浆并养护，墙面装饰。

(2) 原墙面碱蚀严重时，应先清除松散部分并用 1∶3 水泥砂浆抹面，已松动的勾缝砂浆应剔除。

(3) 在墙面钻孔时，应按设计要求先画线标出锚筋（或穿墙筋）位置，并应采用电钻在砖缝处打孔，穿墙孔直径宜比 S 形筋大 2mm，锚筋孔直径宜采用锚筋直径的 1.5～2.5 倍，其孔深宜为 120～180mm，锚筋插入孔洞后可采用水泥基灌浆料、水泥砂浆等填实。

(4) 铺设钢筋网时，竖向钢筋应靠墙面并采用钢筋头支起，以保证留有足够的间隙。

(5) 抹水泥砂浆时，应先在墙面刷水泥浆一道再分层抹灰，且每层厚度不应超过 15mm。

(6) 面层应浇水养护，防止阳光曝晒，冬季应采取防冻措施。

3.2.2 钢丝绳网片-聚合物砂浆面层加固

1. 技术特点

钢丝绳网片-聚合物砂浆加固技术是一种以钢丝绳网片为增强材料，通过聚合物砂浆将其粘结在墙体表面从而起到对墙体加固作用的加固方法。采用该方法加固时，先将钢丝绳网片铺设在被加固墙体的表面，钢丝绳网片与墙体采用专用金属胀栓固定，在其表面涂抹一定厚度的聚合物砂浆。该加固方法可用于墙体的单侧加固或双侧加固。同水泥砂浆面层加固法相似，钢丝绳网片-聚合物砂浆面层的厚度一般在 25～40mm，所增加的重量有限，其面层不必自下而上连续布置，可以根据抗震鉴定结果，仅对不满足抗震承载力的楼层或墙段进行加固。同时，在底层进行加固时，面层不需要另设基础，但在室外底层的面层在地面以下部分宜适当加厚并深入地面以下 500mm，以增加其耐久性。

2. 构造要求

钢丝绳网片-聚合物砂浆面层加固砌体结构应满足下列要求：

(1) 原墙体砌筑的块体实际强度等级不宜低于 MU7.5，砂浆强度等级不宜高于 M5。

(2) 聚合物砂浆面层的厚度应大于 25mm，钢丝绳保护层厚度不应小于 15mm。

(3) 钢丝绳网片-聚合物砂浆面层可单面或双面设置，钢丝绳网片应采用专用金属胀栓固定在墙体上，其间距宜为 600mm，且呈梅花状布置。

(4) 钢丝绳网片四周应与楼板或大梁、柱或墙体可靠连接；面层可不设基础，外墙在室外地面下宜加厚并伸入地面下 500mm。

(5) 钢丝绳应采用 6×7＋IWS 金属股芯钢丝绳，单根钢丝绳的公称直径应在 2.5～4.5mm 范围内；应采用硫、磷含量均不大于 0.03%的优质碳素结构钢制丝；镀锌钢丝绳的锌层重量及镀锌质量应符合现行标准《钢丝及其制品 锌或锌铝合金镀层》YB/T 5357 对 AB 级的规定。

(6) 宜采用抗拉强度标准值为 1650MPa（直径不大于 4.0mm）和 1560MPa（直径大于 4.0mm）的钢丝绳；相应的抗拉强度设计值取 1050MPa（直径不大于 4.0mm）和 1000MPa（直径大于 4.0mm）。

(7) 钢丝绳网片应无破损、无死折、无散束，卡扣无开口、脱落，主筋和横向筋间距均匀，表面不得涂有油脂、油漆等污物。

(8) 聚合物砂浆可采用Ⅰ级或Ⅱ级聚合物砂浆，其正拉粘结强度、抗拉强度和抗压强度以及老化检验、毒性检验等应符合现行国家标准《混凝土结构加固设计规范》GB 50367 的有关要求。

钢丝绳网片-聚合物砂浆面层加固的典型节点做法如图 3-2 所示。

3. 抗震验算方法

钢丝绳网片-聚合物砂浆面层加固后，有关构件支承长度的影响系数应作相应改变，有关墙体局部尺寸的影响系数应取 1.0。

加固后楼层抗震能力的增强系数，可按公式（3-1）采用，墙段抗震能力的增强系数，可按公式（3-2）采用，其中，面层加固的基准增强系数，对黏土普通砖可按表 3-3 采用；墙段刚度的基准提高系数，可按表 3-4 采用。

钢丝绳网片-聚合物砂浆面层加固的基准增强系数　　表 3-3

面层厚度(mm)	钢丝绳网片		单面加固				双面加固			
	直径	间距	原墙体砂浆强度等级							
	(mm)	(mm)	M0.4	M1.0	M2.5	M5.0	M0.4	M1.0	M2.5	M5.0
25	3.05	80	2.42	1.92	1.65	1.48	3.1	2.17	1.89	1.65
		120	2.25	1.69	1.51	1.35	2.9	1.95	1.72	1.52

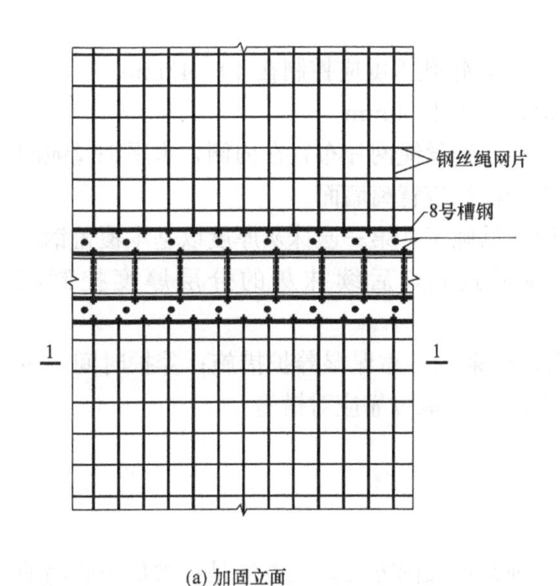

(a) 加固立面

(b) 双面加固穿楼板节点

(c) 顶端节点做法

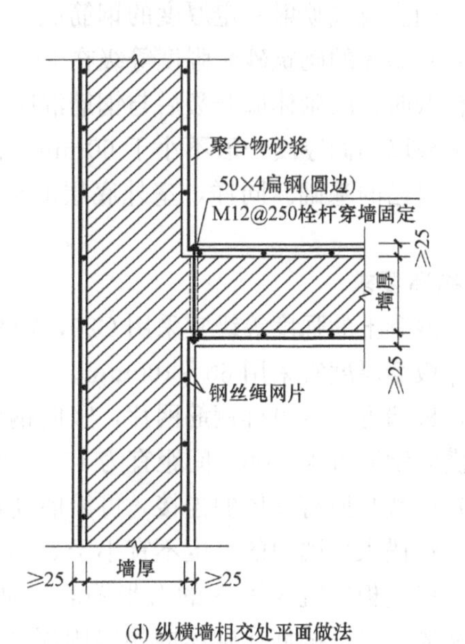

(d) 纵横墙相交处平面做法

图 3-2 钢丝绳网片加固做法

钢丝绳网片-聚合物砂浆面层加固墙段刚度的基准提高系数 **表 3-4**

面层厚度（mm）	单面加固				双面加固			
	原墙体砂浆强度等级							
	M0.4	M1.0	M2.5	M5.0	M0.4	M1.0	M2.5	M5.0
25	1.55	1.21	1.15	1.1	3.14	2.23	1.88	1.45

4. 施工要点

（1）面层宜按下列顺序施工：原有墙面清理，放线定位，钻孔并用水冲刷，钢丝绳网片锚固、绷紧、调整和固定，浇水湿润墙面，进行界面处理，抹聚合物砂浆并养护，墙面装饰。

(2) 墙面钻孔应位于砖块上，应采用Φ6 钻头，钻孔深度应控制在 40～45mm。

(3) 钢丝绳网片端头应错开锚固，错开距离不小于 50mm。

(4) 钢丝绳网片应双层布置并绷紧安装，竖向钢丝绳网片布置在内侧，水平钢丝绳网片布置在外侧，分布钢丝绳应贴向墙面，受力钢丝绳应背离墙面。

(5) 聚合物砂浆抹面应在界面处理后随即开始施工，第一遍抹灰厚度以基本覆盖钢丝绳网片为宜，后续抹灰应在前次抹灰初凝后进行，后续抹灰的分层厚度控制在 10～15mm。

(6) 常温下，聚合物砂浆施工完毕 6h 内，应采取可靠保湿养护措施；养护时间不少于 7d；雨季、冬季或遇大风、高温天气时，施工应采取可靠应对措施。

3.2.3 钢筋混凝土板墙加固

1. 技术特点

钢筋混凝土板墙加固技术是砌体结构另一种常用加固方法。该方法是在被加固砖墙的一侧或两侧浇筑或喷射一定厚度的钢筋混凝土墙进行加固，以提高原有墙体的抗震承载能力。当原有墙体的砌筑砂浆强度等级在 M2.5 以上时，适合采用钢筋混凝土板墙加固，砂浆强度较低时，因砌体墙开裂后与钢筋混凝土面层脱开形成两张皮，加固效果不明显。钢筋混凝土板墙加固厚度一般不小于 60mm，自重较大，因此加固时应自下而上连续布置，且需要有自己的基础。同样，室外底层的板墙在地面以下部分宜适当加厚，以增加其耐久性。

2. 构造要求

(1) 混凝土的强度等级宜采用 C20，钢筋宜采用 HPB300 级或 HRB400 级热轧钢筋；

(2) 板墙厚度宜采用 60～100mm。

(3) 板墙可配置单排钢筋网片，竖向钢筋可采用Φ12（对于 HRB400 级钢筋，可采用Φ10），横向钢筋可采用Φ6，间距宜为 150～200mm。

(4) 板墙与原有墙体的连接，可沿墙高每隔 0.7～1.0m 在两端各设 1 根Φ12 的拉结钢筋，其一端锚入板墙内的长度不宜小于 500mm，另一端应锚固在端部的原有墙体内。

(5) 单面板墙宜采用Φ8 的 L 形锚筋与原砌体墙连接，双面板墙宜采用Φ8 的 S 形穿墙筋与原墙体连接；锚筋在砌体内的锚固深度不应小于 120mm；锚筋的间距宜为 600mm，穿墙筋的间距宜为 900mm。

(6) 板墙基础埋深宜与原有基础相同。

(7) 板墙应采用呈梅花状布置的锚筋、穿墙筋与原有砌体墙连接；其左右应采用拉结筋等与两端的原有墙体可靠连接；底部应有基础；板墙上下应与楼、屋盖可靠连接，至少应每隔 1m 设置穿过楼板且与竖向钢筋等面积的短筋，短筋两端应分别锚入上下层的板墙内，其锚固长度不应小于短筋直径的 40 倍。

钢筋混凝土板墙加固的典型节点如图 3-3 所示。

3. 抗震验算方法

板墙加固后，楼层和墙段抗震能力的增强系数可分别按公式（3-1）和公式（3-2）计算；其中，单面板墙加固墙段的增强系数，原有墙体的砌筑砂浆强度等级为 M2.5 和 M5

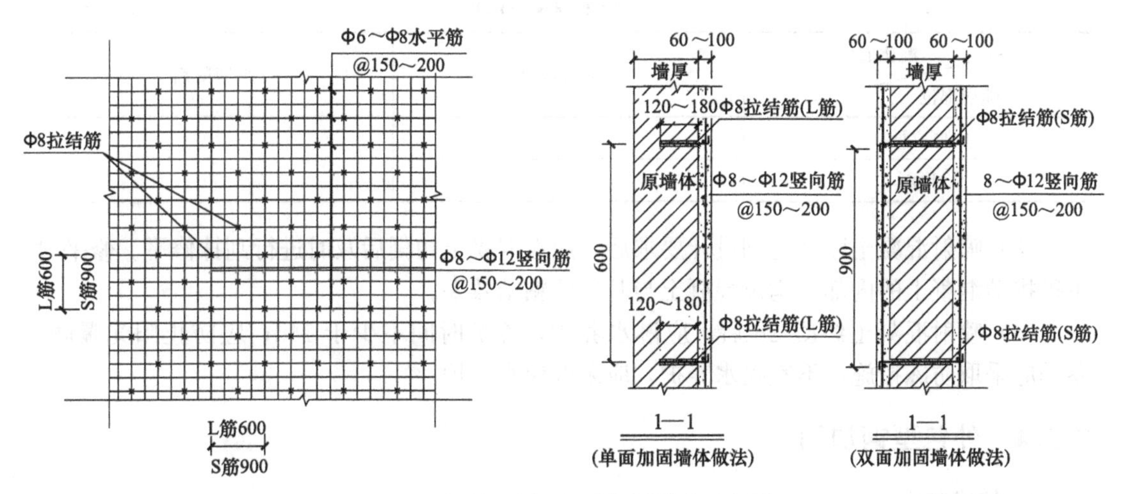

图 3-3 钢筋混凝土板墙加固做法示意图

时可取 2.5，砌筑砂浆强度等级为 M7.5 时可取 2.0，砌筑砂浆强度等级为 M10 时可取 1.8。

双面板墙加固且总厚度不小于 120mm 时，其增强系数可按增设钢筋混凝土抗震墙加固法取值。当原有墙体的砌筑砂浆强度等级不高于 M7.5 时，可取 3.8，砌筑砂浆强度等级为 M10 时可取 3.5。

板墙加固验算时，有关构件支承长度的影响系数应作相应改变，有关墙体局部尺寸的影响系数应取 1.0。

4. 施工要点

（1）钢筋混凝土板墙加固施工的基本顺序，应符合下列要求：

原有墙面清底、钻孔并用水冲刷，孔内干燥后安设锚筋并铺设钢筋网，浇水湿润墙面，喷射混凝土或支模板浇筑混凝土并养护，墙面装饰。

（2）原墙面除清除装饰层外，还应对受侵蚀砌体或疏松灰缝进行处理，应先清除松散部分并用 1∶3 水泥砂浆抹面，已松动的勾缝砂浆应剔除。

（3）在墙面钻孔时，应按设计要求先画线标出锚筋（或穿墙筋）位置，并应采用电钻在砖缝处打孔，穿墙孔直径宜比 S 形筋大 2mm，锚筋孔直径宜采用锚筋直径的 1.5～2.5 倍，其孔深宜为 120～180mm，锚筋插入孔洞后可采用水泥基灌浆料、水泥砂浆等填实。

（4）铺设钢筋网时，竖向钢筋应靠墙面并采用钢筋头支起，以保证留有足够的间隙。

（5）喷射混凝土施工前应支设边框模板，在大面积加固时应设置喷射厚度标志如灰饼等，其间距宜为 1～1.5m。施工前应对空压机、喷射机进行试运转。经检验运转正常后，应对混凝土拌合料输送管道进行送风试验，对水管进行通水试验，不得出现漏风、漏水情况。

（6）喷射混凝土施工前应对受喷表面进行喷水湿润。当需喷射的混凝土面层厚度大于 70mm 时，宜分层喷射，每层喷射厚度可按表 3-5 选用。

（7）分层喷射时，前后两层的喷射时间间隔不应少于混凝土的终凝时间。当在混凝土终凝 1h 后再进行喷射施工时，应先喷水湿润前一层混凝土的表面。

一次喷射厚度（mm） **表 3-5**

配比成分／喷射部位	不掺速凝剂	掺速凝剂
侧立面	50	70
顶面	30	50

（8）喷射混凝土厚度达到设计要求后，应在混凝土初凝后及时进行刮抹修平。修平时不得扰动混凝土的内部结构及混凝土与基层的粘结效果。

（9）喷射混凝土终凝 2h 后，应淋水养护，养护时间不少于 14d；应防止阳光曝晒，冬季应采取防冻措施，不宜喷水养护，应采取保水养护。

3.2.4 外包型钢加固

1. 技术特点

外包型钢加固法，主要用于对砌体结构柱的加固，是指在砌体柱的角部外包角钢，角钢之间通过扁钢或缀板连接的加固方法。该加固方法的优点是施工简便、现场湿作业少，加固受力可靠，适用于不容许增大原砌体柱截面尺寸，却要求大幅度提高截面承载力的情况。其缺点是加固造价相对较高，由于型钢外露，需要采用类似钢结构的防腐蚀和防火涂装。试验研究表明，外包钢加固砖砌体短柱，不仅可以提高强度，还可延迟裂缝的出现和发展，提高结构变形能力。外包的型钢对原砌体柱的横向变形有明显的约束作用，使柱在外荷载作用下处于三向受压状态，从而可提高柱的受压承载力。

根据施工工艺的不同，该加固方法也可分为干式外包型钢加固法和湿式外包型钢加固法两种。干式外包型钢加固法是指型钢和扁钢直接外包于砌体柱四周，钢材与砌体柱之间无任何锚固连接，该方法不考虑结合面传递剪力；湿式外包型钢加固法是指在外包的型钢与砌体柱之间填充改性环氧树脂或灌浆料，使型钢与原结构能够实现有效粘接的加固方法。湿式外包钢加固虽然能实现外包型钢与砌体柱的有效粘接，但是由于砌体强度等级偏低，整体性差，其结合面也难以有效传递剪力。因此，无论采用干式外包钢加固法，还是湿式外包钢加固法，在计算时均不考虑两者的粘结作用。

2. 构造要求

（1）外包型钢和缀板宜采用 Q235 钢材制作；受力角钢和缀板不应小于∟ 60mm×60mm×6mm 和 60mm×6mm。

（2）外包钢的四角受力角钢，应采用封闭式缀板作为横向连接件，通过焊接形成钢构架。缀板的间距不应大于 500mm。

（3）为保证加固钢构架与砌体柱表面紧密贴合，当采用干式外包钢法加固时，应在卡具卡紧的条件下将角钢与缀板焊接形成整体；当采用湿式外包钢加固时，应在钢构架与砌体柱之间留有一定的缝隙，并采用环氧树脂或灌浆料对该缝隙进行灌注密实。

（4）钢构架两端应有可靠的连接和锚固，其下端应锚固于基础内，上端应抵紧在加固柱上部构件的底面，并与锚固于梁、板、柱帽或梁垫的短角钢焊接。

（5）加固柱的上、下两端钢缀板应适当加密，下端加密区范围从地面标高起算，沿加固柱向上 2 倍柱截面高度；上端加密区范围为楼板向下 1.5 倍柱截面高度；在加密区范围内，缀板的间距不应大于 250mm。

（6）在多层砌体结构中，若不止一层承重柱采用外包型钢加固，应通过在楼板上开洞的方式保证角钢连续穿过各层楼板。

（7）外包型钢加固砌体柱时，型钢表面宜采用可靠的防腐蚀和防火涂装。

砌体柱外包型钢加固的典型节点如图 3-4 所示。

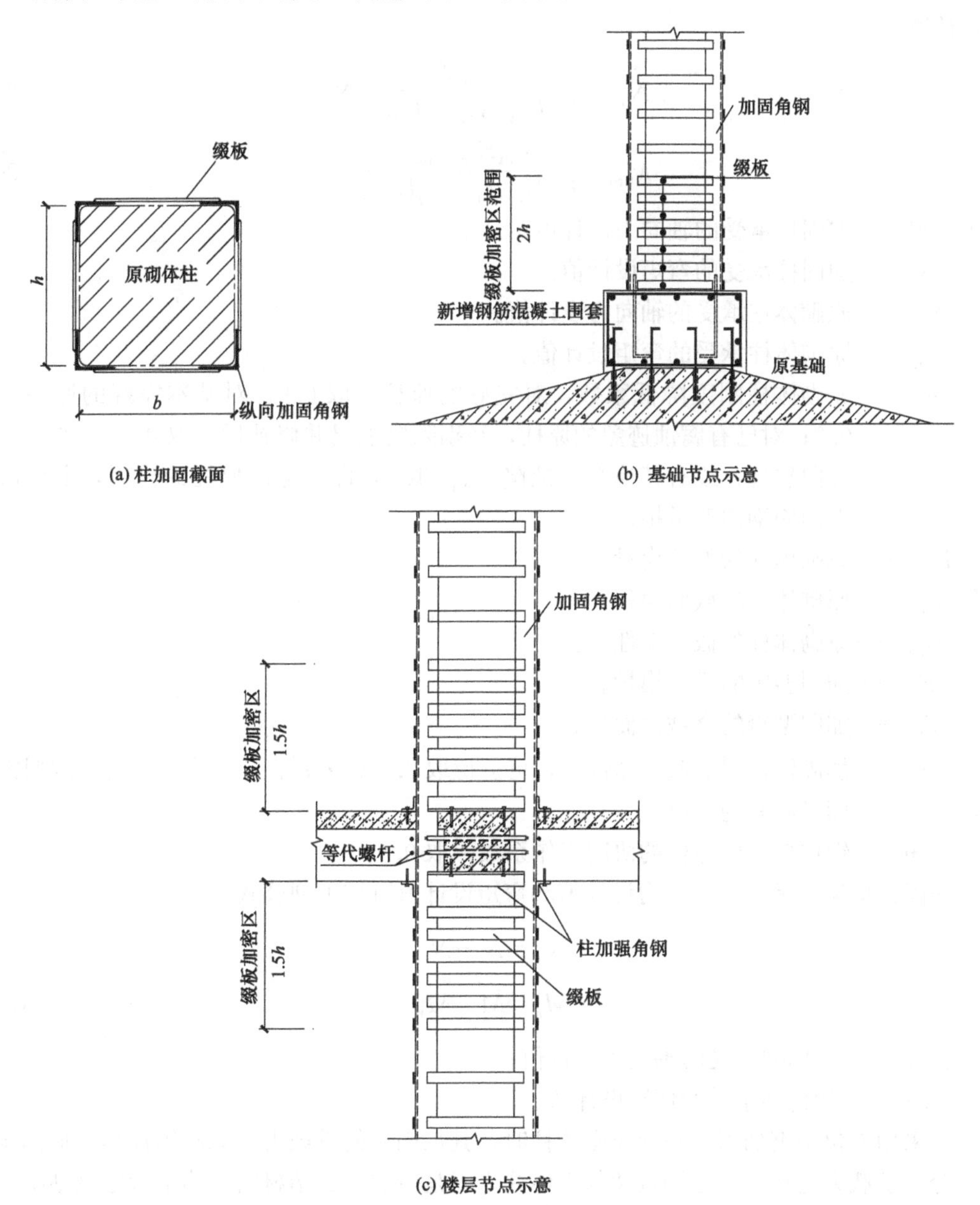

图 3-4 砌体柱外包型钢加固做法示意图

3. 加固计算方法

外包型钢加固虽然可以通过围束作用间接提高原砌体柱的承载力，但由于这种提高效果受钢构架的构造及实际施工质量的影响较大，受力机理相对复杂，相关研究仍较少，计算时不考虑围束作用对承载力的提高，仅作为安全储备。

目前规范采用的外包型钢加固砌体柱的提高作用，主要是考虑加固后结构内力按刚度比重新分配，钢构架分配了一部分内力，从而减少了原砌体柱所受内力。在计算钢构架的承载力时，要考虑应变滞后的二次受力影响。

砌体柱采用外包型钢加固后，原砌体柱所承受的轴向力设计值和弯矩设计值可按下列公式计算：

$$N_m=\frac{k_m E_{m0} A_{m0}}{k_m E_{m0} A_{m0}+E_a A_a} N \tag{3-5}$$

$$M_m=\frac{k_m E_{m0} I_{m0}}{k_m E_{m0} I_{m0}+\eta E_a I_a} M \tag{3-6}$$

式中：N——加固柱承受的轴向力设计值。

M——加固柱承受的弯矩设计值。

N_m——原砌体柱承受的轴向力设计值。

M_m——原砌体柱承受的弯矩设计值。

k_m——原砌体柱刚度降低系数，对完好的原柱，取 0.9；对基本完好的原柱，取 0.8；对已有腐蚀迹象的原柱，经剔除腐蚀层并修补后，取 0.65。若原柱有竖向裂缝，或有其他严重缺陷，k_m 取 0，即不考虑原柱的作用，全部荷载由加固钢构架承担。

E_{m0}——原砌体柱的弹性模量。

A_{m0}——原砌体柱的截面面积。

I_{m0}——原砌体柱的截面惯性矩。

E_a——加固型钢的弹性模量。

A_a——加固型钢的全截面面积。

I_a——加固钢构架的截面惯性矩，可近似取 $0.5A_a \cdot a^2$，a 为计算方向两侧型钢截面形心间的距离。

η——钢构架与砌体柱的协同工作系数，取 0.9。

加固钢构架所承受的轴向力设计值和弯矩设计值可按下列公式计算：

$$N_a=N-N_m \tag{3-7}$$

$$M_a=M-M_m \tag{3-8}$$

式中：N_a——钢构架承受的轴向力设计值；

M_a——钢构架承受的弯矩设计值。

当采用外包型钢加固轴心受压砌体柱时，其加固后的承载力为原砌体柱和外加钢构架两部分的承载力之和。无论钢构架与砌体柱之间是否灌注粘结材料，均不考虑该粘结作用对承载力的提高作用。

原砌体柱的受压承载力应根据式（3-5）计算所得的轴向压力值 N_m，按现行国家标准《砌体结构设计规范》GB 50003 的有关规定进行验算。验算时，砌体抗压强度设计值应根据实际检测鉴定结果确定。如验算结果不满足要求，应加大钢构架截面，并重新按式（3-5）进行轴向力分配，再进行承载力验算。

钢构架的受压承载力应根据式（3-7）计算所得的轴向压力值 N_a，按现行国家标准《钢结构设计标准》GB 50017 的有关规定进行验算。其中，型钢的抗压强度设计值，对仅承受静力荷载或间接承受动力作用的结构，应分别乘以强度折减系数 0.95 和 0.9。对直接承受动力荷载作用的结构，应乘以强度折减系数 0.85。

当采用外包型钢加固偏心受压砌体柱时，可根据式（3-6）和式（3-8）分别计算原砌体柱和钢构架所承受的弯矩值，并分别按现行国家标准《砌体结构设计标准》GB 50003 和《钢结构设计标准》GB 50017 的相关规定进行承载力验算。

4. 施工要点

（1）加固前应尽可能卸除或大部分卸除作用在砌体柱上的活荷载。

（2）加固的砌体柱表面应清理干净，缺陷应进行修补。

（3）楼板凿洞时，应避免损伤原有钢筋。

（4）钢构架的角钢应采用工具式卡具在两个方向夹紧，缀板应分段焊接。注胶应在构架焊接完成后进行，胶缝厚度宜控制在 3～5mm。

（5）钢材表面应涂刷防锈漆，或在构架外围抹 25mm 厚的 1：3 水泥砂浆保护层，也可采用其他具有防腐蚀和防火性能的饰面材料加以保护。

3.3 砌体结构整体性抗震加固技术

3.3.1 外加圈梁-钢筋混凝土柱加固

1. 技术特点

砌体结构房屋设置圈梁和钢筋混凝土柱对提高抗震能力和防止倒塌有重要作用。该加固方法中，所设置的钢筋混凝土柱为构造柱，外加圈梁和混凝土构造柱相当于为砌体结构房屋增加了封闭的钢筋混凝土边框，可以对砌体墙体形成约束作用，有效提高砌体结构的整体性，减轻震害，减少损失。采用外加圈梁-钢筋混凝土柱的方法原则上适用于未按规范设置圈梁和构造柱的砌体结构房屋。

2. 构造要求

（1）外加柱应在房屋四角、楼梯间和不规则平面的对应转角处设置，并应根据房屋的设防烈度和层数在内外墙交接处隔开间或每开间设置；外加柱应由底层设起，并应沿房屋全高贯通，不得错位；外加柱应与圈梁（含相应的现浇板等）或钢拉杆连成闭合系统。

（2）外加柱应设置基础，并应设置拉结筋、销键、压浆锚杆或锚筋等与原墙体、原基础可靠连接；当基础埋深与外墙原基础不同时，不得浅于冻结深度。

（3）增设的圈梁应与墙体可靠连接；圈梁在楼、屋盖平面内应闭合，在阳台、楼梯间等圈梁标高变换处，圈梁应有局部加强措施；变形缝两侧的圈梁应分别闭合。

（4）外加柱宜在平面内对称布置。

（5）内廊房屋的内廊在外加柱的轴线处无连系梁时，应在内廊两侧的内纵墙加柱，或在内廊楼、屋盖的板下增设与原有的梁板可靠连接的现浇钢筋混凝土梁或钢梁。

（6）当采用外加柱增强墙体的受剪承载力时，替代内墙圈梁的钢拉杆不宜少于 2Φ16。

（7）柱的混凝土强度等级宜采用C20；柱截面可采用240mm×180mm或300mm×150mm；扁柱的截面面积不宜小于36000mm^2，宽度不宜大于700mm，厚度可采用70mm；外墙转角可采用边长为600mm的∟形等边角柱，厚度不应小于120mm；纵向钢筋不宜少于4Φ12，转角处纵向钢筋可采用12Φ12，并宜双排布置；箍筋可采用Φ6，其间距宜为150～200mm，在楼、屋盖上下各500mm范围内的箍筋间距不应大于100mm；外加柱宜在楼层1/3和2/3层高处同时设置拉结钢筋和销键与墙体连接，亦可沿墙体高度每隔500mm左右设置锚栓、压浆锚杆或锚筋与墙体连接。

（8）外加柱的拉结钢筋、销键、压浆锚杆和锚筋应分别符合下列要求：

拉结钢筋可采用2Φ12钢筋，长度不应小于1.5m，应紧贴横墙布置；其一端应锚在外加柱内，另一端应锚入横墙的孔洞内；孔洞尺寸宜采用120mm×120mm，拉结钢筋的锚固长度不应小于其直径的15倍，并用混凝土填实。

销键截面宜采用240mm×180mm，入墙深度可采用180mm，销键应配置4Φ18钢筋和2Φ6箍筋，销键与外加柱必须同时浇灌。

压浆锚杆可采用1根Φ14的钢筋，在柱和横墙内的锚固长度均不应小于锚杆直径的35倍；锚浆可采用水泥基灌浆料等，锚杆应先在墙面固定后，再浇灌外加柱混凝土，墙体锚孔压浆前应采用压力水将孔洞冲刷干净。

锚筋适用于砌筑砂浆实际强度等级不低于M2.5的实心砖墙体，并可采用Φ12钢筋，锚孔直径可依据胶粘剂的不同取18～25mm，锚入深度可采用150～200mm。

（9）后加圈梁的材料和构造，尚应符合下列要求：

圈梁应现浇，其混凝土强度等级不应低于C20，钢筋可采用HRB400级或HPB300级热轧钢筋。

圈梁截面高度不应小于180mm，宽度不应小于120mm；圈梁的纵向钢筋，7、8、9度时可分别采用4Φ10、4Φ12和4Φ14；箍筋可采用Φ6，其间距宜为200mm；外加柱和钢拉杆锚固点两侧各500mm范围内的箍筋应加密。

钢筋混凝土圈梁与墙体的连接，可采用销键、螺栓、锚栓或锚筋连接；型钢圈梁宜采用螺栓连接。采用的销键、螺栓、锚栓或锚筋应符合下列要求：

1）销键的高度宜与圈梁相同，其宽度和锚入墙内的深度均不应小于180mm；销键的主筋可采用4Φ8，箍筋可采用Φ6；销键宜设在窗口两侧，其水平间距可为1～2m。

2）螺栓和锚筋的直径不应小于12mm，锚入圈梁内的垫板尺寸可采用60mm×60mm×6mm，螺栓间距可为1～1.2m。

（10）代替内墙圈梁的钢拉杆，应满足下列要求：

代替圈梁的钢拉杆应在墙两侧对称设置。当每开间均有横墙时，应至少隔开间在横墙的两侧各设置一根直径不小于12mm的钢筋；当多开间有横墙时，应在横墙的两侧各设置一根直径不小于14mm的钢筋。当采用外加柱增强墙体的受剪承载力时，替代内墙圈梁的钢拉杆不宜少于2Φ16。

沿内纵墙端部布置的钢拉杆长度不得小于两开间；沿横墙布置的钢拉杆两端应锚入外加柱、圈梁内或与原墙体锚固，但不得直接锚固在外廊柱头上；单面走廊的钢拉杆在走廊两侧墙体上都应锚固。

当钢拉杆在增设圈梁内锚固时，可采用弯钩或加焊80mm×80mm×8mm的锚板埋入圈梁内；弯钩的长度不应小于拉杆直径的35倍；锚板与墙面的间隙不应小于50mm。

钢拉杆在原墙体锚固时，应采用钢锚板，拉杆端部应加焊相应的螺栓；钢拉杆在原墙体锚固的方形钢锚板的尺寸可按表3-6采用。

钢拉杆方形锚板尺寸（边长×厚度，单位：mm）　　表3-6

钢拉杆直径(mm)	原墙体厚度(mm)				
	370		180～240		
	原墙体砂浆强度等级				
	M1	M2.5	M0.4	M1	M2.5
12	100×10	100×14	200×10	150×10	100×12
14	150×12	100×14	—	250×10	100×12
16	200×15	100×14	—	350×14	200×14
18	200×15	150×16	—	—	250×15
20	300×17	200×19	—	—	350×17

砌体结构外加圈梁-钢筋混凝土柱加固的典型节点如图3-5、图3-6所示。

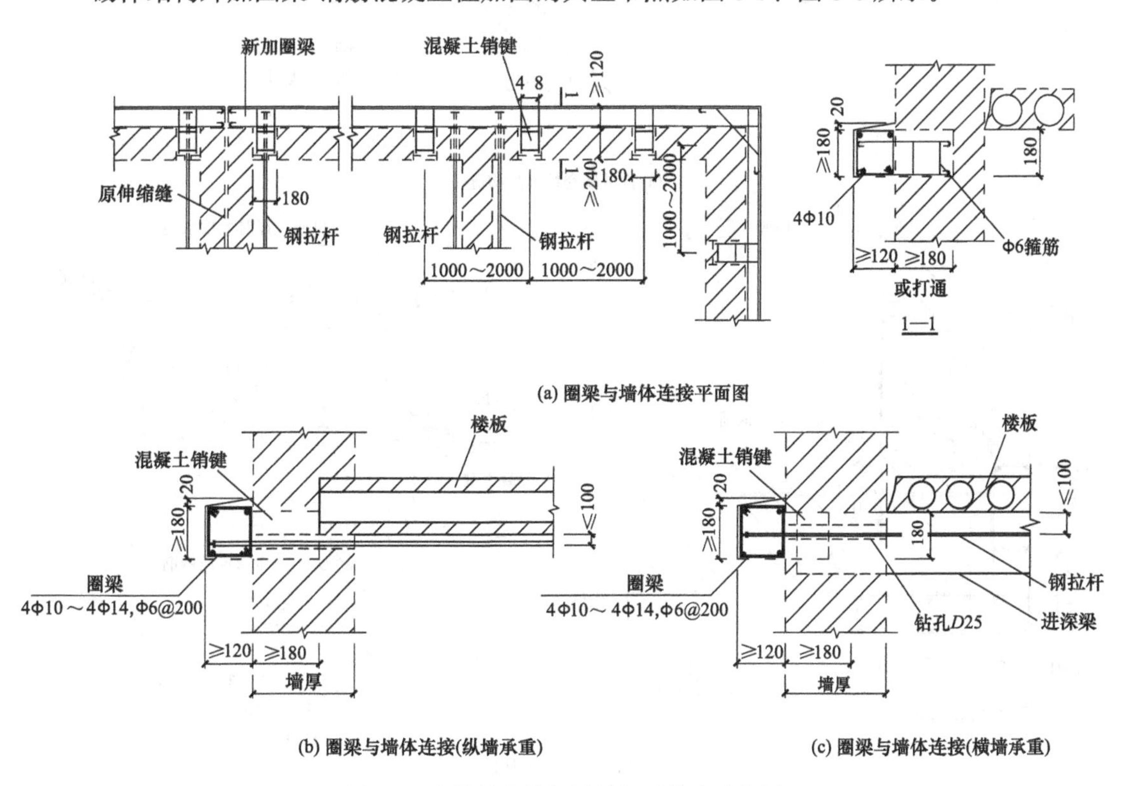

图3-5　砌体结构外加圈梁加固做法示意图

3. 抗震验算方法

外加柱加固后，当抗震鉴定需要有构造柱时，与构造柱有关的体系影响系数可取1.0；当抗震鉴定无构造柱设置要求时，楼层的抗震能力增强系数应按下列公式计算：

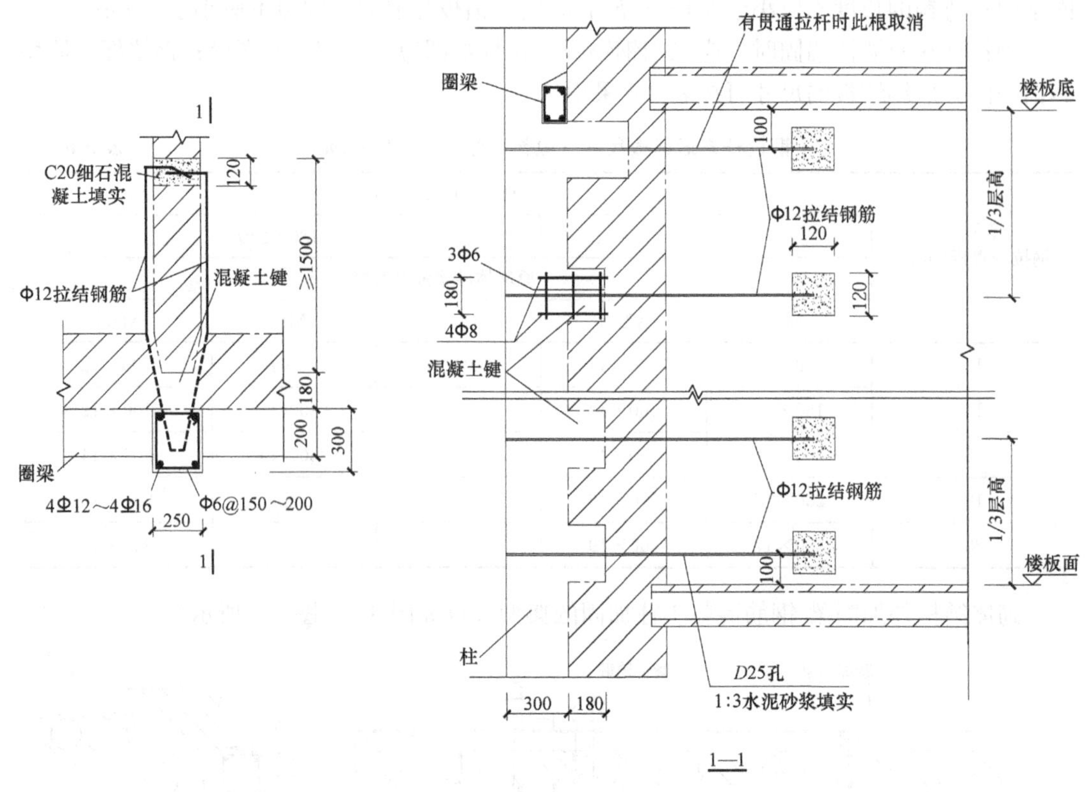

(a) 内外墙交接处加构造柱

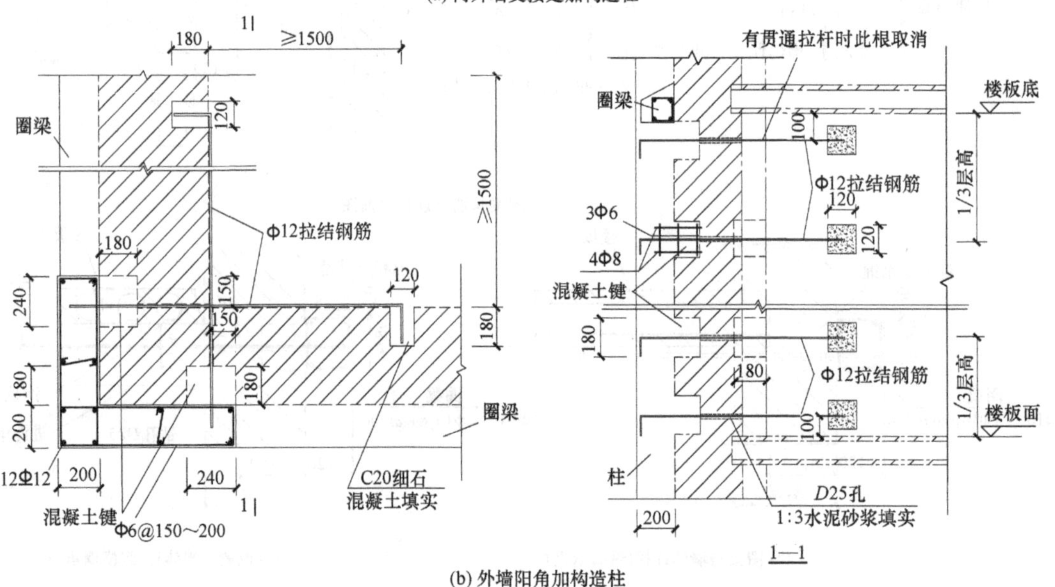

(b) 外墙阳角加构造柱

图 3-6　砌体结构外加构造柱加固做法示意图

$$\eta_{ci}=1+\frac{\sum_{j=1}^{n}(\eta_{cij}-1)A_{ij0}}{A_{i0}} \tag{3-9}$$

式中：η_{ci}——外加柱加固后第 i 楼层抗震能力的增强系数；

η_{cij}——第 i 楼层第 j 墙段外加柱加固的增强系数；砖墙可按表3-7采用，但B类砖房的窗间墙，增强系数宜取1.0；

A_{ij0}——第 i 楼层中验算方向外加柱加固的抗震墙 j 墙段在1/2层高处净截面的面积（mm^2）；

n——第 i 楼层中验算方向有外加柱的抗震墙数量。

外加柱加固黏土砖墙的增强系数　　表3-7

砌筑砂浆强度等级	外加柱在加固墙体的位置			
	一端	两端		窗间墙中部
		墙体无洞口	墙体有洞口	
≤M2.5	1.1	1.3	1.2	1.2
≥M5	1.0	1.1	1.1	1.1

加固后验算时，圈梁布置和构造的体系影响系数应取1.0；墙体连接的整体构造影响系数和相关墙垛局部尺寸的局部影响系数应取1.0。

4. 施工要点

（1）增设圈梁处的墙面有酥碱、油污或饰面层时，应清除干净；圈梁与墙体连接的孔洞应用水冲洗干净；混凝土浇筑前，应浇水润湿墙面和木模板；锚筋和锚栓应可靠锚固。

（2）圈梁的混凝土宜连续浇筑，不应在距钢拉杆（或横墙）1m以内处留施工缝，圈梁顶面应做泛水，其底面应做滴水槽。

（3）钢拉杆应张紧，不得弯曲和下垂；外露铁件应涂刷防锈漆。

3.3.2 增设抗震墙加固

1. 技术特点

增设抗震墙适用于当楼层综合抗震能力不满足鉴定要求，或抗震横墙间距超过抗震鉴定要求的情况。增设的抗震墙可以是砌体墙，也可以是钢筋混凝土墙，原则上应优先选用与原结构材料相同的抗震墙。

2. 构造要求

当增设的抗震墙为砌体抗震墙时，应满足下述构造要求：

（1）砌筑砂浆的强度等级应比原墙体实际强度等级高一级，且不应低于M2.5。

（2）墙厚不应小于190mm。

（3）墙体中宜设置现浇带或钢筋网片加强：可沿墙高每隔0.7～1.0m设置与墙等宽、高60mm的细石混凝土现浇带，其纵向钢筋可采用3Φ6，横向系筋可采用Φ6，其间距宜为200mm；当墙厚为240mm或370mm时，可沿墙高每隔300～700mm设置一层焊接钢筋网片，网片的纵向钢筋可采用3Φ4，横向系筋可采用Φ4，其间距宜为150mm。

（4）墙顶应设置与墙等宽的现浇钢筋混凝土压顶梁，并与楼、屋盖的梁（板）可靠连接；可每隔500～700mm设置Φ12的锚筋或M12锚栓连接；压顶梁高不应小于120mm，纵筋可采用4Φ12，箍筋可采用Φ6，其间距宜为150mm。

（5）抗震墙应与原有墙体可靠连接：可沿墙体高度每隔600mm设置2Φ6且长度不小

于 1m 的钢筋与原有墙体用螺栓或锚筋连接；当墙体内有混凝土带或钢筋网片时，可在相应位置处加设 2Φ12（对钢筋网片为Φ6）的拉筋，锚入混凝土带内长度不宜小于 500mm，另一端锚在原墙体或外加柱内，也可在新砌墙与原墙间加现浇钢筋混凝土内柱，柱顶与压顶梁连接，柱与原墙应采用锚筋、销键或螺栓连接。

（6）抗震墙应有基础，其埋深宜与相邻抗震墙相同，宽度不应小于计算宽度的 1.15 倍。

当增设的抗震墙为钢筋混凝土抗震墙时，应满足下述构造要求：

（1）楼、屋盖类型宜为现浇或叠合楼、屋盖。

（2）原墙体砌筑的砂浆实际强度等级不宜低于 M2.5，现浇混凝土墙沿平面宜对称布置，沿高度应连续布置，其厚度可为 140～160mm，混凝土强度等级宜采用 C20；可采用构造配筋；抗震墙应设基础，与原有的砌体墙、柱和梁板均应有可靠连接。

砌体结构增设砌体抗震墙和钢筋混凝土抗震墙加固的典型节点分别如图 3-7 和图 3-8 所示。

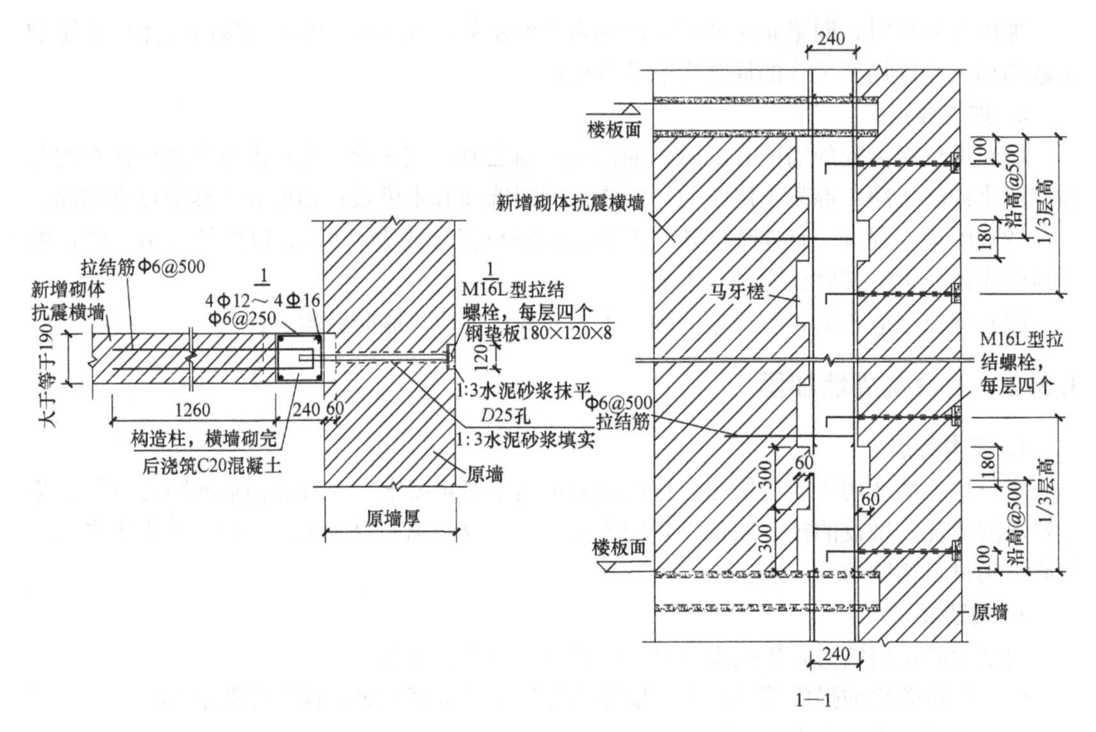

图 3-7　砌体结构增设砌体抗震墙加固做法示意图

3. 抗震验算方法

加固后，横墙间距的体系影响系数应作相应改变，楼层抗震能力的增强系数可按下列公式计算：

$$\eta_{wi}=1+\frac{\sum_{j=1}^{n}\eta_{ij}A_{ij}}{A_{i0}} \tag{3-10}$$

式中：η_{wi}——增设抗震墙加固后第 i 楼层抗震能力的增强系数；

η_{ij}——第 i 楼层第 j 墙段的增强系数；

A_{ij}——第 i 楼层中验算方向增设的抗震墙 j 墙段在 1/2 层高处净截面的面积（mm^2）；

n——第 i 楼层中验算方向增设的抗震墙数量。

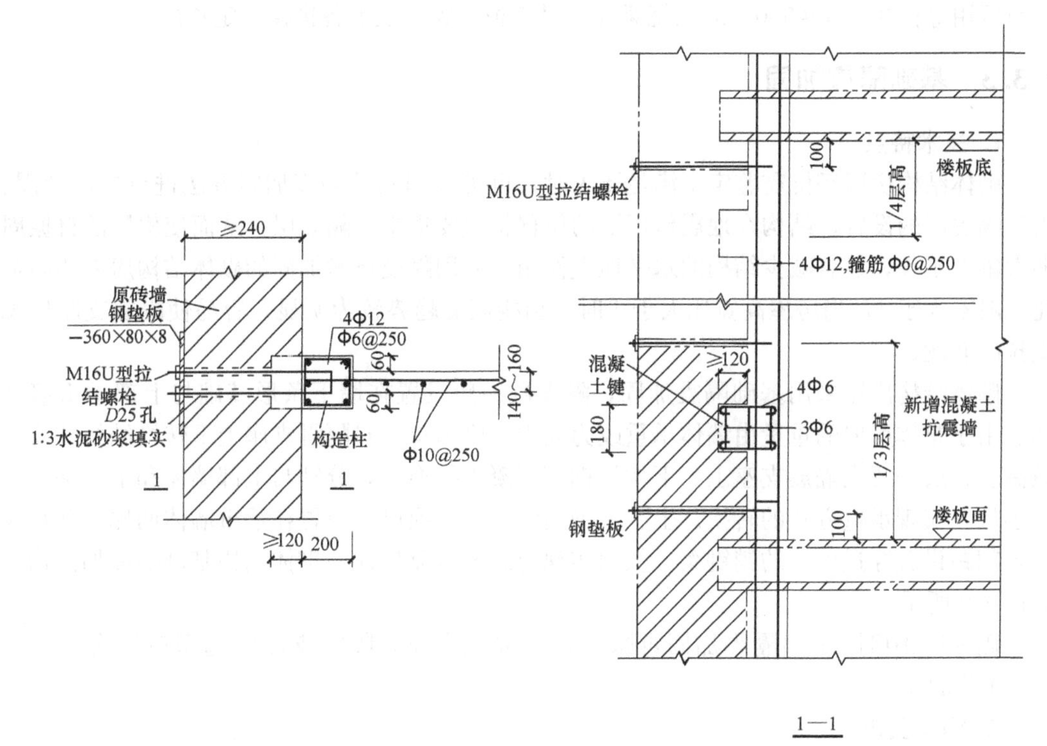

图 3-8　砌体结构增设钢筋混凝土抗震墙加固做法示意图

应用式（3-10）计算加固后的楼层增强系数时，墙段增强系数按下述取值：

当增设的抗震墙是砌体抗震墙时，对于黏土砖墙，无筋时取 1.0，有混凝土带时取 1.12，有钢筋网片时，240mm 厚墙取 1.10，370mm 厚墙取 1.08。

当增设的抗震墙是钢筋混凝土抗震墙时，增设墙段的厚度可按 240mm 计算。当采用增设钢筋混凝土抗震墙时，墙段的增强系数，原墙体砌筑砂浆强度等级不高于 M7.5 时可取 2.8，M10 时可取 2.5。

4. 施工要点

增设砌体抗震墙施工中，配筋的细石混凝土带可在砌到设计标高时浇筑，当混凝土终凝后方可在其上砌砖。

新增砌体抗震墙的墙体与梁板的接触面应十分紧密，不得有任何松动和离空现象。一般在墙的顶部现浇 120mm 厚的混凝土，或楼板局部凿洞浇灌混凝土，凿洞时不得伤及板肋和板筋；也可直接砌至梁底面，再以干捻砂浆办法填塞紧密其间的空隙。

新增混凝土抗震墙与梁板的连接，应根据情况不同采用不同方案。

对于实心楼板和空心楼板，可采用局部凿孔连接浇筑方案。即在楼板上于新增墙部位局部凿孔（100mm×200mm），孔间距 500mm，但不得断板筋，墙中竖向钢筋可用等代筋Φ 14@500 穿过楼板，上下各搭接一定长度。

对于现浇梁，竖向钢筋可采用化学植筋方法直接锚固与梁的上下表面。

对于预制小梁及混凝土空心板，可采用局部外包混凝土套方案。于梁两侧 70mm 内空心板端，局部凿孔（100mm×200mm），孔间距 500mm，但不得断板肋和板筋，竖向钢筋可用等代筋Φ 14@500，双面绕梁并穿过楼板配置，上下各搭接一定长度。

3.3.3 基础隔震加固

1. 技术特点

砌体结构房屋经抗震鉴定不满足要求时，也可采用基础隔震加固方法进行抗震加固。由于隔震层的设置，结构在地震作用下的位移将主要集中于隔震层，从而使房屋的自振周期大幅度延长，显著减少结构的水平地震作用。采用隔震技术加固的砌体结构房屋的高宽比一般不大于 4，当房屋高宽比大于 4 时，结构倾覆趋势较为明显，容易使隔震支座出现受拉的问题。

砌体结构房屋采用基础隔震加固，隔震层一般设置在墙下条形基础与上部承重墙之间。由于整体房屋的重量由墙体承重改为隔震支座承重，对隔震支座上下转换结构的要求较高。一般需要在隔震支座上、下增设钢筋混凝土托换梁，分别与上部墙体和下部基础可靠连接，实现承重方式的转换。上、下钢筋混凝土托换梁可布置在承重墙体两侧，并每隔一定间距设置穿过墙体的销键梁，从而实现荷载的可靠传递。砌体结构基础隔震加固构造如图 3-9 所示。

砌体结构房屋基础隔震加固可采用橡胶隔震支座，隔震支座的选型应符合本书第 2.3.4 节的规定。

2. 构造要求

砌体结构房屋采用基础隔震方法加固时，隔震支座宜沿全部承重墙体轴线均匀布置。隔震层的刚度中心应与上部结构的质量中心保持一致。隔震支座底面宜布置在相同标高位置上。同一片承重墙下选用多个隔震支座时，隔震支座之间的净间距应满足隔震支座安装和更换所需的空间尺寸。

采用隔震技术加固砌体结构时，托换结构应满足下列要求：

隔震层上、下销键梁和上、下托换梁混凝土强度不宜低于 C30，其截面和配筋应根据构件承受的荷载大小由计算确定。

销键梁的截面尺寸应根据局部压应力计算确定，布置间距应不大于 1m，预留钢筋应满足钢筋混凝土锚固长度要求。

托换梁应按隔震后罕遇地震下的内力进行截面验算；单侧上托换梁断面高度宜不小于 500mm，宽度宜不小于 250mm。

砌体结构建筑采用基础隔震加固后，在地震作用下，隔震层几乎承担了全部地震作用，将产生较大的水平位移，这就要求穿过隔震层的设施应具有与之相适应的变形能力。对于穿越隔震层的竖向管线，直径较小的柔性管线在隔震层处应预留伸展长度，其值不应小于隔震层在罕遇地震作用下最大水平位移的 1.2 倍。管道在隔震层处宜采用柔性材料或柔性接头。重要管道、可能泄露有害介质或燃气介质的管道，在隔震层处应采用柔性接头。当利用构件钢筋作避雷线时，应采用柔性导线连通上部与下部结构的钢筋。

隔震层的上部结构及隔震层部件应与周围固定物体脱开，与水平向固定物的脱开距离不宜小于隔震层在罕遇地震作用下最大水平位移的1.2倍，且不应小于200mm。对相邻隔震建筑，脱开距离宜取最大水平位移之和的1.2倍，且不应小于400mm。采用橡胶隔震支座时，与竖向固定物的脱开距离宜取所采用的橡胶隔震支座总厚度的1/25加10mm，且不应小于15mm，并用柔性材料填充。

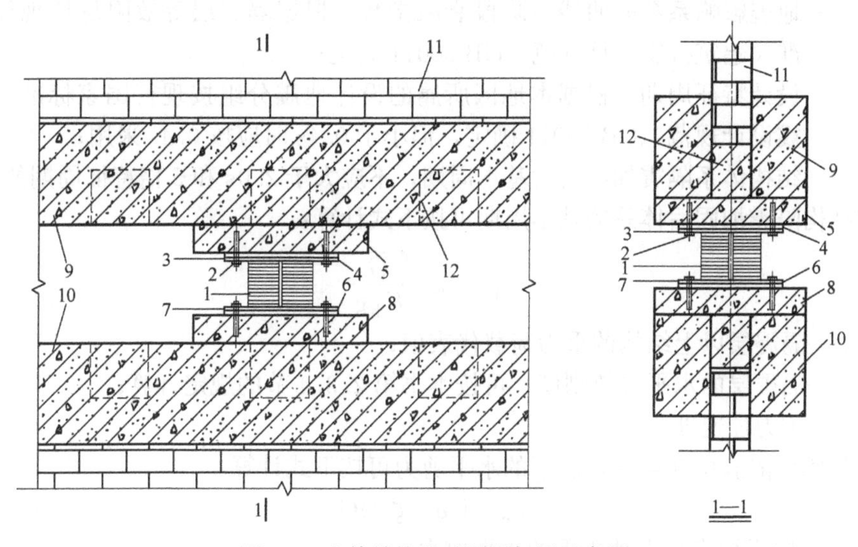

图3-9　砌体结构基础隔震加固示意图

1—隔震支座；2—连接螺栓；3—连接板（上）；4—预埋钢板（上）；5—上支墩；6—预埋钢板（下）；7—连接板（下）；8—下支墩；9—上托换梁；10—下托换梁；11—原墙体；12—销键梁

3. 抗震验算要点

多层砌体结构采用基础隔震技术加固时，A类、B类建筑隔震层以上结构抗震验算应符合现行国家标准《建筑抗震鉴定标准》GB 50023的有关规定；C类建筑隔震层以上结构抗震验算应符合现行国家标准《建筑抗震设计规范》GB 50011的相关规定。

多层砌体结构采用基础隔震技术加固后，其计算分析可采用时程分析法和振型分解反应谱法，也可采用下列计算方法。

基础隔震加固后，上部结构的总水平地震作用可采用底部剪力法近似计算：

$$F_{Ek}=\alpha_{1bi}G_{eq} \tag{3-11}$$

$$\alpha_{1bi}=\beta\alpha_1/\Psi \tag{3-12}$$

式中：F_{Ek}——结构总水平地震作用标准值；

α_{1bi}——隔震加固后的水平地震影响系数最大值；

α_1——原结构的水平地震影响系数最大值，按现行国家标准《建筑抗震设计规范》GB 50011确定；

G_{eq}——结构等效总重力荷载，单质点应取总重力荷载代表值，多质点可取总重力荷载代表值的85%；

β——水平向减震系数；

Ψ——调整系数，对于一般橡胶隔震支座，取0.8；对于S-A类剪切性能偏差的橡胶隔震支座，取 0.85；当隔震装置带有阻尼器时，相应减少 0.05。

水平向减震系数 β，宜根据隔震后整个体系的基本周期，按下式计算：

$$\beta=1.2\eta_2\left(\frac{T_{gm}}{T_1}\right)^{\gamma} \tag{3-13}$$

式中：η_2——地震影响系数的阻尼调整系数，根据隔震层等效阻尼按现行国家标准《建筑抗震设计规范》GB 50011 确定；

γ——地震影响系数的曲线下降段衰减指数，根据隔震层等效阻尼按现行国家标准《建筑抗震设计规范》GB 50011 确定；

T_{gm}——设计特征周期，根据本地区所属的设计地震分组按现行国家标准《建筑抗震设计规范》GB 50011 确定，但小于 0.4s 时应按 0.4s 采用；

T_1——结构体系隔震加固后的基本周期，不应大于 2.0s 和 5 倍特征周期的较大值。

砌体结构隔震加固后体系的基本周期可按下式计算：

$$T_1=2\pi\sqrt{\frac{G}{K_h g}} \tag{3-14}$$

式中：G——隔震层以上结构的重力荷载代表值；

K_h——隔震层的水平等效刚度，可按本书第 2.3.4 节的规定计算；

g——重力加速度。

隔震加固后隔震层在罕遇地震下的水平剪力可按下式计算：

$$V_c=\lambda_s\alpha_1(\zeta_{eq})G \tag{3-15}$$

式中：V_c——隔震层在罕遇地震下的水平剪力；

λ_s——近场系数；距发震断层 5km 以内取 1.5；5～10km 取不小于 1.25；

$\alpha_1(\zeta_{eq})$——根据隔震层的等效黏滞阻尼比 ζ_{eq} 确定的罕遇地震下的地震影响系数值，按现行国家标准《建筑抗震设计规范》GB 50011 确定。

隔震加固后隔震层质心处在罕遇地震下的水平位移可按下式计算：

$$u_e=\lambda_s\alpha_1(\zeta_{eq})G/K_h \tag{3-16}$$

式中：u_e——隔震层质心处在罕遇地震下的水平位移。

当隔震支座的平面布置为矩形或接近于矩形，但上部结构的质心与隔震层刚度中心不重合时，隔震支座扭转影响系数可按下列方法确定：

（1）仅考虑单向地震作用的扭转时，扭转影响系数可按下列公式估计：

$$\eta=1+12\frac{e\cdot s_i}{a^2+b^2} \tag{3-17}$$

式中：e——上部结构质心与隔震层刚度中心在垂直于地震作用方向的偏心距；

s_i——第 i 个隔震支座与隔震层刚度中心在垂直于地震作用方向的距离；

a、b——隔震层平面的两个边长。

对边支座，其扭转影响系数不宜小于 1.15；当隔震层和上部结构采取有效的抗扭措施后或扭转周期小于平动周期的 70%，扭转影响系数可取 1.15。

（2）同时考虑双向地震作用的扭转时，扭转影响系数可按式（3-17）计算，但其中的偏心距值应采用下列公式中的较大值：

$$e=\sqrt{e_x^2+(0.85e_y)^2} \tag{3-18}$$

$$e=\sqrt{e_y^2+(0.85e_x)^2} \tag{3-19}$$

式中：e_x——y 方向地震作用时的偏心距；

e_y——x 方向地震作用时的偏心距。

对边支座，其扭转影响系数不宜小于 1.2。

砌体结构的隔震层顶部各纵、横托换梁均可按承受均布荷载的单跨简支梁或多跨连续梁计算。均布荷载可按现行国家标准《建筑抗震设计规范》GB 50011 关于底部框架砖房的钢筋混凝土托墙梁的规定取值；当按连续梁算出的正弯矩小于单跨简支梁跨中弯矩的 0.8 倍时，应按 0.8 倍单跨简支梁跨中弯矩配筋。

隔震加固设计应进行抗倾覆验算。抗倾覆验算应符合本书第 2.3.4 节的相关要求。

4. 施工要点

采用基础隔震技术加固砌体结构时，主要施工流程如下：(1) 开挖隔震沟，拆除首层室内建筑地面；(2) 首层地面土方开挖及非承重墙拆除；(3) 室外隔震沟挡土墙砌筑并做防水保护措施；(4) 销键打孔及绑扎钢筋；(5) 上下托换梁及首层地面混凝土板钢筋绑扎、支模；(6) 隔震支座部位墙体剔凿，绑扎上、下支墩钢筋；(7) 安装隔震支座下预埋板；(8) 下托换梁、销键以及下支墩浇筑混凝土；(9) 安装隔震支座和上预埋板，并紧固与上下预埋板的螺栓； (10) 上支墩、上托换梁、销键及首层混凝土板浇筑混凝土；(11) 将隔震支座处的墙体和构造柱水平断开；(12) 对隔震层外露金属部件进行防锈处理；(13) 恢复地面及装修。

既有砌体结构隔震技术加固施工前应对砌体结构隔震支座部位墙体剔除后剩余的墙体进行承载力验算。

隔震技术加固砌体结构时，销键梁的施工应严格依据设计图纸，进行现场测量放线，确定墙体开洞的位置。销键梁钢筋伸入托换梁的长度不应小于钢筋在混凝土中的锚固长度。销键梁的混凝土浇筑应与各托换梁同时进行，混凝土振捣应密实。销键梁、墙体、托换梁和支墩应形成整体。

托换梁的施工应根据设计图纸，绑扎上托换梁钢筋，内外托换梁钢筋应与销键梁伸出墙外的钢筋绑扎，并应按设计要求错开接头。下托换梁钢筋和下支墩钢筋应同时进行绑扎，且下托换梁钢筋应伸入支墩内并贯通。下托换梁钢筋和下支墩钢筋绑扎完成后，按几何尺寸支模，检查无误后进行混凝土浇筑。下支墩宜先浇筑部分混凝土，剩余部分于安装隔震支座预埋钢板后进行二次浇筑。上托换梁钢筋绑扎同下托换梁。上托换梁的混凝土应与上支墩的混凝土同时浇筑。

安装隔震支座的施工应间隔切断准备安放隔震支座处的构造柱，并做支撑保护。在下支墩处安装隔震支座的下预埋钢板，将预埋钢板螺栓和下支墩钢筋进行有效连接，确保浇筑混凝土时不移位、不变形，并校准预埋钢板的标高和水平度，经检查无误后，进行下支墩混凝土的浇筑。安装隔震支座，连接隔震支座与下预埋板。安装上部预埋钢板及螺栓，将预埋钢板螺栓和上支墩钢筋进行有效连接，确保浇筑混凝土时不移位、不变形。经检查无误后方可进行上支墩混凝土的浇筑。当混凝土强度达到设计要求后，应按设计要求的位置和缝宽将原有墙体断开，并填充柔性材料。

现浇的隔震层构件不应有影响结构性能和设备安装的尺寸偏差。在支墩混凝土二次浇筑前，应对混凝土接槎处进行处理，剔除浮石、凿毛，并对预埋螺栓、预埋钢板进行检查校正，洒水、冲洗湿润后，方可浇筑混凝土。

在隔震技术加固工程施工阶段，应对隔震支座采取临时覆盖保护措施。对支墩顶面、隔震支座顶面的水平度、隔震支座中心的平面位置和标高进行精确测量校正。应保证上部结构、隔震层构配件与周围固定物的最小允许间距。

在隔震层周边应布置沉降观测点，各沉降观测点之间的距离不宜超过 15m；伸缩缝两侧应各布置 1 个观测点，施工全过程及竣工后均应进行沉降观测，直至竖向变形量趋于稳定，并应进行裂缝观测。

已安装完毕的隔震支座，应在现浇隔震层构件强度达到设计要求后，方可承受全部设计荷载。

隔震技术加固工程竣工验收前，应具有完整、齐备，并能真实反映工程实际的技术档案和竣工图，作为工程竣工验收依据。

第4章 钢结构加固

4.1 加固设计规定

钢结构房屋经安全性鉴定和抗震鉴定需要进行加固时，应根据鉴定报告的结论和委托方的具体要求，由相关专业人员进行加固设计。加固设计的范围既可以是整体结构，也可以是结构的局部区域或特定的结构构件。

加固后的钢结构的安全等级应根据结构破坏后果的严重程度、结构的重要性和下一个使用周期的具体要求，由委托方和设计者按实际情况确定。

钢结构房屋的加固设计应与实际施工方法紧密结合，并应采取有效措施，保证新增截面、构件和部件与原结构连接可靠，形成整体共同工作。应避免对未加固的部分或构件造成不利的影响。

对于高温、腐蚀、冷脆、振动、地基不均匀沉降等原因造成的结构损坏，应提出其相应的处理对策后再进行加固。

加固设计应综合考虑其经济性，应尽量不损伤或少损伤原结构，避免不必要的拆除或更换。

钢结构在加固施工过程中，如发现原结构或相关工程隐蔽部位有未预计到的损伤或严重缺陷时，应立即停止施工，并会同加固设计者采取有效措施进行处理后，方可继续施工。

对于加固过程中可能出现倾斜、失稳或倒塌等安全隐患的钢结构，在加固施工前，应制定并采取相应的临时安全措施，以防止事故的发生。

4.1.1 后续使用年限

钢结构的加固设计使用年限的确定，应考虑下述原则：

(1) 结构加固后的使用年限，应由产权人和设计单位共同商定。

(2) 当结构的加固材料中使用结构胶粘剂或其他聚合物成分时，其结构加固后的使用年限宜按 30 年考虑；若产权人要求结构加固后的使用年限为 50 年时，其所使用的胶和聚合物的粘结性能，应通过耐长期应力作用能力的检验。

(3) 使用年限到期后，若重新进行的可靠性鉴定认为该结构工作正常，仍可继续延长其使用年限。

(4) 对使用胶粘方法或掺有聚合物材料加固的结构、构件，尚应定期检查其工作状态。检查的时间间隔可由设计单位确定，但第一次检查时间不应迟于 10 年。

(5) 当为局部加固时，应考虑原建筑物剩余设计使用年限对结构加固后设计使用年限的影响。

(6) 设计应明确结构加固后的用途，在加固设计使用年限内，未经技术鉴定或设计许可，不得改变加固后结构的用途和使用环境。

既有钢结构房屋的抗震加固设计应以抗震鉴定结果为主要依据。与既有钢筋混凝土结构和砌体结构房屋相似，既有钢结构房屋的抗震加固设计也可根据现行国家标准《建筑抗震鉴定标准》GB 50023 的规定选择其后续使用年限及相应的抗震加固设计要求和方法。后续使用年限 30 年的建筑，简称 A 类建筑；后续使用年限 40 年的建筑，简称 B 类建筑；后续使用年限 50 年的建筑，简称 C 类建筑。

4.1.2 设计计算原则

一般情况下，钢结构加固设计的结构分析方法可采用线弹性分析方法，并应符合现行国家标准《钢结构设计标准》GB 50017 的有关规定。

加固钢结构的计算简图应根据结构作用的荷载和实际状况确定；结构的计算截面，应采用实际有效截面面积，并考虑结构在加固时的实际受力状况，即原结构的应力超前和加固部分的应变滞后特点，以及加固部分与原结构的共同工作性能；加固后如改变了结构的传力途径或使结构重量增大，应对相关结构构件及建筑物地基基础进行必要的验算。对超静定结构尚应考虑因构件截面改变、构件刚度改变致使体系内力重分布的影响，采用合理的计算分析方法。

原结构、构件材料的抗拉强度、抗压强度和抗剪强度设计值应按下列规定取值：

(1) 当结构安全性鉴定认为原设计文件有效，且未发现结构构件或连接的性能有明显退化时，可采用原设计值；

(2) 当结构安全性鉴定认为应重新进行现场检测时，应采用检测结果推定的屈服强度或条件屈服点进行确定。

抗震设防区结构、构件的加固，除应满足承载力要求外，尚应复核其抗震能力；不应存在因局部加强或刚度突变而形成的新薄弱部位。

钢结构加固的主要方法包括构件直接加固技术和结构整体加固技术两类。构件直接加固技术主要包括增大截面加固法、粘贴钢板加固法、粘贴纤维复合材料加固法和组合加固法等，结构整体加固技术主要包括改变结构体系加固法、预应力加固法等。设计时，可根据实际条件和使用要求选择适宜的加固方法及配合使用的技术。

4.2 钢结构构件直接加固技术

4.2.1 增大截面加固法

1. 技术特点

钢结构的增大截面加固法主要是指采用焊接连接、螺栓连接和铆钉连接的方法将新增的钢板、型钢等与原有钢结构构件可靠连接，形成具有更大截面面积或惯性矩的组合截面，从而提高钢结构构件的刚度和承载能力的加固方法。增大截面加固法适用于受弯构件、轴心受拉或受压构件以及拉弯、压弯构件的加固。

采用增大构件截面法加固钢结构，原有结构构件可能处于负荷、部分卸荷或全部卸荷状态，不同的受力状态导致加固前后结构几何特性和受力状况会有很大不同，因而需要根据结构加固期间及前后，分阶段考虑结构的截面几何特性、损伤状况、支撑条件和作用其上的荷载及不利组合，确定计算图形，进行受力分析，以期找出结构的可能最不利受力。根据可能出现的最不利受力状态进行加固截面设计，以确保加固的安全可靠。

采用增大截面法加固钢结构构件，应考虑原构件受力情况及存在的缺陷和损伤；在施工可行、传力直接可靠的前提下，选取有效的截面增大形式（图 4-1～图 4-4）。

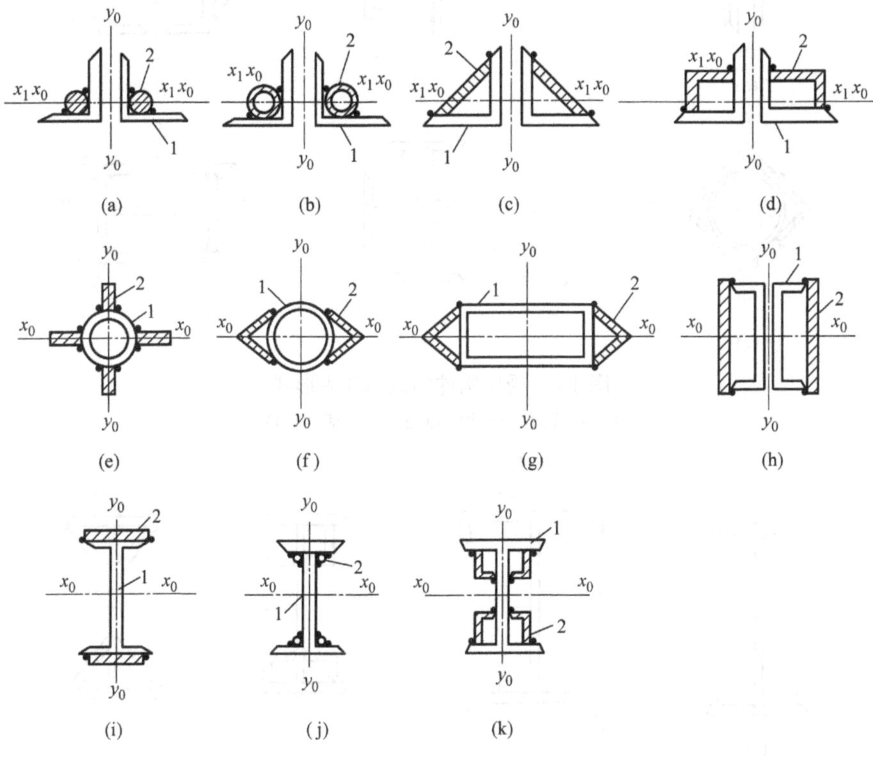

图 4-1　受拉构件的截面加固形式

1—原截面；2—增加截面

2. 构造要求

采用增大截面法加固钢结构构件时，新增的钢板或型钢加固件应有明确、合理的传力途径，应确保其能够直接承受外荷载的作用，否则容易出现薄弱截面，无法达到加固效果。

新增的钢板或型钢加固件应与原结构构件可靠连接，能够保证共同工作，并采取措施保证截面不变形和板件的稳定性。

对轴心受力、偏心受力构件和非简支受弯构件，其新增的钢板或型钢加固件应与原构件支座或节点有可靠的连接和锚固。

新增的钢板或型钢加固件的布置不宜采用会导致截面形心偏移的构造方式。

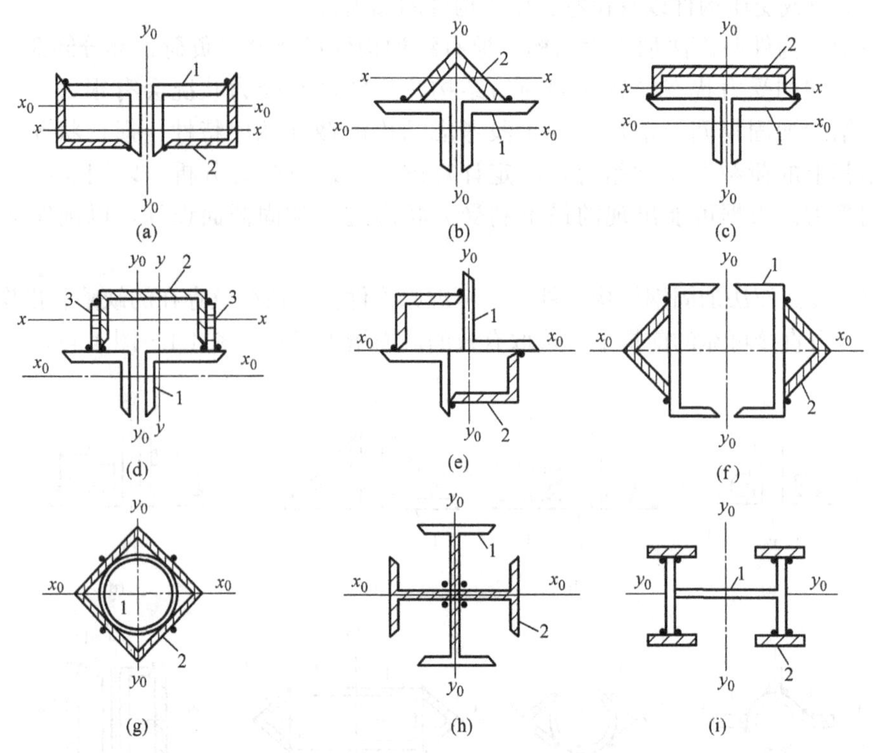

图 4-2　受压构件的截面加固形式

1—原截面；2—增加截面；3—辅助板件

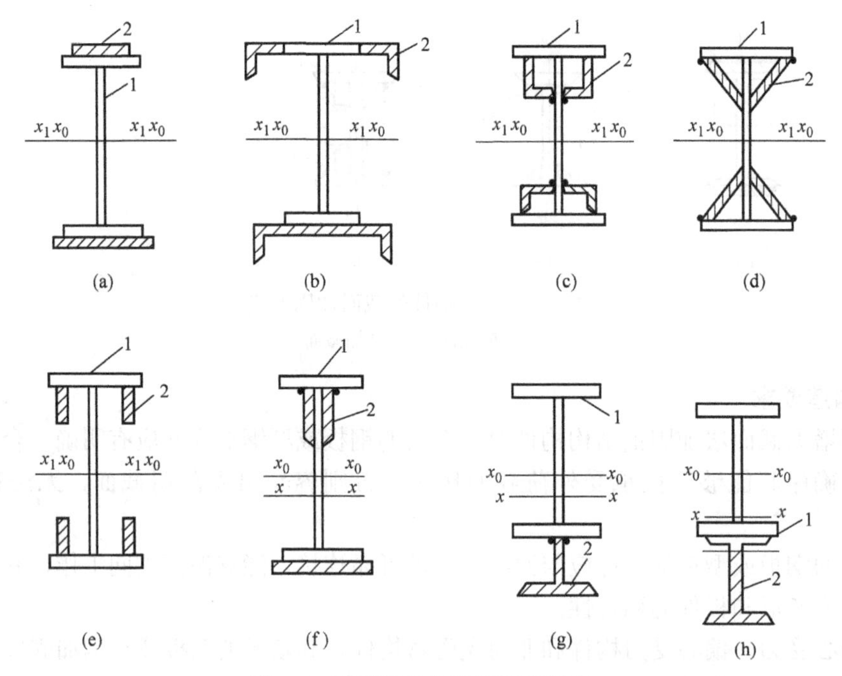

图 4-3　受弯构件的截面加固形式

1—原截面；2—增加截面

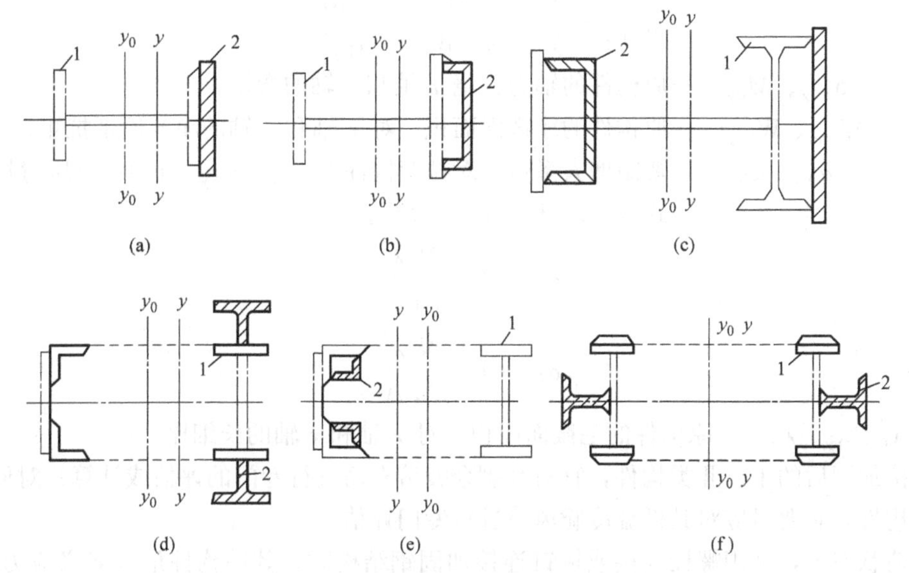

图4-4 偏心受力构件的截面加固形式

1—原截面；2—增加截面

新增的钢板或型钢加固件的切断位置，应以最大限度减小应力集中为原则，并应保证未被加固处的截面在设计荷载作用下仍处于弹性工作阶段。

3. 设计计算要点

采用增大截面法加固钢结构的设计计算方法应符合现行国家标准《钢结构加固设计标准》GB 51367 的相关规定。

完全卸荷状态下，采用增大截面法加固钢构件，其设计、计算可按现行国家标准《钢结构设计标准》GB 50017 的规定进行，但应符合下列条件：

原构件的缺陷和损伤已得到有效补强；

原构件钢材强度设计值已根据安全性鉴定报告确定；

当采用焊接方法加固时，其新老构件之间的可焊性已得到确认。

负荷状态下，钢构件的焊接加固，应根据原构件的工作条件，校核其最大名义应力 $\sigma_{0\max}$ 是否满足表4-1规定的应力比限值的要求。若不满足要求，不得在负荷状态下进行焊接加固。

被加固构件的使用条件及其应力比限值 **表4-1**

类别	使用条件	应力比限值 $\sigma_{0\max}/f_y$
Ⅰ	特繁重动力荷载作用下的结构	≤0.20
Ⅱ	除Ⅰ外直接承受动力荷载或振动作用的结构	≤0.40
Ⅲ	除Ⅳ外承受静力荷载或间接承受动力荷载作用的结构	≤0.65
Ⅳ	承受静力荷载且允许按塑性设计的结构	

负荷状态下，采用焊接增大截面法加固钢结构时，其原构件在轴力和弯矩作用下的最大名义应力 $\sigma_{0\max}$ 可按下列公式确定：

$$\sigma_{0\max}=\frac{N_0}{A_{0n}}\pm\frac{M_{0x}}{\alpha_{Nx}W_{0nx}}\pm\frac{M_{0y}}{\alpha_{Ny}W_{0ny}} \tag{4-1}$$

式中：N_0、M_{0x}、M_{0y}——原构件的轴力，绕 x 轴和 y 轴的弯矩。

A_{0n}、W_{0nx}、W_{0ny}——原构件的净截面面积，对 x 轴和 y 轴的净截面抵抗矩。

α_{Nx}、α_{Ny}——弯矩增大系数。对拉弯构件取 $\alpha_{Nx}=\alpha_{Ny}=1.0$；对压弯构件按式（4-2）和（4-3）计算。

$$\alpha_{Nx}=1-\frac{N_0\lambda_x^2}{\pi^2 EA_0} \tag{4-2}$$

$$\alpha_{Ny}=1-\frac{N_0\lambda_y^2}{\pi^2 EA_0} \tag{4-3}$$

式中：A_0、λ_x、λ_y——原构件的毛截面面积、对 x 轴和 y 轴的长细比。

焊接加固后的Ⅰ、Ⅱ类构件，宜对其剩余疲劳寿命进行专门的评估或计算；对低温下工作的构件，必要时应对其低温冷脆风险进行专门评估。

负荷状态下，采用螺栓连接或铆钉连接加固钢结构时，其原构件最大名义应力 $\sigma_{0\max}$ 应不大于 $0.85f_y$。

当采用增大截面法对受弯构件正截面受弯承载力进行加固时，加固后结构的材料强度应取截面中最低强度级别钢材的强度设计值乘以折减系数 η_m。折减系数 η_m 按表 4-2 取值。

η_m 系数取值 **表 4-2**

连接方式	Ⅰ、Ⅱ类结构	其他类结构			
		$\sigma_{0\max}/f \leqslant 0.2$	$0.2<\sigma_{0\max}/f \leqslant 0.4$	$0.4<\sigma_{0\max}/f \leqslant 0.65$	$\sigma_{0\max}/f >0.65$
焊接加固	0.85	0.90	0.85	0.80	—
螺栓、铆钉连接	0.85	0.95	0.90	0.85	0.80

主平面内受弯的加固构件，其整体稳定性的验算应符合现行国家标准《钢结构设计标准》GB 50017 的规定，稳定系数应按加固后截面计算，但验算时，应将钢材强度设计值 f 取为钢材换算强度设计值 f^*，并乘以强度折减系数 η_m。

用于加固构件整体稳定验算的钢材换算强度设计值 f^* 可按下列规定进行确定：

当 $f_0\leqslant f_s\leqslant 1.15f_0$ 时，取 $f^*=f_0$；

当 $f_s>1.15f_0$ 时，按式（4-4）计算确定：

$$f^*=\sqrt{\frac{(A_s f_s+A_0 f_0)(I_s f_s+I_0 f_0)}{(A_s+A_0)(I_s+I_0)}} \tag{4-4}$$

式中：f_0、f_s——构件原来用钢材和加固用钢材的强度设计值；

A_0、A_s——加固构件原有截面和加固的截面面积；

I_0、I_s——加固构件原有截面和加固截面对加固后截面形心主轴的惯性矩。

增大截面加固后，组合截面板梁的翼缘和腹板的局部稳定性，应按现行国家标准《钢结构设计标准》GB 50017 的规定进行验算；对按塑性设计的Ⅳ类构件，其宽厚比尚应符合该规范关于塑性设计的规定。

当采用增大截面法对轴心受拉或轴心受压构件进行加固时，宜采用对称的或不改变形心位置的增大截面形式，其加固后结构的材料强度应取截面中最低强度级别钢材的强度设计值乘以折减系数 η_n。折减系数 η_n 按表4-3取值。

η_n 系数取值 **表4-3**

连接方式	Ⅰ、Ⅱ类结构		其他结构				
				轴心受压			
	轴心受拉	轴心受压	轴心受拉	$\sigma_{0max}/f \leqslant 0.2$	$0.2 < \sigma_{0max}/f \leqslant 0.4$	$0.4 < \sigma_{0max}/f \leqslant 0.65$	$\sigma_{0max}/f > 0.65$
焊接加固	0.85	0.70	0.90	0.80	0.75	0.70	—
螺栓、铆钉连接	0.85	0.85	0.90	0.90	0.85	0.80	0.75

对于实腹式轴心受压构件，当无初弯曲和损伤，且采用对称或形心位置不变的增大截面形式加固时，其整体稳定性验算应按加固后截面计算，但验算时，应将钢材强度设计值 f 改取为钢材换算强度设计值 f^*，并乘以强度折减系数 η_n。

对初始应力比不大于0.2的负荷下焊接加固的钢柱，其计算可不乘以强度折减系数。

当采用增大截面法对拉弯或压弯构件进行加固时，其加固后结构的材料强度应取截面中最低强度级别钢材的强度设计值乘以折减系数 η_{EM}。折减系数 η_{EM} 按表4-4取值。

η_{EM} 系数取值 **表4-4**

连接方式	Ⅰ、Ⅱ类结构	其他类结构				
		$N/A_n \leqslant 0.55f_y$				$N/A_n > 0.55f_y$
		$\sigma_{0max}/f \leqslant 0.2$	$0.2 < \sigma_{0max}/f \leqslant 0.4$	$0.4 < \sigma_{0max}/f \leqslant 0.65$	$\sigma_{0max}/f > 0.65$	
焊接加固	0.80	0.85	0.80	0.75	—	按 η_n 取值
螺栓、铆钉连接	0.80	0.90	0.85	0.80	0.75	按 η_n 取值

当采用增大截面形式加固实腹式和格构式压弯构件时，其整体稳定性验算应按加固后截面计算，但验算时，应将钢材强度设计值 f 取为钢材换算强度设计值 f^*，并乘以强度折减系数 η_{EM}。

4. 施工要点

负荷状态下进行钢结构加固时，应制定详细的加固工艺流程和技术条件，其所采用的工艺应保证加固件的截面因焊接加热、附加钻、扩孔洞等所引起的削弱影响降低至最小，并应按隐蔽工程进行验收。

负荷状态下，采用焊接方法增大钢结构构件截面时，其设计和施工应符合下列要求：

应合理规定加固顺序，先加固对原构件影响较小、构件最薄弱和能立即起到加固作用的部位。一般情况下，宜按下列原则安排施焊顺序：

(1) 有对称的成对焊缝时，应平行施焊；

(2) 有多条焊缝时，应交错顺序施焊；

(3) 两侧有加固件的截面，应先施焊受拉侧的加固件；然后施焊受压侧的加固件；

(4) 对一端为嵌固的受压杆件，应从嵌固端向另一端施焊；若其为受拉构件，则应从另一端向嵌固端施焊。

当原构件的 $|\sigma_{0\max}| \geqslant 0.3f_y$ 时，应将加固件与被加固件沿全长压紧；用长 20～30mm、间隔 300～500mm 的焊缝作定位焊接后，再从加固件端部向内分区段，每区段长度不大于 70mm，依次施焊所需要的连接焊缝，且每区段施焊完毕应间歇 2～5min。

轻钢结构中的小角钢和圆钢杆件不宜在负荷状态下进行焊接加固；圆钢拉杆严禁在负荷状态下进行焊接加固。

采用螺栓或铆钉连接方法增大钢结构构件截面时，加固与被加固板件应相互压紧，并应从加固件端部向中间逐次做孔和安装、拧紧螺栓或铆钉，以避免加固过程中截面的过大削弱。

增大截面法加固有两个以上构件的超静定结构（框架、连续梁等）时，应首先将全部加固与被加固构件压紧和点焊定位，然后从受力最大构件开始依次连续地进行加固连接。

当采用增大截面法加固开口截面时，应保证加固后截面密封，防止内部锈蚀；若加固后截面不密封，板件间应留出不小于 150mm 的操作空间，以便日后检查及防锈维护。

4.2.2 粘贴钢板加固法

1. 技术特点

粘贴钢板加固法适用于钢结构受弯、受拉、受剪实腹式构件的加固以及受压构件的稳定加固。粘贴钢板加固法本质上也是一种增大截面加固法，其与本书第 4.2.1 节的增大截面法的主要区别是新增加固钢材与原有钢结构的连接方式不同，采用结构胶粘贴的方式实现新旧钢构件的连接。

粘贴钢板加固钢结构构件时，粘贴在钢结构构件表面上的钢板，其粘贴表面应经喷砂处理，其外表面应经防锈蚀处理。表面防锈蚀材料对钢板及结构胶粘剂应无害。采用本方法加固的钢结构，其长期使用的环境温度不应高于 60℃，这主要是由于环氧基的结构胶在高温作用下易出现受力性能失效等问题。对于处于特殊环境（如高温、高湿、介质侵蚀、放射等）的钢结构采用本方法加固时，除应按国家现行有关标准的规定采取相应的防护措施外，尚应采用耐环境因素作用的结构胶粘剂，并按专门的工艺要求进行粘贴。

采用粘贴钢板对钢结构进行加固前，应采取措施卸除或大部分卸除作用在结构上的活荷载。当被加固构件的表面有防火要求时，应按现行国家标准《建筑设计防火规范》GB 50016 规定的耐火等级及耐火极限要求，对胶粘剂和钢板进行防护。

2. 构造要求

当工字型钢梁的腹板局部稳定不满足规范要求，需要加固时，可以采用在腹板两侧粘 T 型钢构件的方法进行加固（图 4-5），其中 T 型钢构件的粘贴宽度不小于板厚的 25 倍。

在受弯构件的受拉边或受压边钢构件表面上粘钢进行加固时，粘贴钢板的宽度不应超过被加固构件的宽度，当加固钢板位于构件受拉边时，加固钢板应沿轴向延伸至被加固构件的支座边缘，加固钢板的端部和集中荷载作用点两侧处，应设置连接螺栓 2M12 加强锚固。当加固钢板位于构件受压边时，其跨中位置应设置连接螺栓 2M12 加强锚固（图 4-6）。

采用手工涂胶粘贴的钢板厚度不应大于 5mm，采用压力注胶粘贴的钢板厚度不应大

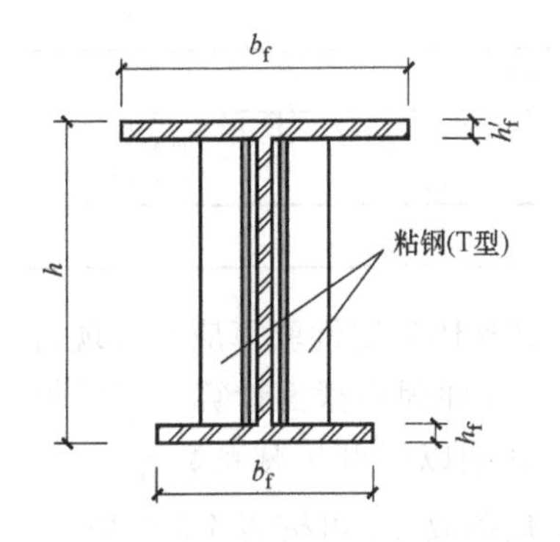

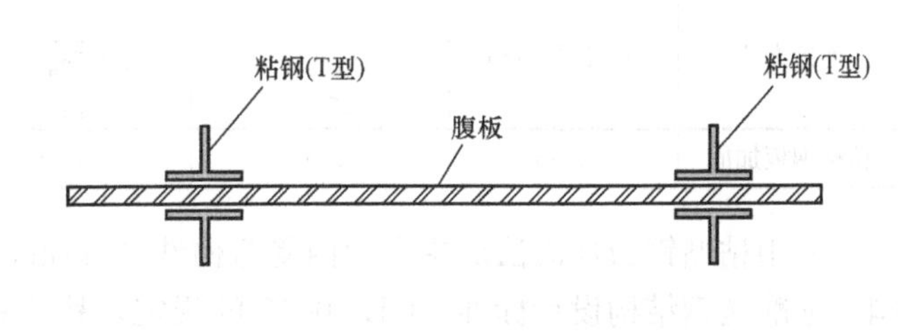

图 4-5　工字型截面腹板局部稳定加固

于 10mm。

为避免胶层出现应力集中而提前破坏，宜将粘贴钢板端部削成 45°斜坡角。

加固件的布置不宜采用引起截面形心轴偏移形式；不可避免时，应在加固计算中考虑形心轴偏移的影响。

负荷状态下用粘钢方法加固构件时，应采用合理的加固顺序。应首先加固对原构件影响较小、构件最薄弱和能立即起到加固作用的部位。

3. 设计计算要点

受弯构件采用粘钢加固后，其正截面受弯承载力以及斜截面的受剪承载力的提高幅度，均不应超过 40%。

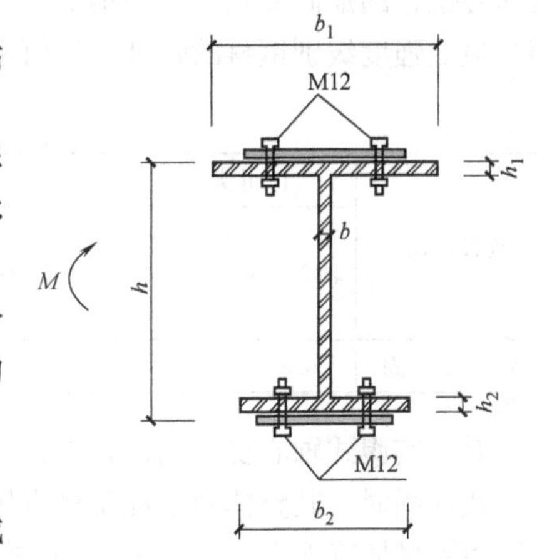

图 4-6　工字型截面受弯加固端部构造

采用粘贴钢板加固的设计计算方法应符合现行国家标准《钢结构加固设计标准》GB 51367 的相关规定。

采用粘贴钢板对实腹式受弯构件进行加固时，除应遵守现行国家标准《钢结构设计标准》GB 50017 受弯构件承载力计算的规定外，尚应符合下列规定：

构件达到受弯承载能力极限状态时，外贴钢板的拉应变按截面应变保持平面的假设确定；

钢板应力等于拉应变与弹性模量的乘积；

当考虑二次受力影响时，按构件加固前的初始受力情况，确定粘贴钢板的滞后应变；

在达到受弯承载能力极限状态前，外贴钢板与原钢构件之间不致出现粘结剥离破坏。

当采用粘贴钢板加固法对受弯构件正截面受弯承载力进行加固时，加固后结构的材料强度应取截面中最低强度级别钢材的强度设计值乘以折减系数 η_m。折减系数 η_m 按表 4-5 取值。

当对受弯构件的腹板采用粘贴钢板加固法进行受剪承载力加固时，对于承受静力荷载的情况，加固后结构的材料强度应取截面中最低强度级别钢材的抗剪强度设计值乘以折减系数 η_v。折减系数 η_v 对于Ⅰ、Ⅱ类结构，取为 0.8；对于其他结构，取为 0.85。对于承受动力荷载的情况，不考虑材料强度的折减。

η_m 系数取值 **表 4-5**

连接方式	Ⅰ、Ⅱ类结构	其他类结构			
		$\sigma_{0max}/f \leqslant 0.2$	$0.2<\sigma_{0max}/f \leqslant 0.4$	$0.4<\sigma_{0max}/f \leqslant 0.65$	$\sigma_{0max}/f >0.65$
粘贴钢板加固	0.85	1.00	0.95	0.90	0.85

采用粘贴钢板加固法对主平面内受弯构件进行加固后，其整体稳定性验算应符合现行国家标准《钢结构设计标准》GB 50017 的规定，稳定系数应按加固后截面计算，但验算时，应将钢材强度设计值 f 取为钢材换算强度设计值 f^*，并乘以强度折减系数 η_m。钢材换算强度设计值 f^*，可按本书公式（4-4）计算，强度折减系数 η_m 可按表 4-5 取值。

当采用粘贴钢板加固法对轴心受拉或轴心受压构件进行加固时，宜采用对称的或不改变形心位置的加固方式，当粘钢端部有可靠锚固措施时，其加固后结构的材料强度应取截面中最低强度级别钢材的强度设计值乘以折减系数 η_n。折减系数 η_n 按表 4-6 取值。

η_n 系数取值 **表 4-6**

连接方式	Ⅰ、Ⅱ类结构		其他结构				
				轴心受压			
	轴心受拉	轴心受压	轴心受拉	$\sigma_{0max}/f \leqslant 0.2$	$0.2<\sigma_{0max}/f \leqslant 0.4$	$0.4<\sigma_{0max}/f \leqslant 0.65$	$\sigma_{0max}/f >0.65$
粘贴钢板加固	0.85	0.80	0.90	0.9	0.85	0.80	0.75

对于实腹式轴心受压构件，当无初弯曲和损伤，且采用对称或形心位置不变的粘贴钢板形式加固时，其整体稳定性验算应按加固后截面计算，但验算时，应将钢材强度设计值 f 取为钢材换算强度设计值 f^*，并乘以强度折减系数 η_n。

当采用粘贴钢板加固法对拉弯或压弯构件进行加固时，其加固后结构的材料强度应取截面中最低强度级别钢材的强度设计值乘以折减系数 η_{EM}。折减系数 η_{EM} 按表 4-7 取值。

η_{EM} 系数取值 **表 4-7**

连接方式	Ⅰ、Ⅱ类结构	其他类结构				
		$N/A_n \leqslant 0.55f_y$				$N/A_n >0.55f_y$
		$\sigma_{0max}/f \leqslant 0.2$	$0.2<\sigma_{0max}/f \leqslant 0.4$	$0.4<\sigma_{0max}/f \leqslant 0.65$	$\sigma_{0max}/f >0.65$	
粘贴钢板加固	0.80	0.90	0.85	0.80	0.75	按 η_n 取值

当采用粘贴钢板法加固实腹式和格构式压弯构件时，其整体稳定性验算应按加固后截面计算，但验算时，应将钢材强度设计值 f 取为钢材换算强度设计值 f^*，并乘以强度折减系数 η_{EM}。

4. 施工要点

粘贴钢板加固法加固钢结构构件时，应符合下列施工要求：

（1）粘钢加固施工应按如下工艺流程进行：表面处理⟶卸荷⟶配胶并涂敷胶⟶粘贴⟶固定加压⟶固化⟶卸支撑检验⟶表面防护处理。

（2）钢结构构件表面处理：对原钢结构构件的粘合面，可用角磨机进行打磨处理，除去表面涂装层，直至完全露出新面，并用无油压缩空气除去粉尘或用清水冲洗干净，待完全干燥后用脱脂棉沾丙酮擦拭表面即可。

(3) 加固钢板粘结面，须进行除锈和粗糙处理。如钢板未生锈或轻微锈蚀，可用喷砂、砂布或平砂轮打磨，直至出现金属光泽。打磨粗糙度越大越好，打磨纹路应与钢板受力方向垂直。其后，用脱脂棉沾丙酮擦拭干净。

(4) 粘贴钢板前，可能时应对被加固构件进行卸荷。如采用千斤顶顶升方式卸荷，对于承受均布荷载的梁，应采用多点（至少两点）均匀顶升；对于有次梁作用的主梁，每根次梁下要设一台千斤顶，顶升吨位应根据计算确定。

(5) 胶粘剂使用前应现场抽样，进行质量检验，合格后方能使用，按产品使用说明书规定配制。注意搅拌时应避免雨水进入容器，按同一方向进行搅拌，容器内不得有油污、灰尘和水分。

(6) 胶粘剂配制好后，用抹刀同时涂抹在已处理好的钢结构表面和钢板面上，厚度1～3mm，中间厚边缘薄，然后将钢板贴在预定位置。如果是立面粘贴，为防止流淌，可加一层脱蜡玻璃丝布。粘好钢板后，用手锤沿粘贴面轻轻敲击钢板，如无空洞声，表示已粘贴密实，否则应剥下钢板，补胶，重新粘贴。

(7) 钢板粘贴后立即用夹具夹紧，并用锚栓固定，适当加压，以使胶液刚从钢板边缘挤出为度。

(8) 承重用的胶粘剂在常温下固化，保持在20℃以上，24h即可拆除夹具或支撑，3d可受力使用。若低于15℃，应采取人工加温，一般用红外线灯加热。

(9) 加固完工并经验收合格后，粘贴的钢板表面应进行防锈和防火涂装，防锈和防火等级与原有钢结构相同。

4.2.3 外包钢筋混凝土加固法

1. 技术特点

外包钢筋混凝土加固法是指在钢结构构件外绑扎钢筋并浇筑混凝土，将钢结构构件改为型钢混凝土构件的加固方法。与增大截面法、粘贴钢板加固法相比，外包钢筋混凝土加固法可以更大幅度地提高结构构件的刚度和承载能力；但是，由于增加的结构为钢筋混凝土结构，采用该方法加固后，原有结构的自重也将大幅度增加。目前，该加固方法主要适用于实腹式轴心受压和偏心受压型钢柱构件的加固。

采用外包钢筋混凝土加固型钢构件时，宜采取措施卸除或大部分卸除作用在结构上的活荷载。

2. 构造要求

采用外包钢筋混凝土加固法时，混凝土强度等级不应低于C30；外包钢筋混凝土的厚度不宜小于100mm。新增的混凝土可采用现浇混凝土、自密实混凝土，也可采用掺有细石混凝土的水泥基灌浆料浇筑而成。

外包钢筋混凝土内纵向受力钢筋的两端应有可靠的连接和锚固。柱的新增纵向受力钢筋的下端应深入基础并满足锚固要求，上端应穿过楼板与上层柱脚连接或在屋面板处封顶锚固。

采用外包钢筋混凝土加固时，对于过渡层、过渡段及钢构件与混凝土间传力较大部位经计算需要在钢构件上设置抗剪连接件时，宜采用栓钉。

钢筋混凝土部分的其他构造尚应符合现行国家标准《混凝土结构设计规范》GB 50010 的有关规定。

3. 设计计算要点

型钢构件采用外包钢筋混凝土加固后，在进行结构整体内力和变形分析时，其截面弹性刚度可按下列公式确定：

$$E_t I_t = EI_0 + E_c I_c \tag{4-5}$$

$$E_t A_t = EA_0 + E_c A_c \tag{4-6}$$

$$G_t A_t = GA_0 + G_c A_c \tag{4-7}$$

式中：$E_t I_t$、$E_t A_t$、$G_t A_t$——分别为加固后组合截面抗弯刚度、轴向刚度和抗剪刚度；

EI_0、EA_0、GA_0——分别为原型钢构件的截面抗弯刚度、轴向刚度和抗剪刚度；

$E_c I_c$、$E_c A_c$、$G_c A_c$——分别为钢筋混凝土部分的截面抗弯刚度、轴向刚度和抗剪刚度。

采用外包钢筋混凝土加固压弯构件（也称偏心受压构件），其正截面承载力应按下列公式计算：

$$N \leqslant \eta_{cs}(N_{su} + N_{cu}) \tag{4-8}$$

$$M \leqslant \eta_{cs}(M_{su} + M_{cu}) \tag{4-9}$$

式中：N、M——分别为构件加固后的轴向压力设计值和考虑二阶效应后控制截面的弯矩设计值；按现行国家标准《混凝土结构设计规范》GB 50010 的规定计算。

N_{su}、M_{su}——分别为型钢构件的轴心受压承载力及相应的受弯承载力；当为对称截面时可分别按公式（4-10）和公式（4-11）计算。

N_{cu}、M_{cu}——分别为钢筋混凝土部分承担的轴心受压承载力及相应的受弯承载力，可按现行国家标准《混凝土结构设计规范》GB 50010 计算。

η_{cs}——被加固构件的强度修正系数，按表 4-8 取值。

η_{cs} 系数取值 **表 4-8**

方法 \ 类别	$\sigma_{0max}/f \leqslant 0.2$	$0.2 < \sigma_{0max}/f \leqslant 0.4$	$0.4 < \sigma_{0max}/f \leqslant 0.65$	$\sigma_{0max}/f > 0.65$
外包钢筋混凝土加固	0.90	0.85	0.80	0.75

型钢构件和新增钢筋宜布置成矩形截面（图 4-7），并可按下列简化方法设计：先按公式（4-10）和公式（4-11）计算钢构件部分的轴心受压承载力及相应的受弯承载力，再按公式（4-12）和公式（4-13）确定钢筋混凝土部分承担的轴力和弯矩设计值，然后按现

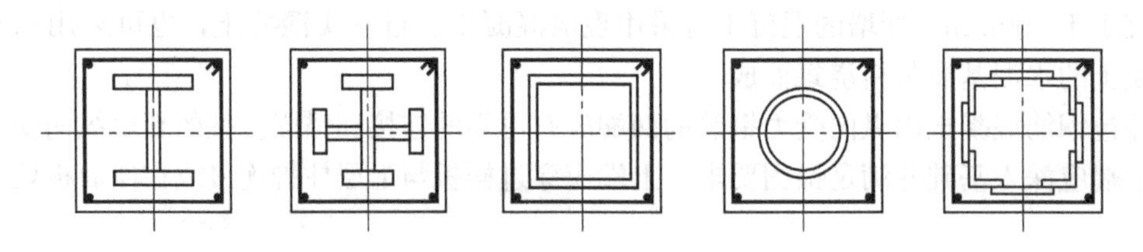

图 4-7 对称配筋截面

行国家标准《混凝土结构设计规范》GB 50010 计算钢筋混凝土部分偏心受压正截面承载力及其配筋。

（1）型钢构件部分承担的轴力及相应的受弯承载力按下列公式计算：

$$N_{su}=\frac{N-N_b}{N_{u0}-N_b}N_{s0} \tag{4-10}$$

$$M_{su}=\left(1-\left(\frac{N_{su}}{N_{s0}}\right)^m\right)M_{s0} \tag{4-11}$$

（2）钢筋混凝土部分承担的轴力设计值及相应的弯矩设计值按下列公式计算：

$$N_c=1.25(N-N_{su}) \tag{4-12}$$

$$M_c=1.25(M-M_{su}) \tag{4-13}$$

$$N_{u0}=N_{s0}+N_{c0} \tag{4-14}$$

$$N_{s0}=fA_0 \tag{4-15}$$

$$N_{c0}=f_cA_c+f'_{st}A_s \tag{4-16}$$

$$N_b=0.5\alpha_1\beta_1 f_c bh \tag{4-17}$$

$$M_{s0}=\gamma\cdot W_{0n}\cdot f \tag{4-18}$$

式中：N_c、M_c——分别为钢筋混凝土部分承担的轴力和弯矩设计值；

N_{u0}——加固后，组合构件短柱轴心受压承载力；

N_{s0}——型钢构件的轴心受压承载力；

N_{c0}——钢筋混凝土部分的轴心受压承载力；

N_b——界限破坏时的轴力；

M_{s0}——型钢构件的受弯承载力；

m——N_{su}-M_{su} 相关线性形状系数，按表 4-9 取值；

f'_{st}——钢筋抗压强度设计值；

A_s——纵向钢筋截面面积；

α_1、β_1——混凝土等效矩形应力图系数，按现行国家标准《混凝土结构设计规范》GB 50010 确定；

γ——截面塑性发展系数，对Ⅰ、Ⅱ类构件取 1.0，对Ⅲ、Ⅳ类构件，可按现行国家标准《钢结构设计标准》GB 50017 的规定采用；

W_{0n}——型钢构件净截面抵抗矩。

N_{su}-M_{su} 相关曲线形状系数 m **表 4-9**

型钢形式	绕强轴弯曲工字形	绕弱轴弯曲工字形	十字形及箱形
$N \geqslant N_b$	1.0	1.5	1.3
$N < N_b$	1.3	3.0	2.6

对承受压力和双向弯矩作用的矩形截面外包钢筋混凝土型钢构件，其正截面受弯承载力按下列公式计算：

$$M_x \leqslant \eta_{cs}(M_{sux}+M_{cux}) \tag{4-19}$$

$$M_y \leqslant \eta_{cs}(M_{suy}+M_{cuy}) \tag{4-20}$$

式中：M_x、M_y——分别为绕 x 轴和 y 轴的弯矩设计值；

M_{sux}、M_{suy}——分别为型钢构件部分绕 x 轴和 y 轴的受弯承载力；

M_{cux}、M_{cuy}——分别为钢筋混凝土部分绕 x 轴和绕 y 轴的受弯承载力。

外包钢筋混凝土加固型钢构件时，其受剪截面应符合下列限制条件：

$$V \leqslant 0.45\beta_c f_c b h_0 \tag{4-21}$$

$$f_v t_w h_w \geqslant 0.1\beta_c f_c b h_0 \tag{4-22}$$

$$V_{cu} \leqslant 0.25\beta_c f_c b h_0 \tag{4-23}$$

式中：V——加固后构件的剪力设计值。

t_w、h_w——分别为钢构件腹板的厚度和高度，$t_w h_w$ 应计入与受剪方向一致的所有钢板材的面积。

f_v——钢材的抗剪强度设计值。

V_{cu}——外包钢筋混凝土部分的受剪承载力，可按现行国家标准《混凝土结构设计规范》GB 50010 的规定计算。

β_c——混凝土强度影响系数。当混凝土强度等级不高于 C50 时，β_c 取 1.0；当混凝土强度等级为 C80 时，β_c 取 0.8；其间按线性内插法确定。

外包钢筋混凝土加固型钢构件时，其斜截面受剪承载力应符合下列要求：

$$V \leqslant V_{su} + 0.85V_{cu} \tag{4-24}$$

$$V_{su} = t_w h_w f_v \tag{4-25}$$

式中：V——加固后构件的剪力设计值；

V_{su}——型钢构件的受剪承载力；

V_{cu}——外包钢筋混凝土部分的受剪承载力，可按现行国家标准《混凝土结构设计规范》GB 50010 的规定计算；

t_w、h_w——分别为钢构件腹板的厚度和高度，$t_w h_w$ 应计入与受剪方向一致的所有钢板材的面积；

f_v——钢材的抗剪强度设计值。

4. 施工要点

采用外包钢筋混凝土加固法加固钢结构构件时，应符合如下施工要求：

应先除去原钢构件上的涂料层和铁锈，然后采用喷砂设备对钢构件表面进行糙化处理。

加固前应卸除或大部分卸除作用在结构上的活荷载。

钢筋与型钢翼缘或连接板焊接时，严格按照设计和规范要求进行，保证焊缝厚度和高度。

柱主筋在基础梁内植筋时，需严格按照设计图纸进行，必须保证主筋位置准确，植入深度满足设计要求；在柱子的整个施工过程中需保证该部分钢筋的竖直度。穿过型钢梁或钢支撑牛腿翼缘板的主筋安装时先将待连接的钢筋从下往上穿过穿筋孔，然后利用专用套筒与下端钢筋连接。

柱顶钢筋安装，如需穿过柱顶锚板，需在锚板上用钻机开孔，穿入钢筋，切除多余的钢筋头，进行塞焊，焊缝需充满预留孔与钢筋间的空隙，焊缝顶部应与锚固板顶面平齐。

新加混凝土的施工，宜优先采用浇筑工艺，其模板搭设、钢筋安置以及新混凝土的浇筑和养护，应符合现行国家标准《混凝土结构工程施工质量验收规范》GB 50204 的要求。

4.3 钢结构整体加固技术

4.3.1 改变结构体系加固法

1. 技术特点

既有钢结构房屋改造工程中，当遇到结构整体改变较大的情况，如结构平面、立面布置发生改变，需要拆除部分钢结构柱，实现更大的建筑使用空间，荷载大幅度增加等情况，仅采用第4.2节的对结构构件的直接加固法通常无法满足这些改造需求，同时也可能是不经济的，这就需要考虑改变结构体系的加固方法。所谓改变结构体系加固法，主要是指通过增设结构构件，改变结构的受力状态和传力途径，将平面结构改为空间结构，通过增加约束构件，改变结构的边界条件等对原结构进行加固。采用改变结构体系的加固方法，由于其实施过程和实施完成后结构体系发生变化，在设计过程中应充分考虑结构、构件、节点、支座中的内力重分布与二次受力，除了要对被加固结构或构件进行承载能力和正常使用极限状态的计算外，还应考虑所形成的新结构体系对相关部分的地基基础和结构造成的影响，并进行必要的验算。

采用增设支点的加固方法改变结构体系时，应根据被加固结构的构造特点和工作条件，选用刚性支点加固法或弹性支点加固法，对钢结构梁而言，刚性支点是指在梁跨内增加结构柱支点，从而减小梁的跨度和内力，达到加固的作用，弹性支点通常可以采用梁下托钢架或者体外预应力＋撑杆的方式来实现。采用附加支撑或钢板墙加固时，由于加固部位局部刚度增加，导致其所承受的荷载作用增加，应采取可靠措施防止相邻重要部位、重要构件、相邻连接先于支撑或钢板墙发生屈服或破坏，并防止相邻构件、部件因支撑或钢板墙的失稳而发生破坏。采用调整内力的方法加固结构时，应在加固设计图中具体规定调整应力或位移的限值及允许偏差，并规定其监测部位及检验方法。

采用改变结构体系加固法时，其设计应与施工紧密配合；未经设计允许，不得擅自修改设计规定的施工方法和程序。

2. 构造要求

改变结构体系所采用的支柱、支撑、撑杆等，其端部应与被加固结构构件可靠连接，且连接的构造不应过多削弱原构件的承载能力。

钢结构加固所使用的支柱、支撑、撑杆等，若直接支承于基础，可按一般地基基础构造进行处理；若其端部以梁、柱为支承时，宜选用型钢套箍的构造方式。

当选用改变结构或构件刚度的方法，对钢结构进行加固时，可选用下列方法：

(1) 增设支撑系统以形成空间结构并按空间结构进行验算(图4-8)。

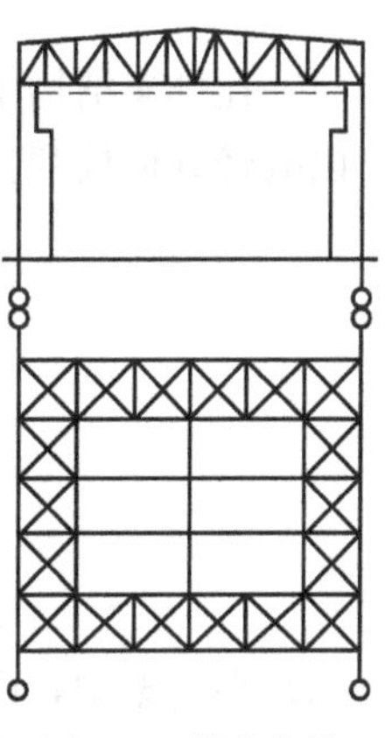

图4-8 增设支撑形成空间结构

(2) 增设支柱或撑杆(图4-9)以增加结构刚度，或调整结构自振频率以改变结构动力特性。

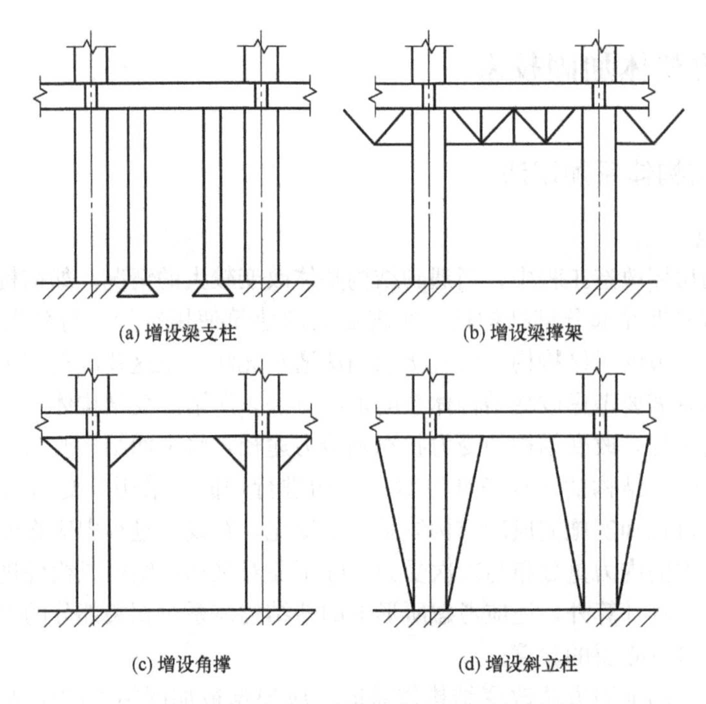
(a) 增设梁支柱　(b) 增设梁撑架

(c) 增设角撑　(d) 增设斜立柱

图 4-9　增设支柱或撑杆以改变体系示意图

（3）增设支撑或辅助杆件使构件的长细比减小以提高其稳定性（图 4-10）。

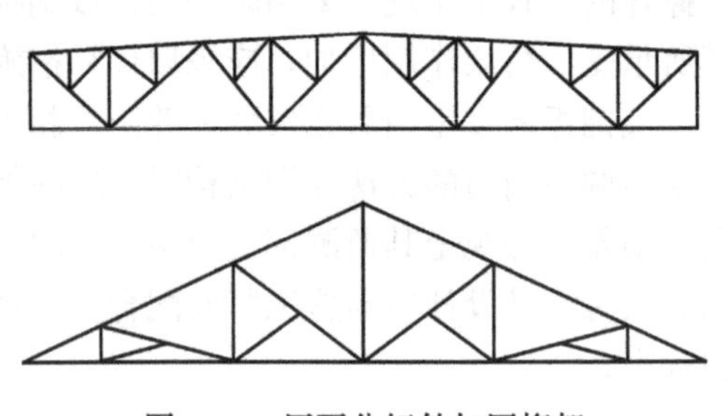
图 4-10　用再分杆件加固桁架

（4）在排架结构中，重点加强某柱列的刚度（图 4-11），使之承受大部分水平作用力，以减轻其他柱列负荷。

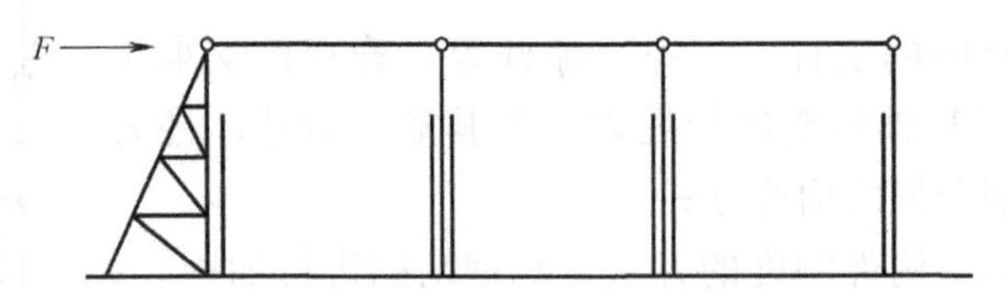

图 4-11　加强边柱柱列刚度示意图

（5）在桁架中，改变其端部铰接支承为刚接（图 4-12），以改变其受力状态。

（6）增设中间支座，或将简支结构端部连接成为连续结构（图 4-13）。

（7）在空间网架结构中，可通过改变网架结构形式，以提高刚度和承载力；也可在网

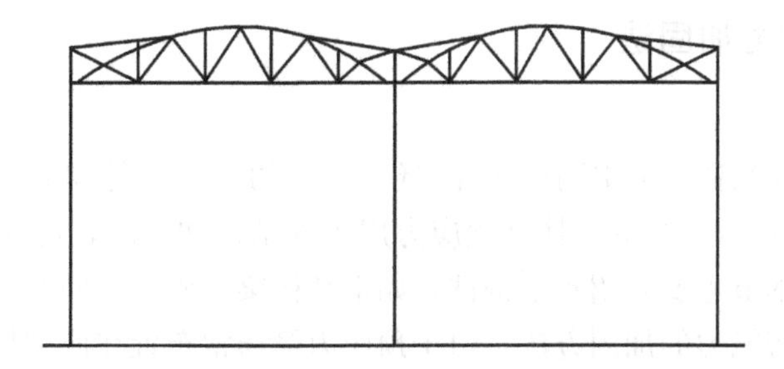

图 4-12　桁架端支承由铰接改变为刚接示意图

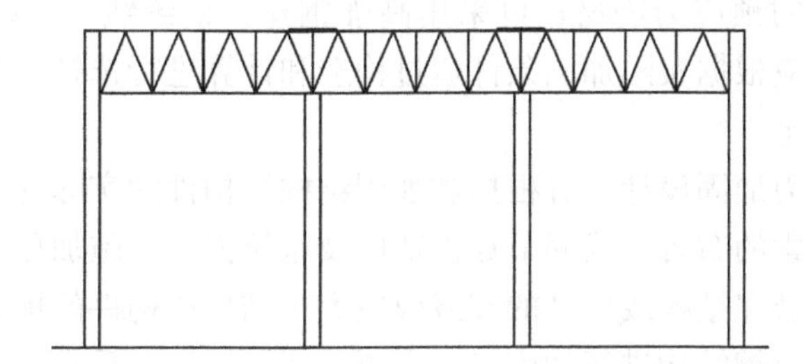

图 4-13　托架由铰接改变为刚接示意图

架周边加设托梁，或增加网架周边支撑点，以改善网架受力性能。

3. 设计计算要点

改变结构体系的加固验算与设计，应按加固后形成的新结构体系进行。

当采用增设刚性支点改变结构体系的加固法时，应按下列步骤进行设计计算：

（1）建立原结构的计算模型，得到原结构在加固前各工况下的内力图；

（2）计算构件各截面实际承载力；

（3）根据原结构内力不满足承载力要求的程度，通过在计算模型中试算的方法，初步确定增设支点的位置、数量和预顶力值，并得到在荷载作用和支点预顶力作用下原结构构件的内力图；

（4）调整预顶力值，使构件各截面最大内力值均小于截面实际承载力；

（5）根据最大的支点反力，设计支承结构及其基础。

当采用增设弹性支点改变结构体系的加固法时，应先计算出所需支点弹性反力大小，然后根据此力确定支承结构所需的刚度。具体步骤如下：

（1）建立原结构的计算模型，得到原结构在加固前各工况下的内力图；

（2）计算构件各截面实际承载力；

（3）根据原结构内力不满足承载力要求的程度，通过在计算模型中试算的方法，初步确定增设弹性支点的位置、数量和弹性支承反力值，并得到在荷载作用和弹性支反力作用下原结构构件的内力图；

（4）调整弹性支反力值，使构件各截面最大内力值均小于截面实际承载力；

（5）根据所需的弹性支点反力及支承结构类型，计算支承结构所需的刚度；

（6）根据所需的刚度确定支承结构截面尺寸，设计支承结构及其基础。

4.3.2 体外预应力加固法

1. 技术特点

体外预应力加固法除了可用于钢筋混凝土结构的受弯构件加固外（见本书第 2.2.6 节），还可以用于钢结构的加固。体外预应力用于钢结构加固时，可同时适用于钢结构整体或构件的加固。本节主要介绍水平构件，如钢结构梁或桁架、网架等空间结构等采用体外预应力提高其抗弯能力的加固方法，由于预应力筋通常布置在原结构构件截面之外，通过撑杆、锚固节点或其他新增构件与原结构相连，在这个意义上，体外预应力加固法本质上可以看作改变结构体系的增设弹性支点的加固法。

用于加固钢结构的预应力筋材，可采用高强钢丝、钢绞线、钢拉杆、钢拉索、钢棒等，具体预应力材料应根据实际加固条件通过构造和计算进行选择，其材料性能应符合国家现行有关标准的规定。

钢结构体外预应力加固设计，宜根据被加固结构、构件的实际受力状况和构造环境确定体外预应力筋或拉索的布置、锚固节点构造以及张拉方式。施加预应力的技术方案及预应力大小的确定，应遵守结构或构件的卸载效应大于结构或构件的增载效应的原则。

采用体外预应力对钢结构进行加固时，主要是通过液压千斤顶对预应力筋和拉索进行张拉的方法来建立预应力，也可以采用调整支座位置及临时支撑卸载等方法施加预应力。

采用预应力加固钢结构构件时，可选择下列适用的方法：

对正截面受弯承载力不足的梁、板或桁架等受弯构件，可采用在构件截面中和轴以下或桁架下弦等受拉区域设置预应力水平拉杆进行加固（图 4-14a），也可采用预应力拉杆吊挂的方法进行加固（图 4-14b），还可以采用预应力拉索加撑杆的方法进行加固（图 4-14c）。

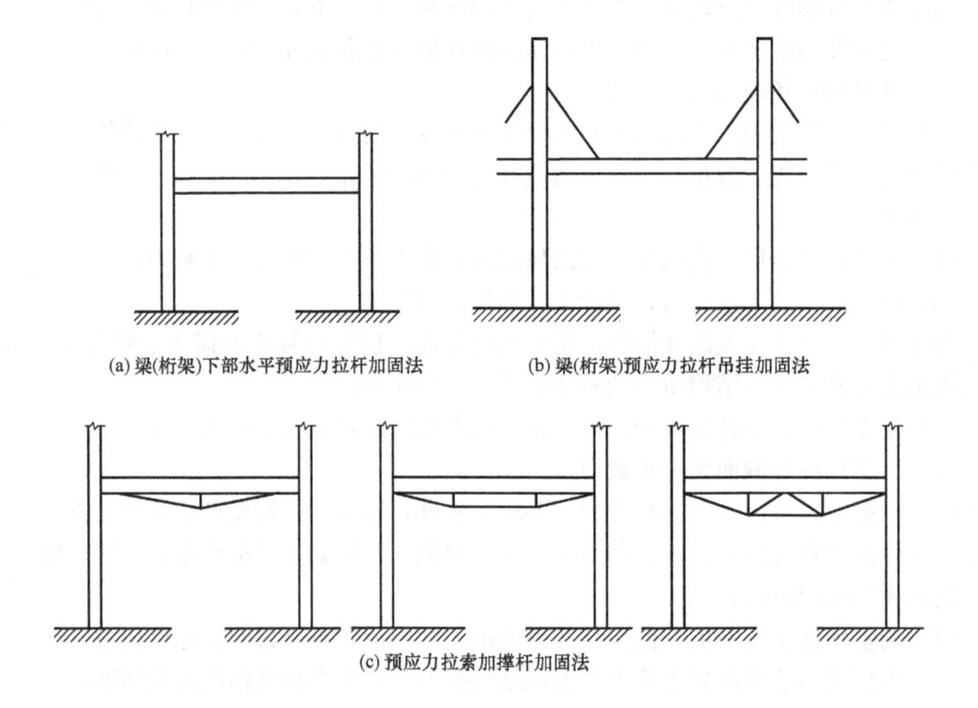

图 4-14　钢结构构件预应力加固法示意图

钢结构构件采用体外预应力加固，可用于单个钢构件的加固，也可用于连续跨的同一种构件的加固。

对于抗弯能力不足的大跨度空间钢结构体系，体外预应力还可用于对空间结构屋盖结构整体进行加固。此时，可根据工程实际采用桁架或网架下弦水平预应力拉索加固法（图 4-15a）、预应力拉索加撑杆加固法（图 4-15b、图 4-15c）、预应力拉杆（拉索）吊挂加固法（图 4-15d、图 4-15e）等。

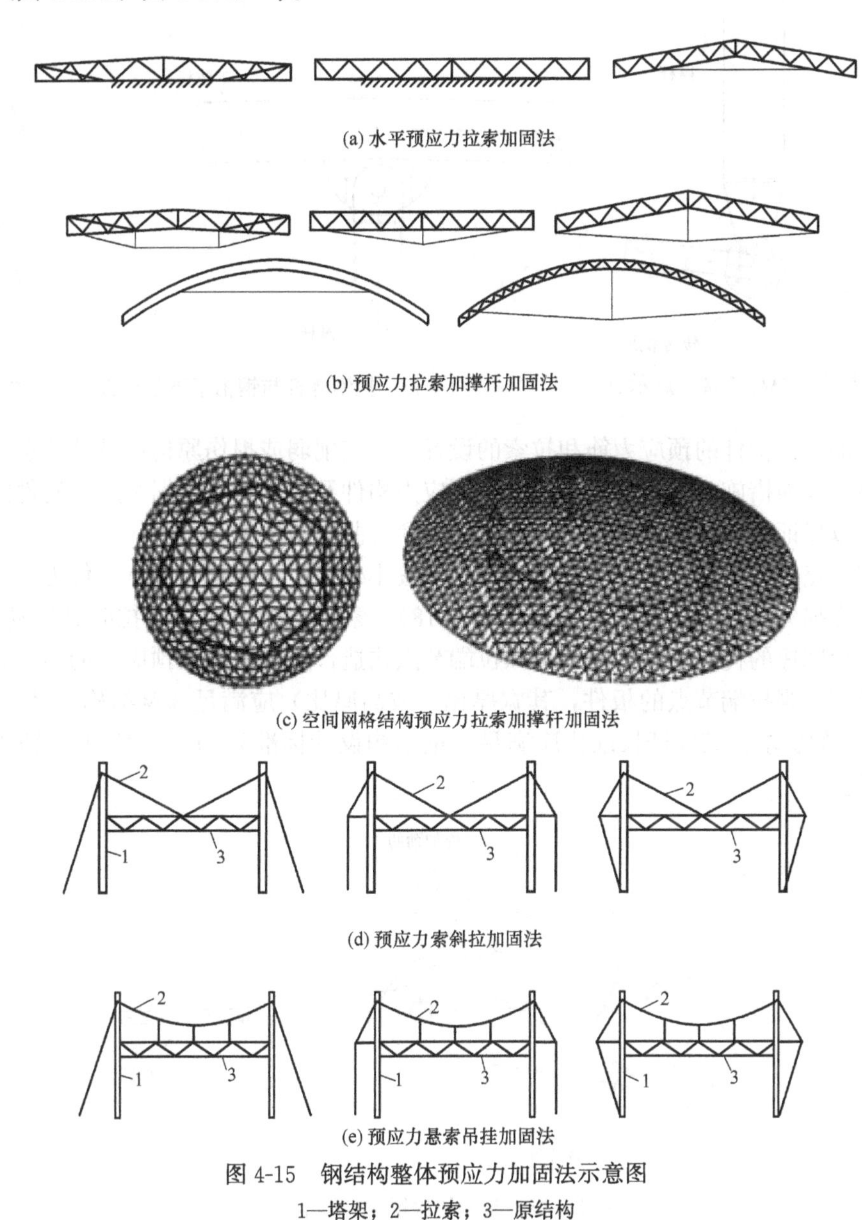

(a) 水平预应力拉索加固法

(b) 预应力拉索加撑杆加固法

(c) 空间网格结构预应力拉索加撑杆加固法

(d) 预应力索斜拉加固法

(e) 预应力悬索吊挂加固法

图 4-15　钢结构整体预应力加固法示意图

1—塔架；2—拉索；3—原结构

2. 构造要求

加固结构的预应力筋、拉索、锚具、连接器和转换器等的形式和构造，均应符合现行国家有关标准的规定。

加固用预应力高强度钢拉索，宜为不分段的连续拉索，拉索与撑杆连接转折处宜采用可转动节点（图 4-16），且转动节点构造应满足索的最小转弯半径要求。

预应力拉索的转折点或撑杆的支点，宜位于构件变形较大处。撑杆与钢桁架下弦或钢梁下翼缘宜采用可转动的销轴连接节点（图 4-17）。

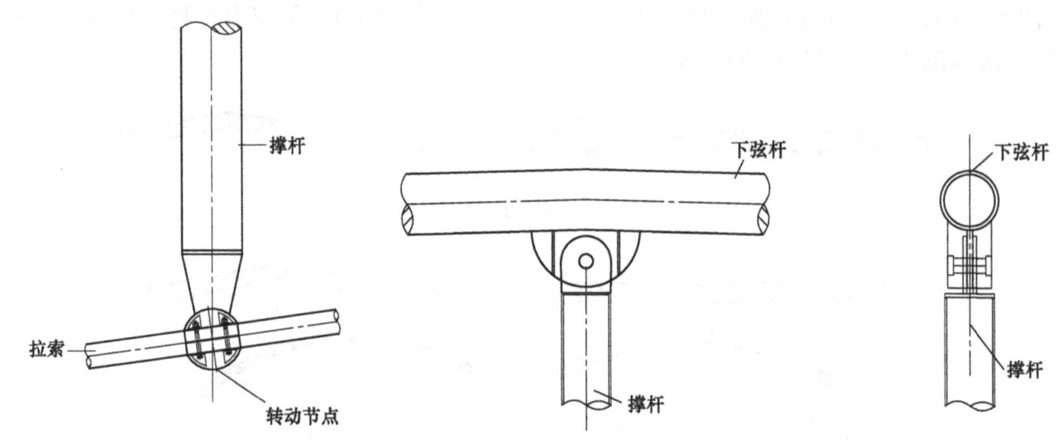

图 4-16　拉索与撑杆连接节点示意　　图 4-17　拉索撑杆与钢桁架下弦连接节点示意

用于加固钢构件的预应力筋和拉索的设置，不宜削弱或损伤原构件及其节点，否则应采取可靠的补强措施。用于加固钢构件的预应力构件及节点，宜根据被加固构件的截面对称布置，以保证加固后的组合构件不致产生附加弯曲与扭转效应。

锚固节点的布置，宜位于被加固构件受力较小处。拉索端锚固节点应传力可靠，且宜采用预应力损失低且施工便利的锚具（图 4-18）。索张拉端节点及张拉时索滑动的节点，宜采取减少摩擦的构造措施。预应力张拉端节点构造，应考虑施加预应力的施工方法及超张拉的影响。张拉端节点的板件，其宽厚比（或高厚比）应满足《钢结构设计标准》GB 50017 规定的要求；其撑杆长细比应满足《钢结构设计标准》GB 50017 关于轴心压杆规定的要求。

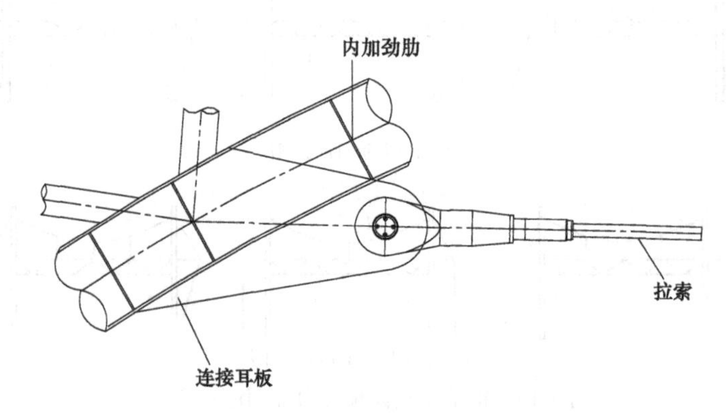

图 4-18　拉索与钢结构锚固连接节点示意

采用拉杆吊挂加固法时，拉杆安装后应施加一定的预应力使其处于张紧状态。自由长度较长的预应力索，宜设置吊索或吊杆，以减小其下垂挠度（图 4-19）。

预应力构件的张拉控制应力 σ_{con} 应符合下列规定：

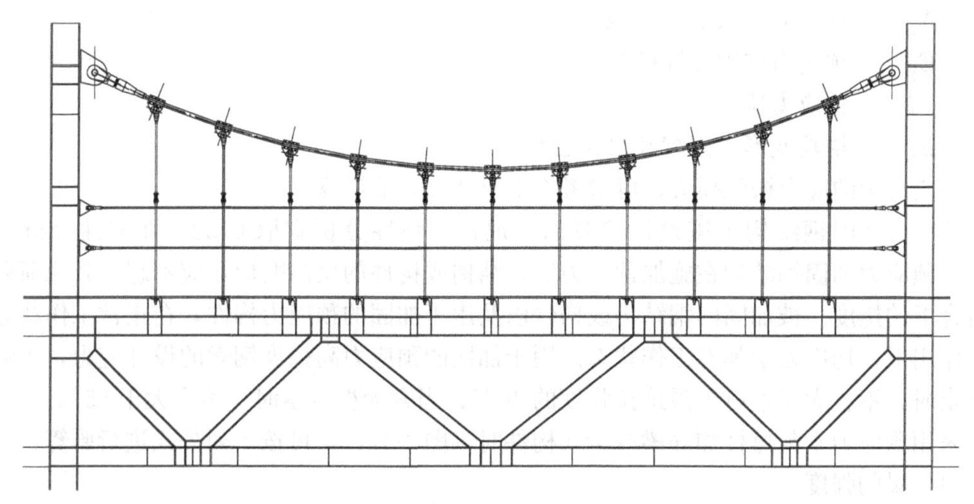

图 4-19 某工程预应力悬索吊挂加固钢结构

(1) 消除应力钢丝、钢绞线

$$\sigma_{con} \leqslant 0.75 f_{ptk} \tag{4-26}$$

(2) 中强度预应力钢丝

$$\sigma_{con} \leqslant 0.70 f_{ptk} \tag{4-27}$$

(3) 预应力钢筋、钢带或钢棒

$$\sigma_{con} \leqslant 0.85 f_{pyk} \tag{4-28}$$

式中：f_{ptk}——预应力构件钢丝、钢绞线的极限强度标准值；

f_{pyk}——预应力钢筋、钢带或钢棒的屈服强度标准值。

新增的预应力拉索、拉杆以及各种紧固件和锚固件等，均应进行可靠的防锈蚀处理。当被加固构件表面有防火要求时，应按现行国家标准《建筑设计防火规范》GB 50016 规定的耐火等级及耐火极限要求，对预应力构件及其连接进行防护。

3. 设计计算要点

采用体外预应力加固钢结构、钢构件时，其结构的计算模型应根据加固后形成的新结构体系建立，并应考虑结构抗震要求、非线性效应以及原结构中缺陷、损伤和变形的影响，除应根据设计状况进行承载力极限状态验算及正常使用极限状态验算外，尚应对施工阶段进行验算。验算时，应按永久荷载效应计入预应力的作用效应，并应考虑次内力和预应力损失等的影响。

体外预应力加固钢结构的预应力筋的预应力损失，应考虑下列因素：

(1) 锚具变形、预应力索的回缩及滑移；

(2) 预应力索张拉端锚口摩擦和转向装置处的摩擦；

(3) 预应力索的应力松弛；

(4) 温度的影响。

预应力拉索因锚具变形、索身回缩及滑移的预应力损失 F_m，可按下式计算：

$$F_m = \Delta_p \frac{E_p A_p}{l} \tag{4-29}$$

式中：A_p——预应力拉索横截面积；

E_p——预应力拉索弹性模量；

l——预应力拉索长度；

Δ_p——锚具变形、回缩及滑移总量。

预应力索的应力松弛损失，可参考本书第 2.2.6 节计算。

预应力加固钢结构抗震设计验算的阻尼比，弹性分析宜取 0.02，弹塑性分析宜取 0.05。预应力加固钢结构在施加预应力后，结构或构件的反向变形，应不超过其原荷载标准组合下的挠度。被加固的钢结构或构件以及用于加固的预应力构件，在正常工作状态的荷载作用下，均应处于弹性工作状态。用于加固的预应力高强度钢索的设计应力，当索为承重索时，不宜大于索材极限抗拉强度的 40%；当索为稳定索时，不宜大于 55%。

采用预应力索与撑杆加固梁或梁式构件时（图 4-14c），可按下列公式进行验算：

（1）梁的强度

$$-\frac{N_p}{A_n}\pm\frac{M-M_p}{W_{nx}}\leqslant f \tag{4-30}$$

（2）梁的平面内稳定

$$-\frac{N_p}{\varphi_x A}\pm\frac{M-M_p}{W_{1x}\left(1-0.8\dfrac{N_p}{N_{Ex}}\right)}\leqslant f \tag{4-31}$$

（3）梁的平面外稳定

$$-\frac{N_p}{\varphi_y A}\pm\frac{M-M_p}{\varphi_b W_{1x}}\leqslant f \tag{4-32}$$

（4）预应力撑杆稳定

$$\frac{N_{pc}}{\varphi A_c}\leqslant f \tag{4-33}$$

（5）预应力拉杆

$$\frac{1.5N_{pe}-\Delta N_p}{A_p}\leqslant f \tag{4-34}$$

式中：N_p——被加固梁中由于预应力构件的张力产生的轴向内力，为初始预张力与荷载作用后产生的后期张力之和；

M_p——由于 N_p 在梁中产生的弯矩；

N_{pc}、A_c——分别为撑杆的轴力设计值、撑杆截面积；

ΔN_p——拉杆由于荷载产生的轴力设计值。

其他符号与现行国家标准《钢结构设计标准》GB 50017 相同。

对于预应力加固的桁架结构，可将包含预应力拉杆的桁架结构简化为一个平面结构进行内力分析，在求得桁架杆件的内力和结构变形后，按现行国家标准《钢结构设计标准》GB 50017 的规定进行验算。

4. 施工要点

采用体外预应力加固钢结构施工前，应预先制定专项预应力加固施工方案，并应编制相应的施工组织设计文件。预应力专项加固施工方案中，应有对于施工全过程的准确的数值模拟计算，同时应给出各施工步骤关键构件的应力及节点位移。

进行体外预应力加固钢结构施工前，应对加固区域的结构构件及节点进行复测，对用于加固的构件和节点进行定位。进行加固的钢结构，在施加预应力前，应对重点构件或超应力构件进行加固。

预应力加固钢结构的张拉设备和仪器，应事先进行计量标定。施加预应力应采用专用设备，其负荷标定值应大于施加拉力值的 2 倍，施加预应力的偏差不应超过设计值的 5%。

钢结构加固施工时，预应力筋或拉索的张拉顺序，应符合设计要求。当设计无规定时，应根据结构特点、施工条件，由施工方制定张拉方案，并应经设计审核同意。钢结构加固施工张拉时，对直线索可采用一端张拉法，对折线索宜采用两端张拉法。采用多个千斤顶同时张拉时，应同步加载。

进行钢结构加固施工前，应制定施工过程监测与控制方案。监测手段应能反映各施工步骤中关键结构参数的数值及其变化状况。钢结构加固施工过程中，应根据预定的监测方案，对主要构件的内力、变形、位置及其变化进行实时监测，并应与理论计算值比较，应使结构及构件的状态在预定的控制范围内。

第5章 后张预应力加固砖砌体结构试验研究

5.1 引言

砖砌体房屋在我国城镇和农村现有房屋中所占比例较大，且普遍抗震性能较差。尤其在广大农村地区，许多采用砖石砌体墙体承重的自建房由于长期缺乏规范监管和抗震知识，几乎完全未进行抗震设防，没有抗震能力，在强烈地震作用下很容易发生倒塌，导致大量的人员伤亡。因此，对现存的大量不满足抗震设防要求的房屋进行抗震加固改造，提高其抗震能力是当前迫切需要解决的问题。

本书第 3 章介绍了砖砌体结构的传统抗震加固技术，主要包括水泥砂浆和钢筋网砂浆面层加固法、钢筋网片聚合物砂浆面层加固法、钢筋混凝土板墙加固法、增设抗震墙法、增设钢筋混凝土圈梁和构造柱加固法等。这些传统加固方法虽然能有效提高砖砌体结构的抗震安全性，但也会引起一些问题。如以湿作业为主，施工工序相对复杂，工期较长，质量较难控制；加固一般会减少使用面积，如板墙加固法可能减少使用面积 8%～10%；对建筑物影响大，通常会改变建筑物外观；施工阶段扬尘、噪声大，不环保；造价较高等。这些问题中，工程造价问题是最为突出的问题之一。不仅对于经济相对落后的村镇地区，即使是相对富裕的大城市，由于需改造加固的建筑数量太过庞大，不可能由政府提供全部资金，较高的改造工程费用将成为该项工作难以全面开展的最大障碍。因此，迫切需要研发价格低廉、抗震加固效果好、施工简便易于实施的新型加固技术。

以新西兰、美国、澳大利亚等国为代表的一些国家的研究者自 20 世纪 90 年代开始，开展了采用预应力技术对砖砌体结构进行抗震加固的研究，并已在实际工程中应用，研究结果表明，采用预应力技术加固砖砌体结构可以有效改善砌体墙体的面内和面外受力性能，提高其抗裂、抗剪能力以及延性和耗能能力。

北京市建筑工程研究院有限责任公司研究中心团队从 2011 年起，在国内开始了对砖砌体墙体施加竖向预应力的抗震加固技术的研究工作，开展了从构件到足尺房屋模型的系列试验研究，对砌体结构采用该加固技术后的抗震受力破坏机理进行了深入的研究，并提出了相应的设计计算方法和施工工艺。目前该项技术已被编入北京市地方标准《建筑抗震加固技术规程》DB11/689—2016。

砖石砌体是由砖石块体通过砌筑砂浆砌筑粘结而成的，其抗压强度相对较高，抗拉强度和抗剪强度相对较低，当作为抗震墙时，抗震承载力有限；同时，由于是松散的块体通过砌筑砂浆粘结在一起，结构的整体性较差，在强烈地震作用下易发生整体性坍塌的严重破坏，且由于砖石块体和砌筑砂浆均为脆性材料，延性和变形能力较差，其在地震作用下的破坏一般是迅速而突然的。历次大地震后的震害调查也发现，无抗震设防措施的无筋砖砌体墙体震害特别严重。因此，提高无筋砖墙抗震性能主要应从两个方面入手：一是提高墙体的抗震承载能力，二是提高墙体的整体性。传统加固方法中，像混凝土板墙、砂浆面层等增厚墙体的加固方法就是提高墙体的承载力，同时由于增加了配筋，对墙体起到拉结约束作用，也提高了墙体的整体性。增设圈梁构造柱的加固方法则主要用于增强对墙体的约束，提高整体性。

后张预应力加固砖砌体墙体的原理如图 5-1 所示，加固预应力筋沿竖向对砌体墙体施加了预压应力后，在水平剪力的作用下，需要克服墙体上部轴力和预应力的双重压力，才能使墙体根部受拉，这就明显提高了墙体的抗弯抗裂能力；并且，由于墙体所受正压应力增加，其抗震受剪承载力也将获得提高；同时，由于预压作用使各皮砖块之间被进一步压紧贴实，墙体的整体性也将获得明显改善。

采用后张预应力加固砖砌体墙体，为保证墙体受力的均匀性，预应力筋一般可按一定的间距沿墙体均匀布置。在新西兰等国家，该项加固技术的预应力筋布置于墙内自上而下所钻孔道内。国内应用时，在能够保证钻孔精度以及钻机设备对墙体的损伤可控的前提下，预应力筋也可以布置在墙内所钻孔道内。对于一般工程，也可采用在墙体两侧剔凿浅槽，将预应力筋内嵌于浅槽内的布置方案（图 5-2）。无论采用哪种布置方式，采用该方法加固后，墙体的厚度基本不会增加，房间的使用面积不会减少。

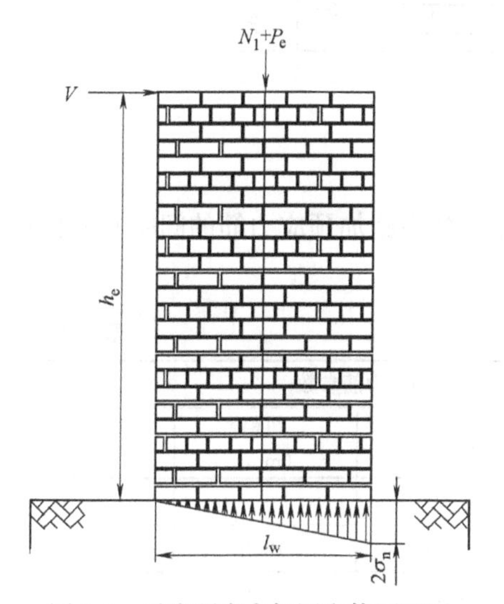

图 5-1 后张预应力加固砌体原理图

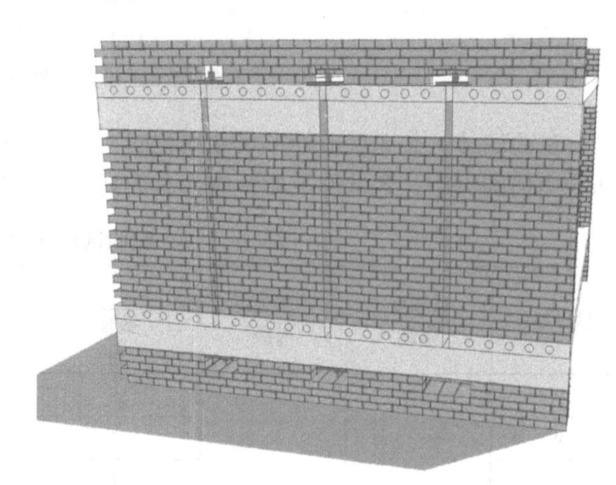

图 5-2 后张预应力加固砖墙示意图

本章对该项技术的部分研究工作做了系统介绍。

5.2 带构造柱砌体墙拟静力试验研究

5.2.1 试验概况

试验墙体取自实际多层砌体房屋中的横墙，按照 1：1 比例设计。每片墙体设计成宽 3.6m、高 2.8m、厚 0.24m。墙体外形尺寸如图 5-3 所示。

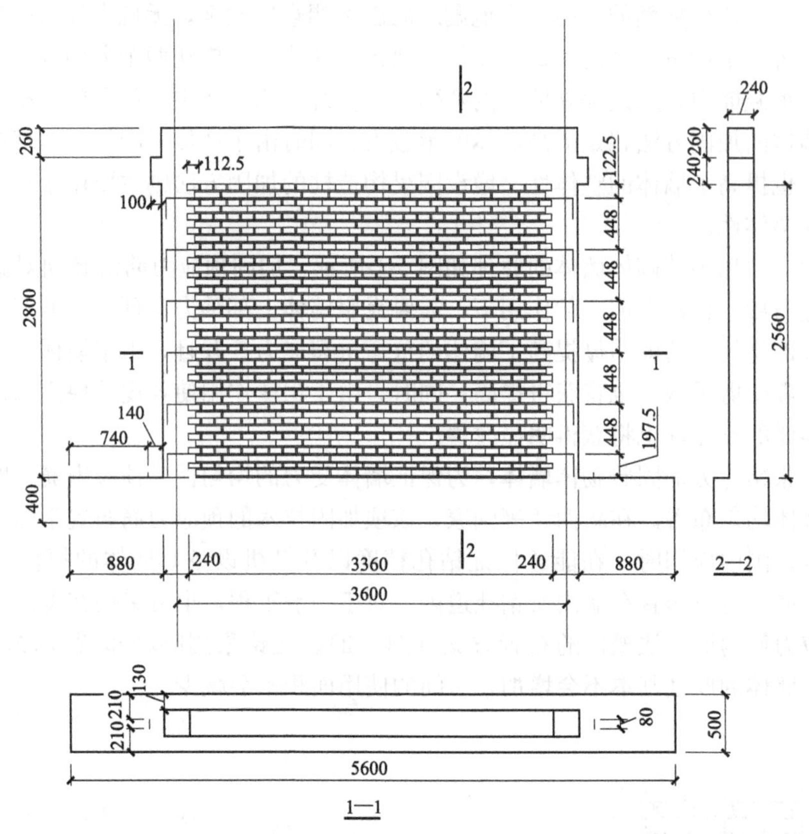

图 5-3 试验试件外形尺寸图

试验墙体一共 8 榀，外形尺寸均相同，主要变化参数为施加预应力筋的间距和墙体预压应力值的大小。各试件主要预应力参数列于表 5-1。

试验试件参数 **表 5-1**

试件编号	砖强度等级	砂浆强度等级	预应力筋参数			
			数量（对）	σ_{p0}/f	间距（mm）	σ_{con}（kN）
W1	MU10	M7.5	—	—	—	—
W2			3	0.15	1200	36.5
W3			4	0.3	900	54.8
W4			5	0.15	720	21.9
W5			4	0.15	900	27.4
W6			4	0.2	900	36.5
W7			4	0.4	900	73.0
W8			4	0.5	900	91.3

注：1. 表中 σ_{p0} 为预应力产生的墙体水平截面平均压应力，f 为砌体的抗压强度设计值，σ_{con} 为单根预应力筋的张拉控制应力。
2. 表中 W1 为用于对比的未加固墙体，W2～W8 为采用预应力筋进行加固的墙体。

墙体所用砖块尺寸为 240mm×115mm×53mm，是使用最为广泛的一种标准砖。砖块强度等级为 MU10，混合砂浆砌筑，砂浆强度等级为 M7.5。墙体砌筑采用一层顺、一层丁的传统砖块的砌筑方式。

墙体构造柱截面尺寸为 240mm×240mm，纵筋为 4Φ14，箍筋为Φ6@200，两端加密区为Φ6@100。圈梁截面尺寸为 240mm×240mm，圈梁上加压顶梁尺寸为 240mm×260mm，整体纵筋为 6Φ12，箍筋为Φ6@200。试件配筋详见图 5-4。构造柱、圈梁、压顶梁均采用 C20 细石混凝土浇筑，基础梁采用 C30 细石混凝土浇筑。加固用预应力钢筋采用 1860 级高强低松弛钢绞线，直径 15.2mm。

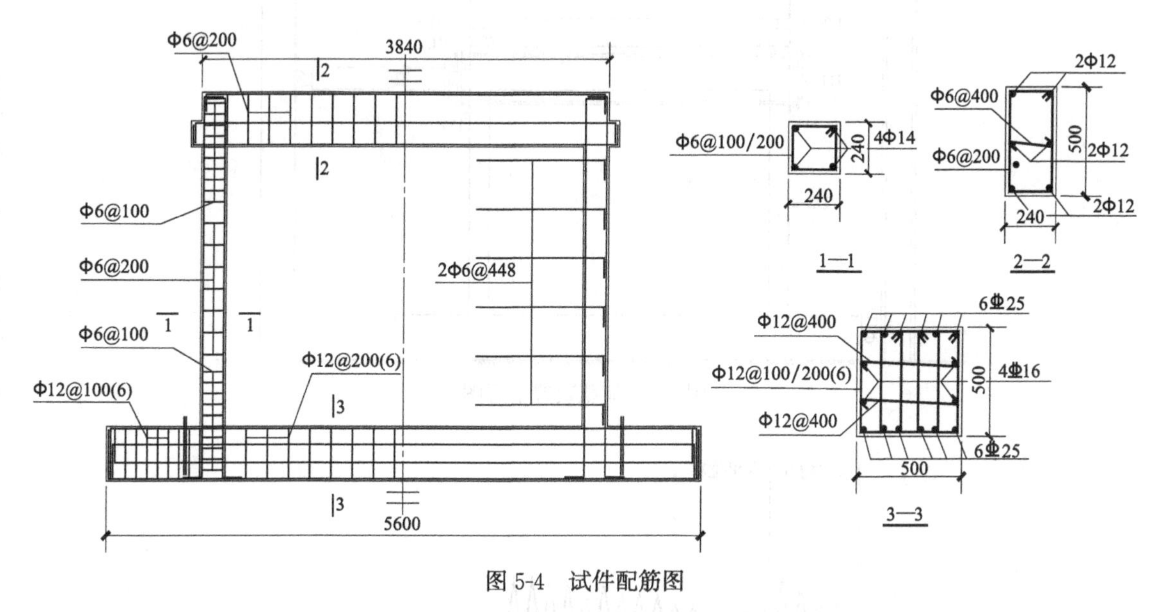

图 5-4 试件配筋图

为量测试验过程中结构的受力及变形，在墙体表面以及构造柱钢筋上粘贴了应变片，应变片布置如图 5-5 所示。

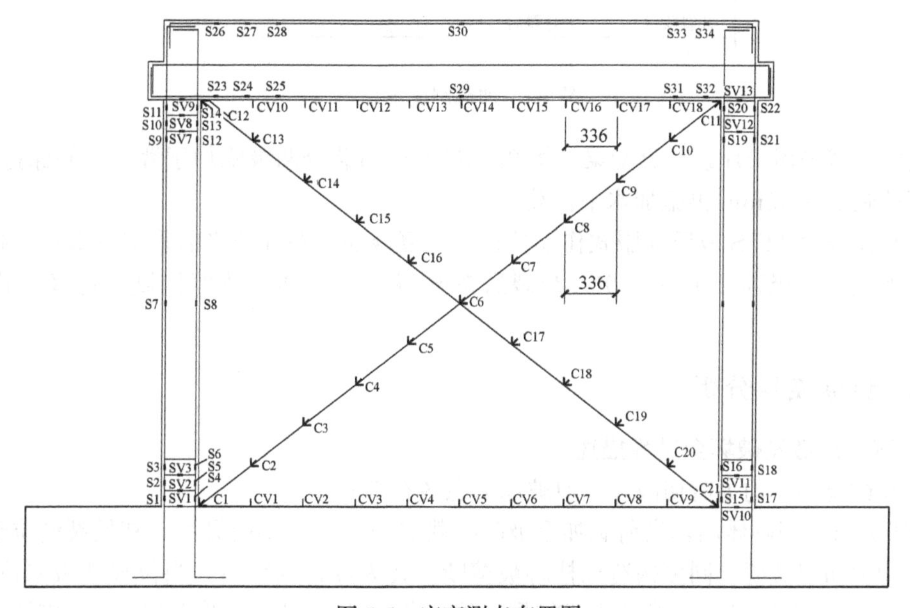

图 5-5 应变测点布置图

试验采用液压千斤顶加载，竖向施加恒定的轴向压力，以模拟墙体所承受的上部荷载，水平施加低周反复荷载。试验加载装置和加载制度分别如图 5-6 和图 5-7 所示。

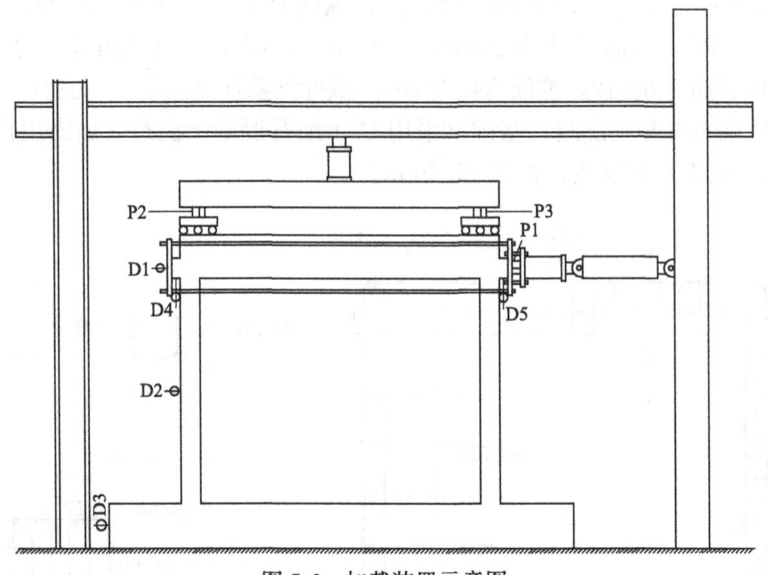

图 5-6 加载装置示意图

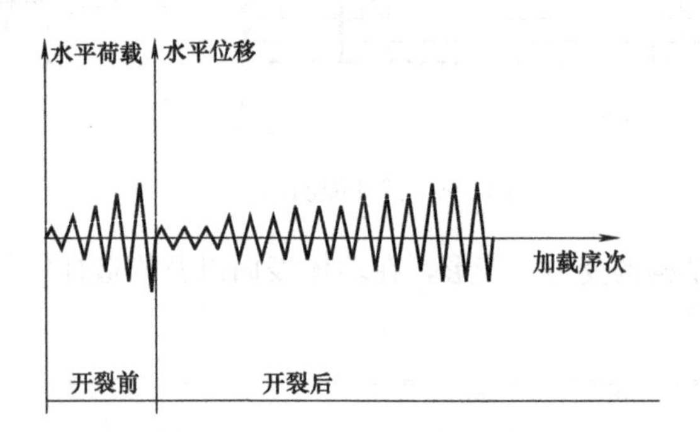

图 5-7 加载制度示意图

竖向荷载采用千斤顶与分配梁，将 220kN 竖向荷载分两级施加于墙顶，并保持恒定，竖向荷载施加后 15min 再施加水平荷载。

水平荷载由 MTS 液压伺服式作动器逐级往复施加。在开裂之前采用按水平荷载值控制分级加载，每级荷载循环一次，开裂后按开裂位移或其倍数值控制，每级位移循环三次。

5.2.2 试验结果分析

1. 试验加载及破坏全过程描述

各片试验墙体均为剪切破坏，但破坏形态各有不同。

W1 为未加固砌体墙，当荷载加至极限荷载 P_u 的 0.85 倍时开裂，初始裂缝位于墙体下角，为剪切斜裂缝，同侧构造柱柱脚被剪断。转为位移加载后，当位移达极限位移 Δ_u 的 0.67 倍时，初始裂缝沿着对角线扩展，形成贯通主斜裂缝，并发出很大的嘭的响声，另一侧构造柱柱顶也被剪断。在反复荷载作用下，原有的裂缝变宽，抹砂浆一面墙体也出现裂缝，有开裂的沙沙声，墙体明显错动。当荷载达到 P_u 时，墙体出现另一道剪切主斜裂缝，整个裂缝形态为X形。之后承载力迅速降低到 $0.85P_u$ 以下，墙体破坏突然，呈典型的脆性破坏特点。

W2采用3对预应力筋加固，当荷载加至约 $0.67P_u$ 时，初始裂缝出现在柱脚位置，方向接近水平，为受弯裂缝。转为位移加载后，随着加载进行，另一侧墙角以及柱脚开始出现水平受弯裂缝。当荷载加至约 $0.89P_u$ 时，墙下角出现短小剪切斜裂缝，构造柱中间位置也开始出现弯曲裂缝。当荷载加至约 $0.95P_u$ 时，墙底的水平弯曲裂缝接近贯通。当荷载加至 P_u 时，几乎同时出现两道沿对角线分布的剪切主斜裂缝，两道主斜裂缝交叉成X形。随着水平位移的继续增加，承载力开始下降，但下降较为缓慢，原有弯曲裂缝继续扩展，并且由下向上出现新的弯曲裂缝，在主斜裂缝周围开始出现新的斜裂缝，柱脚也被剪断，墙体抹灰面层开始脱落，并伴有开裂的沙沙声。当承载力缓慢下降到 $0.85P_u$ 以下时，主裂缝上、下部分的墙体发生明显错动。

W3采用4对预应力筋加固，当荷载加至约 $0.61P_u$ 时，初始弯曲裂缝出现在墙下角以及柱脚位置，方向接近水平，略带阶梯状。转为位移加载后，当荷载加至约 $0.96P_u$ 时，原有弯曲裂缝扩展，墙下角出现短小剪切斜裂缝。随着位移继续加大，当荷载加至 P_u 时，出现贯通的剪切主斜裂缝，以及另一对角两道长剪切裂缝，但未贯通，承载力开始缓慢下降，随着位移继续加大，构造柱上弯曲裂缝继续由下向上增多，在原有斜裂缝周边出现新的斜裂缝。当承载力下降到 $0.85P_u$ 时，另一对角两道长剪切裂缝由第三道长剪切裂缝贯通，两道剪切主斜裂缝形成X形。整个墙体出现一些剪切斜裂缝，墙体抹灰面层沿主斜裂缝周边大量脱落，并伴有开裂的沙沙声，主裂缝宽度很大，上、下部分的墙体发生明显错动，X形主裂缝交叉点砌体小部分被压碎，柱脚柱顶被剪断，一侧柱顶错位严重，墙顶出现几乎贯通的水平弯曲裂缝。

W6采用4对预应力筋加固，当荷载加至 $0.49P_u$ 时，初始弯曲裂缝出现在柱脚位置，方向接近水平。随后转为位移控制，当荷载加至约 $0.89P_u$ 时出现第一道主斜裂缝，贯通墙体。当荷载加至约 P_u 时，出现第二道主斜裂缝，两道主斜裂缝形成X形。随着水平位移的加大，构造柱上继续出现水平弯曲裂缝，并向墙内扩展，墙体上继续出现斜裂缝，柱脚柱顶被剪断。随着水平位移的进一步加大，荷载始终没有降低到 $0.85P_u$ 以下，当位移达到30mm左右时，弯曲裂缝由柱脚到柱顶都有分布，柱顶弯曲裂缝形成水平贯通裂缝，墙体上布满密集斜裂缝群，斜裂缝间，相互交叉、连通，墙体抹灰面层大量脱落，并伴有开裂的沙沙声，X形主裂缝交叉点砌体较大区域被压碎、掉落。

其他加固墙体的破坏形态与上述加固墙体类似，其共同特点在于，当荷载施加到约 $0.6\sim0.7P_u$ 时，墙体开裂，初始裂缝出现在墙端构造柱底部，沿水平方向，为受弯裂缝。当荷载施加至 $0.9\sim1.0P_u$ 时，出现剪切斜裂缝，而当骨架曲线进入下降段后，承载力下降较为缓慢，墙体上继续出现新的斜裂缝或受弯裂缝，荷载降到 $0.85P_u$ 时，墙体裂缝分布相对较为均匀充分，呈现出较明显的延性破坏特点。

部分墙体破坏后的裂缝分布照片如图5-8～图5-11所示。

2. 荷载-位移滞回曲线

各片墙体的荷载-位移滞回曲线如图5-12～图5-19所示。

图 5-8　W1 破坏后照片

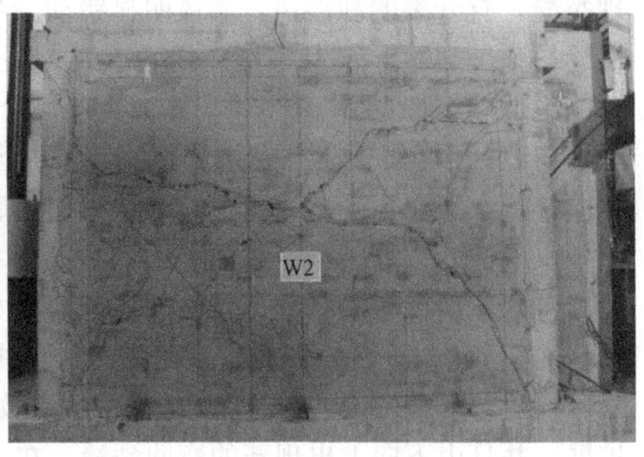

图 5-9　W2 破坏后照片

图 5-10　W3 破坏后照片

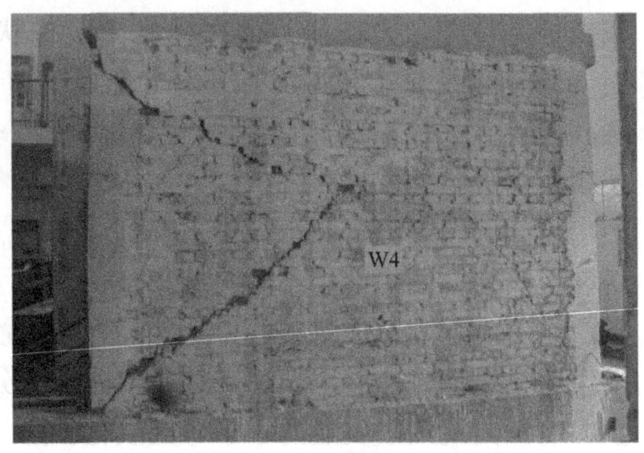

图 5-11　W4 破坏后照片

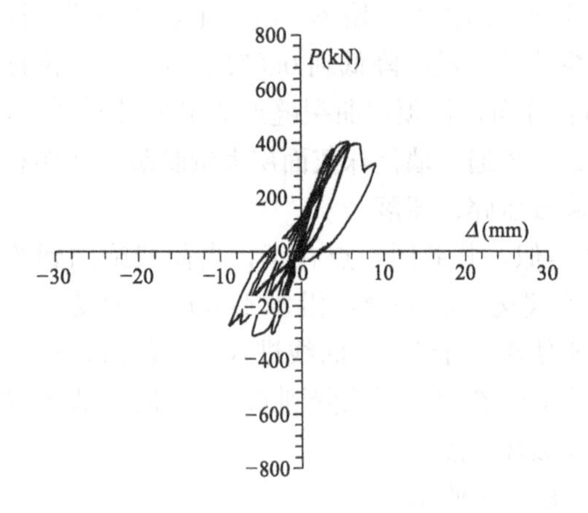

图 5-12　W1 滞回曲线

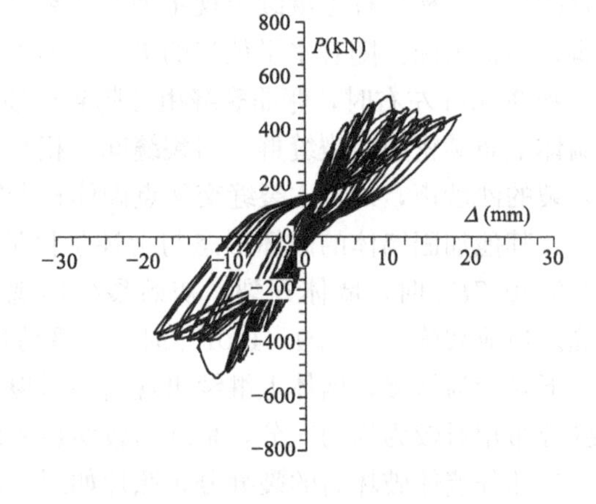

图 5-13　W2 滞回曲线

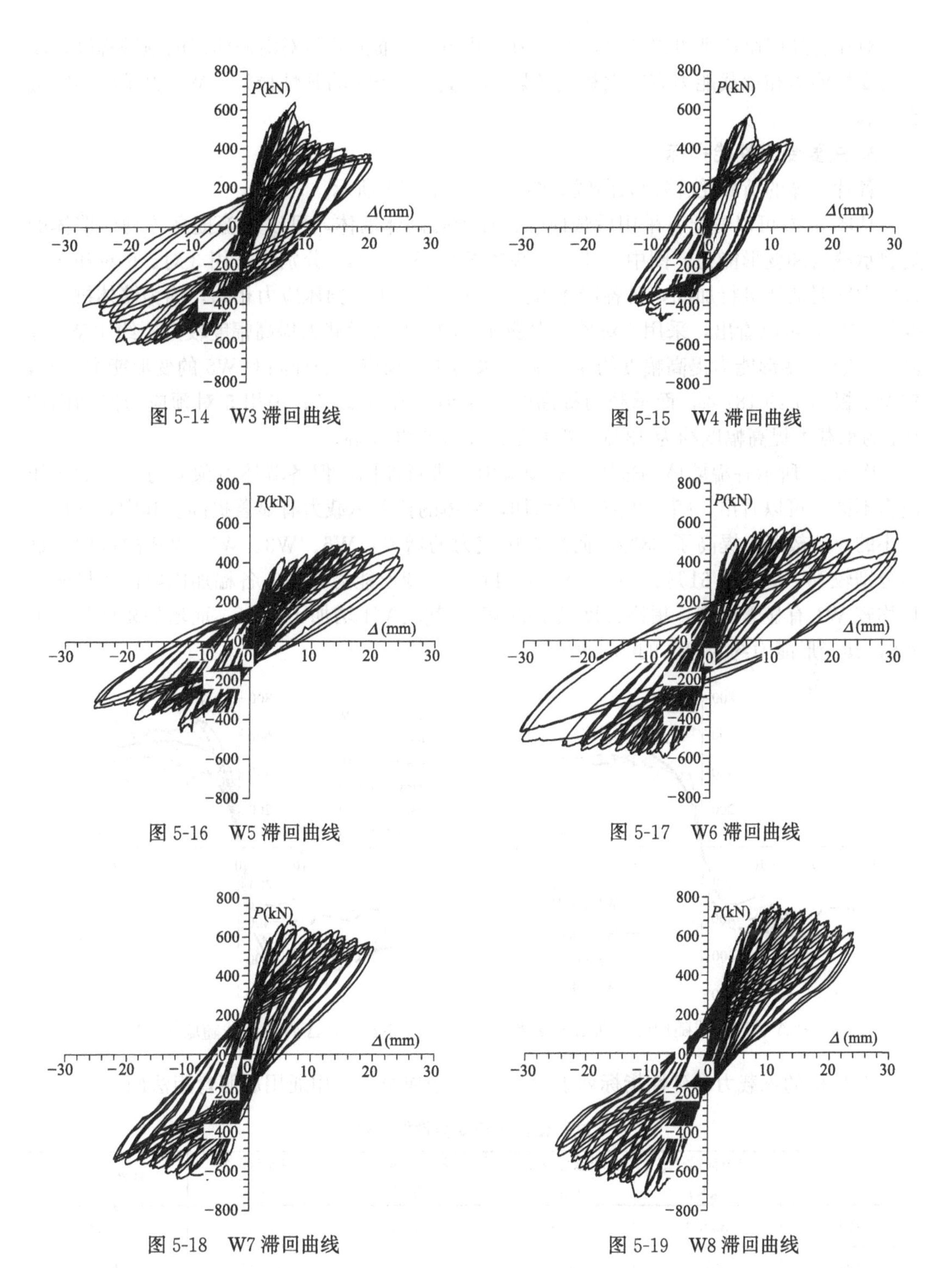

图 5-14 W3 滞回曲线

图 5-15 W4 滞回曲线

图 5-16 W5 滞回曲线

图 5-17 W6 滞回曲线

图 5-18 W7 滞回曲线

图 5-19 W8 滞回曲线

由图中可以看出，未加固墙体 W1 的滞回曲线的捏拢性较大，滞回环所包围的面积较小，延性差，耗能能力较低。采用预应力筋加固后的墙体 W2～W8 的滞回曲线环的捏拢程度有明显改善，滞回环所包围面积也较大，延性和承载能力则大幅度提高，表明其耗能能力有显著提高。

对比各加固墙体则可以看出，预应力值及预应力筋的数量对滞回曲线的饱满程度，墙体的变形能力和承载能力有较大程度的影响。其中，W6 的延性最好，W4 的滞回环则最为丰满。

3. 主要受力性能指标

各片墙体的荷载-位移骨架曲线如图 5-20、图 5-21 所示。

从图 5-20 可以看出，采用后张预应力加固砖砌体墙体，可以显著提高砖砌体墙体的受剪承载力和变形能力。图中三片加固墙体 W2、W4、W5 分别为采用 3 对、5 对和 4 对预应力筋对墙体进行加固，且各墙体由预应力合力产生的预压应力相同，均为墙体抗压强度的 15%。可以看出，采用 3 对预应力筋加固的 W2 的承载力提高幅度较大，约比 W1 提高了 46%，变形能力提高幅度约 41%；而采用 4 对预应力筋加固的 W5 的变形能力最好，较 W1 提高了约 187%，而承载力提高幅度较小，约为 28%；采用 5 对预应力筋加固的 W4 的承载力提高幅度约为 43%，变形能力提高了约 15%。

图 5-21 所示各榀墙体均采用 4 对预应力筋进行加固，但各墙体由预应力产生的预压应力不同。可以看出，随着压应力的增加，墙体的抗剪承载力有显著提高。其中，压应力最小的 W5 较 W1 提高了 28%，而随着压应力的增大，W6、W3、W7、W8 的抗剪承载力分别较 W1 提高了 61%、69%、85%、111%。变形能力方面，各榀加固墙体的极限变形均较 W1 有显著提高，提高幅度最小的 W3，其较 W1 增加了 24%，而增加幅度最大的 W6，其变形能力约为 W1 的 3.4 倍。

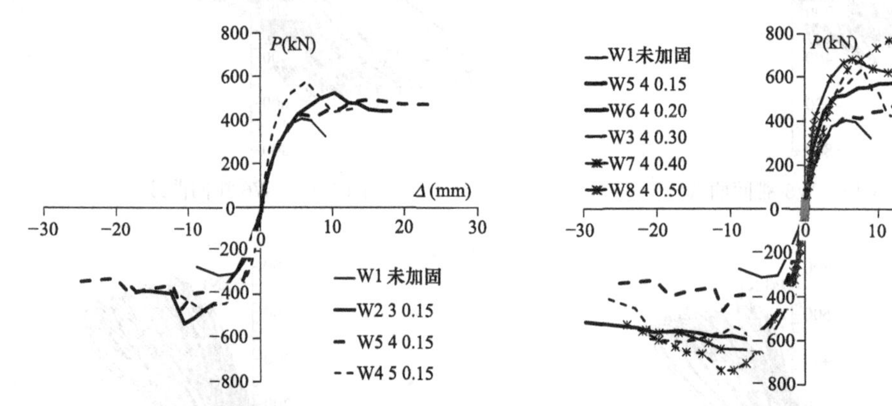

图 5-20　P-Δ 骨架曲线随预应力筋数量变化　　图 5-21　P-Δ 骨架曲线随墙体压应力变化

各构件的承载力和延性指标列于表 5-2（表中屈服点采用通用屈服弯矩法确定）：

试验试件主要受力性能指标　　**表 5-2**

试件编号	屈服荷载 P_y (kN)	屈服位移 Δ_y (mm)	极限荷载 P_u (kN)	极限位移 Δ_u (mm)	延性系数 μ
W1	332.9	3.55	356.7	8.80	2.48
W2	337.0	3.77	522.1	12.44	3.30
W3	437.7	2.79	604.2	10.90	3.90
W4	406.8	2.71	509.6	10.10	3.73
W5	366.8	3.45	455.9	>25.25	>7.32

续表

试件编号	屈服荷载 P_y (kN)	屈服位移 Δ_y (mm)	极限荷载 P_u (kN)	极限位移 Δ_u (mm)	延性系数 μ
W6	452.8	3.18	576.0	>29.97	>9.42
W7	488.3	2.59	661.5	20.09	7.76
W8	576.0	5.11	751.2	19.65	3.84

由表中数据可以看出，采用预应力加固后，各构件的延性系数较未加固墙体均有明显提高。当墙体由预应力产生的平均压应力相同，预应力筋布置间距不同时，采用4对预应力筋进行加固的墙体W5（预应力筋间距900mm）的位移延性系数提高幅度最大，超过了7.32；当预应力筋布置间距相同，预压应力不同时，$\sigma_{p0}/f=0.2$的墙体W6的位移延性系数提高幅度最为显著，超过了9.42。同时，对比W8和W7的延性系数可以看出，当σ_{p0}/f超过0.4时，位移延性会有显著的下降，但仍好于未加固墙体。

4. 预应力筋应力曲线

试验中，采用穿心式压力传感器实时测试了预应力筋内力的变化情况。图5-22和图5-23分别为墙体W2的第1组和第2组预应力筋应力随荷载变化曲线。W2共采用3组预应力筋进行加固，其中第1组和第3组离构造柱中轴线距离600mm，第2组位于墙中间部位，离构造柱中线距离1800mm。从图中可以看出，在墙体开裂之前，预应力筋应力增量较小，随着墙体裂缝的开展，预应力筋将产生较为显著的应力增量。第1组预应力筋的最大应力增量约为206MPa，第2组预应力筋的最大应力增量约为141MPa，这表明离墙端较近的预应力筋应力增量较大，其对抑制墙体裂缝的开展起到更显著的作用。

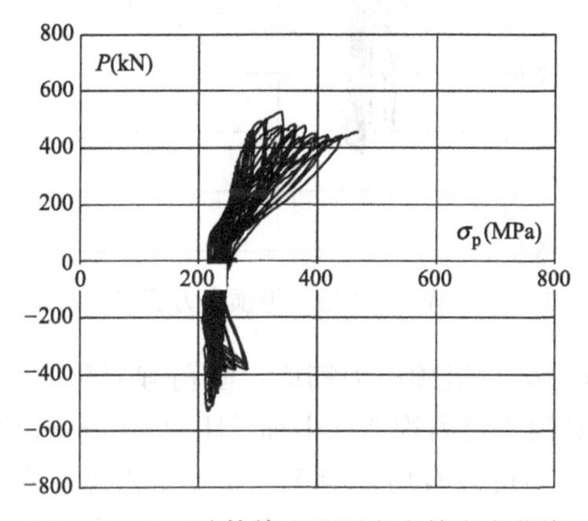

图5-22　W2墙体第1组预应力筋应力曲线

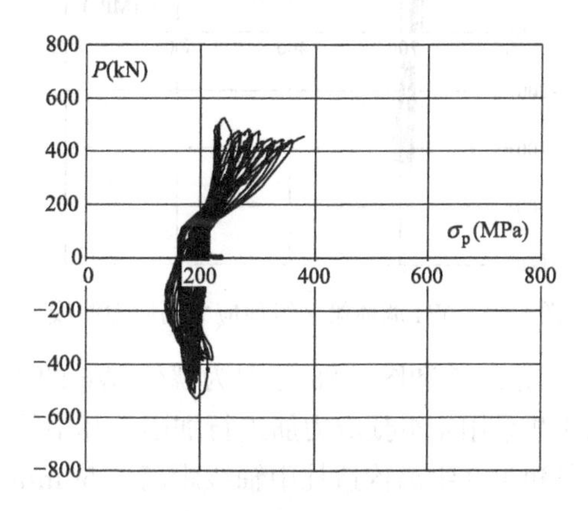

图5-23　W2墙体第2组预应力筋应力曲线

图5-24～图5-26为墙体W4的第1组、第2组和第3组预应力筋应力随荷载变化曲线。W4共采用5组预应力筋进行加固，其中第1组和第5组离构造柱中轴线距离360mm，第2组和第4组离构造柱中轴线距离1080mm，第3组位于墙中间部位，离构造柱中轴线距离1800mm。从图中可以看出，与W2相似，在墙体开裂之前，预应力筋应力增量也较小，随着墙体裂缝的开展，预应力筋将逐渐产生应力增量。但与W2相比，W4的预应力筋的应力增量均较小，如第1组预应力筋的最大应力增量约为144MPa，第2组

预应力筋的最大应力增量约为 30MPa，第 3 组预应力筋的最大应力增量只有 20MPa，这一应力增量分布规律与 W2 类似，也表明离墙端较近的预应力筋应力增量较大，其对抑制墙体裂缝的开展有更显著的作用。另外，W4 的预应力筋应力增量普遍较小的主要原因是由于其极限变形较小，预应力筋的两个锚固端之间的相对变形较小。

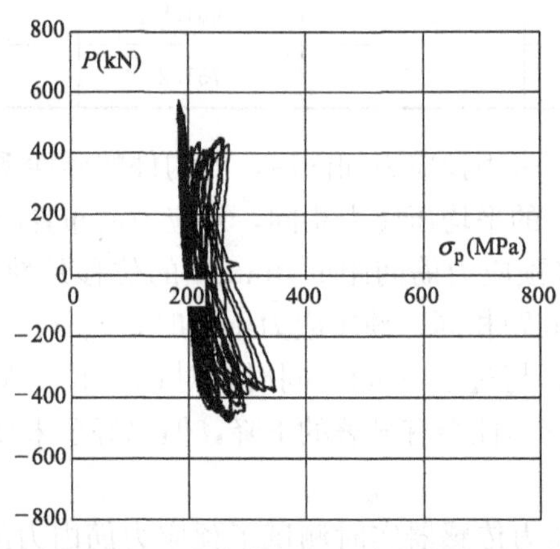

图 5-24 W4 墙体第 1 组预应力筋应力曲线

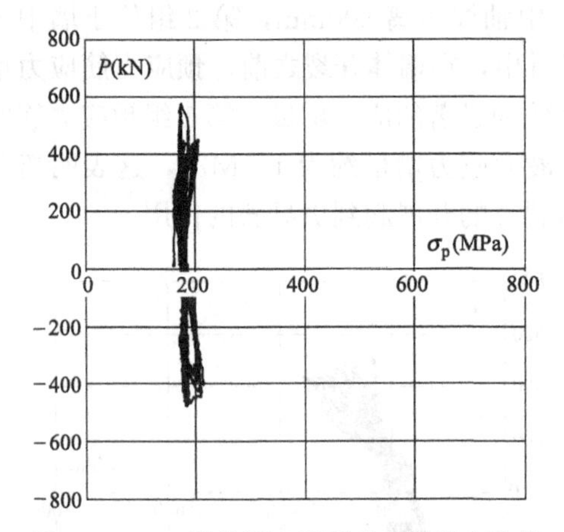

图 5-25 W4 墙体第 2 组预应力筋应力曲线

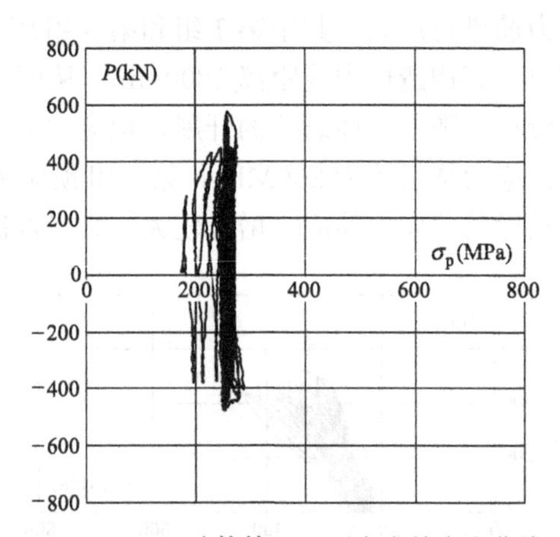

图 5-26 W4 墙体第 3 组预应力筋应力曲线

图 5-27 和图 5-28 分别为墙体 W6 的第 1 组和第 2 组预应力筋应力随荷载变化曲线。W6 共采用 4 组预应力筋进行加固，其中第 1 组和第 4 组离构造柱中轴线距离 450mm，第 2 组和第 3 组离构造柱中轴线距离 1350mm。从图中可以看出，与 W2 和 W4 相比，墙体达到极限变形时，W6 的预应力筋的应力增量非常显著。如第 1 组预应力筋的最大应力增量达到了 303MPa，第 2 组预应力筋的最大应力增量也达到了 158MPa。这主要是由于 W6 的极限变形较大，根据表 5-1 所列结果，W6 的极限变形接近 30mm，变形能力大幅度提高，而在其变形过程中，预应力筋的两个锚固端之间的相对变形较大，预应力筋产生了较大的应力增量，对抑制墙体后期裂缝的开展发挥了非常重要的作用。

5. 刚度退化性能

各片墙体的退化刚度-位移曲线如图 5-29、图 5-30 所示。图中，纵坐标为退化刚度与初始弹性刚度之比，横坐标为水平位移。

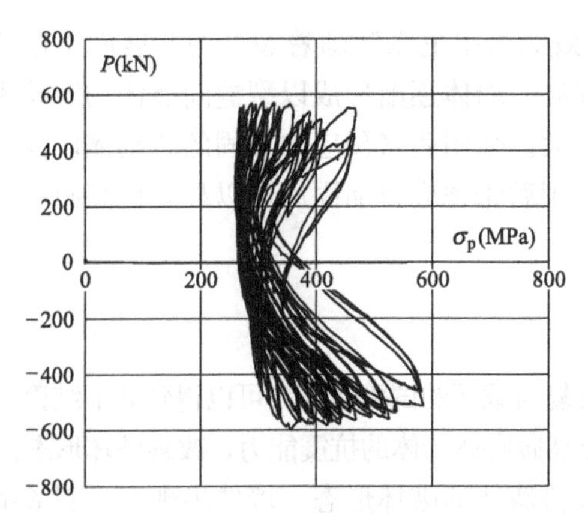

图 5-27 W6 墙体第 1 组预应力筋应力曲线

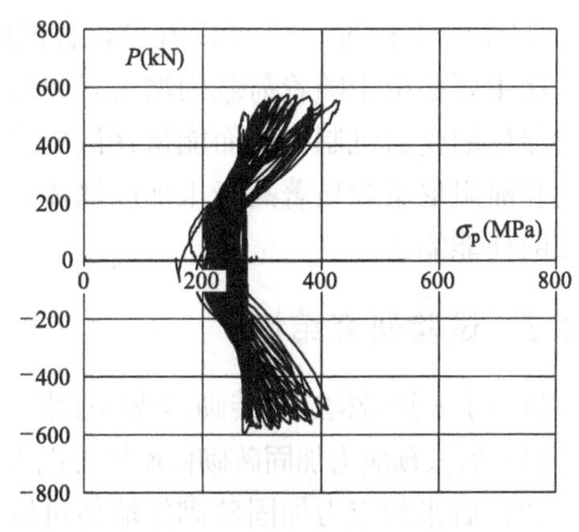

图 5-28 W6 墙体第 2 组预应力筋应力曲线

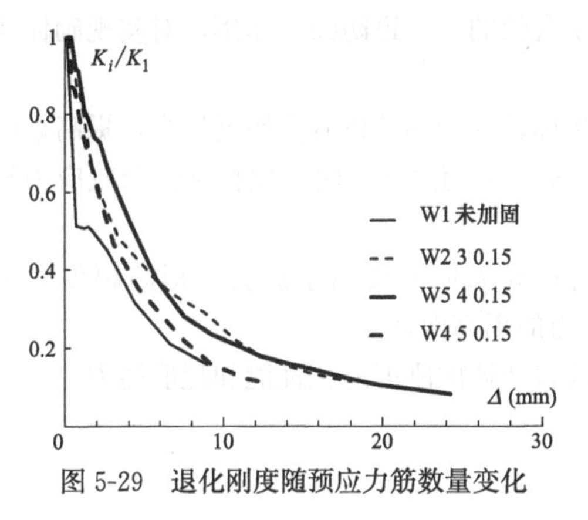

图 5-29 退化刚度随预应力筋数量变化

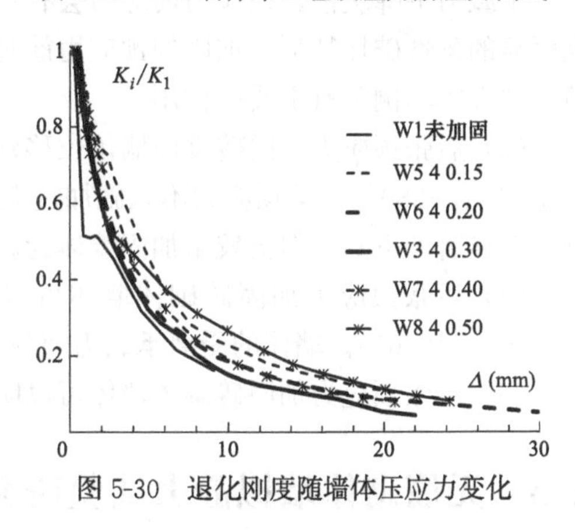

图 5-30 退化刚度随墙体压应力变化

从图 5-29 和图 5-30 可以看出，未加固墙体的刚度退化速率要高于加固墙体，当预应力在墙体内产生的平均压应力相同时，采用 3 对和 4 对预应力筋加固的墙体的刚度退化速率要慢于采用 5 对预应力筋加固的墙体。总体而言，各片加固墙体的刚度退化速率较为接近，表明加固墙体可以降低墙体的刚度退化速率，提高砖砌体墙体的后期刚度，起到良好的二道防线作用。

6. 耗能性能

各片墙体的等效黏滞阻尼系数-位移曲线如图 5-31、图 5-32 所示。

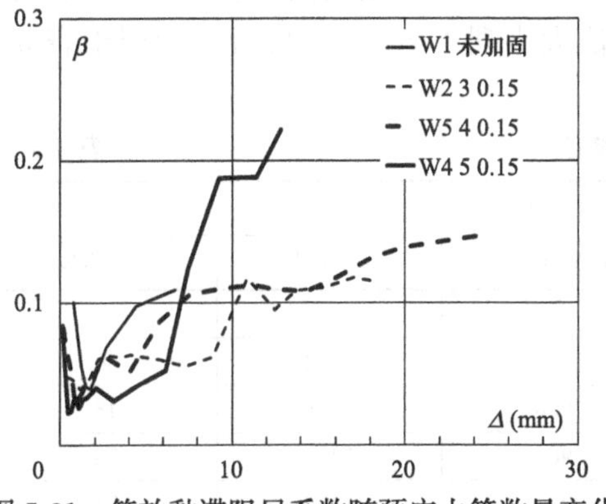

图 5-31 等效黏滞阻尼系数随预应力筋数量变化

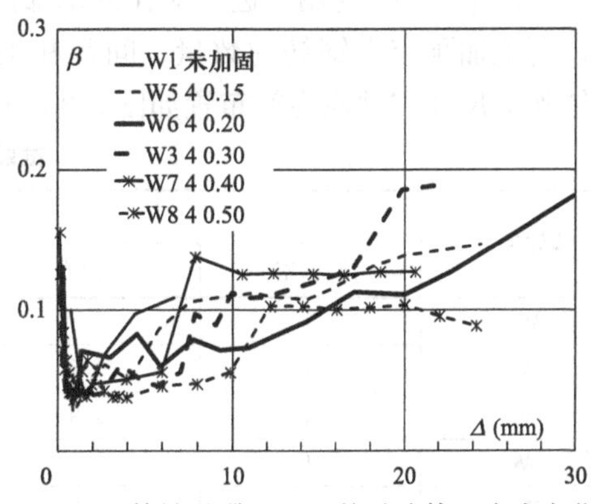

图 5-32 等效黏滞阻尼系数随墙体压应力变化

从图 5-31 和图 5-32 可以看出，各试件的等效黏滞阻尼系数随着裂缝的开展而不断增长，这主要是由于随着荷载的增大，裂缝逐步开展，墙体逐渐形成以裂缝间墙体的摩擦来耗散能量的受力机制，从而能量耗散能力不断增大。采用后张预应力加固的砖砌体墙体的等效黏滞阻尼系数显著高于未加固墙体，表明采用后张预应力加固后可以显著提高砖砌体墙体的耗能能力。

5.2.3 试验研究结论

进行了 8 片带构造柱砖砌体墙体在水平低周反复荷载下的试验研究，可以得到如下结论：

（1）后张预应力加固砖砌体墙体可以大幅度提高砖砌体墙体的抗震能力，改善破坏形态。

（2）后张预应力加固砖砌体墙体可以有效改善墙体的破坏形态，墙体出现交叉斜裂缝后，承载力下降缓慢，预应力筋应力会有较明显的增长，同时仍不断有新的裂缝出现，呈现明显的延性破坏特征。加固的预应力筋起到了有效的“二道防线”作用，对实现砌体建筑的“大震不倒”有重要的作用。

（3）后张预应力加固砖砌体墙体位移延性指标较未加固墙体有大幅度提高，提高幅度介于 33%～280%。但预应力不宜施加过大，当 σ_{p0}/f 超过 0.4 时，位移延性会较应力较低时有显著的下降，但仍较未加固墙体为高。

（4）后张预应力加固砖砌体墙体可以显著提高墙体的受剪承载力，提高幅度介于 27.8%～110.6%。墙体的受剪承载力随预加应力的提高而提高。

（5）后张预应力加固砖砌体墙体可以明显改善墙体的刚度退化性能和耗能能力。

5.3 无筋砌体墙拟静力试验研究

5.3.1 试验概况

1. 试验构件的设计与制作

试验墙片一共 9 片，分为两组，其中第一组 W1～W5 模拟整截面无洞口墙体，第二组 W6～W9 模拟带窗洞墙体，每片墙体的宽度为 3.6m，高度为 2.8m，厚度为 0.24m。第一组墙体中，W1 为用来进行对比的未加固墙体，W2～W5 采用竖向预应力筋加固；第二组墙体中，W6 为用来进行对比的未加固墙体，W7～W9 采用竖向预应力筋加固。各片墙体所施加预应力钢筋的数量、间距和预应力值大小列于表 5-3。材料性能列于表 5-4。墙体外形尺寸和预应力筋布置如图 5-33 所示。

试验试件参数 **表 5-3**

墙体编号	预应力筋				
	数量(对)	σ_p/f	间距(mm)	σ_{pe}(kN)	σ_{pe}^t(kN)
W1	0	—	—	—	—
W2	4	0.2	900	32.4	30.5
W3	4	0.3	900	48.6	48.8
W4	4	0.4	900	64.8	56.7
W5	4	0.5	900	81.0	71.6

续表

墙体编号	预应力筋				
	数量(对)	σ_p/f	间距(mm)	σ_{pe}(kN)	σ_{pe}^t(kN)
W6	0	—	—	—	—
W7	2	0.2	2700	32.4	32.6
W8	2	0.3	2700	48.6	51.1
W9	2	0.4	2700	64.8	63.5

注：σ_p 为预应力产生的墙体截面平均压应力设计值；

f 为砌体的抗压强度设计值；

σ_{pe}、$\sigma_{pe}{}^t$ 分别为有效预应力设计值和实测平均值。

材料性能 **表 5-4**

钢筋	HRB335 Φ6	HRB335 Φ12	HPB300 Φ14	HRB400 Φ20	砖砌体	MU10/M5
f_y^t(MPa)	370	353	298	420	f^t(MPa)	2.18
E_s^t(MPa)	2.09×10^5	1.98×10^5	2.05×10^5	2.01×10^5		
混凝土	圈梁 C20	地梁 C30	砖块体	MU10	砂浆	M5
f_{cu}^t(MPa)	31.6	46.8	f_1^t(MPa)	15.1	f_2^t(MPa)	6.14

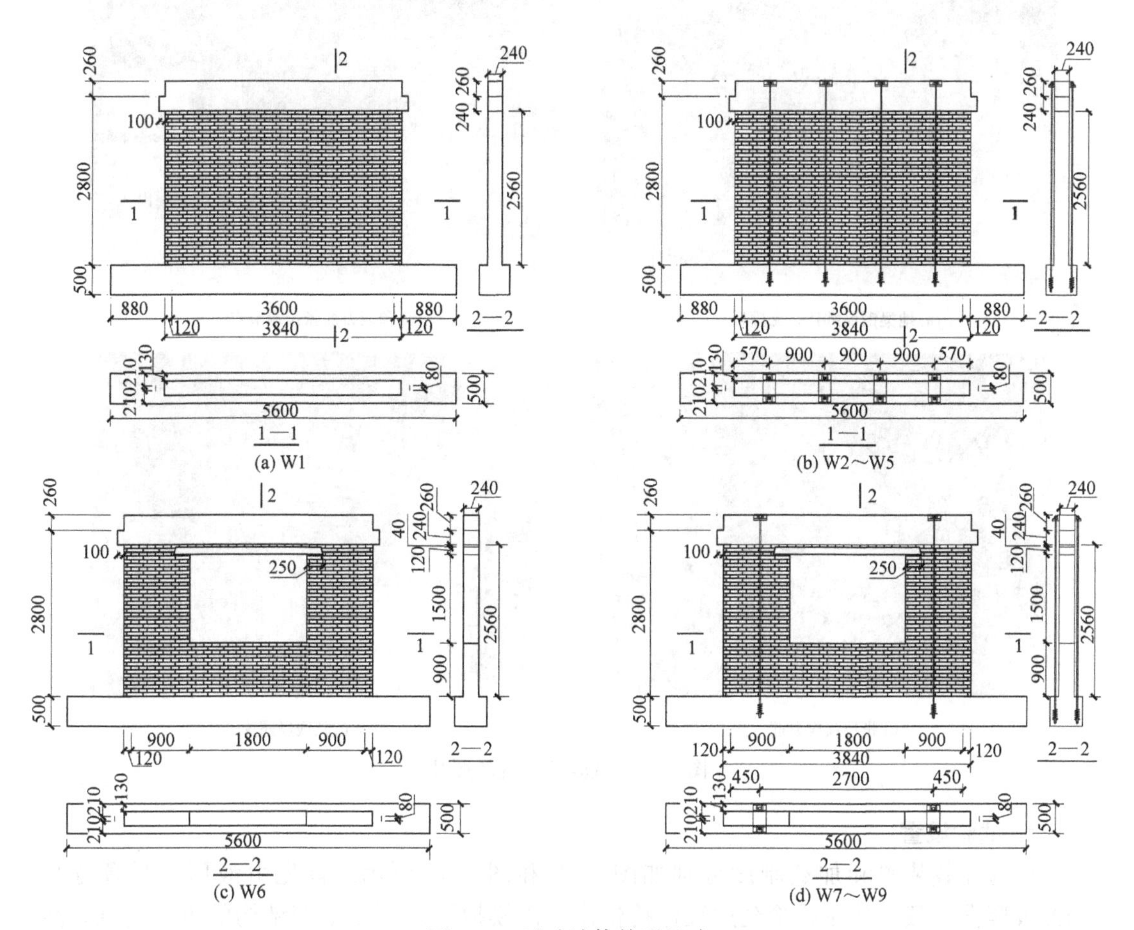

图 5-33 试验墙体外形尺寸

墙体所用砖块尺寸为 240mm×115mm×53mm，砖块强度等级为 MU10，混合砂浆砌筑，砂浆强度等级为 M5。墙体砌筑采用一层顺、一层丁的传统砖块的砌筑方式。墙顶设置了圈梁，截面尺寸 240mm×240mm，圈梁上设置了压顶梁，截面尺寸 240mm×260mm，整体纵筋为 6Φ12，箍筋为Φ6@200，洞口过梁配筋 3Φ12，箍筋为Φ6@200。圈梁、压顶梁、过梁均采用 C20 细石混凝土浇筑，基础梁采用 C30 细石混凝土浇筑。

为量测试验过程中结构的受力及变形，在墙体表面以及构造柱钢筋上粘贴了应变片。预应力筋的内力通过穿心式压力传感器测试，实测有效预应力平均值列于表 5-3。地梁和顶梁混凝土浇筑时预留了标准试块，砖砌体预留了同条件砌筑试件，在试验进行期间测试了各种材料性能数据，列于表 5-4。

加固用预应力钢筋采用 1860 级高强低松弛钢绞线，直径 15.2mm。预应力筋制作时，首先根据设计长度用砂轮切割机下料，固定端锚具采用挤压锚具，事先安装于预应力筋的一端并埋设于地梁中（图 5-34a）。预应力筋张拉端采用单孔夹片锚具锚固，通过钢制 U 形传力件固定于上部混凝土梁上（图 5-34b），并采用液压穿心式前卡千斤顶进行张拉（图 5-34c）。

(a) 地梁钢筋绑扎、支模板

(b) 预应力筋张拉端节点

(c) 张拉预应力筋

(d) 试验现场照片

图 5-34　试验墙体现场照片

2. 试验设置

试验加载装置和加载制度分别如图 5-35 和图 5-36 所示。首先由液压千斤顶施加 220kN 竖向荷载，并在试验全过程保持恒定，以模拟墙体所受上部结构的重力荷载，然后对预应力钢筋进行张拉，以模拟加固墙体。水平荷载由MTS液压伺服式作动器逐级往复施加。在开裂之前采用按水平荷载值控制分级加载，每级荷载循环一次，开裂后按开裂位移或其倍数值控制，每级位移循环三次。试验过程中实时测量竖向、水平荷载以及预应力筋内力、墙体水平位移、墙体应变等，同时观测墙体开裂位置以及裂缝开展情况。

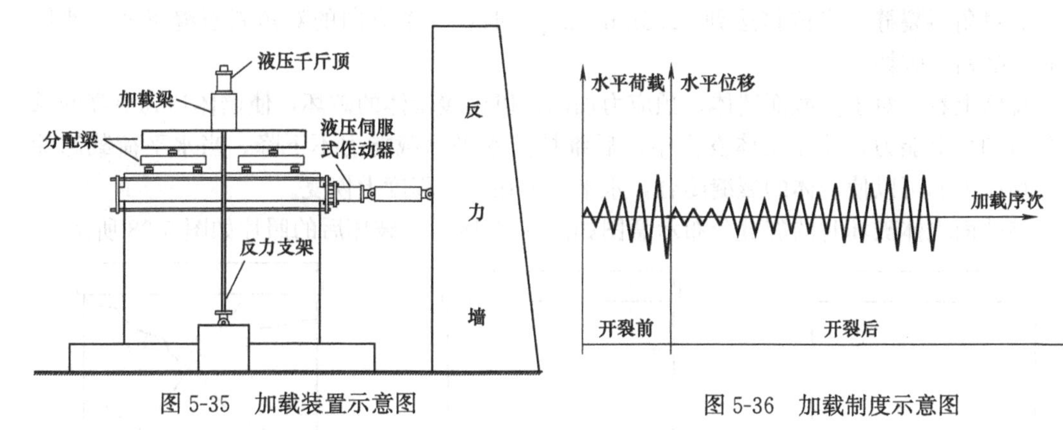

图5-35 加载装置示意图

图5-36 加载制度示意图

5.3.2 试验结果分析

1. 试验加载及破坏全过程描述

（1）整截面墙体

W1为未加固整截面墙，当水平荷载加至75kN（极限荷载 P_u 的0.38倍）时开裂，初始裂缝位于墙体下角，呈水平裂缝；按位移加载后，当位移达到4mm（极限位移 Δ_u 的0.58倍）时，初始裂缝沿水平扩展，形成贯通主裂缝，并发出嘭嘭的滑移响声。在反复荷载作用下，水平主裂缝延伸变宽，且伴有开裂的沙沙声，墙体明显错动。当水平荷载加到 P_u 时，底部主裂缝发生错动，墙体发生脆性受剪破坏。

W2为预应力加固整截面墙，$\sigma_p/f=0.2$，当水平荷载加至100kN（$0.23P_u$）时开裂，初始裂缝位于墙体下角，为水平裂缝。按位移加载后，当位移达到8mm（$0.54\Delta_u$）时，初始裂缝沿水平扩展，形成贯通主裂缝，并发出滑移响声。在反复荷载作用下，原有的裂缝延伸变宽，墙体明显错动。但承载力一直保持不下降，由于墙体发生较大错动，判定为发生剪切破坏。

W3为预应力加固整截面墙，$\sigma_p/f=0.3$，当水平荷载加至160kN（$0.3P_u$）时开裂，初始裂缝位于墙体下角，为水平裂缝。当水平荷载加至360kN（$0.67P_u$）时，初始裂缝在墙体底部延伸开展，并发出响声。按位移加载后，当位移达到19.3mm（$0.76\Delta_u$）时，出现一个方向的对角斜裂缝，继续加载到27mm时，墙体出现另一方向的对角斜裂缝，最终交叉斜裂缝贯通，墙片沿斜裂缝受剪破坏。

W4为预应力加固整截面墙，$\sigma_p/f=0.4$，当水平荷载加至120kN（$0.26P_u$）时开裂，初始裂缝位于墙体下角，呈水平裂缝。按位移加载后，当位移达到12mm（$0.64\Delta_u$）时，初始裂缝沿水平方向扩展，形成贯通主裂缝，并发出响声。随着反复荷载的作用，原有的裂缝不断变宽并伴有沙沙声。当位移达到 Δ_u 时，墙体沿墙底水平缝明显错动，发生剪切破坏。

W5 为预应力加固整截面墙，$\sigma_p/f=0.5$，当水平荷载加至 180kN（$0.28P_u$）时开裂，初始裂缝位于墙体下角，为水平裂缝。当荷载加至 480kN（$0.75P_u$）时，初始裂缝在墙体最底部延伸贯通，并发出嘭嘭的响声。按位移加载后，当位移达到 24mm（$0.8\Delta_u$）时，出现一个方向的对角斜裂缝，当位移达到 26mm（$0.87\Delta_u$）时，出现另一方向的对角斜裂缝，当位移达到 32.5mm（Δ_u）时，一个方向的对角斜裂缝贯通，墙体沿斜裂缝错动破坏。

总体上看，对于整截面墙体，预应力加固可以延缓墙体的破坏，使墙体达到更高的承载能力和变形能力，并在墙体发生错动后维持其水平承载能力不下降。当水平荷载卸除后，预应力筋可以使墙体的裂缝闭合，水平变形在较大程度上恢复。

整截面墙体破坏时的裂缝分布示意图如图 5-37 所示，破坏后的照片如图 5-38 所示。

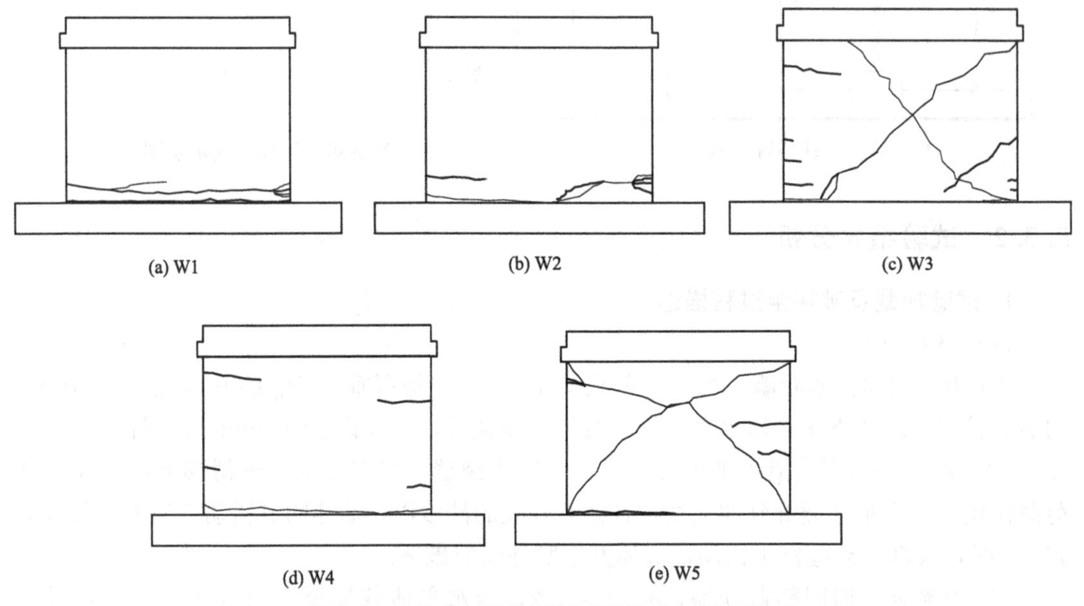

图 5-37　整截面墙体破坏时裂缝分布示意图

图 5-38　整截面墙体破坏时裂缝分布照片

（2）带窗洞墙体

W6 为未加固带窗洞墙，当水平荷载加至 40kN（$0.4P_u$）时开裂，初始裂缝位于洞口下角，为水平裂缝。按位移加载后，当位移达 3.9mm（$0.39\Delta_u$）时，初始裂缝沿着墙肢底部扩展，形成贯通水平裂缝。当位移达 5.4mm（$0.54\Delta_u$）时，窗洞口下角出现向墙下角延伸的斜裂缝，同时相对的窗洞上角出现向墙上角延伸的斜裂缝。水平裂缝继续变宽，墙体明显错动。当荷载达到 P_u 时，窗洞下角主斜裂缝贯通，墙肢沿斜裂缝剪断，发生脆性破坏。

W7 为预应力加固带窗洞墙，$\sigma_p/f=0.2$，当水平荷载加至 90kN（$0.54P_u$）时开裂，初始裂缝位于洞口下角部墙肢，为水平裂缝。按位移加载后，当位移达到 4.0mm（$0.22\Delta_u$）时，初始裂缝沿着两片墙肢底部扩展，形成贯通水平裂缝。继续位移加载后，位移达到 6.0mm（$0.33\Delta_u$）时，窗洞口下角出现向墙下角延伸的斜裂缝，同时相对的窗洞上角出现向墙上角延伸的斜裂缝。水平裂缝延伸变宽，墙体发生错动。当荷载达到 P_u 时，窗洞下角主斜裂缝贯通，墙肢沿斜裂缝剪断，发生剪切破坏。

W8 为预应力加固带窗洞墙，$\sigma_p/f=0.3$，当水平荷载加至 120kN（$0.52P_u$）时开裂，初始裂缝位于洞口下角部墙肢，为水平裂缝。按位移加载后，当一方向位移达到 8mm（$0.35\Delta_u$）时，初始裂缝沿着两片墙肢底部扩展，形成贯通水平裂缝，有明显的嘭嘭声。继续加载，当位移达到 10mm（$0.44\Delta_u$）时，窗洞口下角出现向墙下角延伸的斜裂缝，同时相对的窗洞上角出现向墙上角延伸的斜裂缝。水平裂缝延伸变宽，墙体发生错动。当荷载达到 P_u 时，窗洞下角主斜裂缝贯通，墙肢沿斜裂缝剪断，发生剪切破坏。

W9 为预应力加固带窗洞墙，$\sigma_p/f=0.4$，当水平荷载加至 120kN（$0.52P_u$）时开裂，初始裂缝位于洞口下角部墙肢，为水平裂缝。按位移加载后，当位移达到 4mm（$0.22\Delta_u$）时，初始裂缝沿着两片墙肢底部扩展，形成贯通水平裂缝。听见明显嘭嘭墙体错动声音。继续位移加载后，位移达到 12mm（$0.66\Delta_u$）时，窗洞口下角出现向墙下角延伸的斜裂缝，同时相对的窗洞上角出现向墙上角延伸的斜裂缝。水平裂缝延伸变宽，墙体发生错动。当荷载达到 P_u 时，窗洞下角主斜裂缝贯通，墙肢沿斜裂缝剪断，发生剪切破坏。

总体上看，对于带窗洞墙体，预应力加固可以使墙体达到更高的承载能力和变形能力，并在墙体破坏相对更为严重的情况下（水平墙肢剪断，裂缝宽度很大），维持其水平承载能力不下降。而当水平荷载卸除后，由于预应力筋的约束，墙体的各部分仍可连接为整体。

带窗洞墙体破坏时的裂缝分布示意图如图 5-39 所示，破坏后的照片如图 5-40 所示。

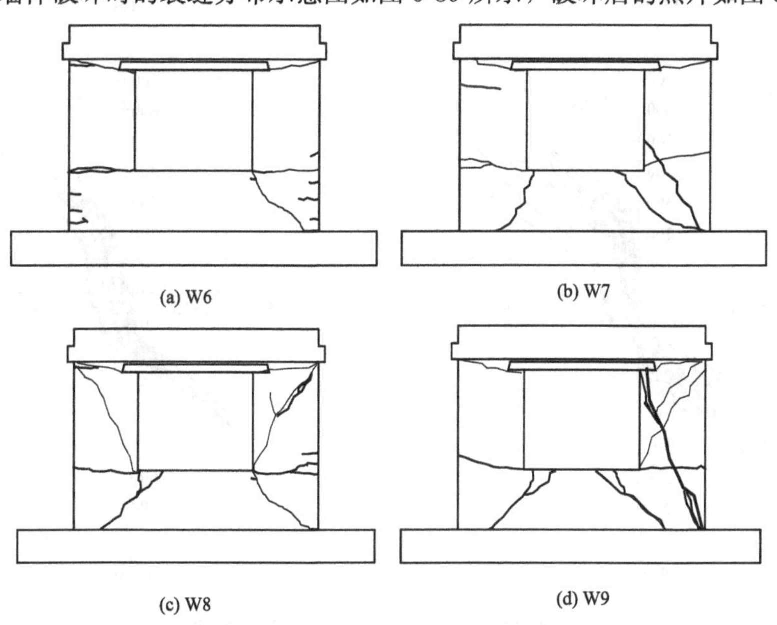

(a) W6　(b) W7

(c) W8　(d) W9

图 5-39　带窗洞墙体破坏时裂缝分布示意图

(a) W6　(b) W7　(c) W8

图 5-40　带窗洞墙体破坏时裂缝分布照片

2. 水平荷载-位移滞回曲线

整截面墙体的水平荷载-位移滞回曲线如图 5-41 所示。

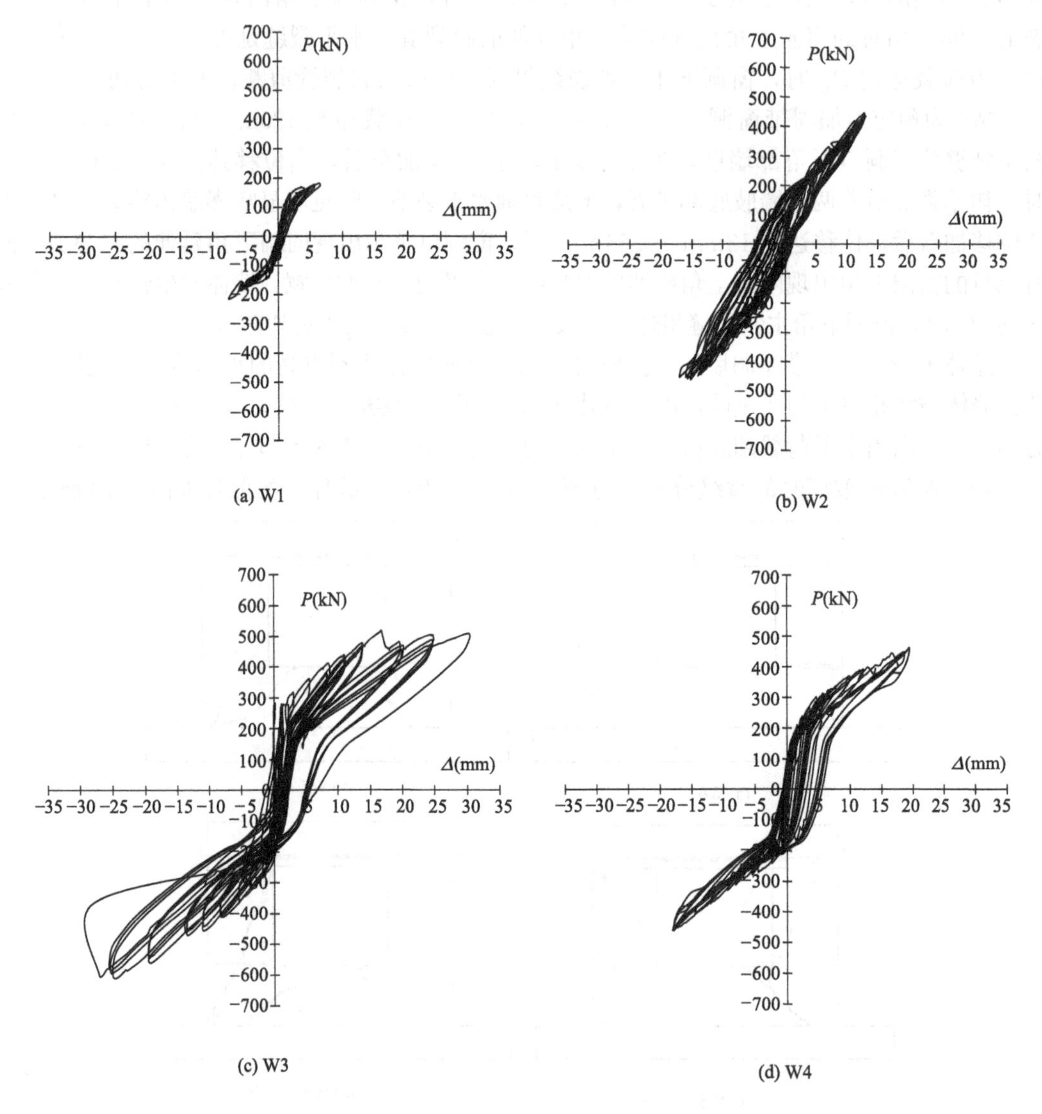

(a) W1　(b) W2　(c) W3　(d) W4

图 5-41　整截面墙体水平荷载-位移滞回曲线（一）

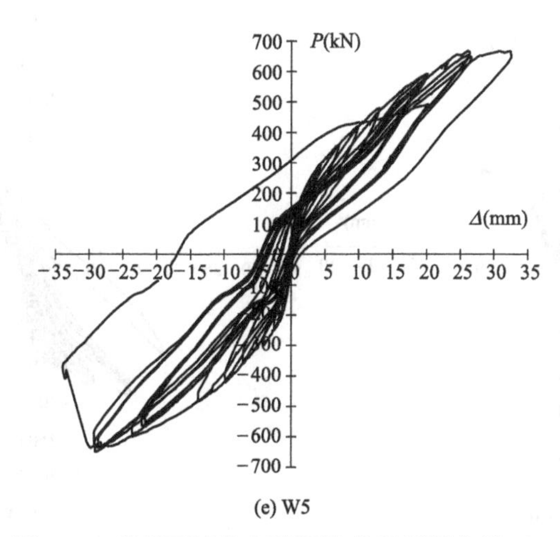

(e) W5

图 5-41 整截面墙体水平荷载-位移滞回曲线（二）

从图 5-41 可以看出，对于整截面墙体，未加固墙体 W1 的滞回曲线的捏拢性较大，滞回环所包围的面积较小，墙体承载能力低，极限位移小，延性差，耗能能力较低。相比之下，采用预应力筋加固后的墙体 W2～W5 的滞回曲线环的捏拢程度有一定改善，滞回环所包围面积也较大，承载能力和变形能力则大幅度提高，表明其耗能能力有显著提高。对比各加固墙体则可以看出，预应力产生的墙体轴压比对滞回曲线的饱满程度、墙体的变形能力和承载能力有较大程度的影响。其中，W3 的延性最好，滞回环也最为丰满。

带窗洞墙体的水平荷载-位移滞回曲线如图 5-42 所示。

从图 5-42 可以看出，对于带窗洞墙体，未加固墙体 W6 的滞回曲线的捏拢性较大，滞回环所包围的面积较小，墙体承载能力低，极限位移小，耗能能力较低。相比之下，采用预应力筋加固后的墙体 W7～W9 的承载能力和变形能力则大幅度提高，滞回曲线环的捏拢程度有一定改善，滞回环所包围面积也较大，耗能能力有显著提高。对比各加固墙体则可以看出，预应力产生的墙体轴压比对滞回曲线的饱满程度、墙体的变形能力和承载能力有较大程度的影响。其中，W8 的延性最好，滞回环也最为丰满。

3. 骨架曲线

各片墙体的荷载-位移骨架曲线如图 5-43 所示。

从图 5-43a 可以看出，采用后张预应力加固整截面砖砌体墙体，可以显著提高砖砌体墙体的受剪承载力和变形能力。图中 4 片加固墙体 W2、W3、W4、W5 均采用沿墙均匀布置的 4 对预应力筋对墙体进行加固，但各墙体由预应力合力产生的墙体轴压比不同。可以看出，W5 的承载力和变形能力提高幅度最大，其承载力约为 W1 的 3.42 倍，极限变形约为 W1 的 4.35 倍；W2 的承载力和变形能力提高幅度最小，其承载力也达到了 W1 的 2.4 倍，极限变形达到了 W1 的 2.16 倍。

从图 5-43b 可以看出，采用后张预应力加固带窗洞砖砌体墙体，也可以较大幅度地提高砖砌体墙体的受剪承载力和变形能力。图中 3 片加固墙体 W7、W8、W9 均采用沿洞口两侧各布置一对预应力筋进行加固，可以看出，W8 的承载力和变形能力提高幅度最大，其承载力约为 W6 的 2.3 倍，极限变形约为 W1 的 2.24 倍；W7 的承载力和变形能力提高幅度最小，其承载力也达到了 W1 的 1.66 倍，极限变形达到了 W1 的 1.8 倍。

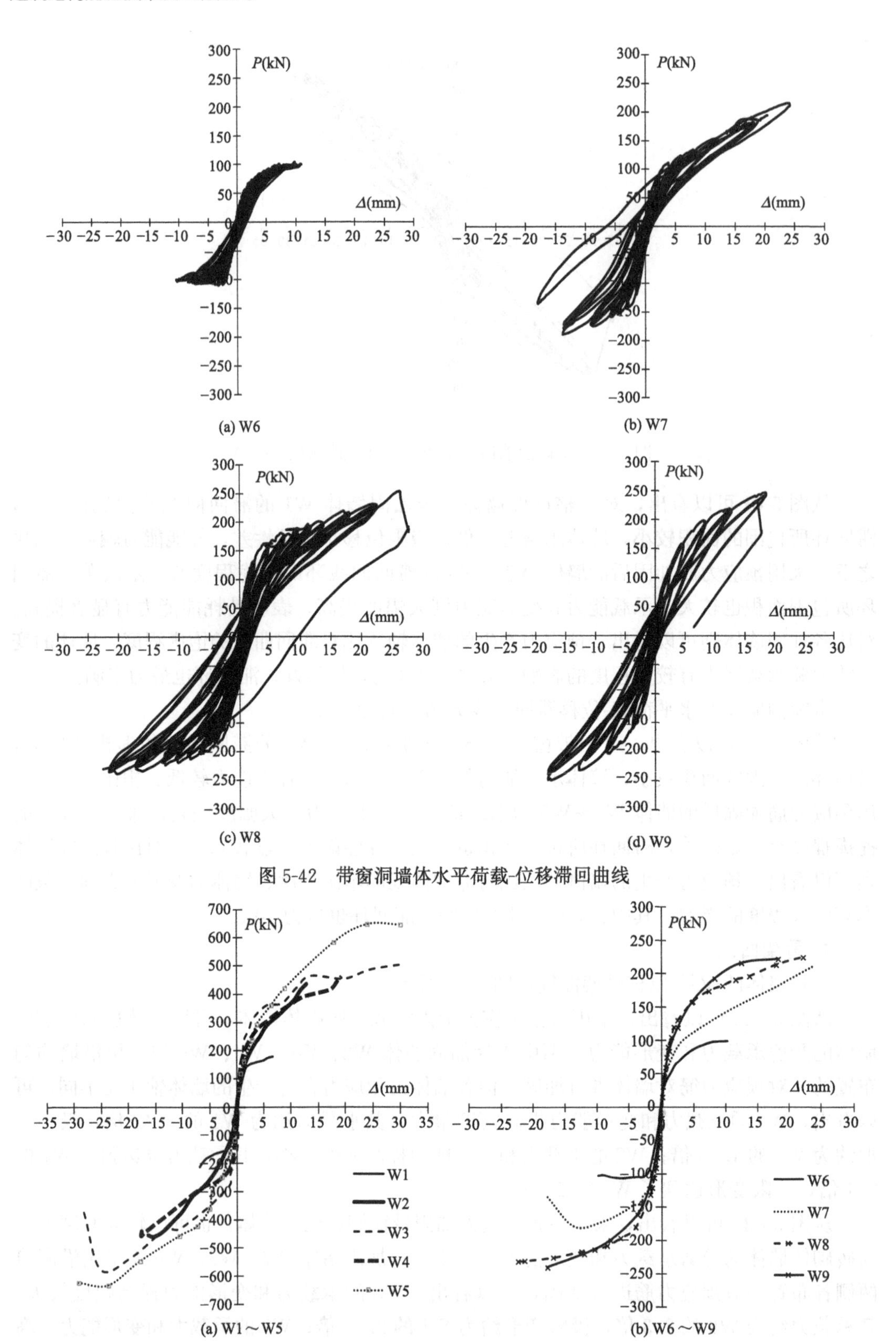

图 5-42　带窗洞墙体水平荷载-位移滞回曲线

图 5-43　P-Δ 骨架曲线

各试验构件的主要受力性能指标列于表 5-5（表中屈服点采用通用屈服弯矩法确定）。

试验墙体主要受力性能指标 表 5-5

试件编号	实测轴压比	开裂荷载 P_{cr}(kN)	开裂位移 Δ_{cr}(mm)	屈服荷载 P_y(kN)	屈服位移 Δ_y(mm)	极限荷载 P_u(kN)	极限位移 Δ_u(mm)	延性系数 μ
W1	0.11	75	0.6	152	2.8	185	6.85	2.44
W2	0.23	100	0.98	280	5.0	444	14.8	2.96
W3	0.30	160	0.7	330	3.7	531	25.1	6.7
W4	0.34	120	0.6	255	3.2	451	18.6	5.8
W5	0.39	180	1.6	365	6.0	633	29.8	4.47
W6	0.21	40	0.7	86	2.9	100	10.1	3.48
W7	0.33	90	1.6	116	3.0	166	18.1	6.0
W8	0.40	120	1.7	150	3.1	230	22.6	7.3
W9	0.44	120	2.2	145	3.2	230	18.1	5.7

注：表中实测轴压比为实测的预应力与竖向荷载合作用产生的墙体压应力与砌体实测抗压强度的比值。

由表中数据可以看出，采用预应力加固后，对于整截面墙体，开裂荷载均有不同程度的提高，其中轴压比最大的 W5 提高最为显著，可见预应力对延缓墙体的开裂有显著作用，这在一定程度上可以改善砌体结构在中震作用下的反应。

另外，加固墙体的延性系数比未加固墙体均有显著提高。对于整截面墙体，延性系数最大的墙体为 W3，对应的实测轴压比为 0.3，当轴压比继续增大时，W4 和 W5 的位移延性系数略有下降。而对于开窗洞墙体，延性系数最大的为 W8，对应的实测轴压比为 0.4，当轴压比继续增大时，位移延性指标出现下降。这表明，预应力加固可以显著提高砌体墙体的变形能力，但是存在一个轴压比临界点，即当由竖向荷载和预应力的合作用轴压比小于该临界点时，延性随轴压比的提高而提高，而当合作用轴压比超过该临界点时，延性随轴压比的提高而下降。本节试验中，对于整截面墙体，该临界点为 0.3，对于开窗洞墙体，该临界点为 0.4。

从表中还可以看出，试验墙体的极限承载力随轴压比的增加而显著提高。根据砌体的剪摩破坏理论，当轴压比小于 0.5 时，砌体的抗剪强度随轴压比的提高而提高。本节试验中，整截面墙体最大轴压比为 0.39，开窗洞墙体最大轴压比为 0.44，均小于 0.5，因此，极限承载力的增加幅度与轴压比基本呈正比例关系。

实际工程应用时，应综合考虑承载力和延性的提高效果，建议竖向荷载和预应力的合作用轴压比不超过 0.4。

4. 刚度退化性能

各片墙体的退化刚度-位移曲线如图 5-44 所示。图中，纵坐标为退化刚度与初始弹性刚度之比，横坐标为水平位移。

从图中可以看出，无论是整截面墙体还是带窗洞墙体，加固后墙体的刚度退化速率要低于未加固墙体。虽然总体上各墙体刚度退化速率较为接近，但大致也能看出，预应力轴压比大的墙体加固刚度退化较缓慢，表明预应力作用能够提高砌体墙体的后期刚度，这对

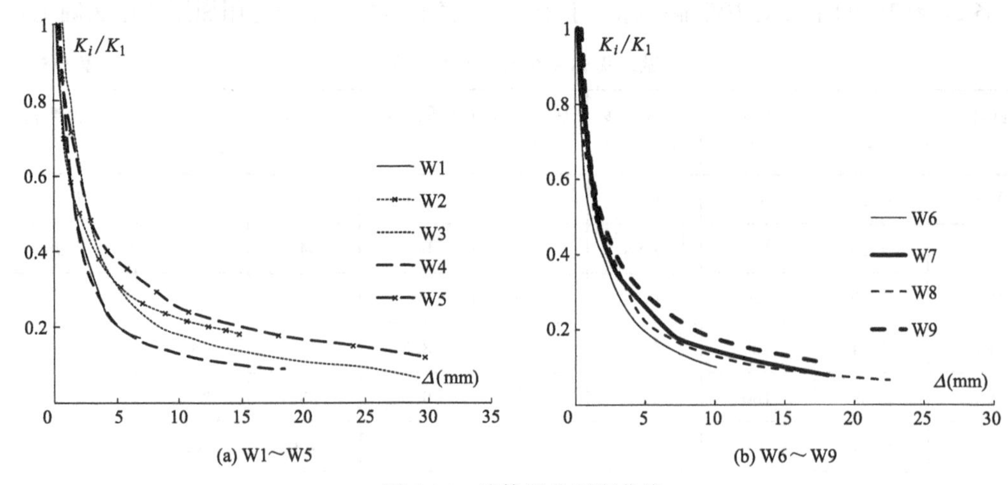

图 5-44　墙体退化刚度曲线

改善墙体在大震作用下的受力性能有重要作用。

5. 耗能性能

各片墙体的滞回环面积-位移曲线如图 5-45 所示。

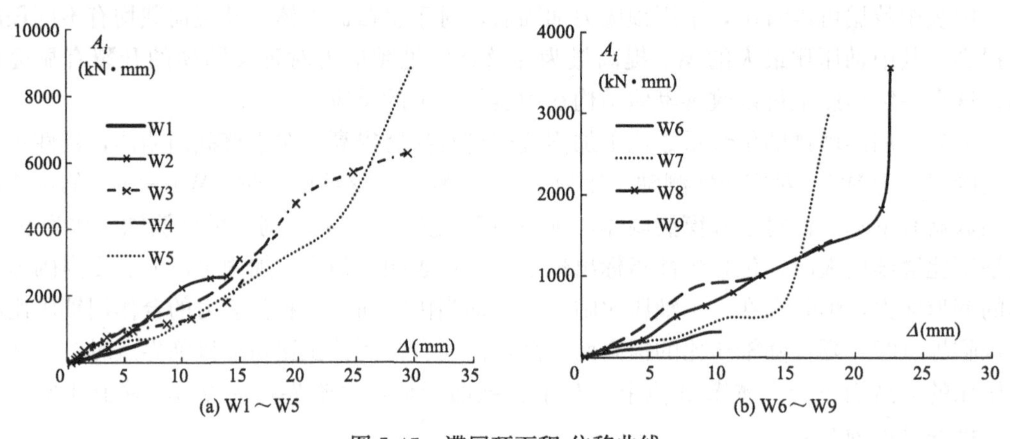

图 5-45　滞回环面积-位移曲线

从图 5-45 可以看出，随着位移的增加，各墙体的滞回环面积不断增大，这主要是由于随着位移的增加，墙体开裂，墙体开始形成以裂缝两侧墙体的摩擦耗能的机制，同时，随着裂缝的开展，能量耗散能力不断变大。相比于未加固墙体，采用后张预应力加固的整截面墙体和带窗洞墙体的耗能能力均有显著提高，从绝对数值上看，整截面墙体的耗能指标要高于带窗洞墙体。

6. 预应力筋内力曲线

试验中，采用压力传感器实时量测了加固预应力筋内力的变化情况。W3 共采用 4 组预应力筋进行加固，以墙中轴线为对称轴，1 组和 4 组对称布置，距离中轴线 1350mm，第 2 组和第 3 组对称布置，距离中轴线 450mm。在水平反复荷载作用下，位置对称的预应力筋内力变化趋势较为一致。图 5-46a 和 5-46b 分别为墙体 W3 的第 1 组和第 2 组预应力筋内力随水平荷载的变化曲线。从图中可以看出，在墙体开裂之前（$P<160$kN），预

应力筋应力增量较小，墙体开裂之后，预应力筋将产生明显的应力增量，其中，达到极限状态时，离墙端较近的第 1 组预应力筋的极限应力增量约为 528MPa，离墙端较远的第 2 组预应力筋的极限应力增量约为 145MPa，这表明离墙端较近的预应力筋对抑制墙体裂缝的开展起到更重要的作用。

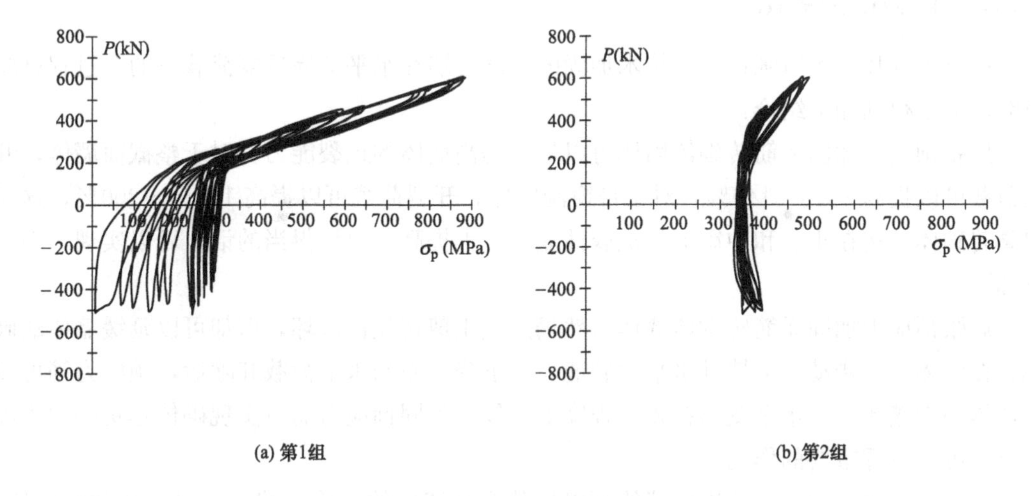

图 5-46　W3 预应力筋应力曲线

对于开洞墙体，采用对称布置的两对预应力筋进行加固，在水平反复荷载作用下，这两对预应力筋内力变化趋势也较为一致。图 5-47 和图 5-48 分别为墙体 W7 和 W8 第 1 组预应力筋内力随水平荷载的变化曲线。从图 5-47 中可以看出，在墙体开裂之前（$P<$ 90kN），预应力筋应力增量较小，墙体开裂之后，预应力筋将产生明显的应力增量，达到极限状态时，加固预应力筋的极限应力增量约为 448MPa。而从图 5-48 中可以看出，达到极限状态时，加固预应力筋的极限应力增量约为 444MPa。可以看出，W7 和 W8 虽然初始预应力不同，但预应力筋极限应力增量却较为接近，这主要是由于两者的极限变形较为接近所导致的。

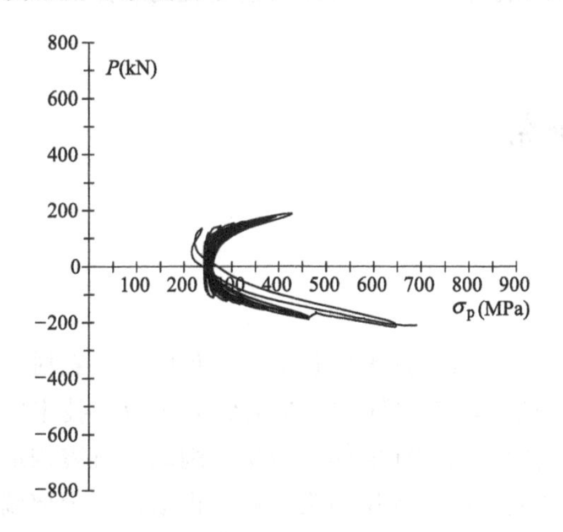

图 5-47　W7 第 1 组预应力筋应力曲线

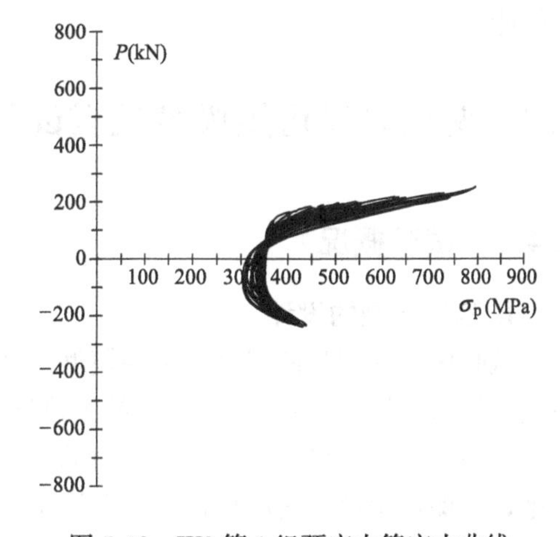

图 5-48　W8 第 1 组预应力筋应力曲线

对于单层加固墙体，无论是整截面墙体，还是带窗洞墙体，在承载力极限状态下，预应力筋均可以产生较大的极限应力增量，充分发挥了对墙体开裂后的约束作用，这也是加固后墙体的受剪承载力和变形能力大幅度提高的主要受力机理。

5.3.3 试验研究结论

进行了 9 片采用后张预应力技术加固的无筋砖墙在水平低周反复荷载下的全过程试验研究，可以得到如下结论：

后张预应力加固无筋砖砌体墙体可以显著提高墙体的抗裂能力，对于整截面墙体，开裂荷载可以提高 33%～140%，对于带窗洞墙体，开裂荷载可以提高 125%～200%，这对提高砖砌体结构在小震和中震下的抗震性能有很大提高，设计得当的话，可以实现“中震不坏”。

后张预应力加固无筋砖砌体墙体虽然仍然发生剪切脆性破坏，但却可以延缓墙体的破坏，在墙体发生错动后维持其水平承载能力不下降。而当水平荷载卸除后，预应力筋可以使墙体的裂缝闭合，水平变形在较大程度上恢复。加固预应力筋对实现砌体建筑的“大震不倒”可以发挥重要的作用。

后张预应力加固无筋砖砌体墙体可以显著提高墙体的受剪承载力，对于整截面墙体，受剪承载力可以提高 140%～242%，对于带窗洞墙体，受剪承载力可以提高 66%～130%，且墙体的受剪承载力随预加应力的提高而提高。

后张预应力加固无筋砖砌体墙体还可以显著提高墙体的位移延性指标，对于整截面墙体，极限变形可以提高 116%～335%，对于带窗洞墙体，极限变形可以提高 80%～124%。但预应力施加不宜过大，当预应力与竖向荷载的合作用轴压比超过临界点时，位移延性会较应力较低时有一定程度下降。实际工程应用时，应综合考虑承载力和延性的提高效果，建议竖向荷载和预应力的合作用轴压比不超过 0.4。

后张预应力加固无筋砖墙还可以降低墙体的刚度退化速率，提高砌体墙的后期刚度，这对改善墙体在大震作用下的受力性能有重要作用。同时，还可以大幅度提高墙体的抗震耗能能力。

5.4 两层足尺房屋模型抗震试验研究

5.4.1 试验概况

1. 房屋模型的设计

试验房屋模型为两层足尺结构模型，平面布置参考了国家建筑标准设计图集《农村民宅抗震构造详图》SG618-1～4 中的 8 度区二层结构，考虑到试验是为研究预应力技术的加固作用，进行了降低抗震设防能力的调整。减少了两方向墙体的数量，削弱了抗震构造措施，只保留房屋四角的构造柱，取消了其他纵横墙连接部位的构造柱，也取消了全部墙体转角及交接处的拉结钢筋等。

图 5-49a、图 5-49b 分别为试验房屋模型的平、立面图。房屋平面纵向轴线长为

9.9m，横向轴线长为9.6m，层高3.3m，总建筑面积为199.56m²。

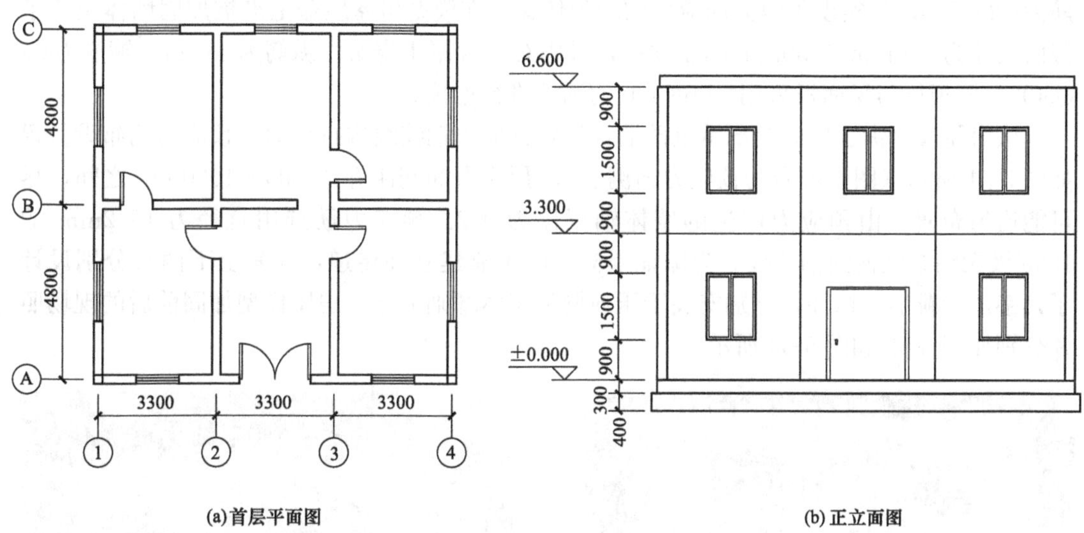

(a)首层平面图

(b)正立面图

图5-49 足尺试验模型平面及立面图

房屋模型墙体使用标准烧结黏土砖砌筑，其尺寸为240mm×115mm×53mm，砖块体强度等级为MU10，砌筑砂浆采用混合砂浆，强度等级为M2.5。墙体砌筑采用一层顺、一层丁的传统砌筑方式。结构布置平面图如图5-49a所示，采用纵横墙混合承重方案，楼、屋面板采用现浇钢筋混凝土板。

为对比加固效果，采用PKPM设计软件对该结构进行了计算分析，地震作用取为8度0.2g，图5-50为首层墙体的抗震验算结果。可以看出，房屋首层墙体不满足8度抗震设防要求，需要进行加固处理。

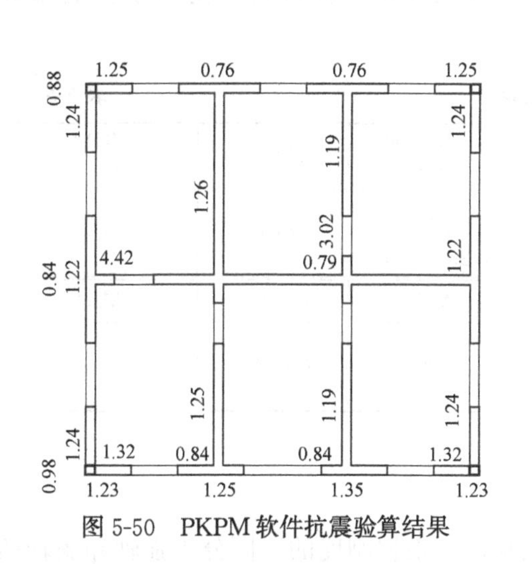

图5-50 PKPM软件抗震验算结果

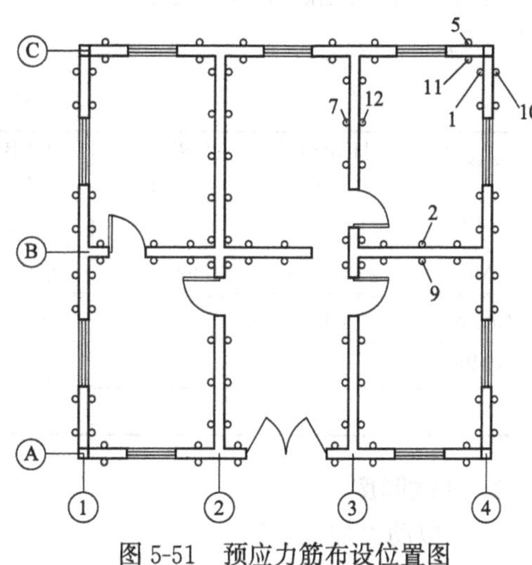

图5-51 预应力筋布设位置图

模型底部坐落在高度为400mm的地梁上，用以模拟实际工程中的墙下条形基础。地梁采用C40混凝土浇筑，其宽度根据地面锚孔间距、位置的不同采用不同的宽度，分别为500mm、800mm与1300mm。

房屋四角构造柱截面尺寸为240mm×240mm，C20混凝土浇筑，纵筋为4Φ14，箍筋为Φ8@200。为实现预应力筋应力的均匀传递，在模型房屋屋盖上沿被加固墙体设置了截面尺寸为150mm×250mm的压顶梁，采用C40混凝土浇筑。纵筋为4Φ14，箍筋为Φ8@400。压顶梁与屋面板采用Φ14@400的锚筋进行连接。

该房屋模型纵、横向全部承重砖墙均设置预应力钢绞线进行加固。预应力筋布设位置如图5-51所示（图中编号为预应力筋测点）。预应力筋间距介于800～1000mm之间，尽可能均匀布置，由预应力产生的墙体轴压比为0.2。预应力筋选用直径为15.2mm的1860级无粘结低松弛钢绞线。为保证预应力的可靠建立和传递，在其上下两端分别设计了几字形和靴形钢构件，分别安装于压顶梁和墙体基础上方。房屋模型加固前后的现场照片分别如图5-52和图5-53所示。

图5-52　试验模型加固前照片

图5-53　试验模型加固后照片

试验模型制作时，混凝土留置了标准试块，砖砌体预留了同条件砌筑试件，在试验前，对各种材料性能根据规范标准进行了材料性能测试。各材料主要力学性能指标见表5-6。

材料性能　　**表5-6**

钢筋	HRB335 Φ8	HRB335 Φ14	HRB400 Φ16	HRB400 Φ20	砖砌体	MU10/M2.5
f_y(MPa)	270	327	472	420	f(MPa)	4.4
E_s(MPa)	2.09×10^5	1.98×10^5	2.01×10^5	2.01×10^5		
混凝土	C40	C20	砖块体	MU10	砂浆	M2.5
f_{cu}(MPa)	46.1	20.9	f_1(MPa)	13.5	f_2(MPa)	2.7
f_c(MPa)	30.9	14.0				

2. 加载制度

（1）拟动力加载制度

图5-54为拟动力试验加载装置示意图。试验加载根据刚度的不同分为强轴和弱轴两个方向，分别进行两个方向的拟动力试验。每个方向试验时采用两台100t级静态电液伺服式作动器对试验体进行水平向加载，作动器一端连接在反力墙上，另一端连接在楼层的中间预埋件上，由反力墙提供反力。每层安装一个作动器。每台作动器最大推力138t，

最大拉力100t，工作频率0～2Hz，采样频率可达5kHz。拟动力加载计算模型为两自由度模型，采用传统的OS算法进行步步积分，确定下一时段的加载值。

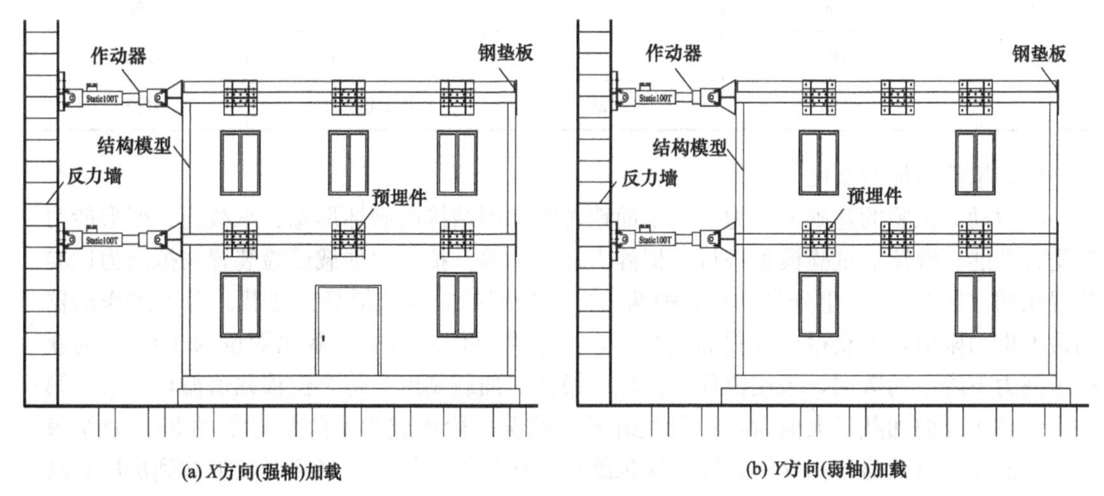

图5-54 拟动力试验装置示意图

试验输入地震波采用汶川地震过程中卧龙岗地震采集站获得的地震波。考虑到拟动力试验加载历程较长，从地震波中选取主震峰值出现较多的10s作为本次试验的地震动，时间间隔0.005s。选取地震波图谱如图5-55所示。北京地区的基本设防烈度为8度，试验模型也是按8度适当削弱进行设计，同时考虑加固技术对试验房屋的加固效果，为了合理适当地减少试验工况，选取试验烈度分别为8度和9度。具体加载工况见表5-7。

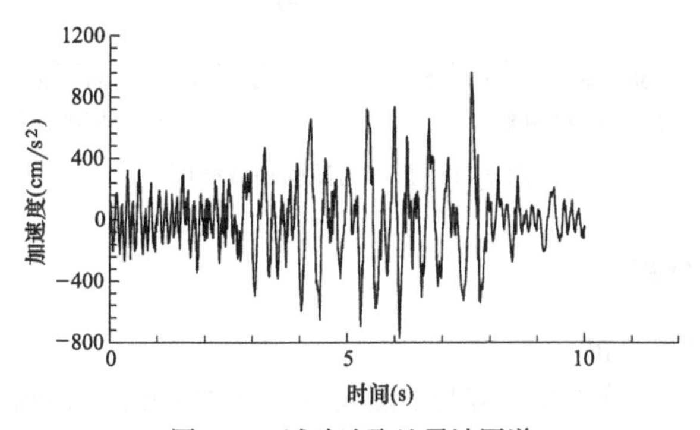

图5-55 试验选取地震波图谱

拟动力试验加载工况 **表5-7**

工况	方向	峰值加速度(伽)	震级	加载方案
1	弱轴	70	8度小震	力控
2	弱轴	200	8度中震	力控
3	弱轴	400	8度大震	力控
4	弱轴	620	9度超大震	力控
5	强轴	70	8度小震	力控

续表

工况	方向	峰值加速度(伽)	震级	加载方案
6	强轴	200	8 度中震	力控
7	强轴	400	8 度大震	力控
8	强轴	620	9 度超大震	力控

（2）拟静力加载制度

在拟动力试验的基础上，为了更全面地考察加固结构的破坏形态、承载力、变形能力等受力性能，继续对试验模型进行了拟静力加载试验。拟静力加载试验装置与拟动力试验装置相同（图 5-54），也分强轴和弱轴两个方向分别单向施加拟静力荷载。考虑到作动器的最大推力限值，为获得全过程加载数据，上下两层作动器的加载比例设为 1∶1。为获得承载力下降段的数据，采用位移控制加载模式。加载制度为每个位移幅值循环两次，第一个循环正反向加载最大值时，记录裂缝开展情况；待承载力下降到峰值的 85%时结束试验，前期经过数值模拟计算，以二层顶绝对位移为控制指标，确定弱轴加载到房屋总高度的 1/500（13.2mm）位移角和强轴加载到房屋总高度的 1/300（22mm）位移角时停止试验。两个方向的加载制度如图 5-56 所示。

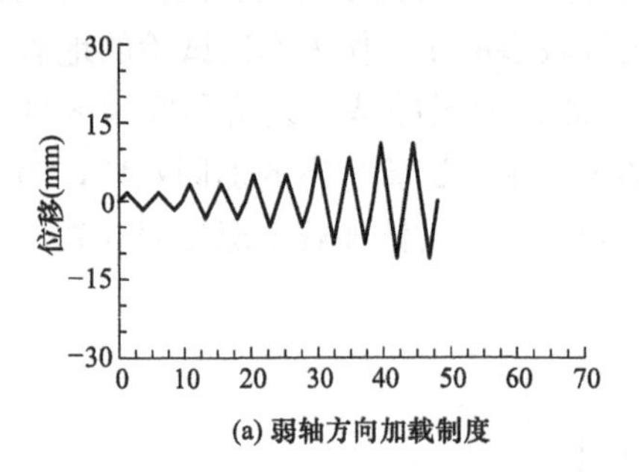

(a) 弱轴方向加载制度

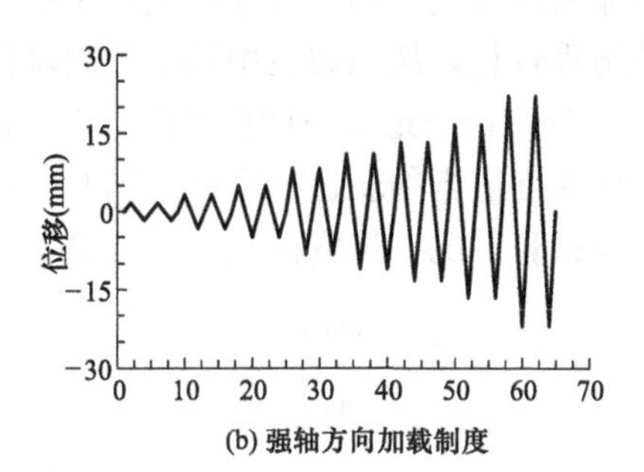

(b) 强轴方向加载制度

图 5-56 拟静力试验加载制度

5.4.2 试验结果分析

1. 拟动力试验结果分析

试验房屋模型两方向在 8 度大震与 9 度大震拟动力作用下，结构二层顶的位移时程曲线如图 5-57 所示。

由图 5-57 时程曲线可以看出，试验房屋模型在相当于 8 度大震（400gal）及 9 度大震（620gal）的拟动力作用下，弱轴方向对应的最大位移分别为 0.72mm（1/9166）和 1.36mm（1/4853），而强轴方向对应的最大相对位移分别是 0.4mm（1/16500）和 0.81mm（1/8148），房屋模型基本处于弹性阶段。现场实际观测表明，即使在 620 伽的拟动力作用下，砌体墙体几乎未出现裂缝，只是在房屋四角构造柱底部有细微的裂缝。

试验房屋模型两方向在 8 度大震与 9 度大震拟动力作用下，结构的基底剪力-二层顶位移滞回曲线如图 5-58 所示。

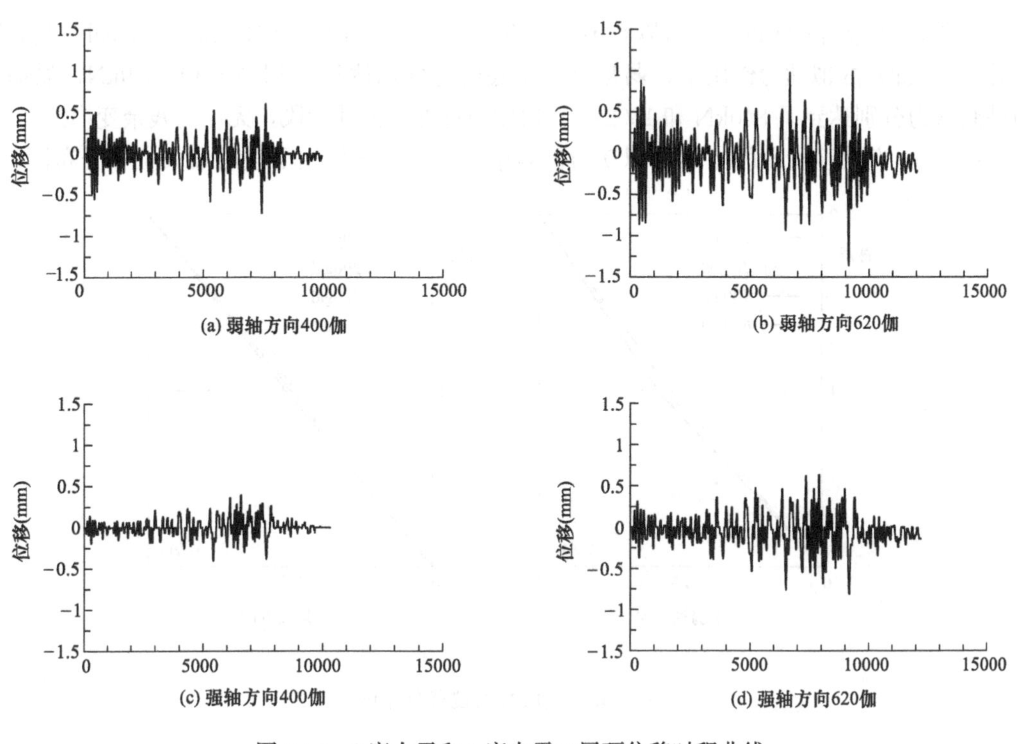

图 5-57　8 度大震和 9 度大震二层顶位移时程曲线

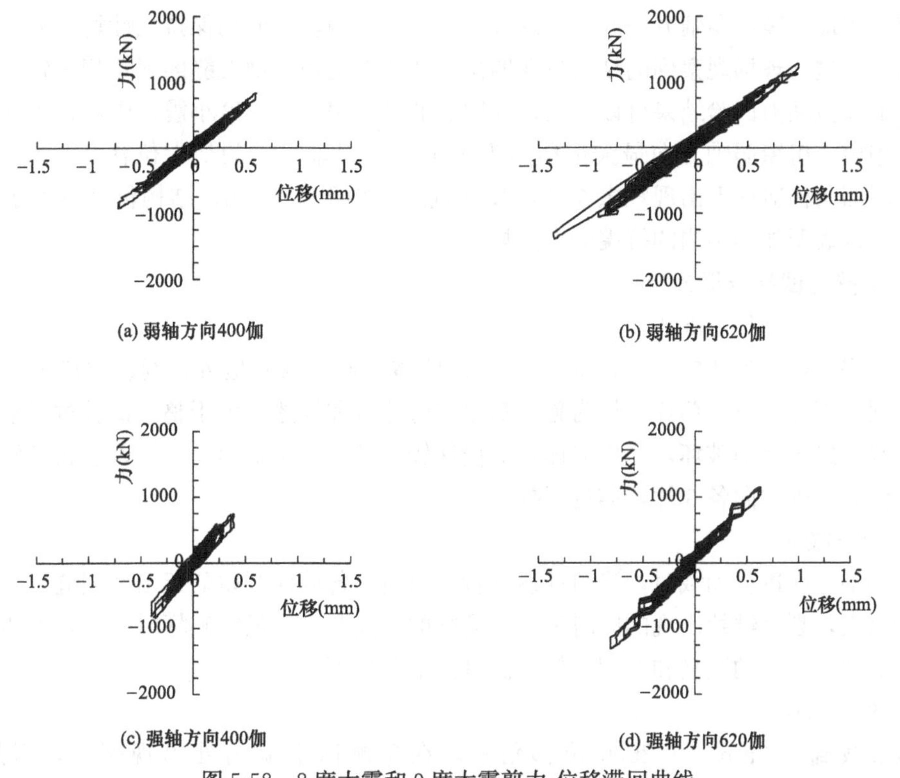

图 5-58　8 度大震和 9 度大震剪力-位移滞回曲线

由图 5-58 滞回曲线进一步可以看出，试验房屋模型在相当于 8 度大震（400gal）及 9 度大震（620gal）的拟动力作用下，弱轴方向基底剪力分别达到了 914kN 和 1389kN，强轴方向基底剪力分别达到了 840kN 和 1302kN。房屋模型处于弹性阶段，无任何残余变形。

图 5-59 为试验房屋两方向在拟动力试验中各工况地震作用下楼层最大位移分布图。

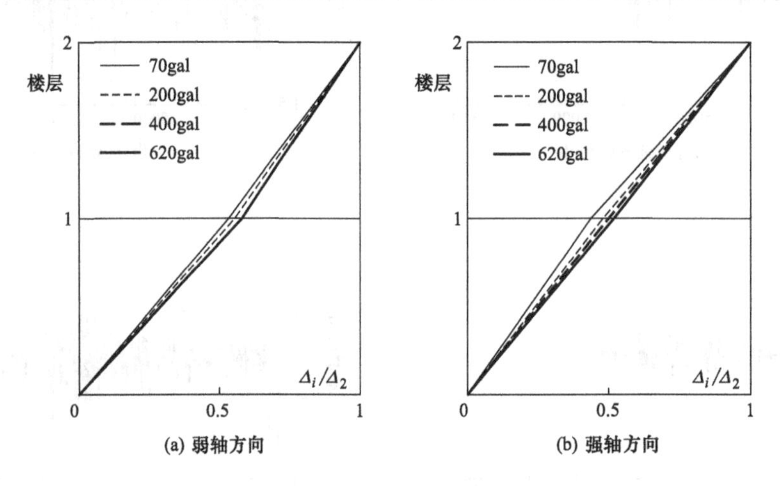

图 5-59　楼层最大位移分布图

可以看出，当地震波加速度幅值不超过 400 伽时，试验房屋两层的层间位移基本呈线性均匀分布，表明结构处于弹性状态，当地震波加速度幅值达到 620 伽时，弱轴方向底层变形略有增加，表明弱轴方向底层出现轻微损伤，而强轴方向仍保持线性均匀分布，几乎为零损伤，这与现场观察到的结构只在四角构造柱上出现轻微裂缝的现象相一致。

从上述拟动力试验结果可以看出，加固后的试验房屋在 8 度小震、中震、大震与 9 度大震作用后，房屋弱轴方向最大位移角为 1/4853，强轴方向的最大位移角只有 1/8148，只是房屋四角构造柱上出现轻微裂缝，裂缝宽度均小于 0.1mm，结构仍基本处于弹性工作阶段，这表明加固结构的抗震能力大幅度提高。

2. 拟静力试验结果分析

（1）受力全过程与破坏形态

试验房屋模型为两层结构，每层有 17 片墙体。各片墙体是否开洞、洞口位置等均不完全相同，因此本节以单片墙体为独立对象进行分析和描述。由于整个试验过程中，主要是首层墙体发生剪切破坏，二层墙体相对损伤较轻微，限于篇幅，选择首层较有代表性的弱轴方向和强轴方向各 3 片墙体进行描述。

1）弱轴方向

对弱轴方向进行加载时，当荷载达到特定值后，各墙体开始陆续出现裂缝；随着荷载的持续增大，裂缝继续出现的同时某些主裂缝的宽度变宽；最终破坏时一层各墙体裂缝较二层对应墙体裂缝的数量和宽度均较大。具体情况如下：

0109 号墙片

当加载到 3.3mm（1/2000 位移角）时在左侧窗下墙角处出现裂缝，当加载到 8.25mm（1/800 位移角）时出现沿窗下墙左下至右上的较长斜裂缝，加载到 11mm

（1/600位移角）时，洞口右侧墙体中部出现斜裂缝，缝宽1.5mm，窗下墙裂缝宽度增加到3mm。随着位移的增加裂缝逐渐分布到整个墙身，至加载结束时裂缝分布如图5-60所示，最大缝宽4mm。

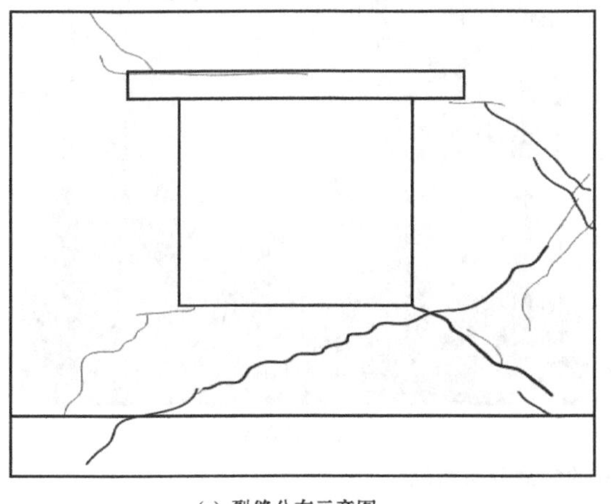

(a) 裂缝分布示意图

(b) 墙体裂缝照片

图5-60 墙片0109的裂缝分布情况

0113号墙片

当加载到8.25mm（1/800位移角）时墙体出现第一条裂缝，加载到－8.25mm（－1/800位移角）时裂缝宽度达到2mm，随着荷载的增加裂缝逐渐发展到整个墙身，当加载到13.2mm（1/500位移角）时，无新裂缝产生，最大裂缝宽度达到1cm，其最终裂缝分布如图5-61所示。

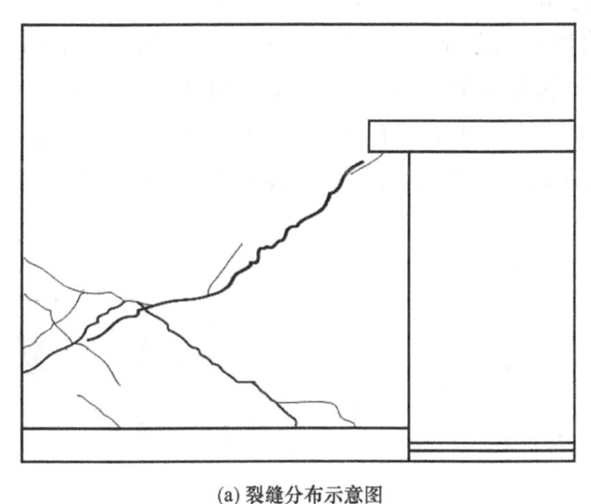

(a) 裂缝分布示意图

(b) 墙体裂缝照片

图5-61 墙片0113的裂缝分布情况

0116号墙片

当加载到3.3mm（1/2000位移角）时，窗角处开始出现微小斜裂缝，随着荷载的增加裂缝逐渐增多，当加载到＋8.25mm（1/800位移角）时，最大缝宽达到3mm，当加载到－8.25mm（－1/800）、11mm（1/600）、－11mm（－1/600）、13.2mm（1/500）时最大裂缝宽度分别为 5mm、8mm、1.2cm、1.5cm。当加载到－13.2mm（－1/500 位移角）时，洞口右侧墙体破坏严重，缝宽达到 2.5cm。墙体最终破坏形态如图 5-62 所示。

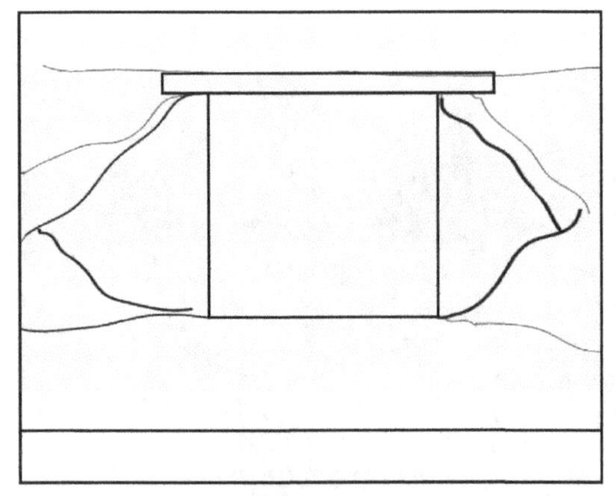
(a) 裂缝分布示意图

(b) 墙体裂缝照片

图 5-62 墙片 0116 的裂缝分布情况

2）强轴方向

强轴方向加载时，对应方向墙体的试验历程和破坏形态总体上和弱轴方向墙体相似。具体墙体描述如下：

0102 号墙片

当加载到 1.65mm（1/4000 位移角）时，门洞上方出现第一条水平裂缝，宽约 0.6mm。加载至 8.25mm（1/800 位移角）时，裂缝都集中在门洞上方和与 0109 号墙片接触的墙端部，且裂缝较短，最大裂缝宽度为 3mm。当加载到－8.25mm（－1/800 位移角）时出现第一条从墙左下角到门左上角的贯穿斜裂缝，缝宽 0.75mm。加载到 11mm（1/600 位移角）时，出现与 0101 号墙片交叉的斜裂缝，缝宽 1.2mm。随着荷载的增加裂缝主要沿着这两条交叉裂缝延伸扩展，当加载到－16.5mm（－1/400 位移角）时，裂缝宽度达到 18mm，且有砖压碎。至加载结束时最大裂缝宽为 27mm，有砖发生明显压碎，最终裂缝如图 5-63 所示。

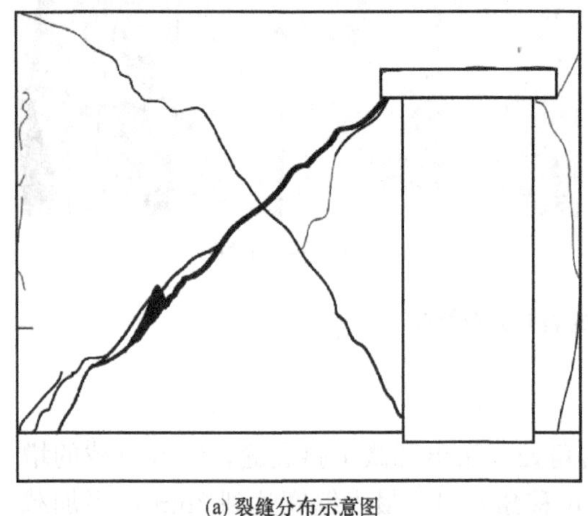
(a) 裂缝分布示意图

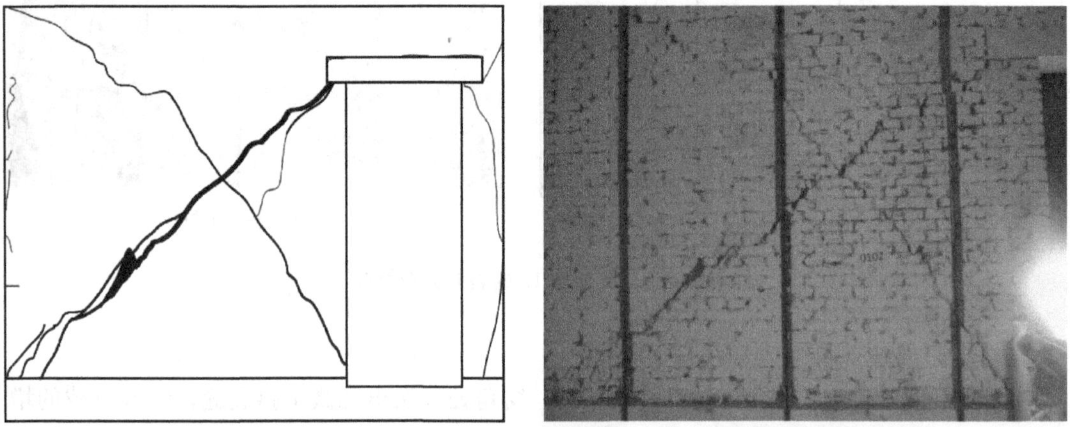

(b) 墙体裂缝照片

图 5-63 墙片 0102 的裂缝分布情况

0103 号墙片

该片墙体一侧进行了砂浆抹面装饰，另一侧未做处理。当加载到－1.65mm（－1/4000 位移角）时未装修面出现裂缝，裂缝分布在与 0110 号墙片的连接处和门洞东侧，缝宽分别为 0.4mm 和 0.2mm。随着位移的增大，裂缝沿着门洞四角开展，最大裂缝宽 1.8mm。当加载到－8.25mm（－1/800 位移角）时，出现墙左下角到门洞左上角的贯穿斜裂缝，裂缝最宽处为 0.8mm。当加载到 13.2mm（1/500 位移角）时出现与－8.25mm 加载位移相交叉的斜裂缝，最大裂缝宽度为 9mm。随着荷载的增加，裂缝沿着这两条主交叉裂缝开展加宽并出现若干小裂缝，且当加载到 16.5mm（1/400 位移角）时整面墙开始错位，最终裂缝如图 5-64a 和图 5-64b 所示，最大裂缝宽度达到 35mm。

当开始加载时装修面门洞右上角面层上便出现水平裂缝，缝宽 1.2mm。随着荷载的增加裂缝迅速增多，但都是水平微小裂缝。当加载到－8.25mm（－1/800 位移角）时出现斜裂缝，裂缝宽度为 0.5mm，当加载到－11mm（－1/600 位移角）时，该斜裂缝宽度增加到 3mm，有抹灰剥落。加载到 13.2mm（1/500 位移角）时，出现与上述斜裂缝交叉的斜裂缝，裂缝宽度 10mm，抹灰大面积脱落。随着荷载的增加裂缝主要是沿着这两条斜

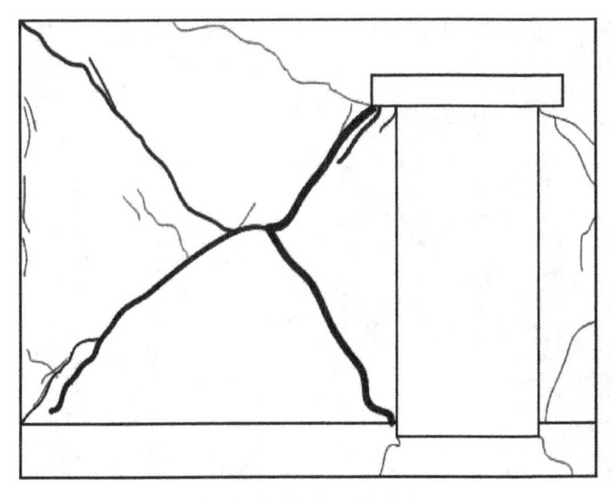

(a) 未装修面最终裂缝图

(b) 未装修面墙体裂缝照片

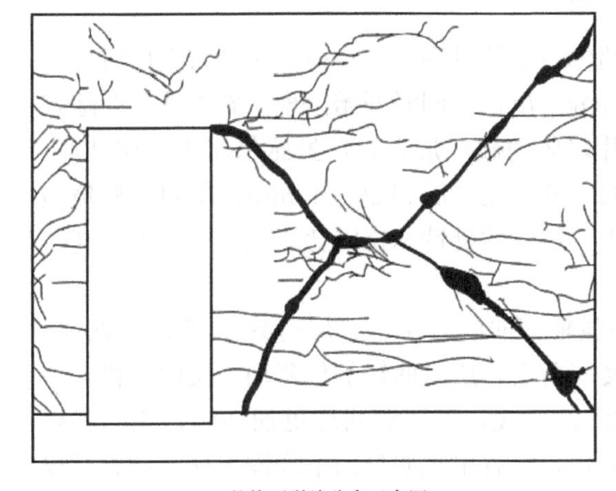

(c) 装修面裂缝分布示意图

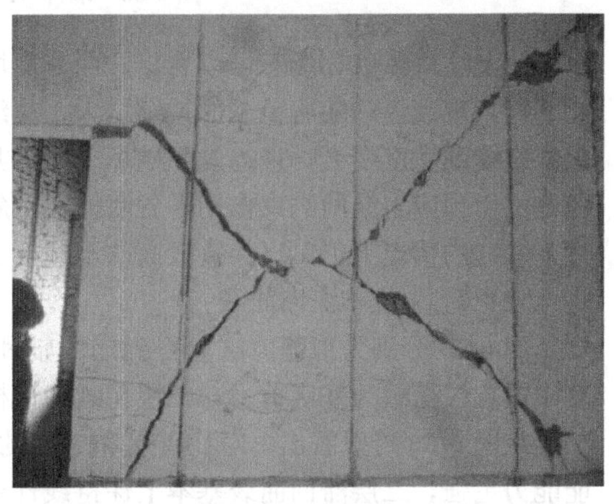

(d) 装修面墙体裂缝照片

图 5-64 墙片 0103 的裂缝分布情况

裂缝加宽扩展，当加载到－22mm（－1/300 位移角）时装修面面层剥落，裂缝最宽处是 39mm，其最终裂缝如图 5-64c 和图 5-64d 所示。

0105 号墙片

刚开始加载时窗左下角便出现一条斜裂缝，宽度为 0.3mm。直到加载到－4.95mm（－3/4000 位移角）时裂缝都是出现在窗角处，缝宽最大时达到 0.65mm。加载到 8.25mm（1/800 位移角）时窗下墙体出现斜裂缝，缝宽 0.25mm，原裂缝最大宽度为 1.6mm。当加载到－11.0mm（－1/600 位移角）时，窗左侧墙体出现较长斜裂缝，缝宽 0.5mm，此时窗右下斜裂缝最大宽度为 5mm。位移幅值为 13.2mm（1/500 位移角）时，出现与上一工况相交叉的斜裂缝，裂缝宽度 2.5mm，右侧出现宽度为 3mm 的斜裂缝，当加载到－13.2mm（－1/500 位移角）时，窗右侧墙体出现与上一工况交叉的斜裂缝，宽度为 3mm，此工况加载时出现墙体开裂的声音。在随后的加载过程中裂缝主要是沿着窗左右的交叉裂缝延伸加宽，当加载到－22mm（－1/300 位移角）时，墙片脱落，右数第 2 个预应力筋端部发生扭转，右侧裂缝宽 35mm，窗左下角压碎一块砖，左侧新出现裂缝宽度为 5mm 的斜裂缝。其最终裂缝如图 5-65 所示。

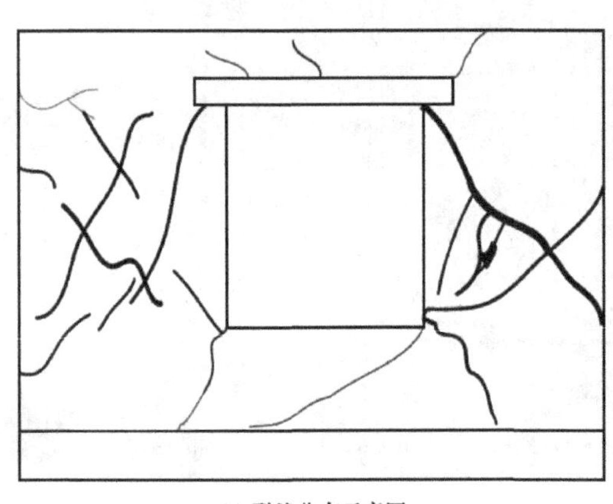

(a) 裂缝分布示意图

(b) 墙体裂缝照片

图 5-65　墙片 0105 的裂缝分布情况

从上述墙体破坏形态可以看出，两方向墙体在加载过程中，当荷载达到特定值后，开始陆续出现裂缝；随着荷载的持续增大，裂缝继续出现的同时开始出现主斜裂缝，并随着主斜裂缝的宽度变大，最终发生破坏。从各片墙体的破坏形态看，虽然仍属于剪切破坏，但是由于预应力筋的约束作用，各墙体在主斜裂缝宽度开展到 20～40mm、层间位移角超过 1/200 的情况下仍可以保持较高的承载能力，房屋的延性和抗震耗能能力大幅度提高。

（2）荷载-位移滞回曲线

图 5-66 分别为拟静力试验得到的弱轴和强轴方向的首层、二层荷载-位移滞回曲线。其中，首层荷载为基底剪力，二层荷载为该楼层剪力，所有曲线的位移均为层间位移。

从图 5-66 可以看出，对比首层和二层的滞回曲线，首层滞回环更加饱满，说明其耗能能力更强，二层滞回曲线基本上保持线性变化，没有出现明显的下降段，这与试验过程中二层破坏十分轻微的现象相吻合。两方向最终的破坏均发生于首层，其中强轴方向较弱轴方向的延性更好，承载力更高，同时滞回环更为饱满，耗能能力更大。

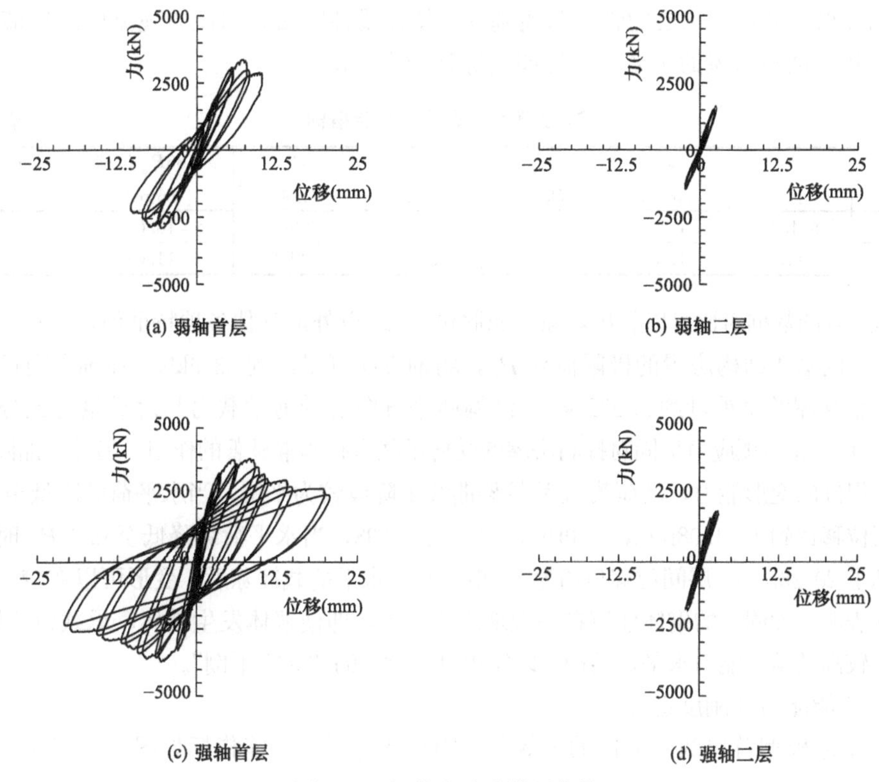

图 5-66 拟静力试验滞回曲线

（3）剪力-位移骨架曲线

试验房屋模型强轴和弱轴方向拟静力试验得到的剪力-位移骨架曲线如图 5-67 所示。

由图 5-67a 可以看出，首层的骨架曲线开始为线性变化，然后随着荷载的增加，承载力达到最大值后有明显的下降段，且下降段较为平缓，表明结构可以在荷载保持的情况下发生较大的位移，具有明显的延性破坏特征。这表明后张预应力加固技术的应用改变了砌体结构房屋的破坏形态，由原来的危险突变的脆性破坏转为安全的具有一定延性的延性破坏。

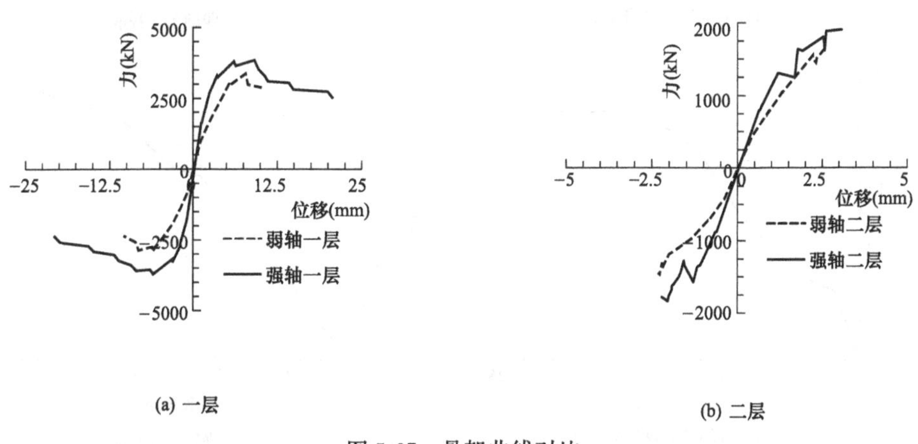

图 5-67 骨架曲线对比

由图 5-67b 可知，二层的骨架曲线基本保持在线性阶段，与试验现象中二层墙片轻微破坏相一致。试验房屋的主要受力性能指标列于表 5-8。

试验模型主要受力性能指标 **表 5-8**

结构方向	P_{cr} (kN)	Δ_{cr} (mm)	P_y (kN)	Δ_y (mm)	P_u (kN)	$0.85P_u$ 位移 (mm)	$0.65P_u$ 位移 (mm)
弱轴	874.33	1.00	2963.93	5.00	3369	10.03	—
强轴	1611.98	1.22	3113.08	3.07	3852	11.08	20.26

从表 5-8 的数据对比可以看出，除了屈服位移 Δ_y 以外的其他各项特征值，强轴均优于弱轴。加固后的砌体结构房屋的极限荷载 P_u，弱轴方向可以达到 3369kN，强轴方向可以达到 3852kN，而房屋的总重量约为 2723kN，结构两个方向的受剪承载力与总重量之比分别达到 1.24 和 1.41，表明预应力加固对提高房屋的受剪承载力有非常显著的作用。另外，加固后的结构表现出很好的变形能力，其荷载-位移骨架曲线下降段较为平缓，当水平荷载降低至 $0.85P_u$ 时，首层位移达到了 11.08mm，层间位移角约为 1/298，当水平荷载降低至 $0.65P_u$ 时，首层位移达到了 20.26mm，层间位移角约为 1/162，且当水平荷载卸除后，变形可以在较大程度上恢复。这表明，加固后的砌体建筑在超大地震作用下，即使墙体发生破坏，承载力开始下降，仍可维持较高的承载能力水平，结构可以实现真正意义的“大震不倒”。

（4）耗能能力和刚度退化

试验房屋模型首层两个方向的等效黏滞阻尼比与循环耗能指标如图 5-68 所示。

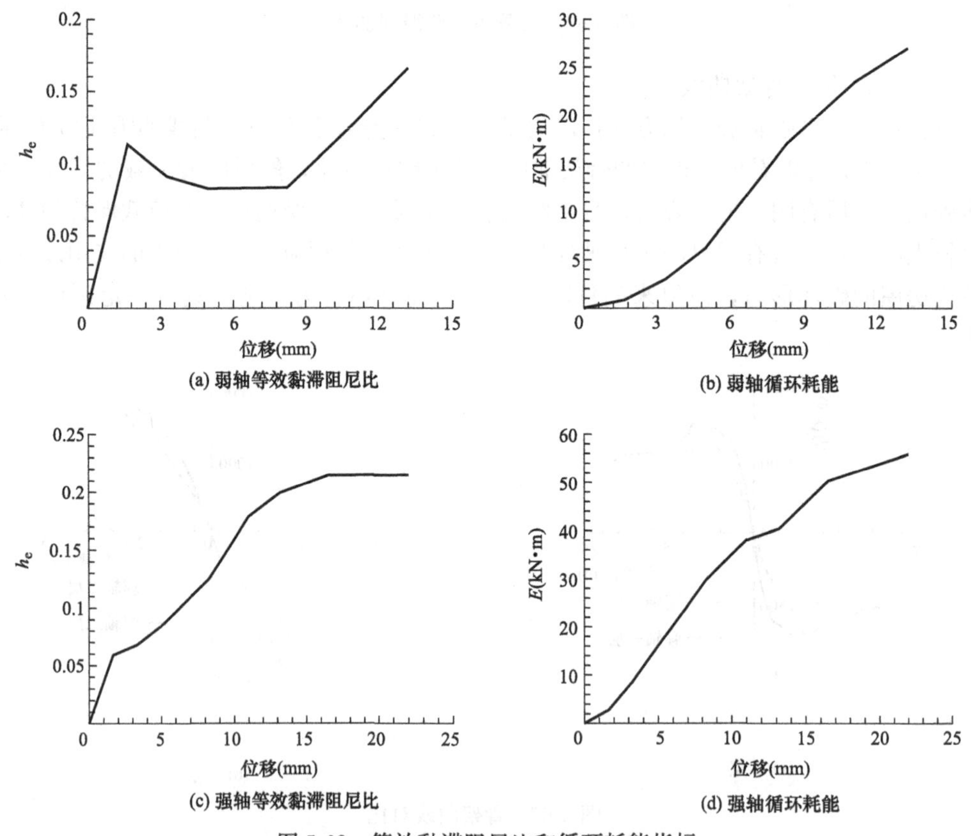

图 5-68 等效黏滞阻尼比和循环耗能指标

由图 5-68 可知，结构房屋强轴和弱轴的等效黏滞阻尼比最大分别为 0.22 和 0.17，说明强轴方向的耗能能力优于弱轴方向。同时，强轴方向和弱轴方向的循环耗能值分别达到了 69kN · m 和 28kN · m，同样反映出强轴方向的耗能能力更强。后张预应力加固房屋后，可卓有成效地提高既有砌体结构的耗能能力，在地震力作用下能有效保护房屋的安全性。

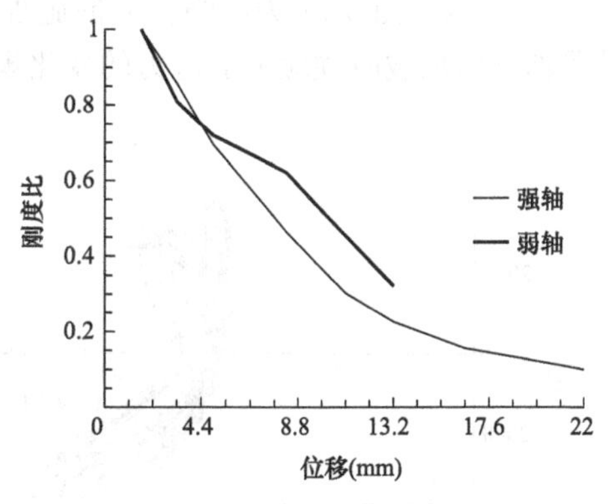

图 5-69 首层退化刚度比

试验房屋模型在反复荷载作用下，随着加载循环和位移幅值的增大，塑性变形不断发展，裂缝宽度增大，强度降低，刚度逐渐退化。图 5-69 为试验房屋首层沿两个方向的退化刚度比随位移变化的关系曲线。图中，纵坐标为退化刚度与初始弹性刚度之比，横坐标为水平位移。

从图 5-69 中可以看出，房屋强轴方向的刚度退化比弱轴的快。结构在 4.4～13.2mm 之间刚度下降速率较快，但 13.2mm 之后变化速率减小，基本趋于平缓。

(5) 楼层位移分布

图 5-70 为试验房屋两方向在拟静力试验中各工况楼层最大位移分布图。

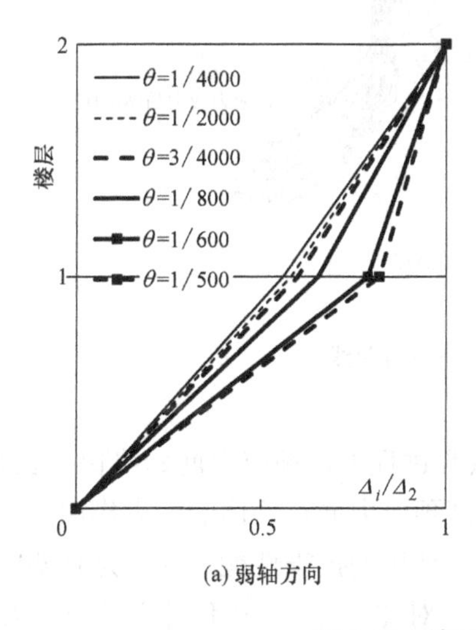

(a) 弱轴方向

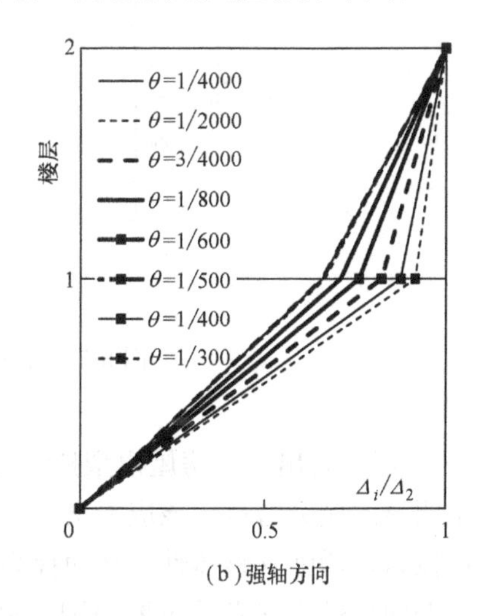

(b) 强轴方向

图 5-70 楼层最大位移分布图

从图 5-70a 可以看出，试验房屋沿弱轴方向，当加载位移角不超过 3/4000 时，首层和二层层间位移分布较为均匀，表明结构破坏较为轻微，当加载位移角超过 1/800 时，首层出现越来越明显的变形集中，发生较为严重的破坏。从图 5-70b 可以看出，试验房屋沿强轴方向，当加载位移角为 1/4000 时，首层的层间位移就明显大于二层层间位移，这主要是由于强轴方向拟静力试验是在弱轴方向之后进行，弱轴方向墙体加载至破坏时，对强轴方向也会造成一定程度的损伤。随加载位移角的增加，首层出现越来越明显的变形集中，到最终破坏时，首层层间位移占到房屋总位移的 91.5%。

(6) 预应力筋应力曲线

试验中采用穿心式压力传感器测试了部分预应力筋应力的变化。预应力筋测点编号如图 5-51 所示。图 5-71 为沿强轴方向施加拟静力荷载时，部分预应力筋应力的变化情况。沿弱轴方向加载时预应力筋应力的变化规律与之相似，限于篇幅，不再列出。

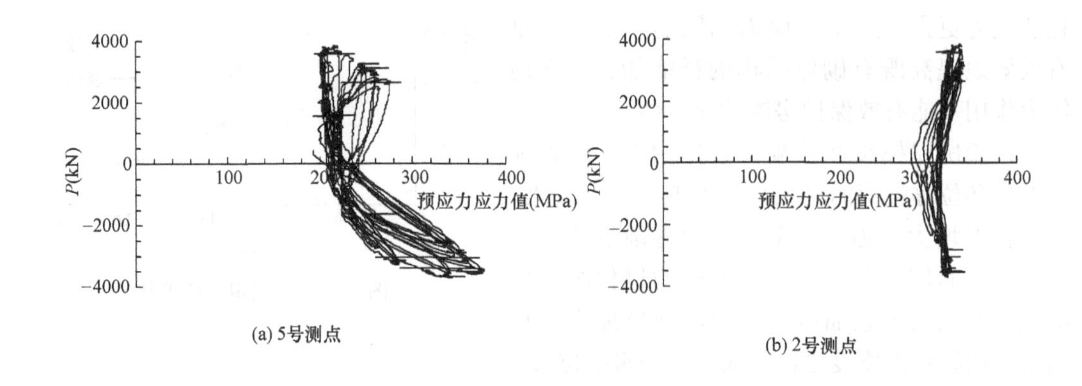

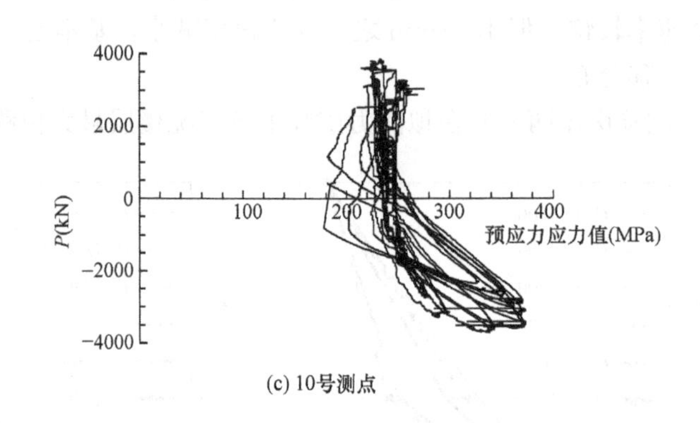

图 5-71　预应力筋应力曲线

从图 5-71 可以看出，在房屋模型拟静力试验过程中，预应力筋始终保持在弹性状态，同时将产生明显的应力增量，该应力增量会提高预应力筋对墙体的约束作用，将离散性较大的砖砌体拉紧，增强其整体性，从而提高砌体结构的抗震性能。这也是骨架曲线下降段较为平缓、滞回环较为饱满的重要原因。另外，对比图 5-71 中不同位置预应力筋的应力变化情况还可以看出，当沿某一方向加载时，与该方向平行的墙体的预应力筋会有更为显著的应力增量，而与之垂直方向的墙体预应力筋增量较小，表明墙体主要承受面内荷载。但是，对于布置在角部或纵横墙交点的预应力筋，沿两个方向加载均会有较大的应力增量，表明该部位的预应力筋可以对墙体端部起到有效的边缘约束作用。

3. 动力测试结果

整个试验过程中，采用超低频测振仪，通过拾振器对房屋模型在各工况下的自振频率进行了测试。拾振器放置在建筑物每层靠中央的部位，测扭转时一层保持不变，二层移动到建筑物角部。图 5-72 为实测第一自振频率随工况变化的情况，图中分别为结构弱轴南北向（NS）、强轴东西向（EW）、扭转（TT）一阶频率。

从图 5-72 可以看出，结构采用预应力加固前后的自振频率几乎没有变化，表明预应力加固基本不改变结构的弹性刚度。结构在经历相当于 9 度大震的拟动力加载试验后，南北向自振频率降低了 6%，东西向只降低了 1.1%，扭转频率降低了 6.1%，表明结构损伤较小，且结构两方向刚度的耦合作用不明显，一个方向的破坏并不会显著影响到另一个方向，而扭转刚度受两个方向的影响，任一方向的破坏都会引起自振频率的下降，导致扭转刚度的降低。拟静力工况，三个方向的自振频率均出现显著下降，表明结构破坏程度逐步加深，这是与试验观察到的现象相一致的。

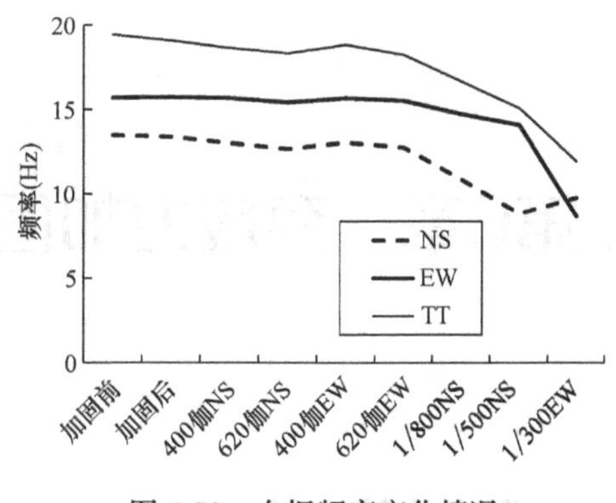

图 5-72 自振频率变化情况

5.4.3 试验研究结论

进行了一栋两层足尺砖砌体房屋模型采用预应力技术加固后，模拟地震作用的拟动力试验与拟静力试验研究。从中可以得到如下结论：

砖砌体房屋采用竖向无粘结预应力筋加固后，抗震能力显著提高。加固前设防烈度不足 8 度的结构，加固后在经受了相当于 9 度大震（620 伽）的拟动力作用后，基本保持完好，只是房屋四角构造柱上出现轻微裂缝，首层和二层楼层位移分布均匀，整体结构仍处于弹性状态，表明该房屋在加固后，抗震能力显著提高。

拟静力试验结果表明，砖砌体房屋采用竖向无粘结预应力筋加固后，其剪力-位移滞回曲线的滞回环形状呈梭形，几乎无捏拢性，表明加固结构的抗震耗能能力显著增强，其中首层较二层的滞回曲线更加饱满。

加固后的砌体结构房屋的极限荷载，弱轴方向可以达到 3369kN，强轴方向可以达到 3852kN，而房屋的总重量约为 2723kN，结构两个方向的受剪承载力与总重量之比分别达到 1.24 和 1.41，表明预应力加固对提高房屋的受剪承载力有非常显著的作用。

加固后的结构表现出较好的变形能力，其荷载-位移骨架曲线下降段较为平缓，当水平荷载降低至 $0.85P_u$ 时，首层位移达到了 11.08mm，层间位移角约为 1/300，当水平荷载降低至 $0.65P_u$ 时，首层位移达到了 20.26mm，层间位移角约为 1/162。

试验中随着荷载的增加，预应力筋的应力均有明显的增加，但始终保持在弹性状态，当水平荷载卸除后，房屋首层墙体虽然出现较大的裂缝，但是残余变形很小。预应力筋对于被加固墙体有明显的复位作用。

试验房屋的破坏形态表明，砌体房屋采用竖向无粘结预应力筋加固后，在超大地震作用下，即使墙体发生破坏，承载力开始下降，仍可维持较高的承载能力水平，结构可以实现真正意义的“大震不倒”。

第6章 预应力加固砖砌体结构设计与施工

6.1 设计计算方法

6.1.1 设计计算原则

既有砌体结构房屋当抗震承载力不满足要求，或整体性不满足要求以及房屋中易倒塌部分不满足要求时，均可有针对性地采用后张预应力抗震加固方法。

既有砌体结构房屋进行后张预应力抗震加固设计时，应按现行国家标准《建筑抗震鉴定标准》GB 50023 规定的方法，按下式进行结构构件抗震验算：

$$S \leqslant R'/\gamma_{Rs} \tag{6-1}$$

式中：S——结构构件内力（轴向力、剪力、弯矩等）组合的设计值；计算时，有关的地震作用、作用分项系数、组合值系数和作用效应系数、内力调整等，应按现行国家标准《建筑抗震设计规范》GB 50011 的规定采用。

γ_{Rs}——抗震加固的承载力调整系数，按现行行业标准《建筑抗震加固技术规程》JGJ 116 的规定采用。

R'——调整后的结构构件承载力设计值，应按下式计算：

$$R' = \Psi_1 \Psi_2 R \tag{6-2}$$

式中：R——结构构件承载力设计值，按现行国家标准《建筑抗震设计规范》GB 50011 的规定采用；

Ψ_1——体系影响系数，取值参见现行国家标准《建筑抗震鉴定标准》GB 50023 规定；

Ψ_2——局部影响系数，取值参见现行国家标准《建筑抗震鉴定标准》GB 50023 规定。

构件的抗震承载力验算及非抗震承载力验算中，荷载取值应按现行规范采用；材料强度等级按现场实际情况确定，结构材料强度的设计指标应按现行规范采用。

砌体结构后张预应力抗震加固后结构的计算简图可不计入地震作用变化的影响，加固墙体构件的计算截面面积，仍采用实际有效的截面面积。

在预应力筋材料性能的要求方面，考虑到预应力筋与砌体的弹性模量相差很大，为避免墙体可能出现的局部应力集中而过早破坏，应选用无粘结预应力筋。同时，预应力钢材应优先选择具有低松弛性能的钢材，以减小预应力损失。因此，预应力材料应满足下列要求：

加固用预应力筋应采用无粘结预应力筋。宜选用高强低松弛钢绞线，必要时也可选用具有低松弛性能的高强钢丝、钢筋等性能可靠的预应力筋，其性能应满足现行国家标准《预应力混凝土用钢绞线》GB/T 5224 和《预应力混凝土用钢丝》GB/T 5223 的要求。加固用预应力筋的锚固系统应符合现行国家标准《预应力筋用锚具、夹具和连接器》GB/T 14370 的规定。

由于预应力的施加增加了墙体的压应力，在应用时首先应保证被加固墙体有足够的受压承载力。后张预应力技术加固砖砌体墙的设计，应满足下列要求：

原墙体砌筑的块体实际强度等级不宜低于 MU7.5，且由竖向荷载及有效预应力的合作用所产生的轴向力设计值 N 应满足下列公式：

$$N \leqslant \varphi f A \tag{6-3}$$

式中：φ——高厚比和轴向力的偏心距 e 对受压构件承载力的影响系数，按现行国家标准《砌体结构设计规范》GB 50003 的规定确定；

f——砌体的抗压强度设计值（N/mm^2）；

A——被加固砌体墙体的截面面积（mm^2）。

试验研究表明，砌体墙体的受剪承载力与预应力产生的墙体截面平均压应力呈正比；对于无筋砖砌体墙体，当竖向荷载与预应力的合作用在墙体中产生的轴压比达到 0.66 时，墙体的抗剪承载力仍然保持线性增长的趋势，但是延性和变形能力会有一定程度的降低。考虑到该项加固技术主要用于提高砌体墙体的受剪承载力，故未对轴压比的上限另行作出限制。实际上，按照公式（6-3）考虑高厚比和轴向力的偏心距对受压构件承载力的影响系数 φ 后，已经可以根据不同砂浆强度等级限制墙体的轴压比了。

预应力筋宜沿被加固墙体两侧等间距成对对称布置，预应力筋间距不宜小于 500mm，且不宜大于 2000mm。

预应力筋上端可锚固于被加固墙体顶部设置的压顶梁或墙顶传力垫块上，下端可锚固于墙体底部设置的基础传力垫块或楼层圈梁上。应验算预应力筋锚固端的局部受压承载力，保证预应力的可靠传递。

6.1.2 承载力计算

试验研究和计算分析表明，砌体墙体采用体外预应力技术加固后，由于墙体正应力的提高，提高了其受剪承载力；同时，预应力筋对砌体墙体裂缝开展的限制和抑制作用，亦对其抗剪能力提高有一定贡献。

砌体墙体采用体外预应力进行抗剪加固后，其沿通缝或沿阶梯形截面破坏时的抗剪强度设计值应按下列公式计算：

$$f_{vp} = f_v + \alpha\mu(\sigma_0 + \sigma_p) \tag{6-4}$$

$$\mu = 0.26 - 0.07\frac{(\sigma_0 + \sigma_p)}{f} \tag{6-5}$$

$$(\sigma_0 + \sigma_p) \leqslant 0.8f \tag{6-6}$$

式中：f_{vp}——体外预应力加固砌体的抗剪强度设计值；

f_v——砌体抗剪强度设计值；

f——砌体的抗压强度设计值；

α——修正系数，砖砌体取 0.6，混凝土砌块砌体取 0.64；

μ——剪压复合受力影响系数；

σ_0——永久荷载设计值产生的水平截面平均压应力；

σ_p——体外预应力产生的水平截面平均压应力。

公式（6-4）～（6-6）是在现行国家标准《砌体结构设计规范》GB 50003 的相应计算公式基础上，根据现行国家标准《建筑结构可靠性设计统一标准》GB 50068 的规定，将永久荷载分项系数改为 1.3 后，经换算得到的。其中，在确定加固砌体的抗剪强度设计值时，考虑了竖向荷载与预应力的合作用在砌体中产生的截面平均压应力对砌体抗剪强度的提高作用。

砌体墙体采用体外预应力加固后，沿通缝或沿阶梯形截面破坏时的受剪承载力应满足下式的要求：

$$V_R \leqslant V_m + V_p \tag{6-7}$$

式中：V_R——墙体加固后的剪力设计值；

V_m——原砌体墙体的受剪承载力，按现行国家标准《砌体结构设计规范》GB 50003 计算确定，计算时砌体抗剪强度设计值按式（6-4）确定；

V_p——采用体外预应力加固后墙体提高的受剪承载力。

砌体墙体采用体外预应力加固后，提高的受剪承载力可按下式计算：

$$V_p = \beta_p \sigma_{pe} A_p \tag{6-8}$$

式中：A_p——加固预应力筋横截面面积；

σ_{pe}——加固预应力筋的有效预应力；

β_p——预应力筋参与工作系数，对整截面墙，取 0.15，对开洞口墙，取 0.1。

公式（6-7）在确定加固砌体墙的截面受剪承载力时，在现行国家标准《砌体结构设计规范》GB 50003 相关计算公式的基础上，增加了加固预应力筋对承载力的提高作用项。在确定预应力加固所提高的承载力时，根据试验研究的结果，预应力筋参与工作系数对于整截面墙可以达到 0.3～0.35，对于开洞口墙可以达到 0.2～0.25，考虑到实际工程应用与试验研究的差异，适当降低了预应力筋参与工作系数的取值。

按照预应力加固技术的施工工艺，预应力筋张拉施工时表面未进行封闭处理，因此与体外预应力筋相似，加固预应力筋的预应力损失主要包括预应力筋因张拉端锚具变形和预应力筋内缩引起的预应力损失值 σ_{l1}、预应力筋由摩擦引起的预应力损失值 σ_{l2}、预应力筋应力松弛引起的预应力损失值 σ_{l4}、因砌体收缩徐变引起的预应力损失值 σ_{l5}。因此，砌体墙体采用体外预应力加固后，其预应力筋的有效预应力应按下列公式计算：

$$\sigma_{pe} = \sigma_{con} - (\sigma_{l1} + \sigma_{l2} + \sigma_{l4} + \sigma_{l5}) \tag{6-9}$$

式中：σ_{con}——加固预应力筋的张拉控制应力，不宜超过 $0.6 f_{ptk}$；

σ_{l1}——预应力筋因张拉端锚具变形和预应力筋内缩引起的预应力损失值；

σ_{l2}——预应力筋摩擦引起的预应力损失值；

σ_{l4}——预应力筋应力松弛引起的预应力损失值；

σ_{l5}——因砌体收缩徐变引起的预应力损失值。

砌体墙采用体外预应力进行抗震加固后，被加固墙体沿阶梯形截面破坏的抗震抗剪强度设计值应按下列公式确定：

$$f_{vE}=\zeta_{NP}f_{v} \tag{6-10}$$

式中：f_{vE}——预应力加固砌体沿阶梯形截面破坏的抗震抗剪强度设计值；

f_{v}——非抗震设计的砌体抗剪强度设计值；

ζ_{NP}——砌体抗震抗剪强度由于竖向荷载和预应力筋的合作用产生的正应力影响系数，应按表 6-1 采用。

砌体强度的正应力影响系数 **表 6-1**

砌体类别	$(\sigma_0+\sigma_p)/f_v$							
	0.0	1.0	3.0	5.0	7.0	10.0	12.0	≥16.0
普通砖，多孔砖	0.80	0.99	1.25	1.47	1.65	1.90	2.05	—
混凝土砌块	—	1.23	1.69	2.15	2.57	3.02	3.32	3.92

注：σ_0 为对应于重力荷载代表值的砌体截面平均压应力，σ_p 为体外预应力产生的砌体截面平均压应力。

按公式（6-10）确定砌体抗震抗剪强度时，在现行国家标准《建筑抗震设计规范》GB 50011 相关计算方法的基础上，考虑了竖向荷载与预应力的合作用在砌体中产生的截面平均压应力对砌体抗震抗剪强度的提高作用。

砌体墙体采用体外预应力进行抗震加固后，沿通缝或沿阶梯形截面破坏时的抗震受剪承载力应满足下式的要求：

$$V_{RE}\leqslant V_{mE}+\frac{V_p}{\gamma_{Rs}} \tag{6-11}$$

式中：V_{RE}——墙体加固后的抗震受剪承载力设计值；

V_{mE}——原砌体墙体的抗震受剪承载力，按现行国家标准《砌体结构设计规范》GB 50003 计算确定，计算时砌体抗震抗剪强度设计值按式（6-10）确定，承载力抗震调整系数按抗震加固的承载力调整系数取值；

V_p——采用体外预应力加固后墙体提高的受剪承载力，按式（6-8）计算；

γ_{Rs}——抗震加固的承载力调整系数，可按现行国家标准《建筑抗震加固技术规程》JGJ 116 确定。

6.1.3 预应力损失计算

砌体墙体采用体外预应力加固后，其预应力筋的预应力损失值可按表 6-2 的规定计算。

体外预应力筋的预应力损失值 **表 6-2**

引起损失的因素	符号	取值
张拉端锚具变形和预应力筋内缩	σ_{l1}	可参考本书第 2.2.6 节的规定计算
预应力筋摩擦	σ_{l2}	可参考本书第 2.2.6 节的规定计算
预应力筋应力松弛	σ_{l4}	可参考本书第 2.2.6 节的规定计算
砌体收缩和徐变	σ_{l5}	按公式(6-12)计算

砌体收缩和徐变引起的预应力损失终极值（σ_{l5}）可按下式计算：

$$\sigma_{l5}=k_{sh}E_p+k_{cr}\sigma_pE_p \tag{6-12}$$

式中：E_p——加固预应力筋的弹性模量，单位为 MPa；

k_{sh}——砌体墙体的收缩系数，可按表 6-3 确定；

k_{cr}——砌体墙体的徐变系数，可按表 6-3 确定。

砌体的收缩、徐变系数　　表 6-3

墙体类型	k_{sh}	$k_{cr}[(N/mm^2)^{-1}]$
砖砌体	0	1×10^{-5}
混凝土砌块	6.5×10^{-5}	3.6×10^{-5}

6.1.4 恢复力模型

砖砌体墙体采用后张预应力进行抗震加固后，其恢复力模型可采用刚度退化三线型恢复力模型（图 6-1）。其骨架曲线用三折线表示，滞回特性则为刚度退化型。在卸荷段按退化刚度卸荷，反向加载指向曾经到达的位移最大点。

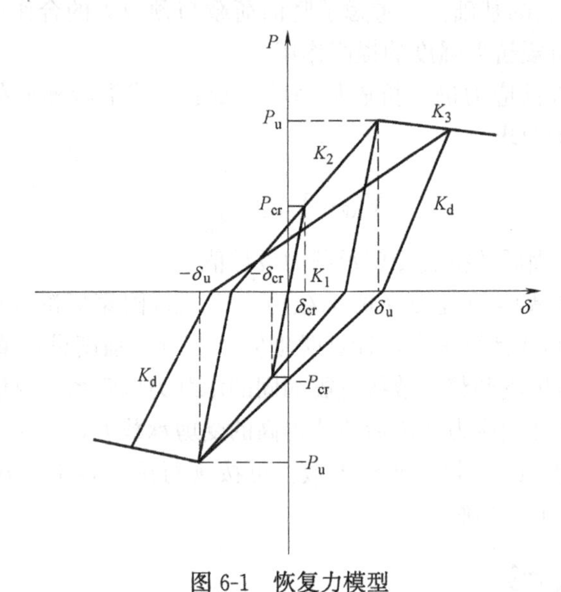

图 6-1　恢复力模型

带有构造柱的砖砌体墙体采用后张预应力进行抗震加固后，其卸荷刚度按下式计算：

$$K_d=0.74\left(\frac{\delta_{cr}}{\delta}\right)^{0.53}K_1 \tag{6-13}$$

式中：δ——卸荷时位移；

δ_{cr}——开裂位移；

K_1——初始抗侧刚度，按式（6-14）计算。

带有构造柱的砖砌体墙体采用后张预应力进行抗震加固后，其初始抗侧刚度按下列公式计算：

$$K_1=\frac{\lambda G_w A_z}{\mu H} \tag{6-14}$$

$$\lambda=\frac{1}{\left(1+\frac{G_{w}A_{z}H^{2}}{12E_{w}I_{z}\mu}\right)} \tag{6-15}$$

$$I_{z}=2A_{c}\eta\frac{E_{c}}{E_{w}}\left(\frac{L-2B_{c}}{2}\right)^{2}+\frac{t}{12}(L-2B_{c})^{3} \tag{6-16}$$

$$A_{z}=A_{w}\left(1+2\eta\frac{A_{c}G_{c}}{A_{w}G_{w}}\right) \tag{6-17}$$

式中：η——墙柱共同工作系数，取 0.26；

H——墙体高度；

A_{w}——砖砌体的截面面积；

A_{c}——每根构造柱的截面面积；

L、t——墙体的总长度和厚度；

B_{c}——构造柱的宽度；

μ——剪应力不均匀影响系数，取 1.2；

G_{w}、G_{c}——砖砌体和构造柱混凝土的剪切模量；

E_{w}、E_{c}——砖砌体和构造柱混凝土的弹性模量；

A_{z}、I_{z}——折算面积和折算面积惯性矩。

带有构造柱的砖砌体墙体采用后张预应力进行抗震加固后，其开裂荷载按下式计算：

$$P_{cr}=\frac{f_{vE}A_{z}}{1.2} \tag{6-18}$$

式中：f_{vE}——预应力加固砌体沿阶梯形截面破坏的抗震抗剪强度设计值，按式（6-10）计算。

带有构造柱的砖砌体墙体采用后张预应力进行抗震加固后，其开裂后刚度与下降段刚度分别按下列公式计算：

$$K_{2}=0.20K_{1} \tag{6-19}$$

$$K_{3}=-0.13K_{1} \tag{6-20}$$

无筋砖砌体墙体采用后张预应力进行抗震加固后，其卸荷刚度按下式计算：

$$K_{d}=\left(\frac{\delta_{cr}}{\delta}\right)^{0.53}K_{1} \tag{6-21}$$

式中：δ——卸荷时位移；

δ_{cr}——开裂位移；

K_{1}——初始抗侧刚度，按式（6-22）计算。

无筋砖砌体墙体采用后张预应力进行抗震加固后，其初始抗侧刚度按下列公式计算：

$$K_{1}=\frac{\lambda G_{w}A_{w}}{\mu H} \tag{6-22}$$

$$\lambda=\frac{1}{\left(1+\frac{G_{w}A_{w}H^{2}}{12E_{w}I_{w}\mu}\right)} \tag{6-23}$$

$$I_{w}=\frac{tL^{3}}{12},A_{w}=L\cdot t \tag{6-24}$$

式中：H——墙体高度；

A_w——砖砌体的截面面积；

L、t——墙体的总长度和厚度；

μ——剪应力不均匀影响系数，取1.2；

G_w——砖砌体的剪切模量；

E_w——砖砌体的弹性模量。

无筋砖砌体墙体采用后张预应力进行抗震加固后，其开裂荷载按下式计算：

$$P_{cr}=\frac{f_{vE}A_w}{1.2} \tag{6-25}$$

式中：f_{vE}——预应力加固砌体沿阶梯形截面破坏的抗震抗剪强度设计值，按式（6-10）计算。

无筋砖砌体墙体采用后张预应力进行抗震加固后，其开裂后刚度与下降段刚度分别按下列公式计算：

$$K_2=0.33K_1 \tag{6-26}$$

$$K_3=-0.10K_1 \tag{6-27}$$

6.2 施工工艺

6.2.1 构造与防护

考虑到减少施工工艺可能对墙体造成的损伤，同时应保证墙体均匀受压，避免出现平面外弯矩，体外预应力加固砌体墙体时，预应力筋宜沿墙体两侧竖向直线布置，且其布置应使墙体面内对称受力。体外预应力筋宜沿砌体墙体等间距布置，预应力筋间距不宜小于500mm，也不宜大于2000mm。

由于国内施工设备条件的限制，体外预应力技术加固砖砌体墙体的实施，主要推荐采用沿墙体两侧对称布筋的体外预应力加固方式，体外预应力筋可外置于墙体表面，也可布置于墙体两侧剔凿出的凹槽内。如将预应力筋安装于墙体表面剔出的凹槽内，凹槽深度不宜大于50mm，并在表面进行防护处理，这样做基本可以不改变建筑的外观，也不减少使用面积。

典型预应力加固砖墙的示意图如图6-2所示。预应力筋锚固端结构或垫块的设置主要是为满足墙体的局部承压要求，同时保证预应力作用可靠、均匀地传递给加固墙体。现场实施时，为保证预应力筋的可靠传递，应设置必要的传力结构。预应力筋张拉端和固定端应通过锚固装置锚固于墙体上，锚固装置应保证传力可靠、构造合理、满足墙体局部受压承载力要求。预应力筋锚固装置可采用现浇或预制钢筋混凝土装置，也可采用钢制装置。锚固装置除应按现行国家有关标准进行承载能力极限状态计算和正常使用极限状态验算外，尚应对其与墙体的连接进行承载力极限状态计算。

由于砌体墙体抗压强度远低于混凝土抗压强度，在建立预应力的过程中要确保其局部受压承载力满足要求。与锚固装置连接处的砌体墙体应按现行国家有关标准进行局部受压承载力验算。在预应力张拉阶段和承载力极限状态局部受压承载力验算中，局部压力设计值应取 1.3 倍张拉控制力进行计算。

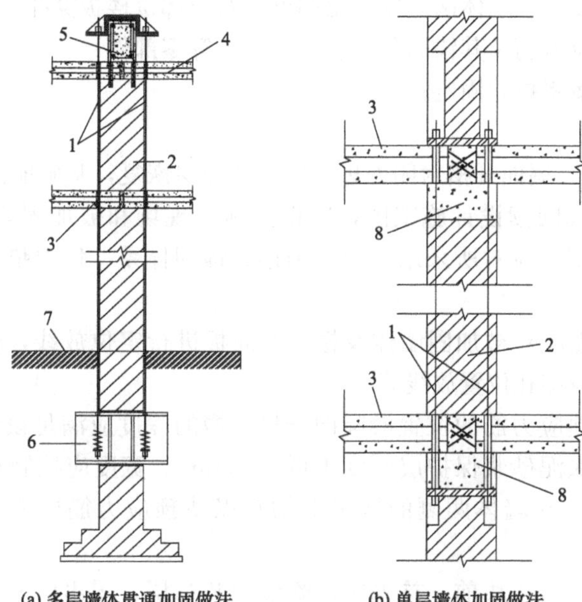

图 6-2　预应力加固砖墙示意图

1—无粘结预应力筋；2—墙体；3—楼板；4—屋面板；5—压顶梁；6—基础传力垫块；7—首层地面；8—圈梁

体外预应力筋加固砌体墙体后，其全套加固构件，包括预应力筋和锚具等均应进行相应的耐腐蚀和防火保护，以保证加固结构的耐久性能和安全使用。

体外预应力筋张拉锚固后，应对锚具及外露预应力筋进行防腐处理。对于内嵌于混凝土锚固装置的锚具，其锚具封闭应满足现行行业标准《无粘结预应力混凝土结构技术规程》JGJ 92 的有关规定；对于外露于锚固装置的锚具，应设置全密封防护罩，可在防护罩内灌注环氧砂浆或其他防腐蚀材料。

当预应力筋布置于墙体两侧凹槽内时，应采用水泥砂浆对凹槽进行表面封闭处理。预应力筋水泥砂浆保护层厚度应不低于 20mm，封闭用水泥砂浆的强度等级应不低于 M10。

当预应力筋外置于墙体表面时，应采用外套管并在管内填充防腐蚀材料对预应力筋进行防腐蚀保护。钢制锚固装置应采取防腐蚀措施，并按防腐蚀年限进行定期维护。

体外预应力加固砌体结构的耐火等级，应不低于既有砌体墙体构件的耐火等级。采用的防火保护材料和措施应符合相关国家标准的规定。

6.2.2　加固施工要点

砖砌体结构预应力加固施工可按照下列工序进行：

（1）清理原结构；

（2）在加固墙体上定位放线，标注预应力筋的位置；

（3）预应力筋张拉端部位压顶梁结构或垫块的安装施工；

（4）预应力筋固定端部位结构或垫块的安装施工；

(5) 预应力筋加工制作及锚具试装配;

(6) 在预应力筋安装部位墙体两侧剔凿出凹槽，对应部位楼板穿孔;

(7) 安装并固定预应力筋及其锚固装置、支承垫板等零部件;

(8) 按施工技术方案张拉并固定;

(9) 施工质量检验;

(10) 防护面层施工，墙面开槽封闭处理，屋面装饰层恢复，基础地面恢复。

施工准备阶段应认真阅读设计施工图，应根据施工现场和被加固墙体的实际状况，拟定施工方案和施工计划；应对所采用的预应力筋、锚固体系、传力垫块等做好施工前的准备工作。

在开始施工时，首先应对被加固墙体及楼、屋面板进行定位放线，包括墙体预应力筋位置放线，楼、屋面板穿孔位置放线等。

在墙体两侧拟安装预应力筋的位置沿竖向开槽，槽的深度应满足设计要求，并保证封闭后，预应力筋表面水泥砂浆保护层厚度不低于 20mm。宽度应控制在 25～35mm 之间。对应墙体开槽位置，在墙体两侧的楼板上钻孔以使预应力筋能够穿过，孔径一般为 20mm。

安装墙顶压顶梁或传力垫块前，首先应拆除墙顶装饰层，露出屋面结构层并安装压顶梁或墙顶传力垫块。墙顶传力垫块可以为现浇或预制钢筋混凝土结构，也可以为钢结构。如采用现浇钢筋混凝土结构，应通过化学植筋的方式使压顶梁或墙顶传力垫块与屋面板连接；如采用钢结构，应通过化学锚栓固定在屋面板上，底面应与顶层屋面板顶面紧密贴合，保证预应力可靠地传递给被加固墙体。

安装基础传力垫块前，应先根据定位位置对基础两侧进行开挖，露出墙下基础，在安装传力垫块部位基础墙上开洞并安装基础传力垫块。基础传力垫块应设置于基础部位的穿墙洞中，其中轴线与墙体轴线重合，垫块顶面应与穿墙洞的顶面紧密贴合，保证预应力可靠地传递给被加固墙体。

无粘结预应力筋安装前，应检查其规格尺寸和数量，确认可靠无误后，方可在工程中使用。预应力筋应顺直穿过楼、屋面板的孔洞，安置在墙体表面的凹槽内，在穿筋过程中应防止保护套受到机械损伤。预应力筋铺设就位后方可安装固定端和张拉端锚固节点组件。

砌体墙体后张预应力抗震加固工程的预应力施加方法，应根据设计规定的预应力大小和工程条件进行选择。当预应力值较大时，宜采用液压千斤顶进行张拉；当预应力值较小，且张拉工艺允许时，可采用人工张拉法。

当采用液压千斤顶张拉时，应定期标定其张拉机具及仪表，标定的有效期限不得超过半年。当千斤顶在使用过程中出现异常现象或经过检修，应重新标定。

安装预应力张拉设备时，应使张拉力的作用线与无粘结预应力筋的中心线重合。沿墙体两侧对称布置的预应力筋必须两根同时张拉，且张拉过程尽可能保持同步。

张拉控制应力应符合设计要求。当采用应力控制方法进行张拉时，应校核无粘结预应力筋的伸长值，当实际伸长值与设计计算伸长值相对偏差超过±6%时，应暂停张拉，查明原因并采取措施予以调整后，方可继续张拉。

张拉后应采用砂轮锯或其他机械方法切割超长部分的无粘结预应力筋，其切断后露出锚具夹片外的长度不得小于 30mm。张拉后的锚具应进行防护处理。

6.3 预应力加固单层砖木混合承重农房振动台试验研究

砖砌体结构后张预应力加固技术在北京市农村危房改造项目中开展了应用，为验证加固效果，进行了北京地区典型农村房屋结构模型采用该项技术进行加固的模拟地震振动台的试验研究。

6.3.1 模型设计

试验房屋模型原型为北京市某农村住宅，为单层三开间砖木混合承重结构房屋，开间尺寸为 3m，进深 4.2m，建筑檐口高度 3.2m，双坡屋面，屋脊高度 4.1m，墙体采用 MU10 烧结普通砖砌筑，外墙厚 240mm，砂浆强度等级为 M10。原型房屋基本无抗震设防措施。

进行了加固与未加固两个房屋模型的对比试验研究。试验模型采用缩尺模型，缩尺比例 1：2，缩尺后房屋平面尺寸为 4.5m×2.1m，檐口高 1.6m，屋脊高度 2.05m。墙厚 120mm，屋面采用木屋架上铺 10mm 厚木板五合板，板上加 100mm 厚草泥配重。模型结构平面图及立面图如图 6-3 所示。

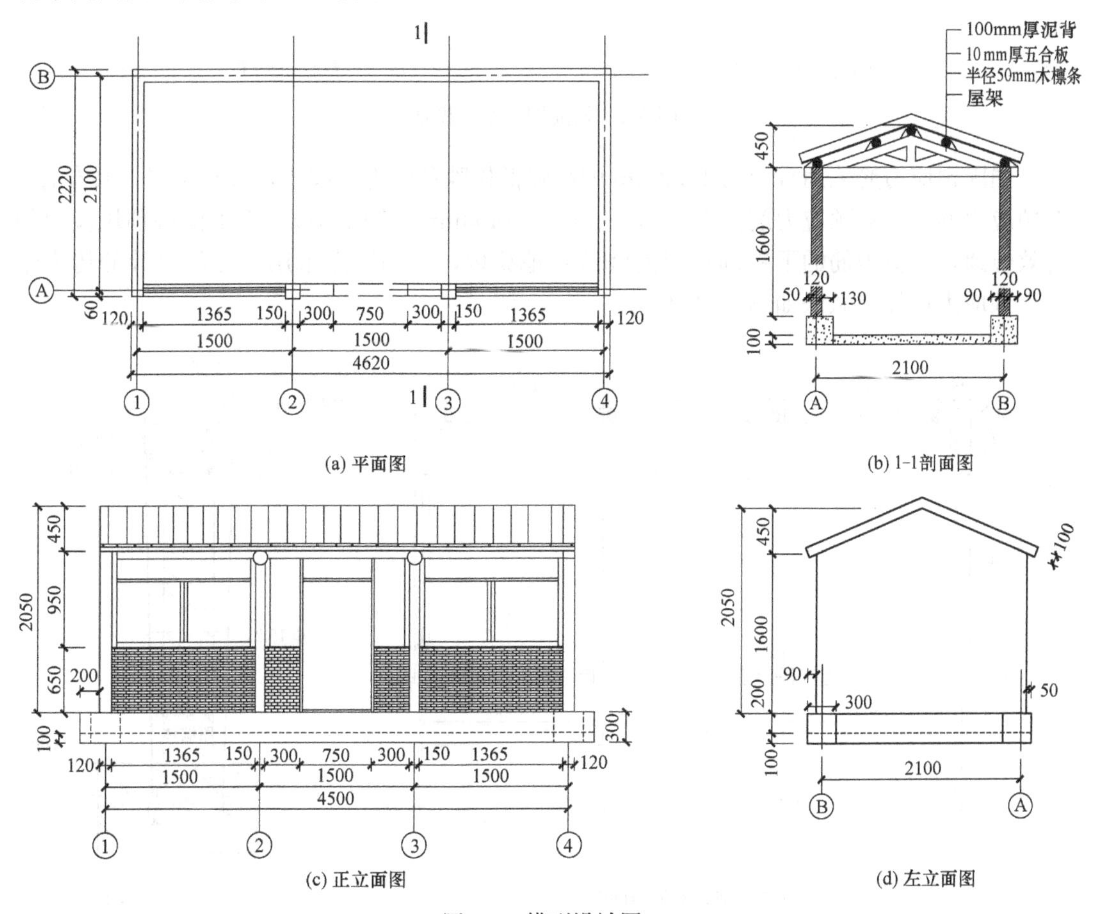

图 6-3 模型设计图

加固房屋模型采用砌体房屋预应力抗震加固技术进行了加固，主要加固措施包括：

(1) 两端山墙和后纵墙采用后张预应力加固；

(2) 房屋内部四角、纵横墙交接处采用竖向钢筋网砂浆带加固（图 6-4a）；

(3) 山墙和后纵墙顶采用水平钢筋网砂浆带加固（图 6-4b），前纵墙顶设置通长钢拉杆加固；

(4) 木屋架之间设置两道钢剪刀撑加固。

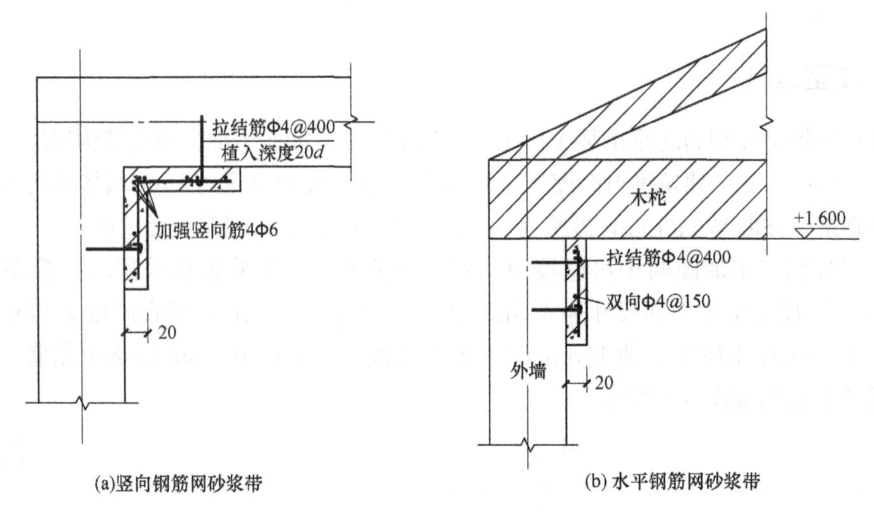

图 6-4　钢筋网砂浆带做法

加固预应力筋采用直径为 15.2mm 的高强低松弛预应力钢绞线，成对布置，共布置 8 对预应力筋，每对预应力筋间隔为 1350mm 或 1400mm（图 6-5a）。为了保持预压应力的有效传递，预应力筋的下锚固点提前浇筑在地梁内，上锚固点采用了专门设计的传力垫块，预应力筋加固做法如图 6-5b 所示。

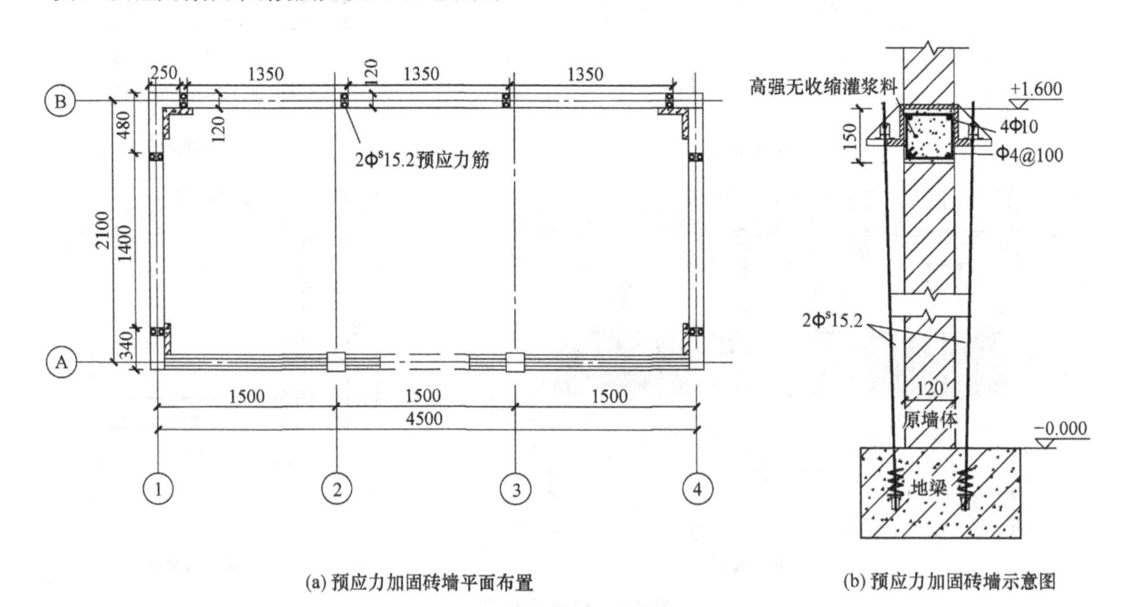

图 6-5　预应力加固设计

由于房屋墙体没有抗震构造措施，整体性较差，在房屋四角沿竖向增加钢筋网砂浆带，起到构造柱的作用。此外，在山墙和后墙顶部沿水平设置钢筋网砂浆带，在前墙顶增设钢拉杆，形成封闭圈梁体系，可以实现对房屋的整体约束。此次加固的钢筋网砂浆带均布置在墙体内侧，即在房间墙体内侧绑扎安装钢筋网，然后采用 M15 砂浆抹面并养护，单面砂浆面层的厚度为 20mm，水平与竖向钢筋直径为 4mm，并每隔一定间距设置拉结筋，植入墙体保证钢筋网与墙体的连接。其典型做法如图 6-4 所示。

该房屋屋盖沿 2、3 轴一共两道木屋架，为提高木屋架的平面外稳定性，在 1-2 轴和 3-4 轴两个端开间各设置了一道型钢剪刀撑，剪刀撑采用 Q235B 双肢不等边角钢通过节点板焊接而成，角钢截面为 L40×25×3，用以加强屋盖结构的侧向刚度和稳定性。钢剪刀撑做法如图 6-6 所示。

前述加固措施完成后，即制作完加固试验模型，加固试验模型设计图如图 6-7 所示。

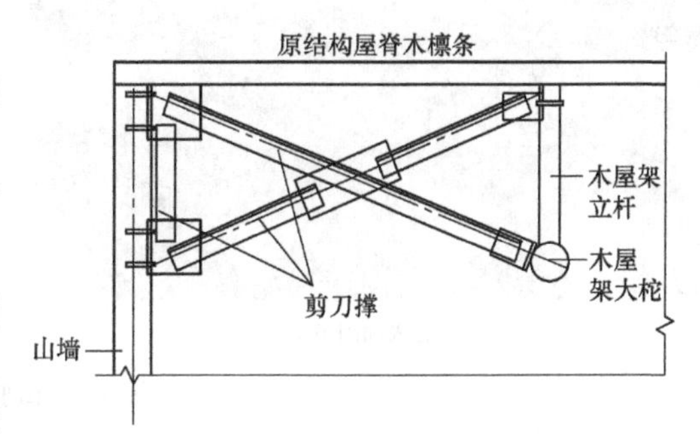

图 6-6 钢剪刀撑加固木屋架

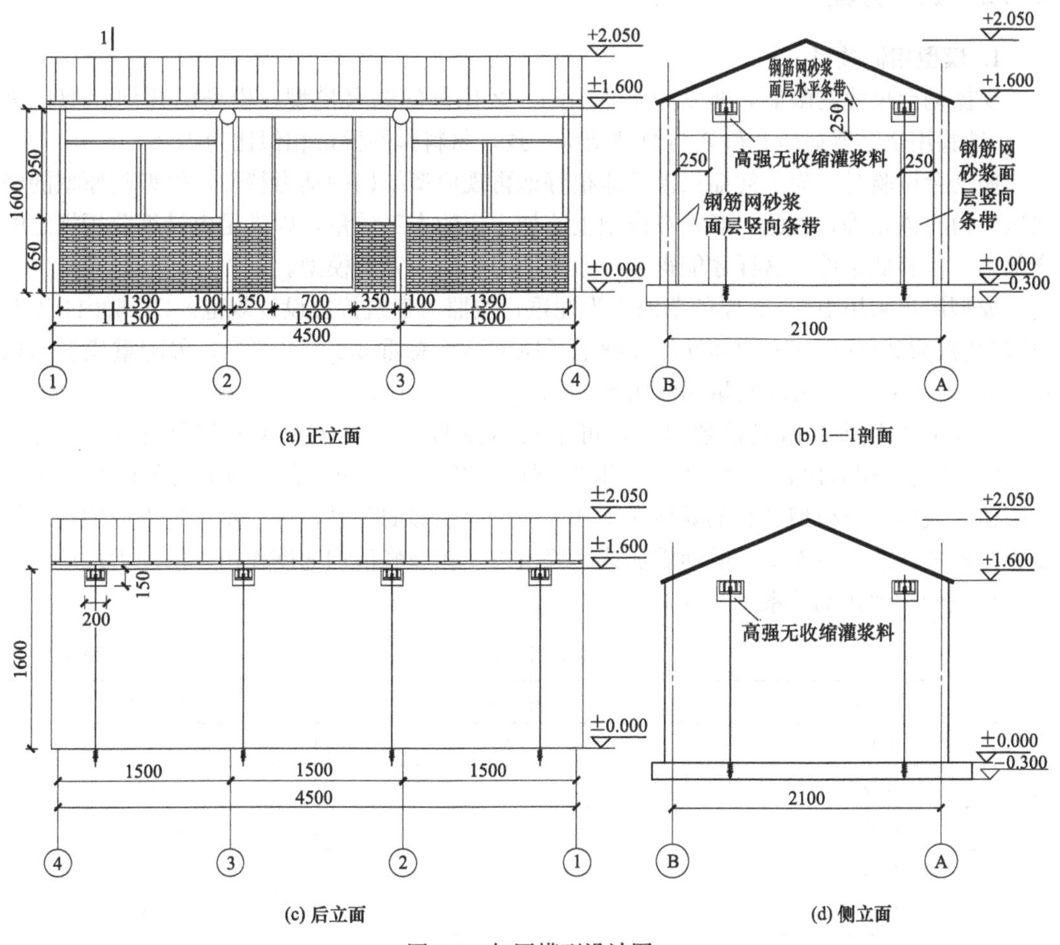

图 6-7 加固模型设计图

两个模型制作完成后的照片如图 6-8 所示。

(a) 未加固模型

(b) 加固模型

图 6-8　试验模型照片

6.3.2　试验方案

1. 模型相似关系

受振动台尺寸的限制，本次试验采用 1∶2 比例的缩尺模型，模型的几何相似比为 0.5，试验用烧结普通砖和砂浆与原型结构一致，材料弹性模量相似比为 1.0。

振动台试验时，为了使缩尺模型能很好地再现原型结构的动力特性，模型与原型的竖向压应力应该相等，为此，必须在模型上施加一定的人工质量，以满足由量纲分析规定的全部第一级相似条件，这样才能得到与原型动力相似的完备模型。

模型屋顶采用 100mm 厚的草泥作为配重，按照《建筑抗震设计规范》GB 50011 以及《建筑结构荷载规范》GB 50009 计算确定了原型结构总重 $m_m=47.75$t，欠配重模型结构总重为 $m_p=6.41$t，所以质量相似比 $S_m=m_m/m_p=0.134$。

从以上几个基本相似常数出发，可推得本试验的动力相似关系周期相似比 $S_T=0.518$，加速度相似比 $S_a=1.816$。试验时据此调整输入振动台台面地震波的时程和加速度峰值，便可满足模型试验的破坏状态和动力反应相似的关系，进一步反推出原型在同样受力或破坏状态下所能承受的地震加速度峰值以及在该峰值加速度作用下的动力反应。

模型的相似比例关系见表 6-4。

模型相似关系　　　　**表 6-4**

物理量	相似关系	相似比
长度 l	S_l	0.500
弹模 E	S_E	1.000
质量 m	S_m	0.134
密度 ρ	$S_\rho=S_m/S_l^3$	1.075
刚度 k	$S_k=S_ES_l$	0.500
周期 T	$S_T=(S_m/S_k)^{1/2}$	0.518

续表

物理量	相似关系	相似比
频率 f	$S_f=1/S_T$	1.929
加速度	$S_a=S_l/S_T^2$	1.861

2. 试验地震波的选择

试验按照8度中震、水平地震影响系数0.45、设计地震分组第一组、Ⅱ类场地、特征周期值 $T_g=0.35s$ 选出两条天然地震动记录和一条人工模拟地震时程曲线作为振动台台面激励输入，分别为：

（1）El Mayor-Cucapah波：是2010年4月4日发生在墨西哥的地震记录，断裂类型：strike slip。矩震级7.2级，台站名MICHOACAN DE OCAMPO。地震动持时100s。东西向峰值加速度是527.2gal，南北向峰值加速度是400.3gal，竖向峰值加速度是784.7gal。El Mayor-Cucapah波的加速度时程曲线和反应谱如图6-9所示。

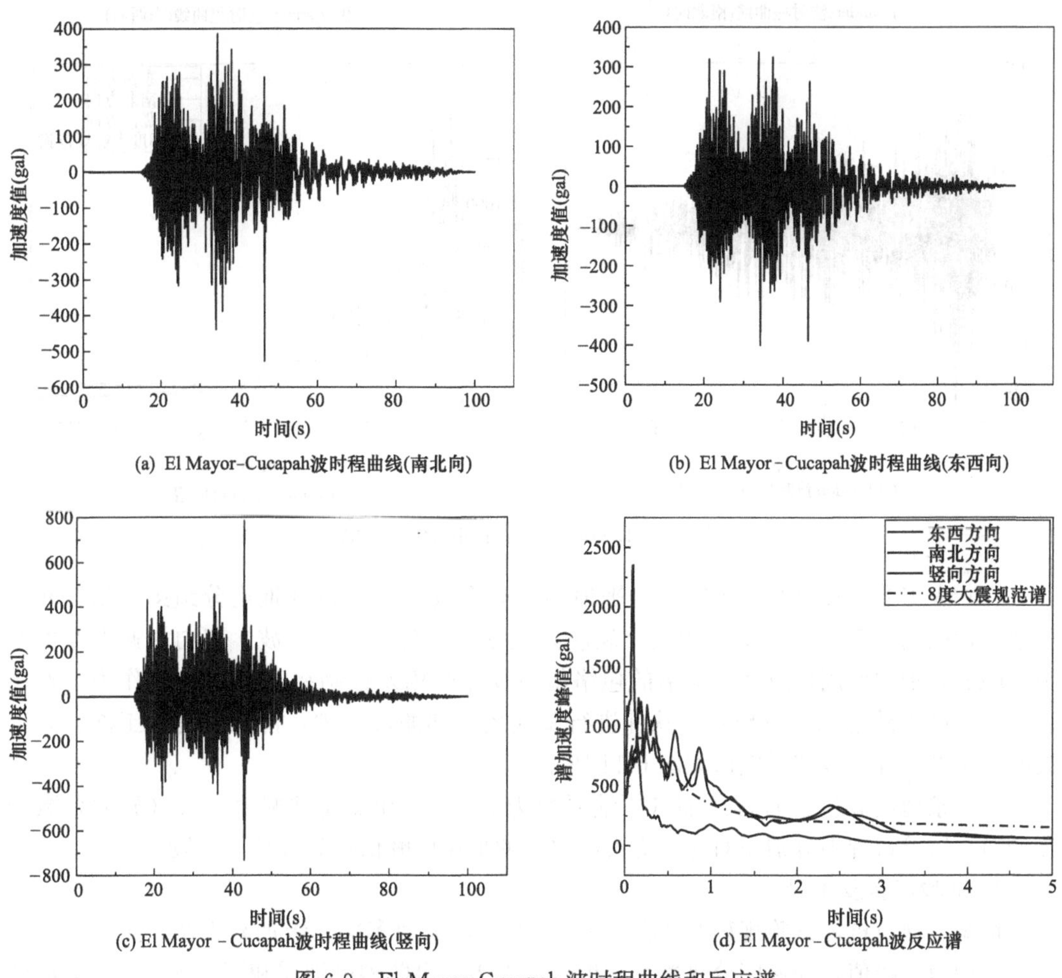

图6-9 El Mayor-Cucapah波时程曲线和反应谱

（2）Landers波：是1992年6月28日的地震记录，断裂类型：strike slip。矩震级7.28级，台站名Desert Hot Springs。地震动持时50s。东西向峰值加速度是151.1gal，南北向峰值加速度是 167.9gal，竖向峰值加速度是 163.7gal。Landers 波的加速度时程曲线和反应谱如图 6-10 所示。

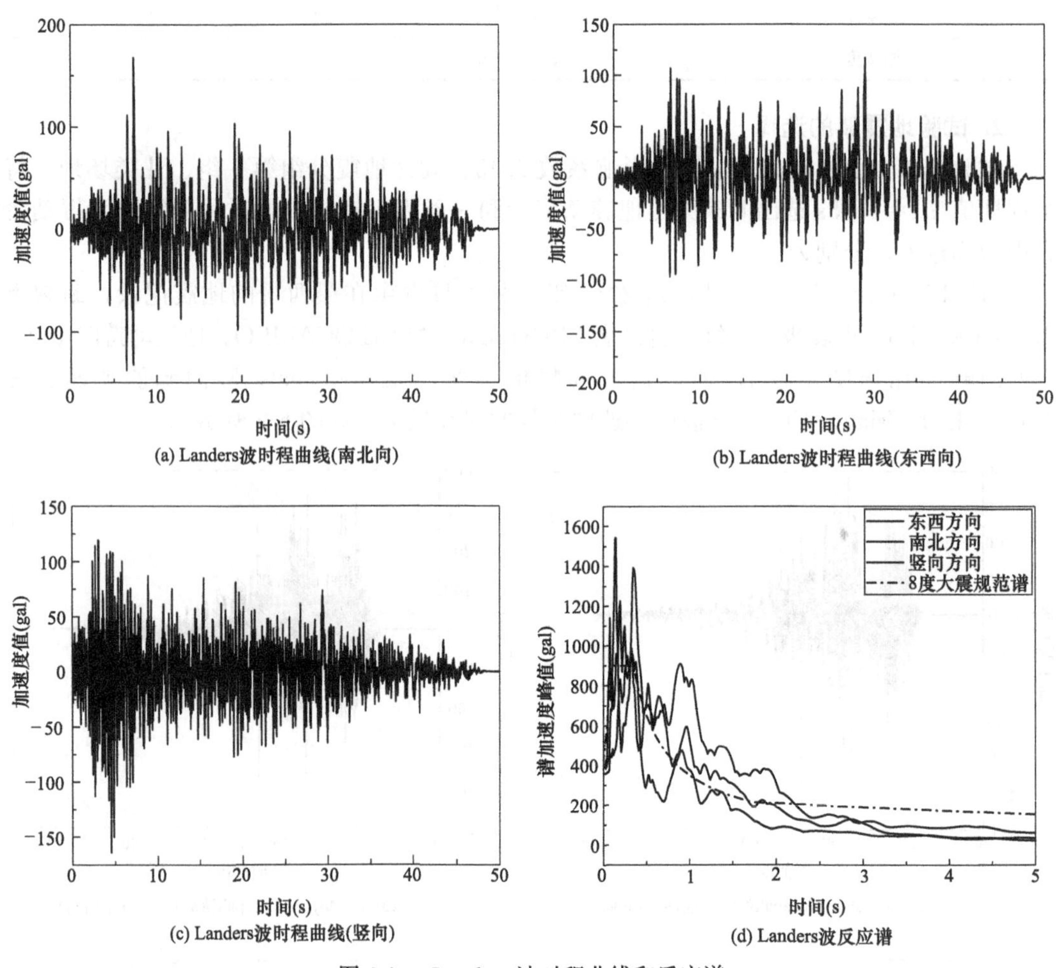

图 6-10 Landers 波时程曲线和反应谱

(3) 人工波：按照 8 度中震、水平地震影响系数 0.45、设计地震分组第一组、Ⅱ类场地、特征周期值 T_g=0.35s 的设计反应谱数据，拟合得到人工波，三向加速度峰值都为 100gal。把主要周期点处反应谱的包络值与设计谱相差控制在 20%以内，作为可选用人工波，最终采用 SeismoSignal 软件进行基线校正和滤波处理，得到最终人工波。人工波的加速度时程曲线和反应谱如图 6-11 所示。

对三条地震波进行时程压缩（压缩系数为 0.518）和加速度幅值放大（放大系数为 1.929），试验过程中分别用对应相应设防水准的加速度峰值来施加地震激励。

3. 试验步骤及工况

根据《建筑抗震试验规程》JGJ/T 101—2015，采用多次分级加载方法，逐次递增输入台面加速度幅值，加速度分级覆盖 8 度多遇地震、设防烈度地震和罕遇地震分别对应的加速度幅值为 0.07g、0.20g 和 0.40g，测试结构在不同试验阶段周期、阻尼、振型、刚度退化、能量吸收能力等特性，观察模型开裂、发展与破坏的过程。每级加载试验完毕

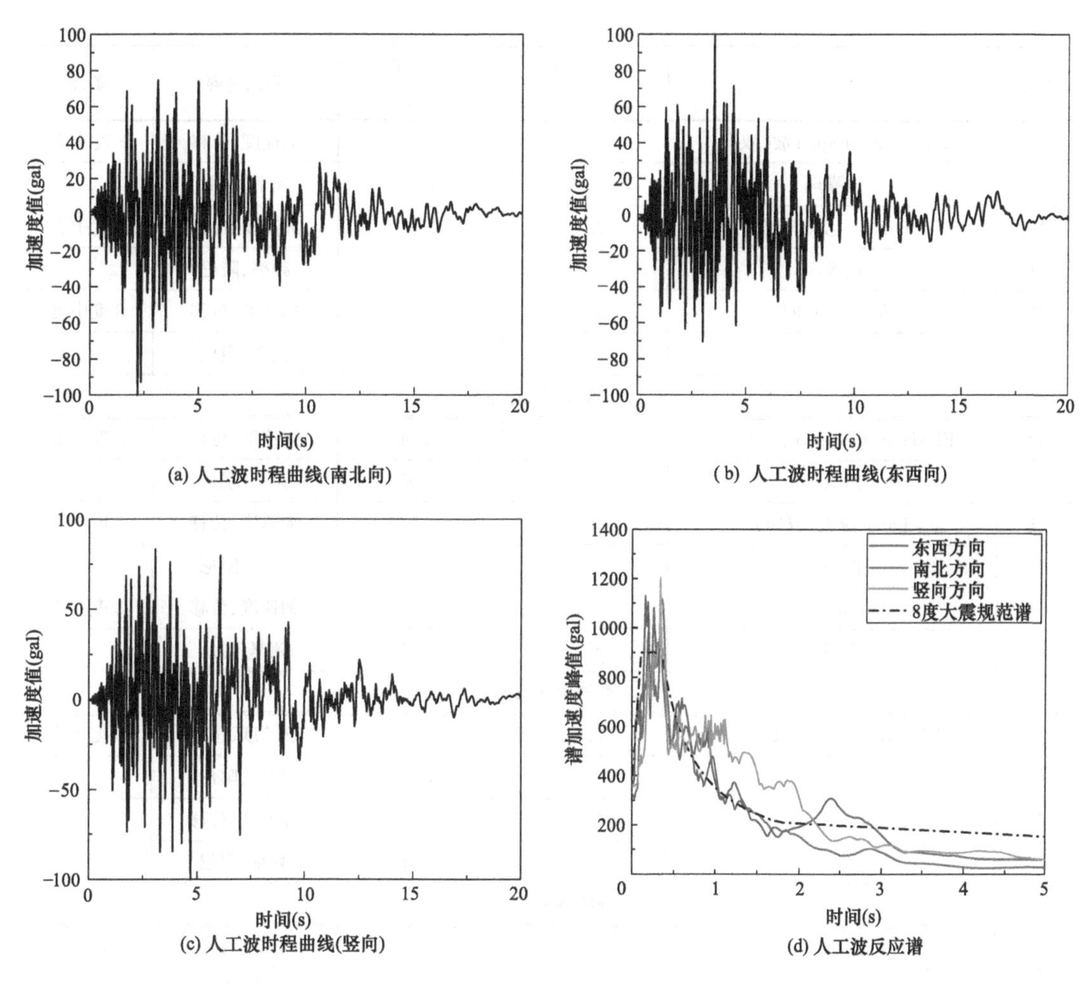

图 6-11 人工波时程曲线和反应谱

后，采用白噪声激振法测试结构自振频率及阻尼的变化。本次试验详细试验步骤及工况见表 6-5，其中地震激励的双向指振动台台面水平的两个方向，三向指振动台台面水平的两个方向加竖向方向。

试验工况及步骤 表 6-5

工况	波名	原型加速度峰值(g)	台面加速度设计峰值(g)	测试内容	备注
1	白噪声	—	0.05	频率、阻尼	
2	El Mayor-Cucapah 波(双向)	0.07	0.13	加速度、位移	8 度小震
3	白噪声	—	0.05	频率、阻尼	
4	Landers 波(双向)	0.07	0.13	加速度、位移	8 度小震
5	白噪声	—	0.05	频率、阻尼	
6	人工波(双向)	0.07	0.13	加速度、位移	8 度小震
7	白噪声	—	0.05	频率、阻尼	
裂缝观察、记录					

续表

工况	波名	原型加速度峰值(*g*)	台面加速度设计峰值(*g*)	测试内容	备注
8	El Mayor-Cucapah 波(双向)	0.20	0.37	加速度、位移	8 度中震
9	白噪声	—	0.05	频率、阻尼	
10	Landers 波(双向)	0.20	0.37	加速度、位移	8 度中震
11	白噪声	—	0.05	频率、阻尼	
12	人工波(双向)	0.20	0.37	加速度、位移	8 度中震
13	白噪声	—	0.05	频率、阻尼	
裂缝观察、记录					
14	El Mayor-Cucapah 波(双向)	0.40	0.74	加速度、位移	8 度大震
15	白噪声	—	0.05	频率、阻尼	
16	Landers 波(双向)	0.40	0.74	加速度、位移	8 度大震
17	白噪声	—	0.05	频率、阻尼	
18	人工波(双向)	0.40	0.74	加速度、位移	8 度大震
19	白噪声	—	0.05	频率、阻尼	
裂缝观察、记录					
20	El Mayor-Cucapah 波(双向)	0.62	1.15	加速度、位移	9 度大震
21	白噪声	—	0.05	频率、阻尼	
22	Landers 波(双向)	0.62	1.15	加速度、位移	9 度大震
23	白噪声	—	0.05	频率、阻尼	
裂缝观察、记录					
24	人工波(三向)	0.40	0.74	加速度、位移	8 度大震
25	白噪声	—	0.05	频率、阻尼	
裂缝观察、记录					

6.3.3 试验现象及破坏情况

1. 试验现象描述

房屋试验模型在试验过程中的布置方向如图 6-12 所示。

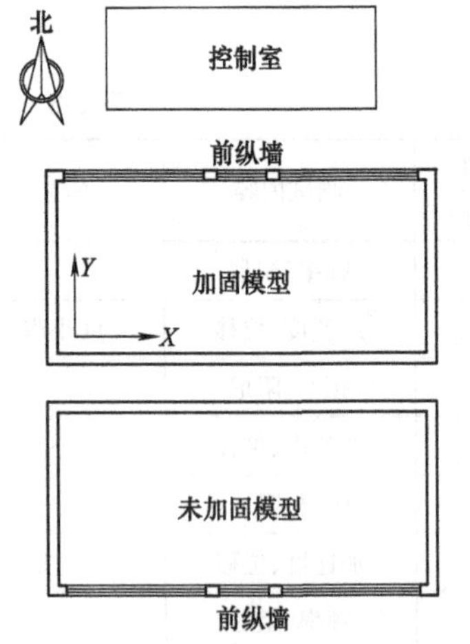

图 6-12 模型方向示意图

按表 6-5 依次输入 El Mayor-Cucapah 波、Landers 波和人工波，各级加载下模型房屋的试验现象和破坏情况如下：

（1）第一级加载时（输入台面加速度设计峰值 0.13g，相当于原型 8 度小震）：

未加固模型无明显晃动，转角处和山墙山尖等薄弱处均未有裂缝产生。加固模型也无明显晃动，无裂缝产生，原有缺陷裂缝未扩展。预应力筋和内部的钢剪刀撑、钢拉杆基本无变形，砂浆带没有出现裂缝和其他破坏。两个模型屋面各构件均连接良好，未见脱落破坏现象。在该烈度地震波施加前后，结构的自振频率基本保持稳定。

（2）第二级加载时（输入台面加速度设计峰值 0.37g，相当于原型 8 度中震）：

未加固模型的整体晃动较上一级加载明显增大，幅度仍很小，可听到轻微的噼啪声，屋盖与墙体存在轻微摩擦，但无明显破损。工况 10（Landers 波双向）加载过程中，东西山墙与前纵墙交接处出现细微水平裂缝，长度为 10cm 左右，宽度不到 1mm。工况 12（人工波双向）加载过程中，细微裂缝有所扩展，前纵墙与木柱交界部位产生裂缝，宽度 1mm 左右；后纵墙与屋盖连接处的坐浆层产生多条水平细微裂缝；后纵墙墙体未发现明显裂缝。

加固模型无明显晃动，几乎听不到噼啪声，屋盖与墙体基本无摩擦，原有的初始裂缝未扩展，山墙与纵墙墙体均无裂缝产出，预应力筋、剪刀撑和钢拉杆轻微变形，砂浆带没有产生裂缝和破坏，加固模型整体处于弹性状态。

第二级加载完房屋模型情况如图 6-13 所示。

(a) 模型东立面

(b) 加固模型正立面

图 6-13　第二级加载完模型照片

（3）第三级加载时（输入台面加速度设计峰值 0.74g，相当于原型 8 度大震）：

未加固模型晃动剧烈，并且伴有明显的噼啪声和撕裂声。工况 14（El Mayor-Cucapah 波双向）加载过程中，前纵墙与山墙连接处出现多处水平裂缝，宽度约 1mm，长度 10cm；木柱与墙体交界处开裂 1mm，最宽处达 2mm，长度 50cm；东山墙下部产生水平通长裂缝，长度 150cm，西山墙也产生同样裂缝；后纵墙与山墙连接处上部形成几条细小斜向裂缝，宽度 1mm，长度 10cm 左右；屋盖与墙体产生相对滑移趋势，坐浆层形成水平通长裂缝，并且有草泥从屋盖掉落。工况 16（Landers 波双向）加载过程中，两侧山墙已有水平裂缝沿灰缝扩展贯通整片墙，同时新产生贯通整片山墙的斜向裂缝，砖砌块开裂破坏，裂缝处有砂浆掉落，振动较大时刻山墙上部与下部沿贯通裂缝产生竖向相对位移，开合位移达到 3cm，裂缝处砖砌块被压坏并局部剥落，西山墙左上角、东山墙右上角原裂缝扩展，隔几皮砖出现数条新的沿灰缝的斜裂缝；前纵墙短肢墙垛底部出现水平裂缝，中部沿灰缝出现裂缝；后纵墙角部裂缝扩展，最宽处 8mm，部分斜裂缝与两侧山墙上的裂缝连通，木屋架节点处松动，屋盖剧烈晃动，出现严重外闪，不时有草泥、砂浆掉落。从裂缝破坏情况可以判断此时未加固模型已严重破坏，出于安全考虑，在第 17 白噪声工况后将其吊离振动台，留下加固模型继续后续加载。

第三级加载完未加固模型破坏情况如图 6-14 所示。

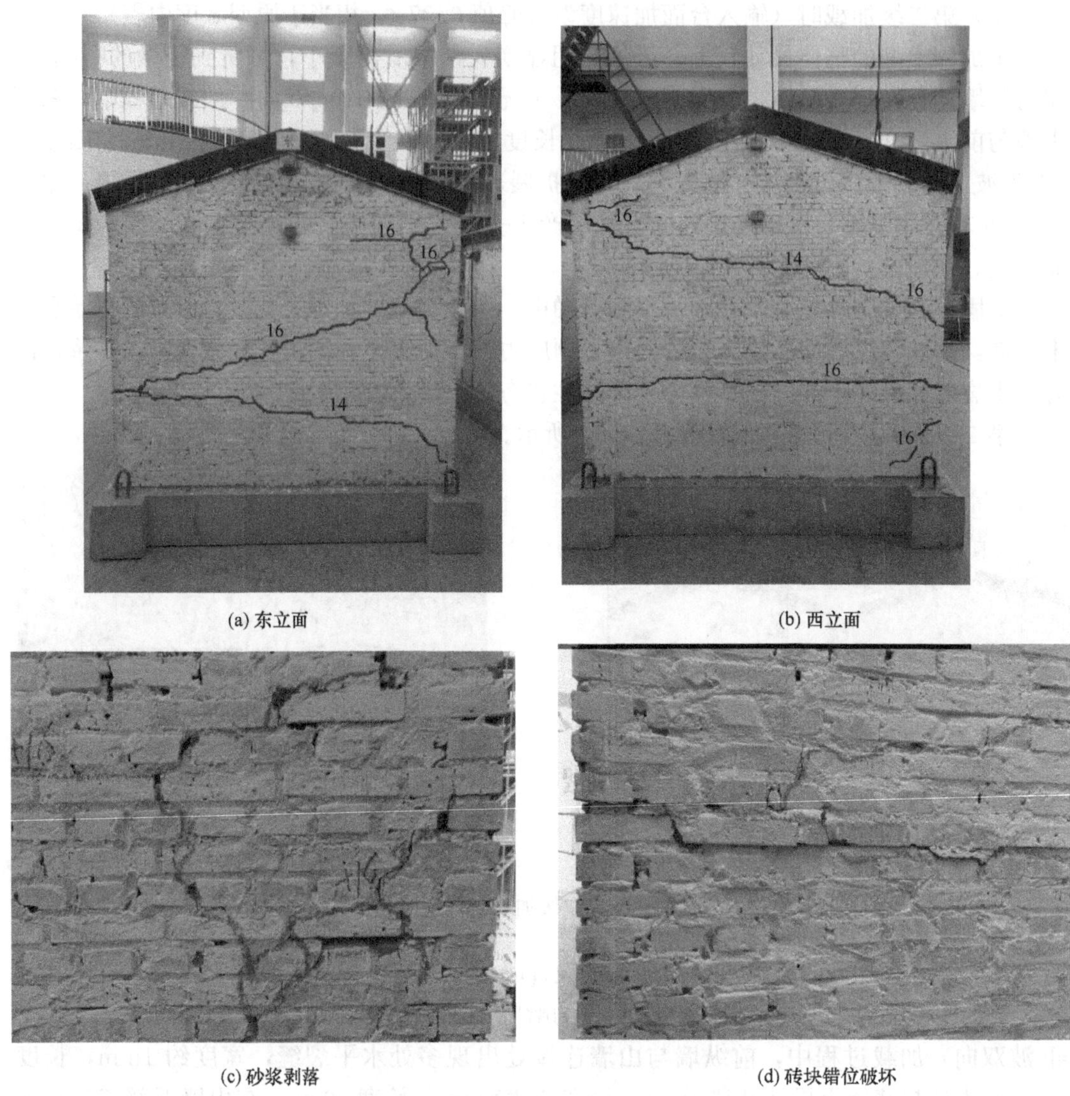

(a) 东立面

(b) 西立面

(c) 砂浆剥落

(d) 砖块错位破坏

图 6-14　第三级加载完未加固模型破坏情况

加固模型有明显的晃动，有轻微的噼啪声。工况 14（El Mayor-Cucapah 波双向）加载过程中，东山墙混凝土垫块处出现向上延伸至檩条的裂缝，宽度 1mm，初始裂缝扩展延伸至前纵墙。工况 16（Landers 波双向）加载过程中，两侧山墙已有裂缝继续微小扩展，墙体其他地方无裂缝产生，后纵墙与屋盖连接处的坐浆层产生多条水平细微裂缝。工况 18（人工波双向）加载过程中，模型檐口高度以上晃动明显，两侧山墙最高点檩条处出现“八”字形的斜向裂缝，长度约 20cm、宽度 1mm，预应力筋、剪刀撑和钢拉杆轻微变形，砂浆带没有出现裂缝。

第三级加载完加固模型裂缝情况如图 6-15 所示。

未加固模型在经历两个 8 度大震加载过程后已经损毁破坏严重，吊离振动台，加固模

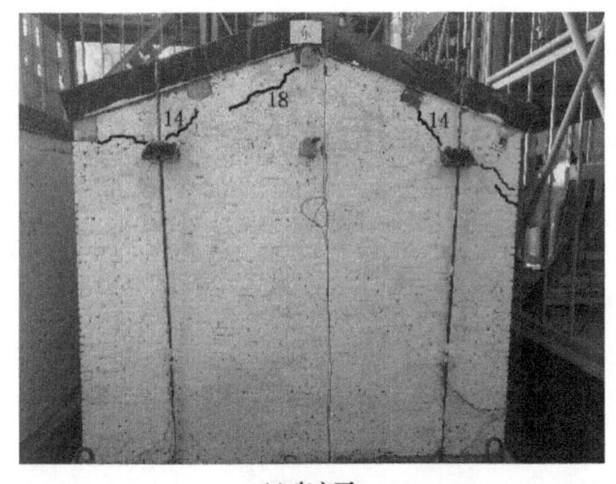

(a) 东立面

(b) 后立面

(c) 局部斜裂缝

(d) 屋盖坐浆层裂缝

图 6-15　第三级加载完加固模型裂缝情况

型在经历三个 8 度大震加载过程后出现少数裂缝，属于轻微损伤，继续后续加载试验。

（4）第四级加载时（输入台面加速度设计峰值 1.15g，相当于原型 9 度大震）：

工况 20（El Mayor-Cucapah 波双向）加载过程中，加固模型檐口以上部分晃动非常明显，响声剧烈，东山墙斜裂缝开展较宽，甚至出现砖块松动、局部外闪现象，西山墙出现了沿灰缝延伸的斜裂缝，两侧山墙檐口高度均出现了较大水平裂缝，预应力筋高度范围内墙体整体完好，有几条细微裂缝。工况 22（Landers 波双向）加载过程中，加固模型檐口以上部分晃动非常明显，预应力筋高度范围内墙体晃动较小，已有裂缝贯通内部砂浆带，砂浆带角部有剥落现象，砖块松动严重，预应力筋高度范围内所有墙体基本完好，有几条宽度小于 1mm 的“八”字形斜裂缝。

第四级加载完加固模型破坏情况如图 6-16 所示。

（5）第五级加载时（输入台面加速度设计峰值 0.74g，相当于原型 8 度大震）：

工况 24（人工波三向）加载过程中，硬山搁檩山墙三角形区域在地震作用下外闪严重，已有裂缝处出现松动、剥落现象，模型上部已严重破坏。后纵墙“八”字形裂缝宽约 1mm，预应力筋有明显松动，剪刀撑有明显变形，砂浆带无裂缝产生，预应力筋加固区域较未加固区域抗震效果明显。

(a) 东立面

(b) 后立面

(c) 砖块松动

(d) 水平裂缝

图 6-16　第四级加载完加固模型破坏情况

第五级加载完加固模型破坏情况如图 6-17 所示。

2. 试验现象分析

从上述试验现象可以看出，未加固模型和加固模型的破坏机理有明显的不同，结构的薄弱部位和破坏顺序发生了较大变化。

未加固模型严重破坏时具有以下特点：

（1）横墙即两侧山墙出现严重贯通的斜裂缝。这是因为当水平地震作用沿房屋横向输入时，地震作用通过屋盖传至横墙，再传至地梁，横墙受到剪切作用，当地震作用在墙内产生的剪力超过墙体的受剪承载力时，墙体就会出现斜裂缝或交叉斜裂缝形式的剪切破坏。随着振动的加大，斜裂缝迅速延伸扩展直至墙体丧失承载力。

（2）横墙底部出现沿灰缝贯通的水平裂缝。这是由于试验所采用的砂浆强度较低，而墙体的砌块连接是通过砌筑砂浆实现的，砂浆的抗拉强度很低，只相当于抗压强度的 1/10，当地震作用产生的水平剪力超过砂浆抗拉强度时，墙体便沿灰缝产生大的裂缝并向周围灰缝扩展直至贯穿整个横墙，对结构造成严重的破坏。

（3）纵横墙连接处破坏。这是因为纵横墙连接处应力复杂造成应力集中，纵墙平面外刚度和横墙平面内刚度差别较大，振动不同步，扭转效应使得地震作用增大，出现受剪斜裂缝，再者由于施工时纵横墙连接质量不好，缺乏可靠的拉结，两个方向地震共同作用时

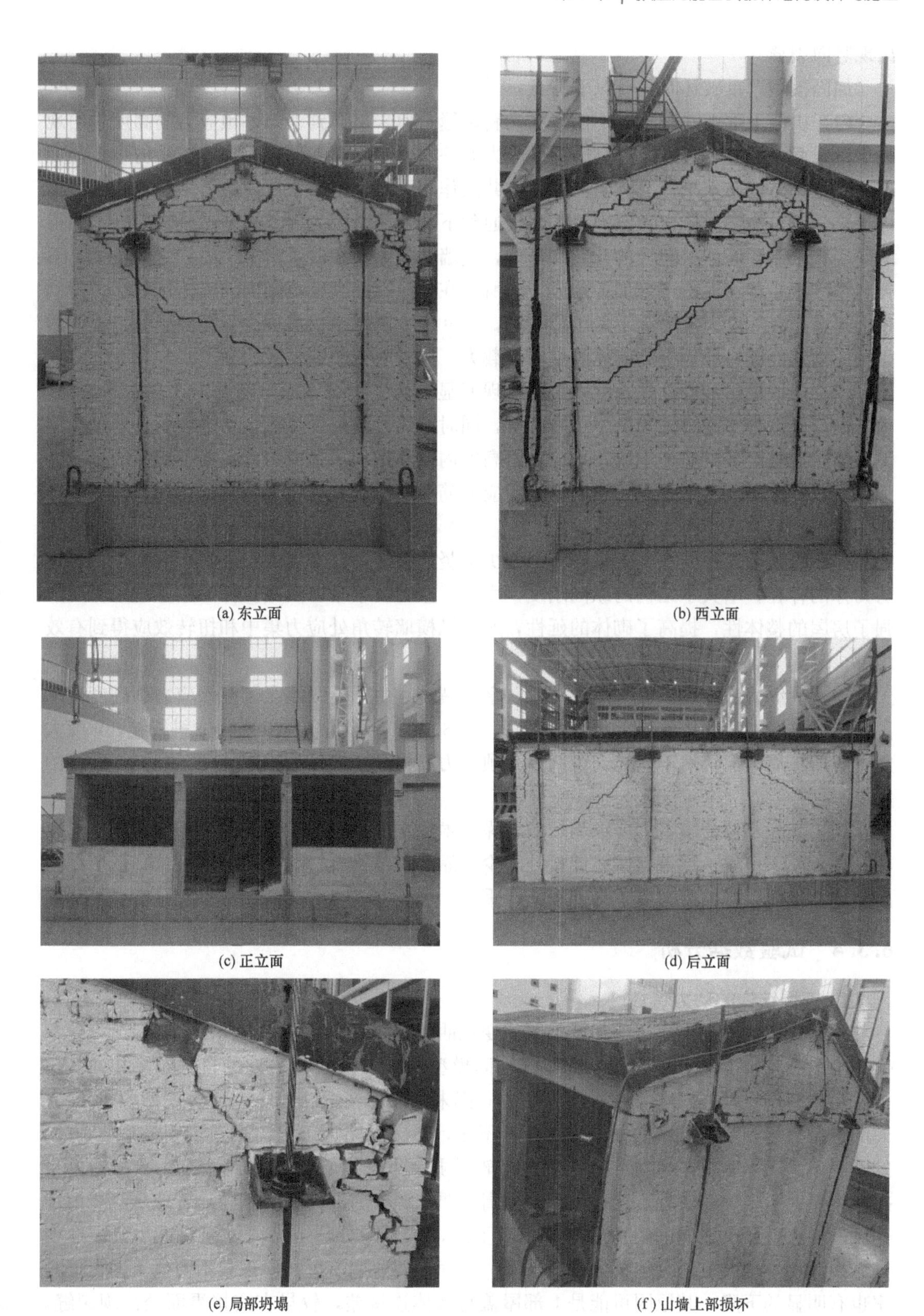

(a) 东立面 (b) 西立面

(c) 正立面 (d) 后立面

(e) 局部坍塌 (f) 山墙上部损坏

图 6-17 第五级加载完加固模型破坏情况

出现竖向裂缝。

加固模型严重破坏时具有以下特点：

(1) 山墙上部在9度大震下出现交叉斜裂缝，但未贯通到下部，预应力筋高度内出现的少量轻微斜裂缝未贯通。这是因为预应力筋并未通到山墙上部，上部墙体受剪承载能力仍然不足，砖墙在水平剪力和竖向压力的共同作用下发生斜向主拉应力，主拉应力超过砌体抗拉强度，最终形成交叉斜裂缝，未贯通到下部墙体是因为内部水平砂浆带起到了圈梁的作用，限制了墙体斜裂缝的开展和延伸，使墙体裂缝仅在砂浆带上下墙体之间发生，不会越过砂浆带传递。由于施加了预应力，所以在预应力筋高度范围内的墙体抗剪能力得到很大提升，在8度大震下几乎未出现裂缝，在9度大震下也仅出现少量轻微裂缝。说明后张预应力筋能够显著地提高墙体的受剪承载力，同时限制裂缝发展。

(2) 山墙檐口高度处在9度大震下出现明显的水平裂缝，而下部并未产生水平裂缝。由于檐口高度处不连续施工产生了施工缝，同时墙体砂浆强度过低，水平裂缝在地震作用下不断扩展直至贯穿整个山墙，预应力筋高度内由于施加了预应力，提高了墙体的抗拉能力，所以并未出现水平裂缝。说明后张预应力筋对墙体起到了压紧箍实的作用，提高了墙体的受剪承载力，增强了整体性。

(3) 纵横墙连接处在9度大震下出现少量竖向裂缝，在8度大震下基本无损。由于钢剪刀撑的存在，增大了结构的纵向刚度，水平、竖向砂浆带以及钢拉杆的紧箍约束作用加强了房屋的整体性，提高了砌体的延性，所以纵横墙转角处应力集中和扭转效应得到有效缓解，延迟了裂缝的出现。

(4) 后纵墙在9度大震下出现“八”字形裂缝。由于后纵墙全部在预应力筋高度范围内，施加预应力后墙体的受剪承载力提高，在8度大震下也只是出现轻微斜裂缝，9度大震下有所扩展，但仍然不明显。说明后张预应力筋提高了墙体的抗震能力，抑制了裂缝的发展。

(5) 其他部位的震害。前纵墙短肢墙垛与木柱之间无咬槎砌筑等其他连接措施，所以在9度大震下坍塌；屋盖与墙体连接处缺少可靠的拉结措施，属于薄弱部位，降低了结构的整体性，所以在9度大震下局部损伤严重。

6.3.4 试验数据分析

1. 模型结构的动力特性

模型自振频率和阻尼比随加载工况的变化曲线如图6-18、图6-19所示。

由图6-18可以看出，初始状态下未加固模型和加固模型Y方向的自振频率相同，这与两模型制作材料、方法一致，且在Y方向都未加固的情况相符合。两个模型各自X方向的自振频率和Y方向的自振频率都相差不多，X方向略大于Y方向，说明模型X方向的刚度略大于Y方向的刚度，即模型在Y轴稍弱一点。初始状态下加固模型X方向的自振频率要大于未加固模型，这种小幅度提高主要来源于剪刀撑的贡献。随着地震动峰值加速度的增大，两个方向的自振频率都不断下降，其原因可归结为墙体裂缝逐步延展、变宽、裂缝不断增多致使墙体抗侧刚度下降。加固模型前期工况试验现象不明显，但自振频率也有明显的下降，其原因可能是上部屋盖与墙体连接差，较早在交接界面处出现裂缝，削弱结构的刚度。总体来说，未加固模型损伤累计严重，刚度退化快，尤其在8度大震作

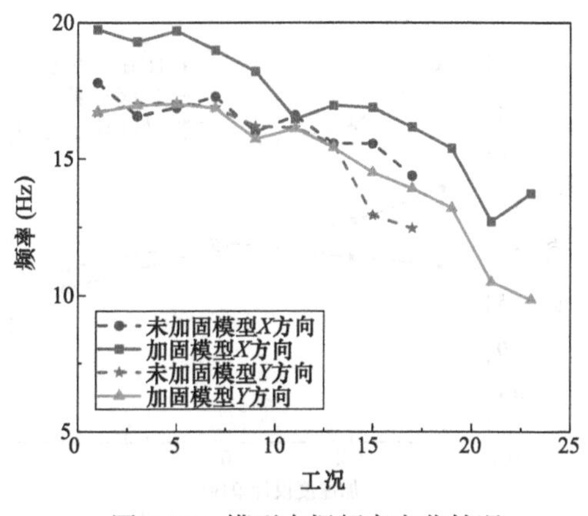

图 6-18 模型自振频率变化情况

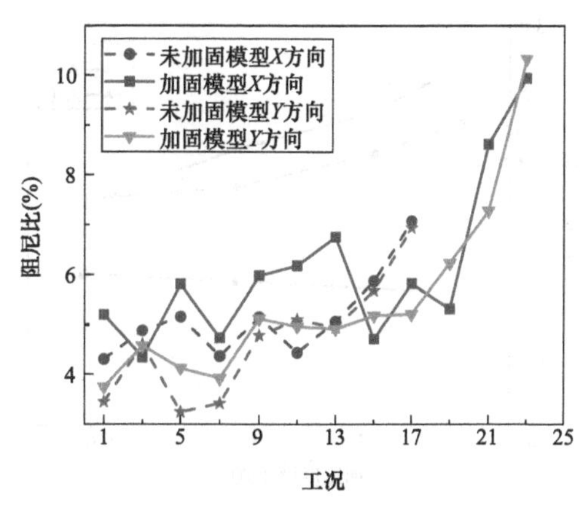

图 6-19 模型阻尼比变化情况

用下有明显的刚度突变，加固模型的整体性更好，刚度退化慢。

由图 6-19 可以看出，加固模型的阻尼比整体要大于未加固模型的阻尼比，初始状态下加固模型 X 和 Y 方向的阻尼比较未加固模型分别提高了 18%和 9%，说明加固模型吸收和消耗地震能量的能力更强，在同样的情况下，作用在加固模型上的地震作用会大幅度减少，结构反应也相应减小，从而提高结构的抗震性能。在 8 度大震作用下，未加固模型的阻尼比较加固模型增长明显，主要是因为未加固模型在 8 度大震下裂缝增多，损伤严重，破坏过程中消耗了大量的地震能量，加固模型在 8 度大震作用下的阻尼比变化趋势平缓，说明模型并未出现严重的损伤。9 度大震作用下，加固模型的阻尼比也明显增加，说明此时加固模型也出现了严重破坏。总体来说，加固模型的耗能能力提高，抗震加固效果显著。

2. 加速度反应

加固模型在 El Mayor-Cucapah 波作用下模型底部、檐口处和屋脊处的 X 向加速度放大系数曲线如图 6-20 所示。

由图 6-20 可知模型底部加速度放大系数始终略大于 1.0，说明模型底部基本没有损伤，底部实际加速度峰值和振动台台面加速度峰值相差较小，从 El Mayor-Cucapah 波引起的模型底部、檐口处和屋脊处的加速度放大系数曲线可以看出，放大系数与模型垂直高度成正相关，模型屋脊处的加速度放大效应最明显。

加固模型在不同地震波作用下，屋脊处 X 方向加速度放大系数对比曲线如图 6-21 所示。

由图 6-21 可知，随着输入地震作用的增强，不同地震波引起的模型屋脊处的加速度放大系数均有减小趋势。主要是由于随着输入地震动峰值的提高，模型开始出现裂缝，裂缝损伤逐渐积累，模型刚度不断退化，从而导致模型的加速度放大系数逐渐降低。此外，试验中同一工况下三种波的输入加速度峰值均相同，但是引起模型的加速度反应和加速度放大系数各不相同，这是由于选用的三种波的频谱特性不可能完全一致，存在一定差异，只有当某一时刻结构的自振频率落在某一地震波的卓越频率范围内时，才会引起较大的地震响应，试验过程中结构随着刚度退化，其自振频率也在不断下降，所以不同工况下引起模型最大加速度反应的地震波可能不一样。

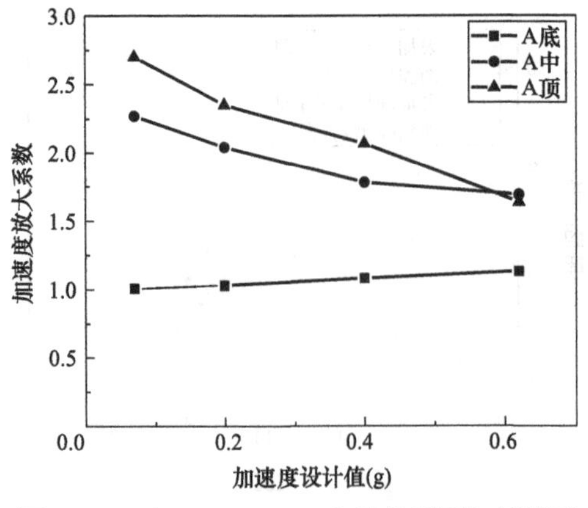

图 6-20 El Mayor-Cucapah 波作用下加固模型 X 方向加速度放大系数

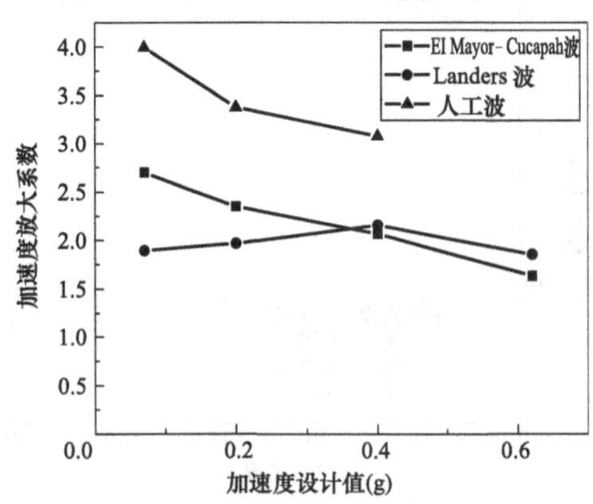

图 6-21 三种地震波作用下加固模型屋脊处 X 方向加速度放大系数

在 El Mayor-Cucapah 波和 Landers 波各工况作用下，未加固模型和加固模型 X 方向和 Y 方向的加速度放大系数对比曲线分别如图 6-22、图 6-23 所示。

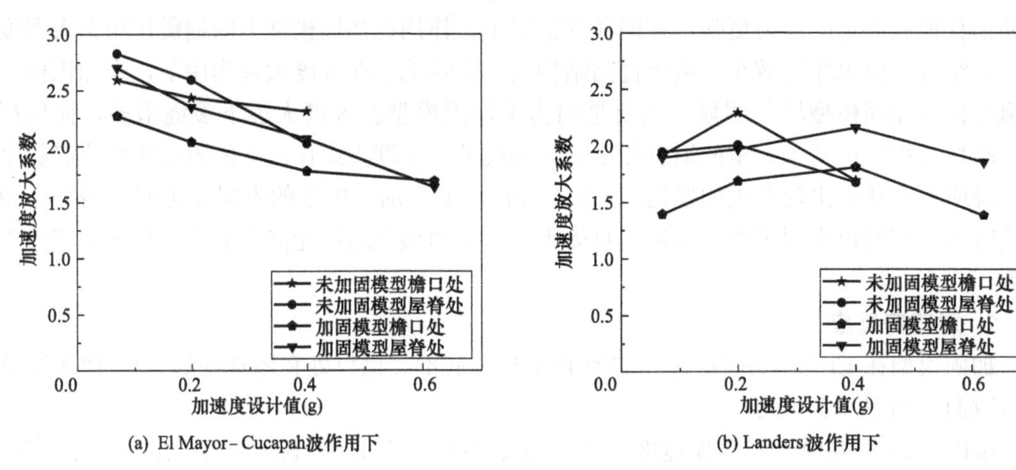

图 6-22 各工况下 X 方向加速度放大系数对比

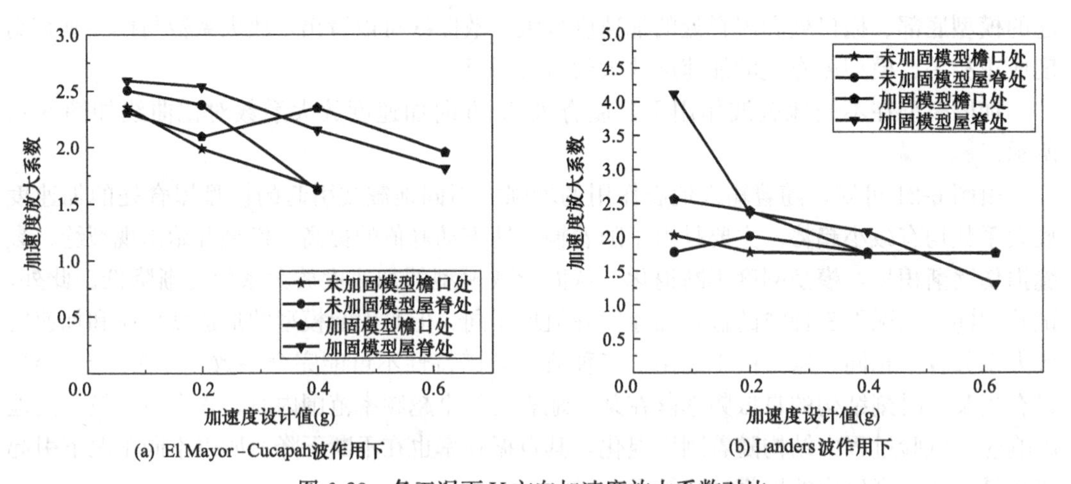

图 6-23 各工况下 Y 方向加速度放大系数对比

从图 6-22 和图 6-23 可以看出，不同地震波作用下不同方向上不同位置处的加速度放大系数变化有一定差别，但是总的趋势相同，未加固模型在 8 度小震和 8 度中震作用下，屋脊处和檐口处的加速度放大系数变化不大，且屋脊处的动力反应大于檐口处的动力反应，在 8 度大震作用下，随着山墙裂缝的贯通以及纵横墙交接处破坏的加重，加速度的放大系数有明显的下降。加固模型在 8 度大震加载过程中，加速度放大系数没有明显减小，说明加固模型在 8 度大震下震害较轻，裂缝开展不明显，加固效果显著。在 9 度大震加载过程中，加固模型的加速度放大系数才有了明显的下降，说明此时加固模型也有了显著的破坏。

El Mayor-Cucapah 地震波作用下，两个模型 X 方向加速度放大系数沿房屋高度的分布如图 6-24 所示。

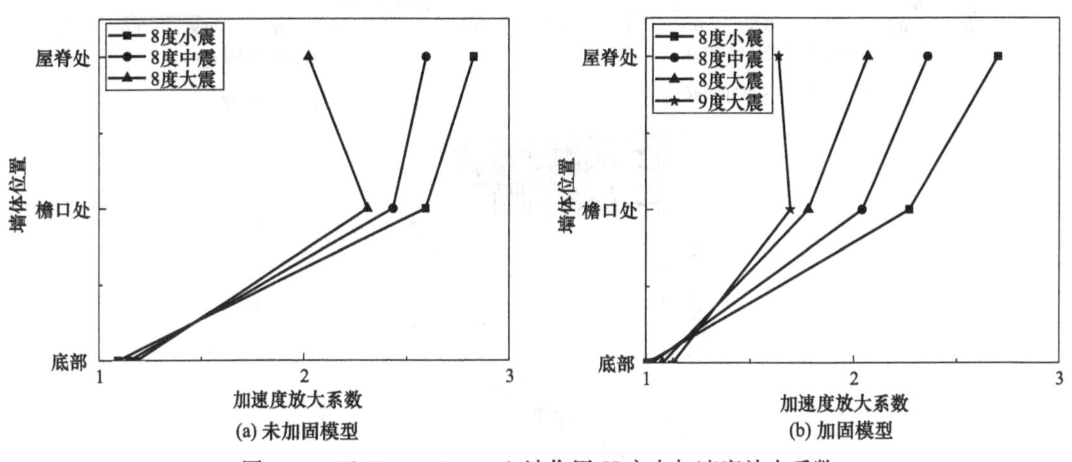

图 6-24　El Mayor-Cucapah 波作用 X 方向加速度放大系数

由图 6-24 可知，加速度放大系数基本上与高度成正相关，随着高度的增加而增大。8 度小震和 8 度中震下，未加固模型山墙屋脊处的加速度放大系数相对于檐口处变化不大，而在 8 度大震下，屋脊处加速度放大系数急剧降低，主要是由于模型在 8 度大震下损伤严重，刚度显著下降，导致地震作用不能有效地传递上去。加固模型在 8 度大震下，屋脊处加速度放大系数较檐口处略微增大，与未加固模型形成鲜明对比，说明加固模型的震害较轻，刚度变化不大，这与试验现象相吻合。9 度大震下，加固模型屋脊处加速度放大系数也出现明显的减少，主要是由于模型山墙上部未进行有效的加固，在大震下发生严重的开裂破坏，阻尼增大，影响地震作用的有效传递。

综上分析可知，加固模型采取的加固措施有效提高了屋盖的整体性，增强了房屋的整体刚度，延缓了裂缝的开展，房屋的动力反应变化幅度较未加固模型明显降低，有利于减轻房屋的整体震害。

3. 位移反应

图 6-25 和图 6-26 分别为模型两个方向的位移幅值随台面输入加速度的变化曲线。

由图 6-25 和图 6-26 可以看出，在 8 度小震作用下，未加固模型与加固模型 X 方向的位移均较小，表明结构仍处于弹性阶段，基本无损伤。在 8 度中震作用下，位移有所增加，结构轻微损伤，此时加固效果仍然不明显。在 8 度大震作用下，加固模型和未加固模型的屋脊处最大位移分别为 4.480mm 和 11.032mm，加固房屋的层间最大位移较未加固房屋减少了 59%，加固模型的抗震烈度提高了一个等级，加固效果明显。

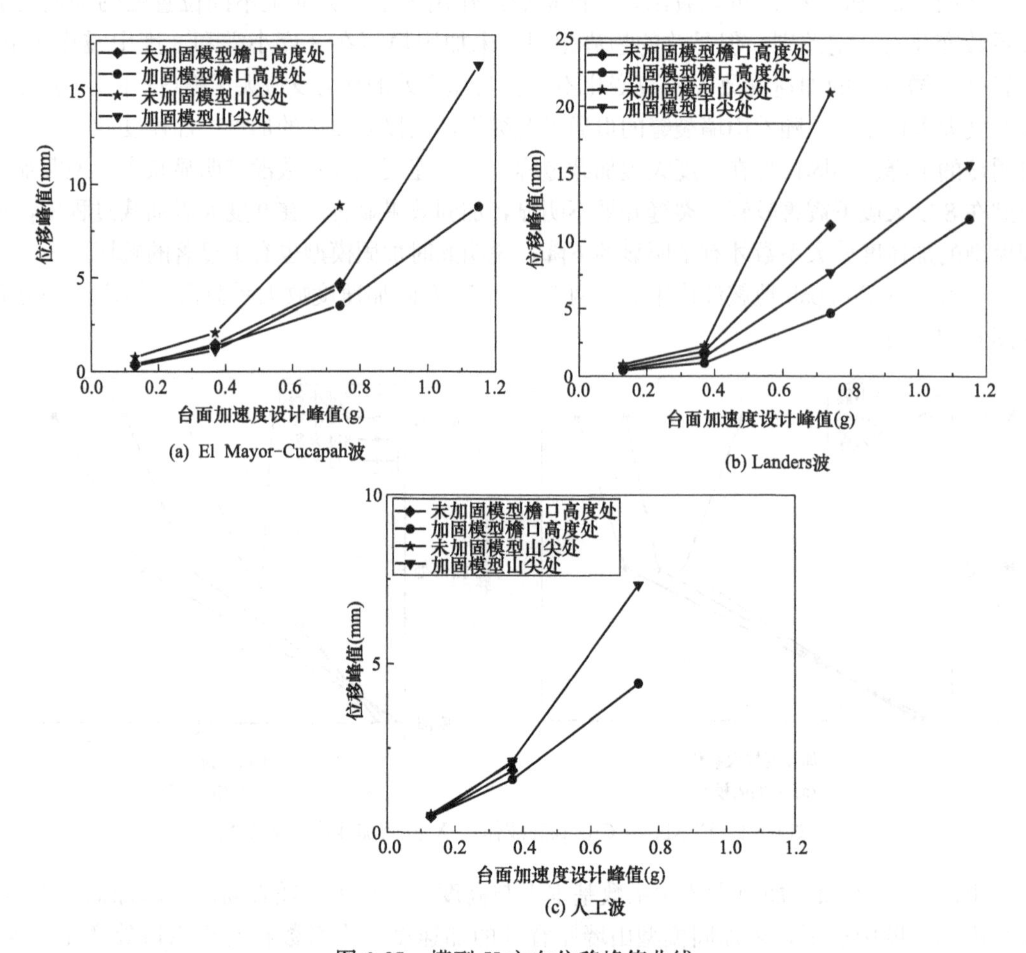

图 6-25　模型 X 方向位移峰值曲线

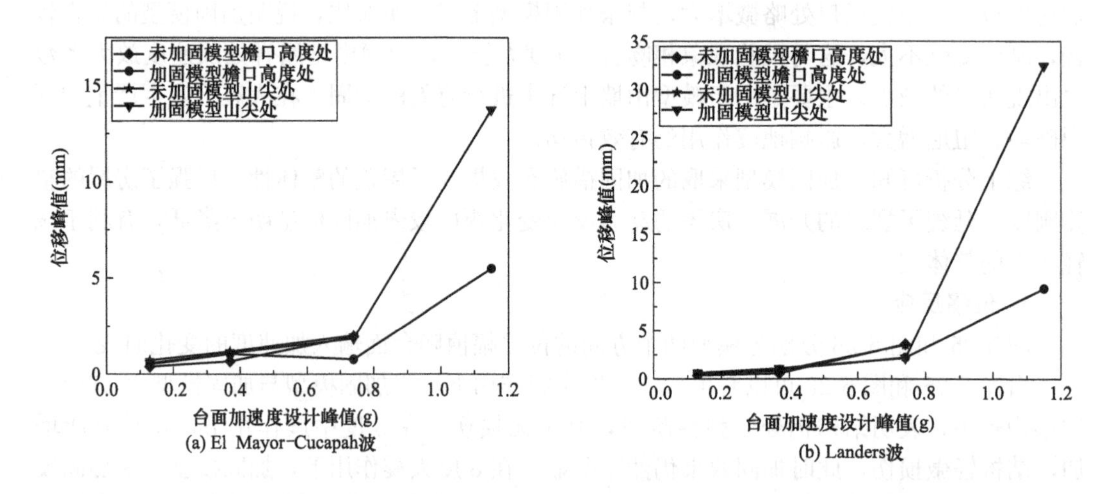

图 6-26　模型 Y 方向位移峰值曲线（一）

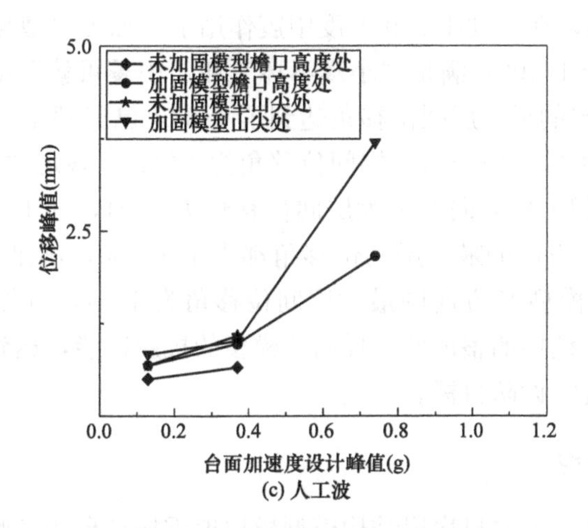

(c) 人工波

图 6-26 模型 Y 方向位移峰值曲线（二）

模型位移随着地震作用的增加而增大，且从 8 度大震开始，位移增长明显加速。加固前后模型 Y 方向位移相差不大，较为接近，而 X 方向上的位移差距明显，加固后模型的位移值平均减小约 1/2。这是由于加固模型的加固措施提高了 X 方向的刚度和整体性，所以加固模型在此方向上的位移响应明显减小，加固后模型在 Y 方向上的刚度没有明显变化，所以位移变化接近。

层间位移角不仅可以分析结构的变形能力，还可以判断结构是否满足功能要求，通过限制层间位移角可以避免产生过大的位移影响结构的安全性和使用性。砌体结构层间位移角的建议值见表 6-6，本次试验的最大层间位移角见表 6-7。

砌体结构层间位移角建议值 **表 6-6**

性能水平	基本完好	严重破坏	倒塌
层间位移角限值	1/2500	1/200	1/150

试验模型层间位移角 **表 6-7**

地震波	加速度 (*g*)	X 方向		Y 方向	
		未加固模型	加固模型	未加固模型	加固模型
El Mayor-Cucapah	0.13	1/2275	1/5351	1/2430	1/3119
	0.37	1/843	1/1524	1/1478	1/1594
	0.74	1/158	1/391	1/869	1/943
	1.15	—	1/107	—	1/128
Landers	0.13	1/2131	1/3586	1/3500	1/2761
	0.37	1/779	1/1225	1/2139	1/1610
	0.74	1/83	1/229	1/493	1/801
	1.15	—	1/112	—	1/54
人工波	0.13	1/3108	1/3676	1/2562	1/2108
	0.37	1/839	1/820	1/1613	1/1727
	0.74	—	1/239	—	1/473
	0.74	—	1/94	—	1/75

从表 6-7 可以看出，在 8 度小震和 8 度中震作用下，加固模型与未加固模型的层间位移角都很小，且都小于 1/500，满足“小震不坏”和“中震可修”的要求，8 度大震作用下，未加固模型 X 方向的最大层间位移角达到了 1/83，已经超出了“倒塌破坏”的极限层间位移角，加固模型 X 方向的最大层间位移角为 1/229，满足“大震不倒”的要求，9 度大震作用下，加固模型 X 方向的最大层间位移角为 1/94，处于严重破坏阶段。8 度大震作用下，两个模型 Y 方向的最大层间位移角都小于 1/200，满足“大震不倒”的要求，9 度大震作用下，加固模型 Y 方向的最大层间位移角为 1/54，也处于严重破坏阶段。由此可知加固措施增强了结构的整体性，提高了模型的抗震性能，达到了“小震不坏、中震不修、大震不倒”的抗震设防目标。

6.3.5 试验研究结论

通过上述北京地区典型农村房屋结构模型模拟地震振动台的试验研究，可以得出以下结论：

(1) 未加固模型在 8 度大震作用下出现严重破坏，层间位移角超过倒塌位移角建议值，加固模型在 8 度大震作用下，只出现轻微裂缝，损伤相对较轻；加固模型在 9 度大震下发生严重破坏。总体上，加固模型的抗震能力较未加固模型提高了一度，表明加固模型的抗震性能表现优异。

(2) 加固模型 X 和 Y 方向的初始阻尼比较未加固模型分别提高了 18%和 9%，表明加固模型吸收和消耗地震能量的能力更强。8 度大震下未加固模型的自振频率和阻尼比均出现突变，模型出现了严重破坏，加固模型未出现突变，模型基本完好，刚度退化不明显。表明加固模型能够有效地改善刚度退化，耗能优势明显。

(3) 加速度放大系数与模型垂直高度成正相关，屋脊处加速度放大效应最明显。随着输入地震峰值加速度的提高，三种波引起的屋脊处加速度放大系数均有减小趋势。

(4) 未加固模型在 8 度大震下，屋脊处加速度放大系数显著降低，主要是由于模型在地震作用损伤严重，刚度显著下降，导致地震作用不能有效地传递上去。加固模型在 8 度大震下，屋脊处加速度放大系数较檐口处变化不明显，加固措施有效提高了屋盖的整体性，增强了模型的整体刚度，模型的动力反应变化幅度较未加固模型明显降低。

(5) 8 度大震作用下，未加固模型 X 方向的最大层间位移角达到了 1/83，已经超出了“倒塌破坏”的极限层间位移角，加固模型 X 方向的最大层间位移角为 1/229，加固模型的最大层间位移较未加固模型减小了 59%，加固方案显著地提高了结构在大震下的抗倒塌能力。

(6) 加固模型在 8 度小震、8 度中震、8 度大震作用下，均具有良好的抗震表现，并未发生明显破坏，满足建筑抗震“小震不坏、中震可修、大震不倒”三水准设防要求。

第7章　钢筋混凝土结构加固工程

7.1　中国人保集团总部办公大楼加固改造工程

7.1.1　工程概况

中国人保集团总部办公大楼位于北京市西城区西长安街 88 号，西单路口东南角（图 7-1），原为北京首都时代广场，该大厦始建于 1997 年，原设计主体结构为钢筋混凝土框架-剪力墙结构，地下 4 层，地上 13 层（图 7-2），总建筑面积约 122000m^2，使用性质为商业及办公，现业主为中国人保集团（PICC），拟通过整体加固改造后，作为其总部办公大楼。该建筑由北京市建设工程质量第一检测所进行了抗震鉴定，根据鉴定结果和业主的使用要求，由北京市建筑设计研究院进行了改造方案设计，北京市建筑工程研究院有限责任公司负责加固方案的深化设计和具体实施。

图 7-1　中国人保集团总部办公楼照片

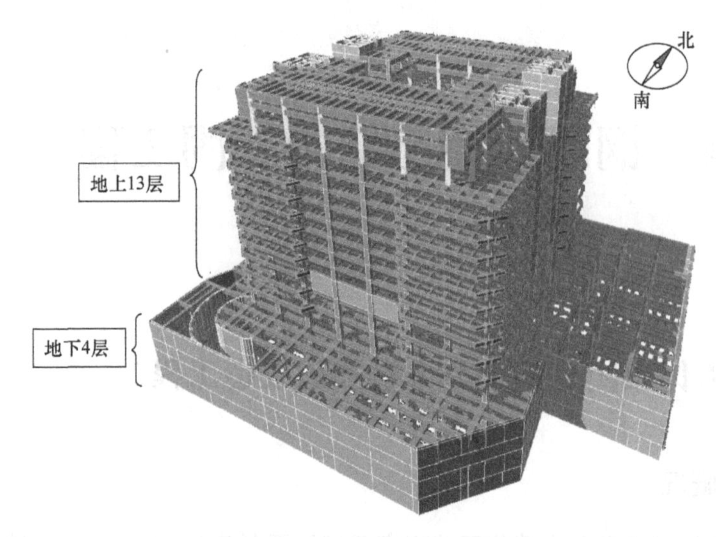

图 7-2　大厦三维结构示意图

7.1.2　结构检测鉴定主要结果

本工程改造施工前进行了整体建筑的结构安全性鉴定，主要检测结果如下：

1～3 层柱、墙被测构件数量 37，推定区间上限达到设计强度等级的 96.2%，不满足设计强度等级要求；3 层柱 A5、6 轴混凝土抗压强度推定值为 23.8MPa，不满足设计强度等级要求；2 层墙 A6～A7 间、6～7 轴混凝土抗压强度推定值为 27.7MPa，不满足设计强度等级要求；其余被检测构件满足设计强度等级要求。

混凝土构件截面尺寸与设计尺寸基本相符。构件钢筋核查方面，B2 层梁 A5、9～10 轴，设计为 4 根，实测为 6 根；10 层梁 3、A4～A5 轴，设计为 18 根，实测为 15 根；其余梁钢筋与原设计图纸基本相符；部分楼板和剪力墙实测钢筋间距和钢筋直径与设计不符。部分混凝土构件存在裂缝、露筋、钢筋锈蚀等现象。

基于未改造前的结构模型进行整体安全性和抗震验算，结构基本满足要求。但是，由于此次改造对结构内部拆改较多，使用功能也发生了改变，需要按改造后的结构模型重新进行验算，对承载力不满足要求的结构构件进行加固处理。

工程主要改造内容包括：首层拆除南大堂两部扶梯；二层中部开大板洞、断梁；三层中部增加多功能厅；四层增加档案室（密集柜）、弱电机房；十一层北侧使用功能改为会议室和一个阶梯会议室；十一层东西露台封闭改造；十二层北部增加空调机组；其他配合平面局部调整，如由于卫生间的增加和挪动开墙、板洞等。由于使用功能发生了改变，荷载值也随之改变，因此须对原结构进行整体核算，对抗震承载力不满足要求的结构构件进行加固处理。

7.1.3　结构加固方案

对于承载力不足的框架柱，采取外包型钢的加固处理方式。地下三层 5/A9、6/A9 轴框架柱、首层至五层 1-8/A3-A6 部分框架柱采用外包型钢的加固方法，首层加固框架柱的平面布置如图 7-3 所示，典型加固做法如图 7-4 所示，其中部分框架柱采用整体包覆钢板的加固方法（图 7-5）。

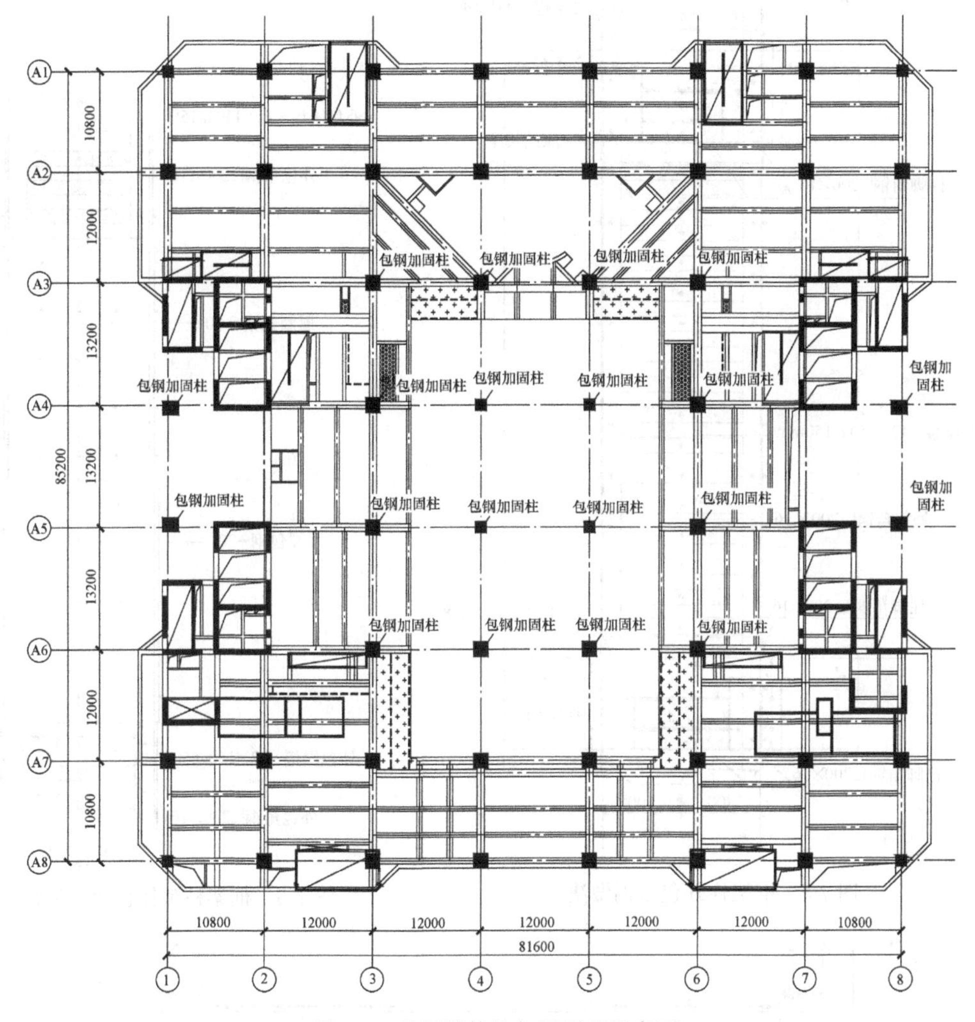

图 7-3 首层结构柱加固平面示意图

对于承载力不足的框架梁，通过粘钢的加固方式进行处理，具体做法为：梁底沿全跨通长粘贴钢板，梁顶两端负弯矩区粘贴钢板，框架梁抗剪不足时采用外粘 U 形箍板加固。粘钢完毕后在钢板外层喷涂厚型防火涂料，并满足《钢结构防火涂料应用技术规范》CECS 24 的相关要求（图 7-6）。

对部分楼板同样采用粘贴钢板的方法进行加固，具体做法为：板底受力钢筋不满足承载力要求时，沿板跨通长粘贴钢板进行加固，板面负弯矩配筋不满足承载力要求时，在板面两端负弯矩区，粘贴钢板进行加固（图 7-7）。

楼板开洞（洞宽小于 1000mm）或钻孔的情况，采取洞边粘钢的加固处理方式（图 7-8）；楼板开洞（洞宽大于或等于 1000mm）的情况，采取洞边增设钢梁的加固处理方式（图 7-9）。新加梁板均采用 C40 补偿收缩混凝土或 CGM 灌浆料进行浇筑。

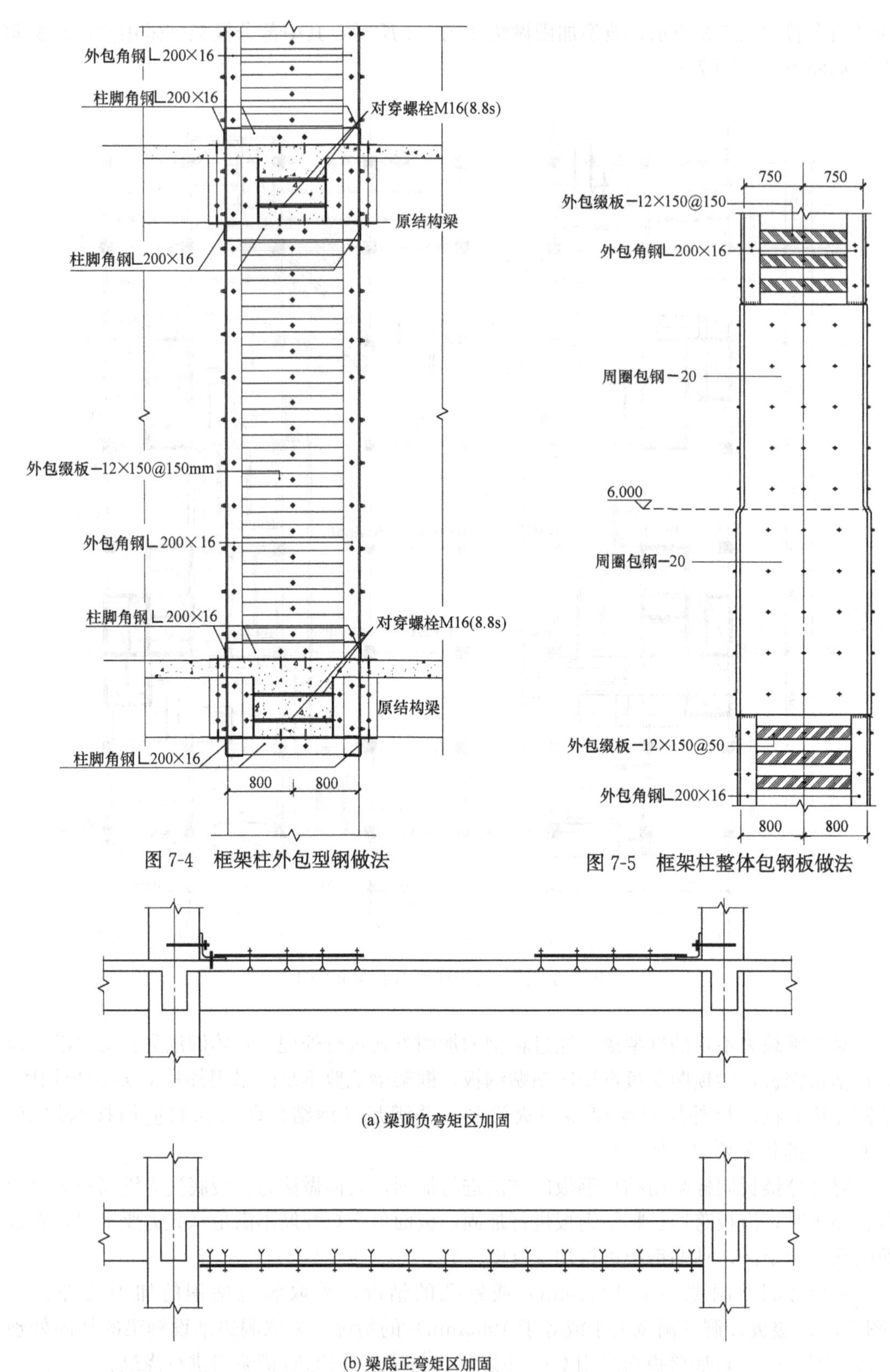

图 7-4　框架柱外包型钢做法

图 7-5　框架柱整体包钢板做法

(a) 梁顶负弯矩区加固

(b) 梁底正弯矩区加固

图 7-6　框架梁粘钢加固做法

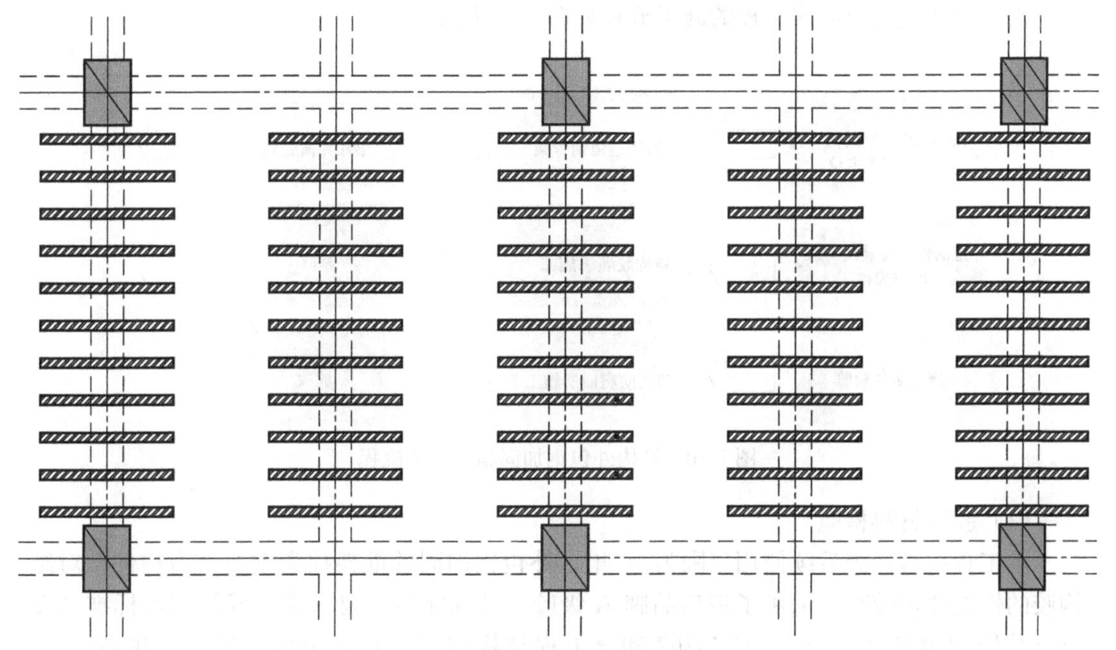

图 7-7　板面负弯矩粘钢加固做法

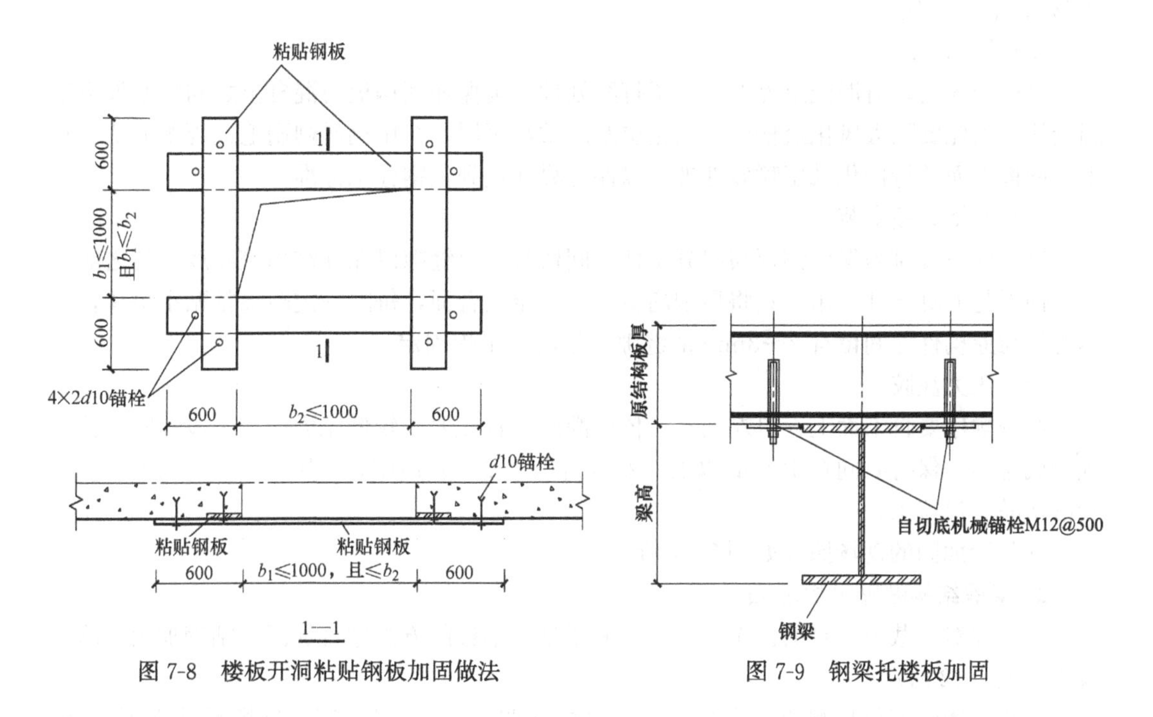

图 7-8　楼板开洞粘贴钢板加固做法

图 7-9　钢梁托楼板加固

7.1.4　结构加固施工

1. 框架柱外包钢加固

外包钢加固施工工艺较为复杂，涉及型钢、缀板、钢板等的焊接安装、梁柱节点处理及结构胶灌注等工序，需结合工程实际情况，制定先进合理的施工方案。

该工程外包型钢加固工程的施工流程如图 7-10 所示。

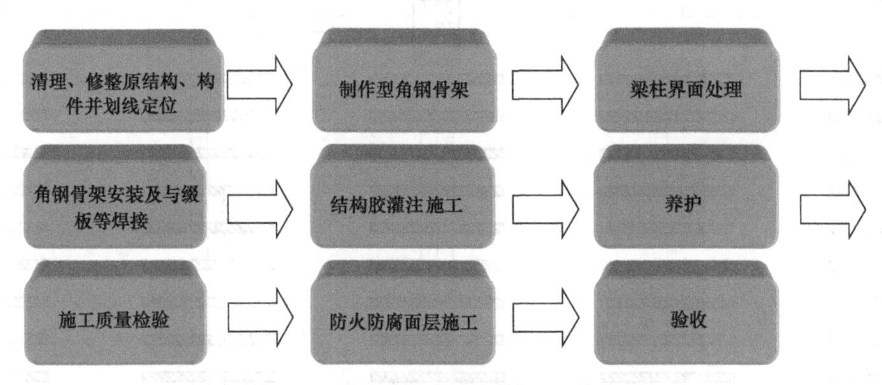

图 7-10 结构外包钢加固施工工艺流程

(1) 胶原材料检验

本工程抗震加固后续使用年限为 40 年，外包钢加固的框架柱为重要受力构件，对结构胶的性能要求较高，采用了进口品牌 A 级胶，其性能指标要求满足现行国家标准《混凝土结构加固设计规范》GB 50367 和《工程结构加固材料安全性鉴定技术规范》GB 50728 的相关规定。

(2) 界面处理

包钢加固前，对混凝土界面进行了打磨处理，确保加固钢板与混凝土之间粘贴效果达到最佳。因此要除去风化疏松层、碳化层及严重油污层，并用钢丝刷刷毛或丙酮清洗。角钢及钢板表面进行糙化采用喷砂处理，以保证界面达到包钢施工标准。

(3) 型钢钢板安装

钢构件安装时须保证钢板与混凝土柱之间留有一定缝隙以保证结构胶厚度，使之能够粘结钢板与混凝土柱。用卡具将型钢扁钢贴于预定结合面，每隔一定距离粘贴小垫片，使钢骨架与原构件之间留有 2～3mm 的缝隙，校准后平焊固定。

(4) 压力注胶

注胶顺序要自下而上，自左向右，依次灌胶。首先要以较低压力保持一段时间，让空气彻底排尽，保持时间在 10min 以上，然后再以 0.2～0.4MPa 压力从灌胶嘴压入，直至胶液从灌胶口流出。

柱包钢加固的现场照片如图 7-11 所示。

2. 梁板结构粘贴钢板加固

本工程对承载力不足的框架梁、楼板采用粘贴钢板的方法进行加固。粘钢加固的施工流程如图 7-12 所示。

工程所用的原材料都要有合格证（或材质证明）、检测报告等，进场复试必须合格，并按照规定，对其原材料进行复试，进行 100%的见证取样与送检。如本工程中梁粘钢所用结构胶为慧鱼 A 级进口建筑结构胶（粘钢胶），为甲乙两种组分，经配置后方可使用。材料做完见证复试合格后，使用前还要在现场做抗拉、抗剪强度试验，其抗拉、抗剪强度试验值符合设计及规范要求后，才能用于现场施工。

粘贴面处理包括构件结合面处理及钢板贴合面的处理。基层处理好坏是粘钢加固质量

图 7-11 包钢工程施工现场照片

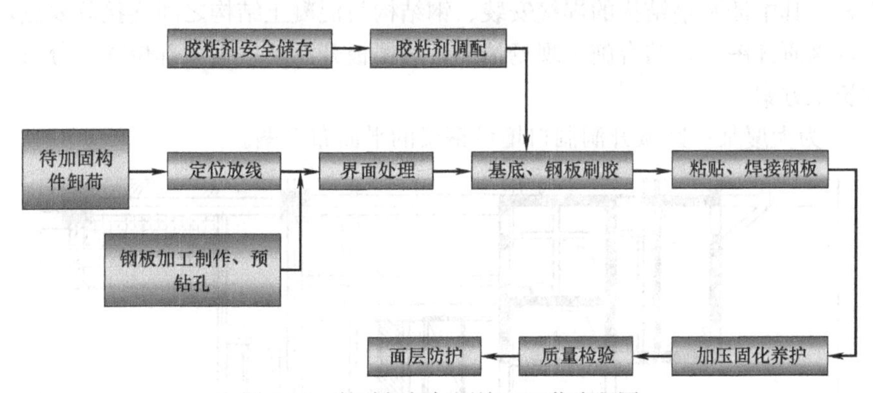

图 7-12 粘贴钢板加固施工工艺流程图

是否满足设计要求的关键，是施工控制的重点。

(1) 混凝土结合面处理

混凝土粘结面应凿除粉饰层、油垢污物等，然后用角磨机打磨除去混凝土面 1～2mm 表层，打磨完毕用压缩空气吹净浮尘，最后用棉布蘸丙酮拭净表面，保持干燥备用。较大的凹坑处用结构胶修补平整，梁表面有大小不一的裂缝时，裂缝宽度小于 0.2mm，用环氧水泥浆封闭；裂缝大于 0.2mm，用压力灌浆法灌注环氧水泥浆。

(2) 钢板粘合面处理

将钢板按现场实际施工尺寸切割好，粘贴面应首先除油，然后用角磨机进行粗糙处理，直到结合面全部出现金属光泽，打磨纹路尽量与钢板受力向垂直，其后用脱脂棉蘸丙酮擦干净，保持干燥备用。如果不能及时使用，钢板上出现锈迹就必须重新打磨、擦丙酮后方可再用。施工中严格执行先焊后粘的原则，严禁先粘后焊破坏结构胶体。

图 7-13 为粘贴钢板施工现场照片。

3. 洞口新增钢梁加固

本项工程对于楼板开洞（洞宽大于或等于 1000mm）的情况，采取洞边增设钢梁的加

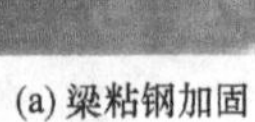

(a) 梁粘钢加固　　(b) 楼板负弯矩粘钢加固

图 7-13　结构粘贴钢板加固施工照片

固处理方式。其中涉及钢结构的焊接安装、钢结构与混凝土结构之间连接等要点，因此需在施工前认真研读图纸，结合施工现场情况，对楼板开洞新增钢梁部位深入分析，制定科学合理的施工方案。

图 7-14 为大厦某一区域开洞洞口增设钢梁的平面布置图。

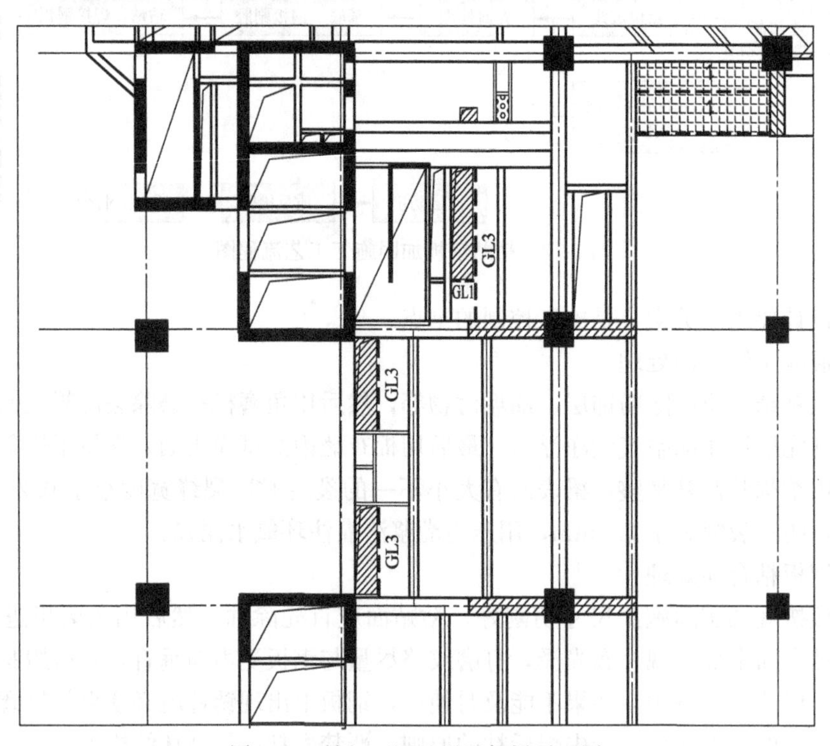

图 7-14　楼板开洞处增设钢梁平面图

新增钢梁加固的施工流程为：钢梁加工→测量定位→植入自切底机械锚栓→与原结构连接处处理→吊装就位→二次校位→焊接→防腐处理。

型钢在焊接时坡口形式及加工精度、组对要求、坡口与两侧的清理必须符合规范的规定。严格控制钢结构构件的几何尺寸和节点间距尺寸，发现问题及时调整后再安装。

为了防止焊接变形，焊前装配时将工件向与焊接变形相反方向预留偏差。严格控制焊接顺序防止变形，构件变形翘曲必须进行矫正。拼装就位前，严格控制构件的几何尺寸；对变形超差的应及时矫正。

图 7-15 为新增钢梁加固的施工现场照片。

图 7-15 新增钢梁加固施工现场照片

7.2 北京贵宾楼饭店加固改造工程

7.2.1 工程概况

北京贵宾楼饭店（Grand Hotel Beijing）位于北京市东城区东长安街 35 号，是一家五星级酒店。贵宾楼的主楼在南河沿与晨光街之间，主楼和原西楼之间有南北两端的两个分别为十一层与十层的过街楼，以及架空庭院相连通。贵宾楼包括：主楼Ⅰ、Ⅱ、Ⅲ、过街楼Ⅳ、Ⅴ及室内庭院Ⅵ，以抗震缝划分为 6 个单体（图 7-16），总建筑面积约 41877m^2。

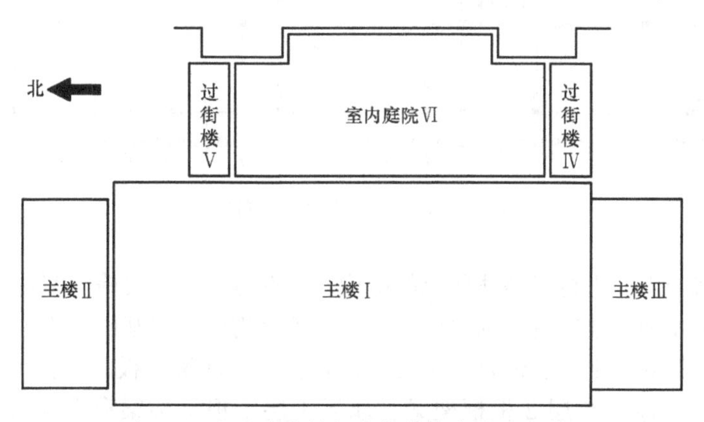

图 7-16 北京贵宾楼饭店各单体建筑平面关系

贵宾楼主楼采用箱型基础。主楼Ⅰ为无粘结预应力板柱-抗震墙结构体系，地下3层、地上11层；主楼Ⅱ为钢筋混凝土框架-剪力墙体系，地下3层、地上10层，局部11层，为水箱间；主楼Ⅲ为钢筋混凝土框架结构，地下3层、地上2层。主楼Ⅰ/Ⅲ与主楼Ⅱ建筑外观如图7-17和图7-18所示。过街楼Ⅳ、Ⅴ与庭院Ⅵ采用架空方法，下面为晨光街。过街楼Ⅳ、Ⅴ是由东西两端两个钢筋混凝土井筒与中间板梁组合而成，为框架-抗震墙结构，地上部分分别为10层与11层。室内庭院为钢筋混凝土框架结构，地上1层。

图7-17　北京贵宾楼饭店主楼Ⅰ/Ⅲ外观

图7-18　北京贵宾楼饭店主楼Ⅱ外观

由于该建筑建成至今近30年，结构检测中发现结构构件存在不同程度的混凝土缺陷问题，加上规范标准要求的提高，原有结构的抗震性能难以满足抗震要求，因此，在装修改造前对该建筑进行了结构综合安全性鉴定，并在其基础上进行了加固处理。

7.2.2　结构检测鉴定主要结果

图7-19和图7-20分别为建筑地下3层和地上2层结构平面布置图。

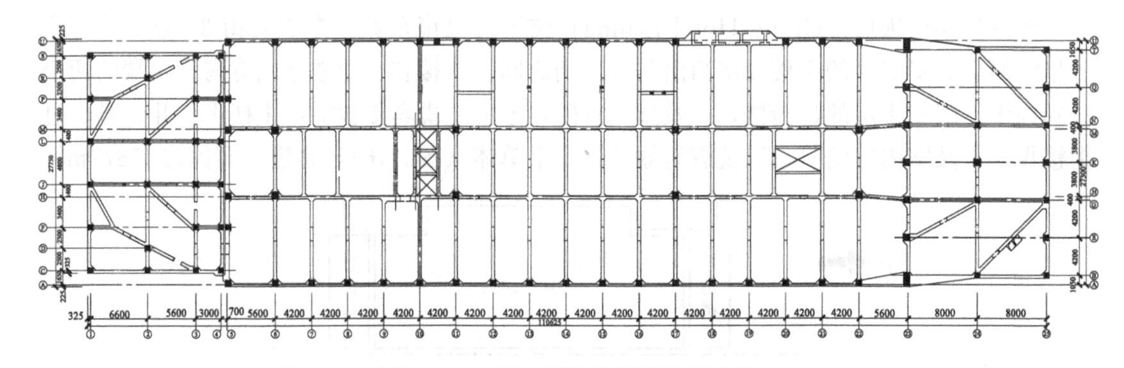

图7-19　地下3层结构平面布置示意

本工程改造施工前进行了整体建筑的结构安全性鉴定，主要检测鉴定结果如下：

经普查，未发现该建筑物上部主体结构主要承重构件有因基础不均匀沉降所产生的开裂、下垂、倾斜等受损现象。但是，主楼Ⅰ、Ⅱ、Ⅲ局部梁、板、柱构件表面存在裂缝。其中，主楼Ⅰ、Ⅲ地下2层2根框架梁、地下1层1根框架梁存在受力裂缝。主楼Ⅰ、Ⅱ、Ⅲ局部梁、板、墙构件存在露筋，柱表面蜂窝麻面、板表面钢筋局部裸露；个别顶板

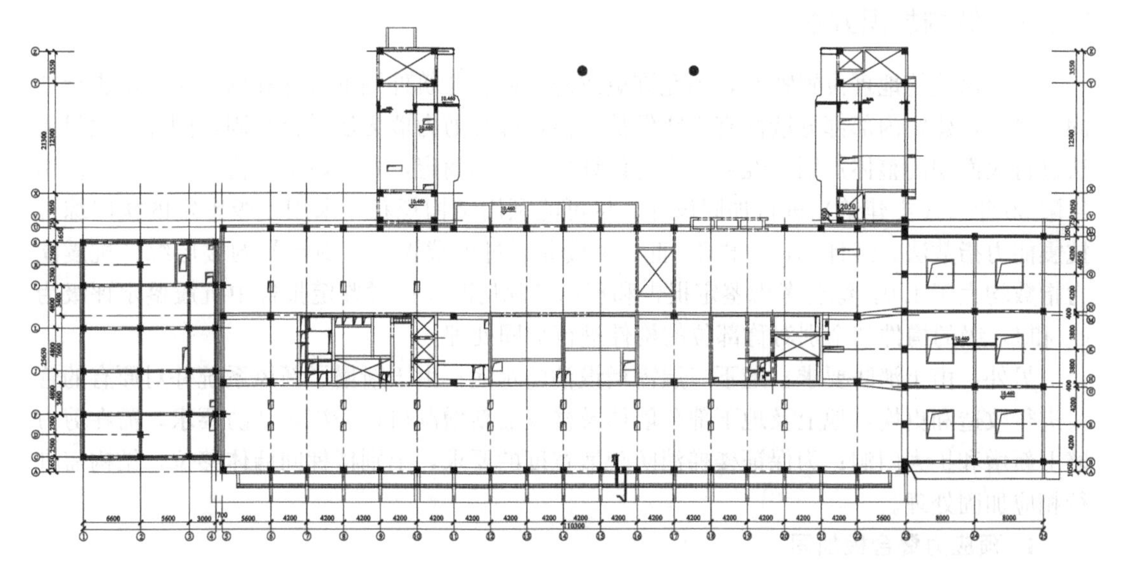

图 7-20　地上 2 层结构平面布置示意

存在部分开裂渗水、钢筋锈蚀、酥裂等缺陷。过街楼Ⅳ、过街楼Ⅴ个别柱、板构件存在局部露筋、梁表面蜂窝麻面、墙表面混凝土缺失等缺陷。室内游泳池个别柱存在局部露筋、梁表面蜂窝麻面等缺陷。

经现场检测，各单体建筑结构的框架柱和梁截面尺寸均与设计图纸相符。框架柱被测面主筋根数与设计图纸相符，箍筋间距基本满足设计要求；框架梁底面主筋根数与设计图纸相符，梁箍筋间距基本满足设计要求；剪力墙被测面均为双向配筋，钢筋间距基本满足设计图纸要求；现浇楼板底面均为双向配筋，钢筋间距基本满足设计要求。

主楼Ⅰ、Ⅱ、Ⅲ地基基础的安全性等级均为 B_u 级，上部承重结构的安全性等级为 C_u 级，该建筑的结构安全性等级评定为 C_{su} 级；主楼Ⅰ、Ⅱ、Ⅲ上部结构的地基基础抗震能力等级评定为 B_e 级，抗震承载力鉴定等级评为 C_{e1} 级，房屋结构抗震宏观控制等级评为 A_{e2} 级，依据主楼Ⅰ、Ⅱ、Ⅲ地基基础抗震能力评级和上部结构抗震能力评级，其抗震能力等级评定为 C_{se} 级。根据对主楼Ⅰ、Ⅱ、Ⅲ安全性鉴定及建筑抗震鉴定的评级结果，主楼Ⅰ、Ⅱ、Ⅲ结构综合安全性等级评定为 C_{eu} 级。

过街楼Ⅳ、Ⅴ地基基础的安全性等级均为 B_u 级，上部承重结构的安全性等级为 C_u 级，该建筑的结构安全性等级为 C_{su} 级；过街楼Ⅳ、Ⅴ上部结构的地基基础抗震能力等级评定为 B_e 级，抗震承载力鉴定等级评为 C_{e1} 级，房屋结构抗震宏观控制等级评为 A_{e2} 级，依据过街楼Ⅳ、Ⅴ地基基础抗震能力评级和上部结构抗震能力评级，其抗震能力等级评定为 C_{se} 级。根据对过街楼Ⅳ、Ⅴ安全性鉴定及建筑抗震鉴定的评级结果，过街楼Ⅳ、Ⅴ结构综合安全性等级评定为 C_{eu} 级。

根据对室内庭院Ⅵ安全性鉴定及建筑抗震鉴定的评级结果，室内庭院Ⅵ结构综合安全性等级评定为 B_{eu} 级。

从上述鉴定评级可以看出，除室内庭院Ⅵ外，其他单体建筑均不同程度地存在综合安全性不满足鉴定要求的情况，需进行加固处理。

7.2.3 结构加固方案

由于该建筑地理位置特殊，不允许更改外立面，建筑外围框架柱和框架梁无法进行加固，另外，建筑内部部分墙面有文物保护价值，部分剪力墙无法进行加固，因此本项目无法进行大面积的整体加固。经业主方与设计单位共同商定，本次改造结构加固按后续使用年限 30 年（A 类建筑）进行加固设计，尽可能利用结构现状，采用二级鉴定的楼层综合抗震能力指数法。经计算，主楼Ⅰ/Ⅲ、主楼Ⅱ、过街楼Ⅳ、过街楼Ⅴ的楼层综合抗震能力指数均大于 1.0，综合考虑鉴定报告和现场实际情况，仅对鉴定报告中抗震鉴定评级为 C_e 和 D_e 级的构件和个别对称部位的构件进行加固处理。

另外，由于消防要求，地下二层需增设消防水池；由于新增了新风系统并对原有的管线进行改造和更换，地上及地下部分墙体及楼板需新增洞口；为满足消防要求，需在剪力墙上新增和扩大门洞；为保证楼梯消防疏散宽度的要求，个别楼梯间墙体移位，结构需进行相应加固处理。

1. 预应力叠合板加固

位于 8-10 轴/H-M 轴之间的 A 楼梯间、位于 19-21 轴/H-M 轴之间的 B 楼梯间，由于对楼梯间进行扩宽改造，楼梯间净宽度需要由原来的 2.3m 扩大至 2.6m，这就要求拆除楼梯间东侧原有墙体、楼梯踏步和平台板，重新按拓宽后的尺寸新建东侧墙体及相应的楼梯踏步和平台板。而查看原设计图纸发现，A 楼梯地下二层、地下一层原有楼梯间墙体和楼板拆除区域是原有楼板预应力钢丝束锚固端位置，直接拆除的话将面临锚固端失效、预应力筋回缩及预加力归零问题，拆除后楼梯间东侧楼板存在受弯承载力不足风险；同理，B 楼梯地下二层、地下一层原有剪力墙和楼板拆除完成后一旦断筋也将面临楼梯间东、西侧楼板受弯承载力不足风险。为此，一方面应保证楼板开洞拆除后，预应力筋能重新建立预应力并锚固，另一方面为该部位楼板增加双保险，即在保留楼板的板底浇筑预应力叠合板的方式进行加固处理。

具体来说，在 A 楼梯间东侧、B 楼梯间东西侧地下二层和地下一层顶，对应位置楼板下部采用预应力叠合板（图 7-21）加固提高原楼板受弯承载力。叠合板厚度 100mm，板内配置Φ^s15.2@160 的无粘结预应力钢绞线，同时设置了Φ14@200 双层双向钢筋网，端部植入墙内 20d 进行锚固，叠合板与原楼板连接的拉结筋选用Φ12@400 梅花形布置，拉结筋植入板内 10d（图 7-22a)；叠合板端部与原结构剪力墙交界处设置锚固用端梁，梁高 200mm、宽度 850mm，端梁与原楼板采用 M20 8.8 级后扩底型机械锚栓连接（图 7-22b、c)。

2. 框架柱外包钢加固

对于承载力不足的框架柱，采取外包型钢的加固处理方式。首层至九层 11/M、11/H、17/M、17/H 轴框架柱、首层 6-7/U-Z 轴部分框架柱采用外包型钢的加固方法。独立框架柱的外包型钢加固做法如图 7-23 所示，与剪力墙相连的框架柱外包钢加固做法如图 7-24 所示。

3. 粘钢加固

对于承载力不足的框架梁，采取粘贴钢板的加固处理方式。首层至九层 10-12/M、10-12/H、16-18/M、16-18/H 轴框架梁等采用粘贴钢板的加固方法，加固做法如图 7-25 所示。

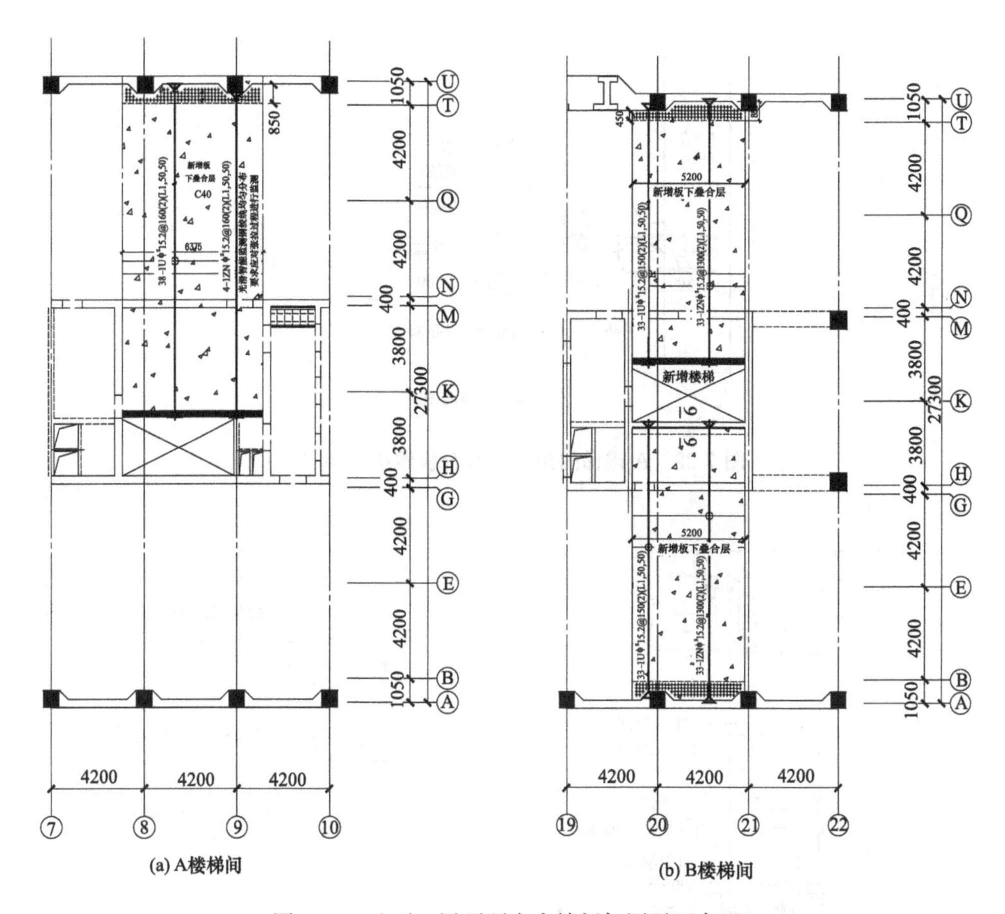

图 7-21 地下二层顶预应力楼板加固平面布置

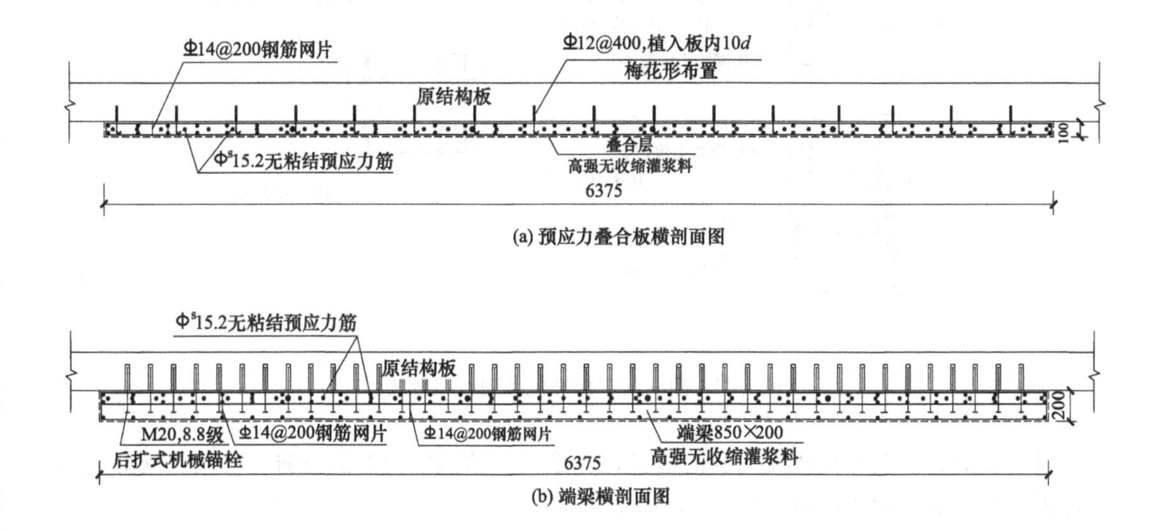

图 7-22 A楼梯间预应力叠合板做法详图（一）

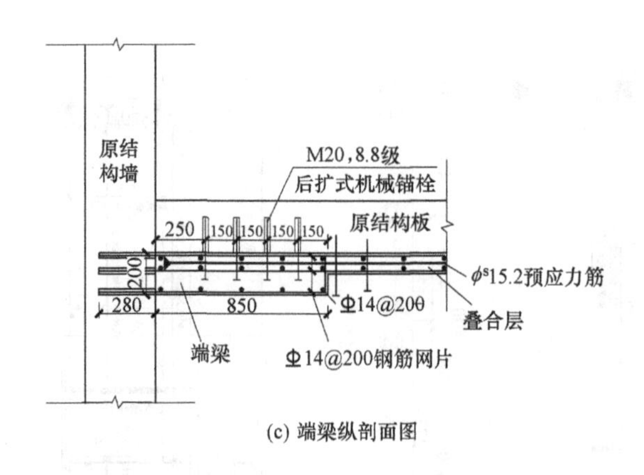

(c) 端梁纵剖面图

图 7-22 A楼梯间预应力叠合板做法详图（二）

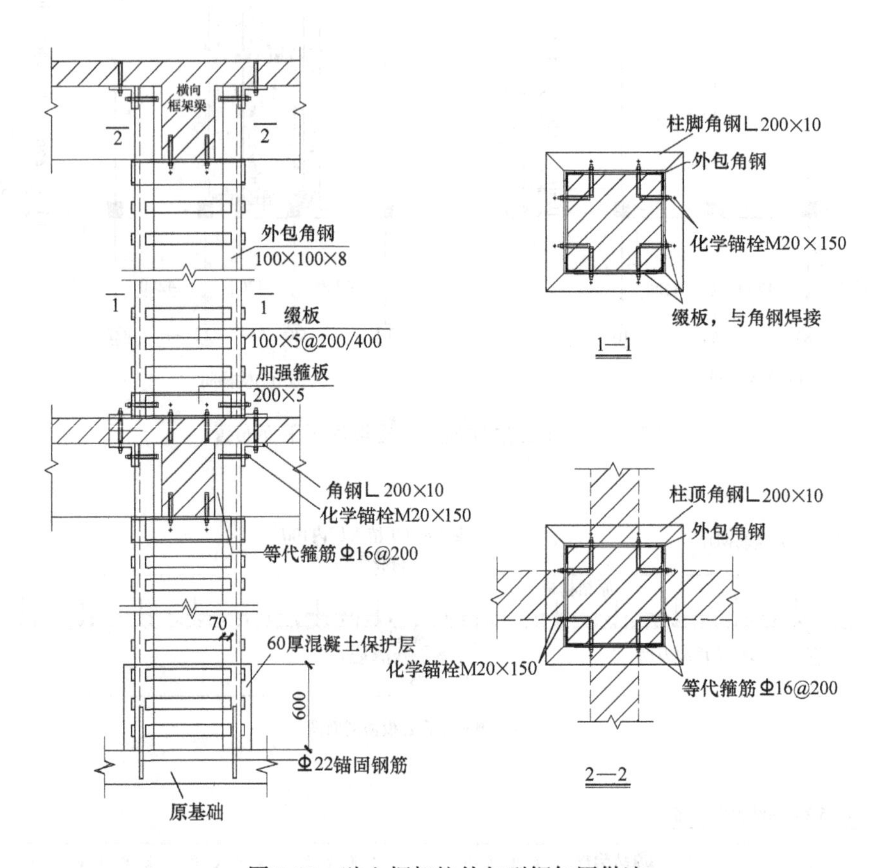

图 7-23 独立框架柱外包型钢加固做法

对于在剪力墙上开设较大门洞的情况，也采用粘贴钢板的方法对剪力墙洞口局部进行了加固处理，加固做法示意如图 7-26 所示。

4. 粘贴碳纤维加固

对于承载力不足的结构楼板，采取粘贴碳纤维的加固处理方式，加固做法如图 7-27 所示。

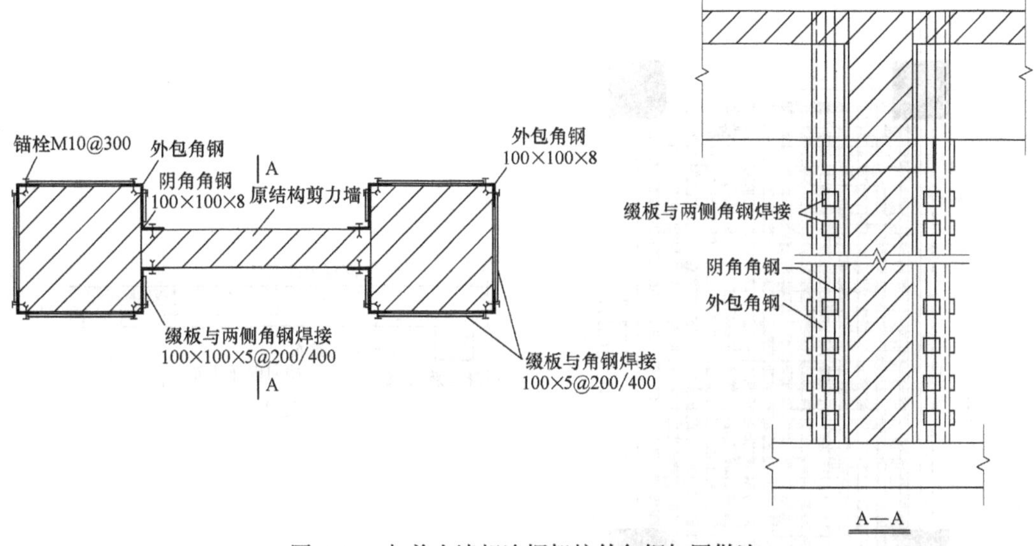

图 7-24 与剪力墙相连框架柱外包钢加固做法

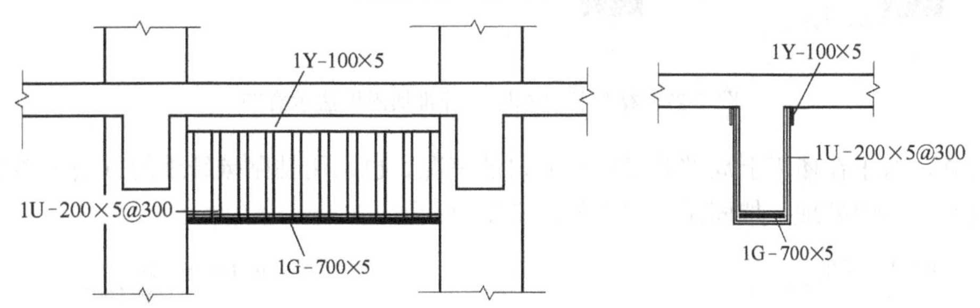

图 7-25 框架梁粘贴钢板加固示意图

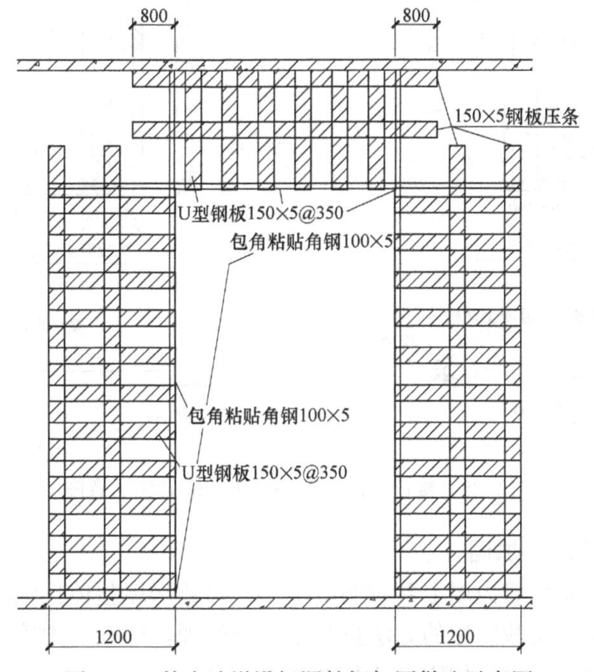

图 7-26 剪力墙增设门洞粘钢加固做法示意图

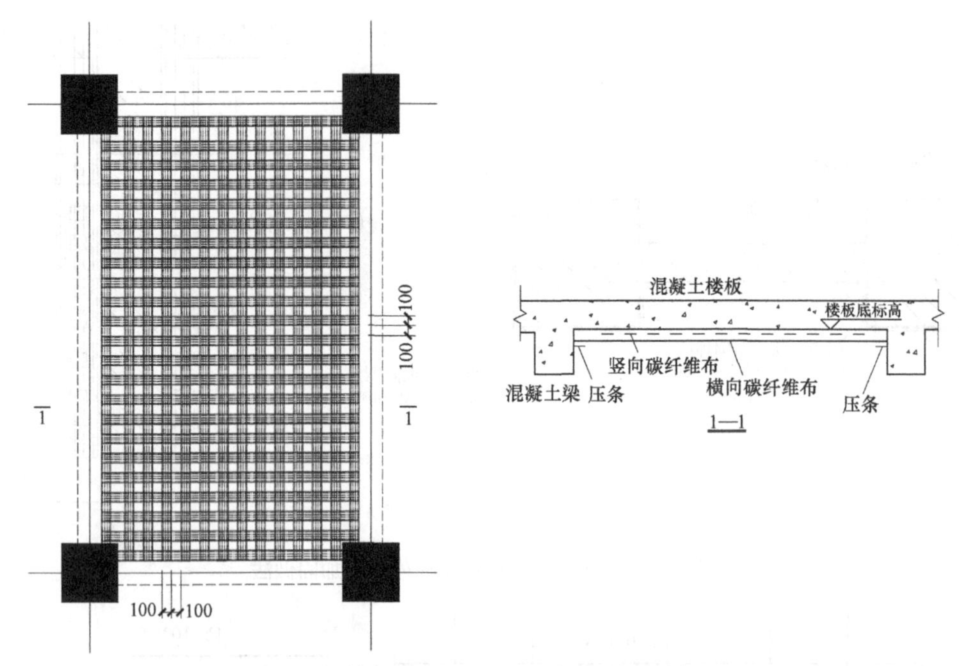

图 7-27 楼板板底粘贴碳纤维加固做法示意图

另外，对于在楼板上局部开设较小洞口的情况，也采用粘贴碳纤维的方法对楼板洞口局部进行了加固处理，加固做法示意如图 7-28 所示。

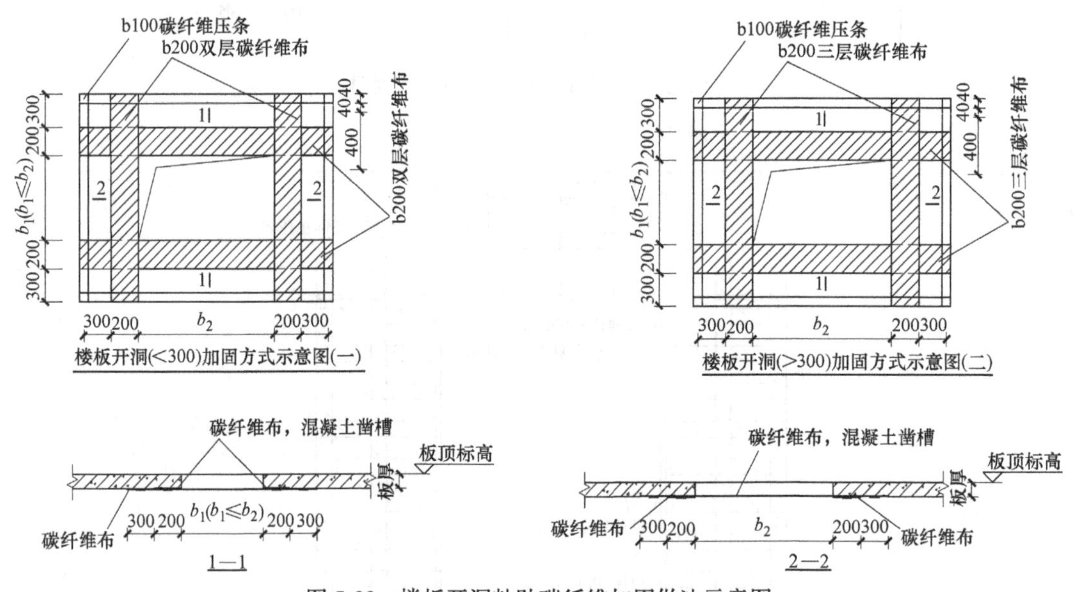

图 7-28 楼板开洞粘贴碳纤维加固做法示意图

5. 剪力墙增大截面法加固

由于本次改造在原有剪力墙上开设洞口较多，导致房屋整体抗侧刚度有所削弱，因此对于部分剪力墙采用增大截面法的方法进行了加固处理，即在剪力墙的一侧增厚 100mm，以弥补结构抗侧刚度的不足。加固做法如图 7-29 所示。

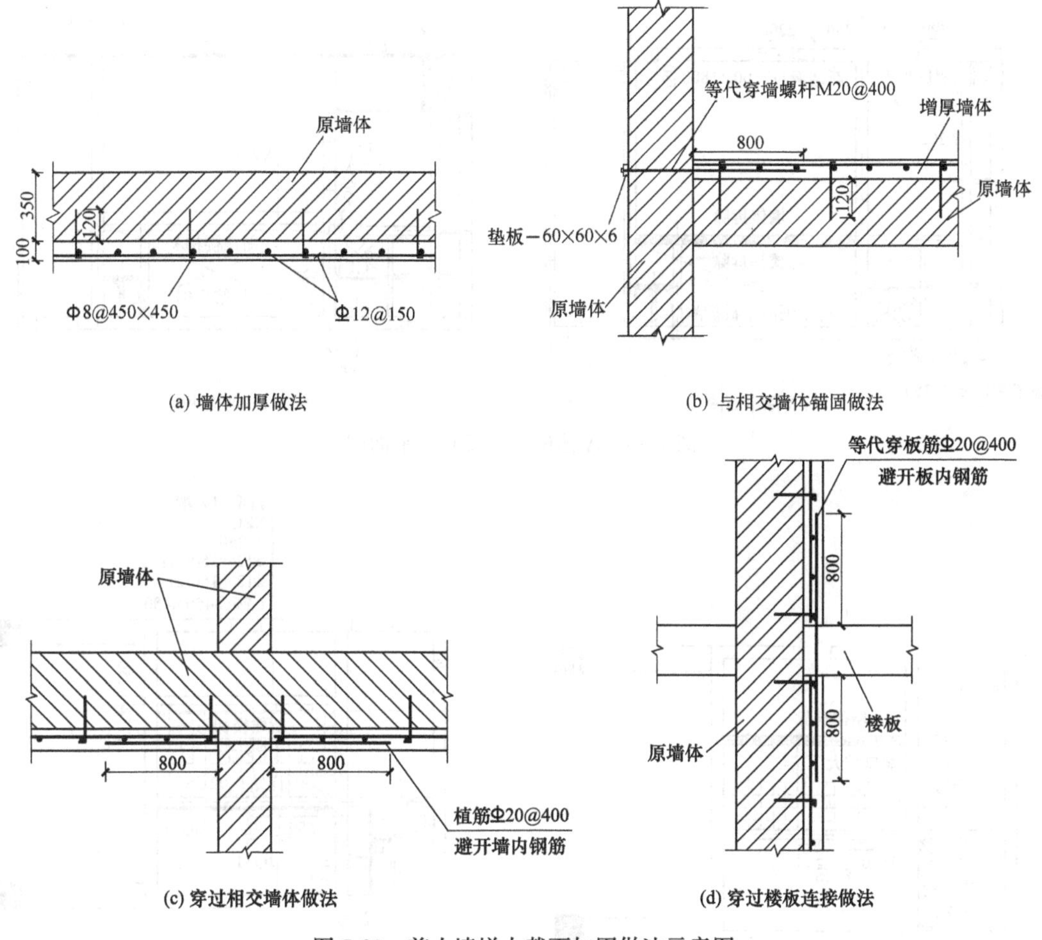

图 7-29　剪力墙增大截面加固做法示意图

7.2.4　加固施工

1. 楼梯间墙体拆除施工

为了满足消防要求，A、B 楼梯间净宽度需要由原来的 2.3m 扩大至 2.6m，这就要求拆除楼梯间东侧原有墙体、楼梯踏步和平台板，重新按拓宽后的尺寸新建东侧墙体及相应的楼梯踏步和平台板，A 楼梯拆除及新建平面图如图 7-30 所示。位于 19-21 轴/H-M 轴之间的 B 楼梯也由于同样的原因，其需要拆除楼梯间东侧原有墙体、楼梯踏步和平台板，重新按拓宽后的尺寸新建东侧墙体及相应的楼梯踏步和平台板，B 楼梯拆除及新建平面图如图 7-31 所示。

按照一般的施工顺序，应该是先完成新增墙体的施工，形成新的竖向承重体系后，再开始进行原有墙体和楼梯的拆除工作。但是，由于新增墙体施工涉及 10 余层结构墙体的现浇钢筋混凝土作业，且只能自下而上施工，所需工期较长，而该工程工期较为紧张。为保证实现工期目标，根据现场实际情况，制定了如下施工顺序：

(1) 地下部分（地下三层至地下一层）：A、B 楼梯间先按照从地下三层至地下一层的施工顺序新建剪力墙，剪力墙新建完成后，A 楼梯间按照从地下一层至地下三层的顺

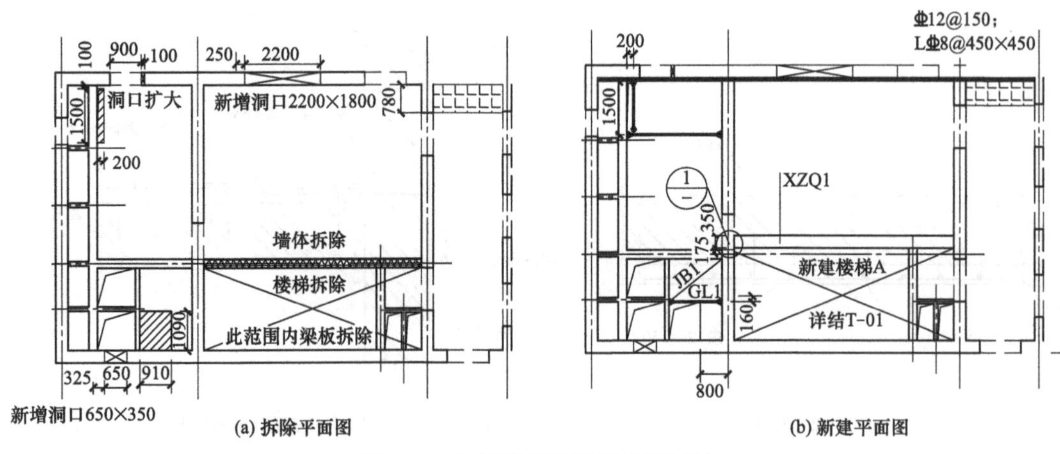

图 7-30　A 楼梯拆除及新建平面图

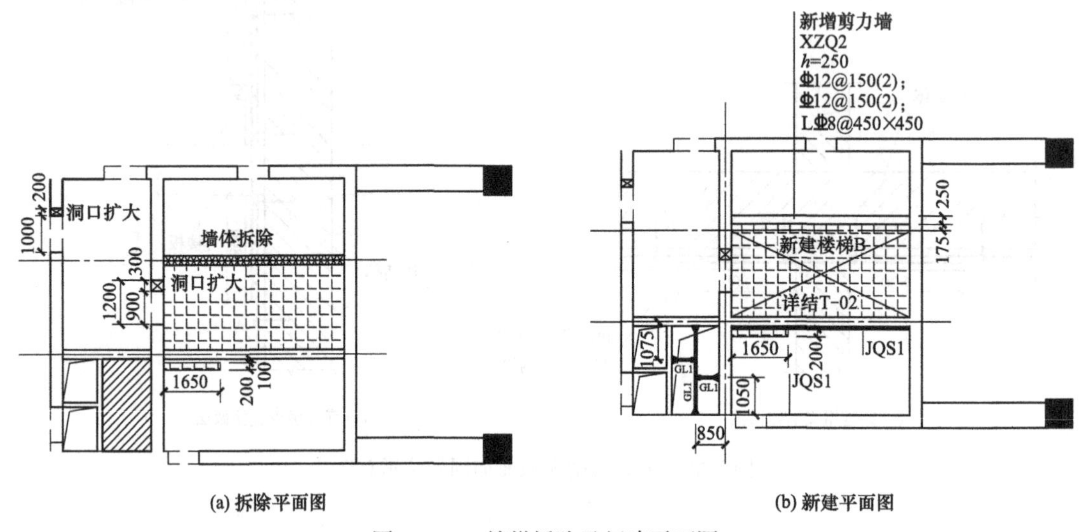

图 7-31　B 楼梯拆除及新建平面图

序拆除旧剪力墙和混凝土楼梯，B 楼梯间按照从地下一层至地下三层的顺序拆除旧楼板和剪力墙，A、B 楼梯间拆除施工同步进行。旧剪力墙拆除完成后再按照从地下三层至地下一层顺序新建混凝土楼梯。

（2）地上部分（首层至顶层）：A、B 楼梯间旧剪力墙和楼梯先按照从顶层至首层顺序拆除，其中每层旧剪力墙先做部分拆除，再按照从首层至顶层顺序新建剪力墙和混凝土楼梯，最后再做剩余剪力墙的拆除施工。A 楼梯间每层剪力墙局部拆除时保留上部高 450mm 墙体，保留中部宽 600mm 墙体；B 楼梯间每层剪力墙局部拆除时保留上部高 450mm 墙体。

（3）地下部分新建剪力墙与地上部分拆除旧剪力墙同步施工，地下部分新建剪力墙和混凝土楼梯施工完成后方可开始地上部分新建剪力墙和混凝土楼梯施工。

（4）A、B 楼梯间地下一层、地下二层旧剪力墙拆除及新剪力墙新建时，墙体与楼板交接部位采用人工凿除，避免对原楼板预应力筋产生损伤。

上述第（2）步施工程序中，两个楼梯间在地上部分均采用了先拆除原有承重墙体，之后再自下而上新建承重墙体的方案，该方案可能导致的风险是，一旦承重墙体拆除，则相应部位的楼板等水平结构将缺少支承构件，可能发生破坏。为此，设计了一种局部保留墙体的拆除施工方案，即A楼梯间每层拆除原墙体时保留上部约450mm高的墙体和中部约600mm宽的墙体；B楼梯间每层拆除原墙体时，保留上部约450mm高的墙体。墙体拆除后所形成的结构分别如图7-32和图7-33所示。经计算，采用该方案后，剪力墙所保留的部分可以可靠地支承原有楼盖结构，从而保证先拆除后新建施工过程的结构安全，同时也大幅度节约了施工周期。

图7-32 A楼梯处原墙局部拆除后局部结构示意图

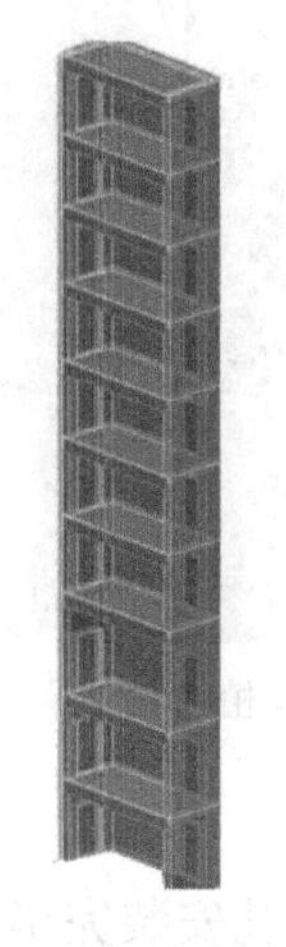
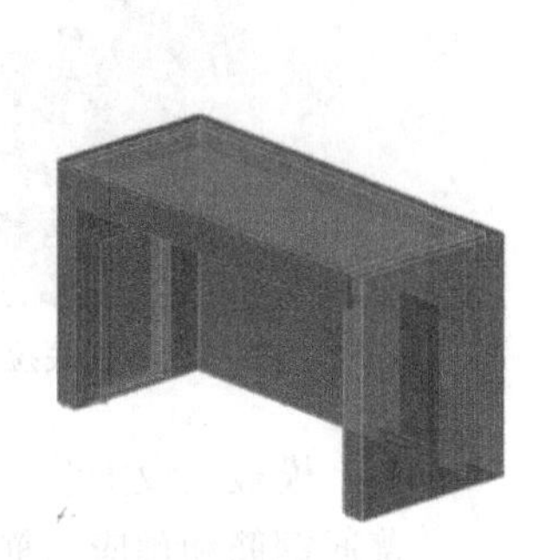

图7-33 B楼梯处原墙拆除后局部结构示意图

具体施工时，对于原有旧剪力墙和楼板拆除工程，首先采用墙锯静力切割的方式将楼板或剪力墙与结构周边梁柱或剪力墙节点断开，周边静力切割以后的板格采取风镐或液压钳等动力方式进行破碎拆除。A、B楼梯拆除顺序为从上至下依次拆除。首先拆除最上部一跑楼梯，然后拆除紧邻的休息平台，依次往下拆除，直至楼梯拆除完成。地上首层至顶层原有剪力墙和楼梯拆除后，靠近新建楼梯侧及时进行安全防护。

2. 预应力叠合板加固施工

（1）植筋施工

植筋前应先对叠合板区域对应的原楼板底部拉毛。植筋施工工艺流程分为：定位放线→钻孔→清孔→钢材除锈→锚固胶配制→植筋→固化、保护。若基材上存在受力钢筋，钻孔位置可适当调整，均宜植在原楼板分布筋内侧。在结构胶固化前，不要扰动植入的钢筋。板底拉毛及植筋如图7-34所示。

（2）钢筋绑扎

钢筋安装前先喷涂界面剂，再用墨斗在原楼板上弹好主筋、分布筋间距线。钢筋绑扎时，先绑扎板上层钢筋，由一端向另一端依次绑扎，双向受力的钢筋必须将钢筋交叉点全部绑扎。为了保证钢筋不产生位移，将双向受力筋与植入的钢筋绑扎。预埋件、电线管、预留孔等及时配合安装。板筋连接采用单面焊接连接，焊接长度为10d。在钢筋的下面垫好砂浆垫块，间距1.5m垫块梅花形搁置于底部钢筋下层。垫块为长方形，用扎丝绑扎于下排钢筋上。

(3) 预应力筋铺设

预应力筋铺设安装前，提前下料并完成每根钢绞线一端挤压工作。上层钢筋绑扎完毕后开始安装预应力钢绞线，每铺设一束预应力筋，应随之调正、调直，并与非预应力钢筋绑扎固定。预应力筋铺设完毕，板下层钢筋绑扎完以后，对预应力筋最后调整、固定，再进行下一步合模浇筑作业，普通钢筋及预应力筋安装现场照片如图 7-35 所示。

图 7-34 板底拉毛及植筋

图 7-35 钢筋绑扎现场照片

(4) 模板支设安装

普通钢筋和预应力筋绑扎安装完毕后，开始安装模板及相应支撑架。主要安装顺序为：搭设满堂支撑架→安装顶托及纵横木楞→调平顶托标高→铺设模板（按设计要求设置起拱度）→检查模板平整度。

满堂支撑架搭设：立杆双向间距不得大于 0.8m，采用两道水平双向拉杆加强立杆刚度，同时搭设剪刀撑，在满堂支撑架四边及中间每隔四排立杆设置一道纵向剪刀撑，由底至顶连续布置。搭设剪刀撑后，才能铺设板底木方、模板，以免支撑架晃动使板位置移位。满堂架搭设及模板安装如图 7-36 所示。

(5) 浇筑灌浆料

本项目预应力叠合板厚度较薄，只有 100mm，且在原楼板板底，灌浆料浇筑施工有一定难度。为保证浇筑质量，在原有楼板上每隔 1.2m 左右设置了直径不小于 150mm 的洞口作为灌浆孔和出浆孔。开孔时不可断筋，原楼板不需要额外设置支撑，但施工堆载不应集中布置。灌浆料采用小型搅拌机（灌浆料拌合专用）现场搅拌，掺水量严格按照其使用说明设定，并保证足够的搅拌时间。每罐灌浆料搅拌完成后，按顺序依次往灌浆孔内灌入灌浆料。灌注顺序为：从边角向对边依次灌注，保证在灌浆料初凝期内将单块叠合板灌浆料全部浇筑完成。灌注过程中需用小型振捣棒振捣，以利于灌浆料充分流动，保证密实度。当最后一个灌浆孔灌满并经振捣也不再下陷，停止灌注灌浆料，浇筑完成。灌浆料的养护期一般为 14d，因本工程为原楼板板底部加设叠合板，故对于构件的养护无法做到直接湿润养护，因此，应保持结构模板尽量晚拆，定时对底模加湿洒水，保证在叠合板养护期间该区域环境潮湿。叠合板拆模后照片如图 7-37 所示。

(6) 预应力筋张拉

叠合板灌浆料预留同条件试块强度达到设计要求后，开始进行预应力张拉。由于本工

图 7-36　模板及支撑架安装

图 7-37　叠合板拆模养护后效果

程布置的预应力筋长度较短，预应力钢筋采用单端张拉的方式。每束预应力筋张拉完成后，应立即测量校对伸长值。如发现异常，应暂停张拉，待查明原因，并采取措施后，再继续张拉。对于预应力筋张拉端外露锚具的情况，用砂轮锯将外露预应力筋切断，且保留在锚具外侧的外露预应力筋长度不应小于 3cm，然后用加注油脂的专用塑料帽将锚具封闭严密，最后根据设计要求封锚。

3. 原楼板预应力钢丝束断筋处理施工

A、B 楼梯间以及本工程其他预应力楼板开洞处，原预应力板及其他位置预应力楼板开洞和断筋前，需要先对预应力钢丝束做定位→剔凿→开口锚卡位→放张工序操作，放张后用砂轮锯断筋，断筋后再逐根对每一根钢丝进行一次穿孔、镦头并锚固安装，对原预应力钢丝束重新施加预加力，保证原楼板受弯承载力满足规范要求。开口锚和墩头锚锚具如图 7-38 所示。

(a) 镦头锚具

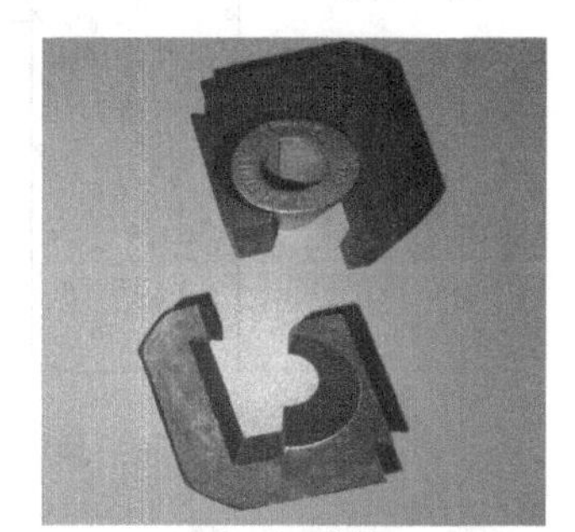

(b) 开口锚具

图 7-38　预应力锚具照片

（1）楼板洞口剔凿

由于楼板开洞区域较大，如同时切断区域内预应力筋可能对结构带来较大安全隐患。为此，将开洞区域分成若干区块，单块区域预应力筋切断、放张和重新张拉完成后方可开始下一区块的混凝土剔凿和预应力筋处理，按此方法循环作业。

混凝土的剔凿采用人工剔凿和机械钻孔两种方法。为了避免剔凿时对预应力筋造成损坏，预应力楼板开洞首先采用人工配备小型电镐剔凿，定位出预应力筋的位置后再用大功率风镐剔凿。混凝土剔凿过程中，注意不能损伤预应力筋，拆除过程中，上层普通钢筋在不影响下一步施工的前提下尽量保留，下层普通钢筋则需全部保留，待预应力张拉完成及端部封堵，外包混凝土圈梁浇筑且达到强度后再切断。另外，混凝土剔除后应确保预应力张拉端处混凝土板截面表面平整，必要时可用高标号水泥砂浆找平以保证预应力筋切割、放张和重新张拉的工序顺利进行。

（2）断筋处理

预应力钢丝束暴露出来后，使用开口锚具在钢丝束切断位置一定距离内卡住预应力钢丝束。开口锚具应与原结构墙体保留一定的距离，保证旧墙体拆除后，有足够的空间及足够的钢丝束长度来放张钢丝束内预应力。预应力钢丝束卡紧之后再拆除预应力钢丝束镦头锚具锚固范围内的混凝土，拆除完成后，放张钢丝束，然后按照事先计算好的位置切断预应力钢丝束。

（3）重新张拉及封锚

楼板内预应力筋为预应力钢丝束，采用的是镦头式锚具进行张拉锚固。在对预应力筋进行张拉时，要首先安装好承压板，之后安装镦头锚具，然后使用镦头机将预应力筋端头镦粗卡在镦头锚具内，镦头完成后安装锚杆，然后使用张拉机夹住锚杆开始张拉（图 7-39）。张拉完毕后，在楼板洞口边缘植筋、支模板并浇筑灌浆料实现封锚，封锚后确保锚具不再裸露在空气中。预应力钢丝束张拉及镦头锚端头现场施工照片如图 7-40 所示。

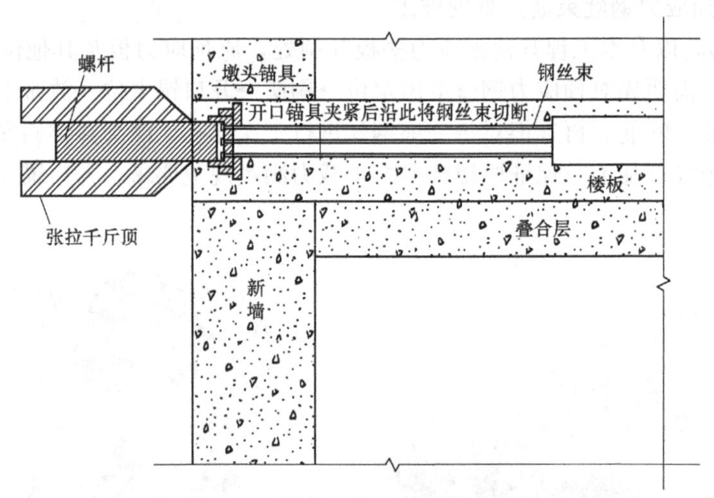

图 7-39　预应力钢丝束张拉示意图

图 7-40　预应力钢丝束现场施工照片

7.3 北京某仿古建筑加固改造工程

7.3.1 工程概况

北京某仿古建筑建于 2006 年，主体结构由沉降缝分隔为南段和北段两部分。南段为单层建筑，采用现浇钢筋混凝土框架结构，双坡屋面，屋脊高 5.6m，屋顶采用构造柱举架形式以达到仿古建筑造型，该部分建筑由于位于规划红线内，按临时建筑考虑；北段为地下一层半，地上一层半建筑，檐高 4.6m，屋脊高 8.3m，采用现浇钢筋混凝土剪力墙结构，抗震等级为二级。屋顶采用硬山搁檩，斜坡屋面为 120 厚钢筋混凝土板。该建筑由于产权变更，使用功能发生改变，业主拟对全楼结构进行整体改造，采用了全新的房屋装饰方案。本次改造主要为北段的钢筋混凝土剪力墙结构，改造前建筑外观照片如图 7-41 所示。该建筑为地下 1 层、地上 2 层的现浇钢筋混凝土剪力墙结构，屋面为坡屋面。结构三维模型示意图如图 7-42 所示。

图 7-41 原有建筑外观照片

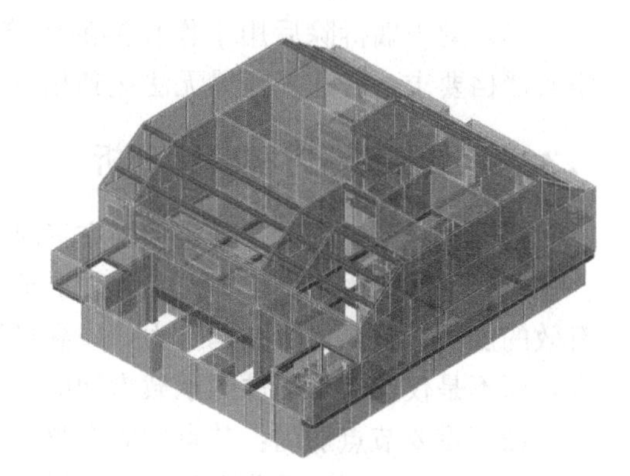

图 7-42 结构三维模型示意图

7.3.2 抗震鉴定结果

加固改造前，对该建筑进行了抗震鉴定，主要鉴定结论如下：

该房屋部分结构构件布置情况与设计图纸不一致，主要包括部分剪力墙进行了开洞和少数剪力墙进行了拆改。

所测墙厚和梁宽基本满足设计要求，所测板厚略小于设计要求。

部分剪力墙拆除后，相应边缘构件失效，对结构的抗震承载能力存在不利影响；同时，部分构件的抗震承载能力不满足现行规范的要求，如框架梁的实配配筋小于验算值。

所测构件的碳化深度为 2.0～30.0mm，少数构件的碳化深度已经超过钢筋保护层，对构件的耐久性存在不利影响。

部分剪力墙墙体存在裂缝，裂缝以竖向裂缝和斜向裂缝居多，并且大部分集中在外墙的门窗洞口周边。根据裂缝出现的位置、走向和形态特征分析，造成此类裂缝的主要原因是环境温度影响所致。建议采取措施进行封闭处理。

部分构件存在露筋、锈蚀等现象。

少数构件混凝土存在夹杂木模等外观缺陷。

部分剪力墙拆除后，导致该部位梁、板及上部墙体无支承，出现悬空现象，不能有效地进行力的传递；建议设计单位对结构进行复核验算后，增设相应的水平或竖向受力构件。

部分剪力墙拆除后，相应边缘构件失效，对结构的抗震承载能力存在不利影响，建议加固设计单位增设构造措施，以满足结构抗震承载能力的要求。

部分剪力墙拆除后，部分构件的抗震承载能力不满足现行规范的要求；建议对该工程采取措施进行整体加固处理。

在本次加固改造中，该楼由办公用房改造为会所建筑，结构使用功能、构件布置与使用荷载均有较大变化，与一般加固改造设计相比，该改造工程有如下特点：

(1) 原结构抗震性能“先天不足”：由抗震鉴定结论可知，即使不经改造，原结构自身的抗震性能已无法满足规范要求，需要进行整体抗震加固。

(2) 新的装饰方案与原结构不一致处较多，需要拆除大量剪力墙才能够实现，将导致大量的竖向承重构件缺失。

(3) 剪力墙拆除后用于作托换的梁跨度较大，最大跨度达到10m，而业主对室内净空有严格要求，普通托换梁无法达到相应要求，需要采取措施以降低梁高。

7.3.3 加固改造方案对比分析

根据上述鉴定结论，确定加固方案时应遵循下述原则：

(1) 整体加固：由于本次工程改造范围广，应从提高结构的整体抗震性能出发，采取有效的加固措施，优化结构传力，应满足结构规则性要求以及满足刚度、延性等多方面要求，而不是仅仅针对构件的承载力加固而忽视结构的整体工作性能。

(2) 重要节点加固：节点加固在整体抗震加固中十分重要，是构件与构件之间重要的传力连接，应特别注重节点的加固效果。

该工程改造后结构以及房屋用途发生较大变化，图7-43为根据新的装修方案确定的首层结构构件拆除平面图，可以看出，本次改造项目的最大特点是需大量拆除原有剪力墙结构，在拆除之后如何对原有墙体进行托换是需要解决的关键问题，这将在很大程度上改变结构在竖向荷载以及水平地震作用下的受力特点。

因而在方案设计过程中，从结构安全性、工程造价、施工工期、施工可行性、装修布置符合度等多方面进行了多次论证，以求最佳改造效果。进行了多种加固改造方案的可行性对比分析。

方案一：剪力墙增大截面法加固，改为钢筋混凝土框架-剪力墙结构

原有房屋为多层全现浇剪力墙结构，剪力墙既是竖向承重构件，也是抗侧力构件。剪力墙拆除后，首先是楼板的竖向支承构件缺失，导致该部位梁、板及上部墙体无支承，出现悬空现象。在剪力墙拆除前，将其上部和两端保留部分采用增大截面加固法形成边框梁和边框柱，用作承重托换结构，由于拆除剪力墙部位较多，改造后的结构成为框架-剪力墙结构。针对结构净空要求较高的问题，在对剪力墙上部增大截面形成框架梁的方案中，增加预应力筋，形成预应力混凝土梁，从而降低梁的高度，保证净空。

该方案的优点如下：

（1）结构改造后由混凝土剪力墙结构变为混凝土框架剪力墙结构，受力机理较为明确，安全性易于保证；

（2）现场施工主要为增大截面法施工和静力拆除施工，先加固，后拆除，不用临时支撑，施工简便，风险低；

（3）加固方案主要为现浇钢筋混凝土，造价相对较低；

（4）通过大量的剪力墙改框架的托换加固，可以较好地实现装饰方案。

该方案的主要缺点是：现场混凝土浇筑等湿作业工作量较大，施工质量较难控制，混凝土养护时间长，工期较长。另外，由于该方案不改变竖向受力构件的位置，而新的改造方案的房间布置发生改变，可能出现房间内有梁的情况。

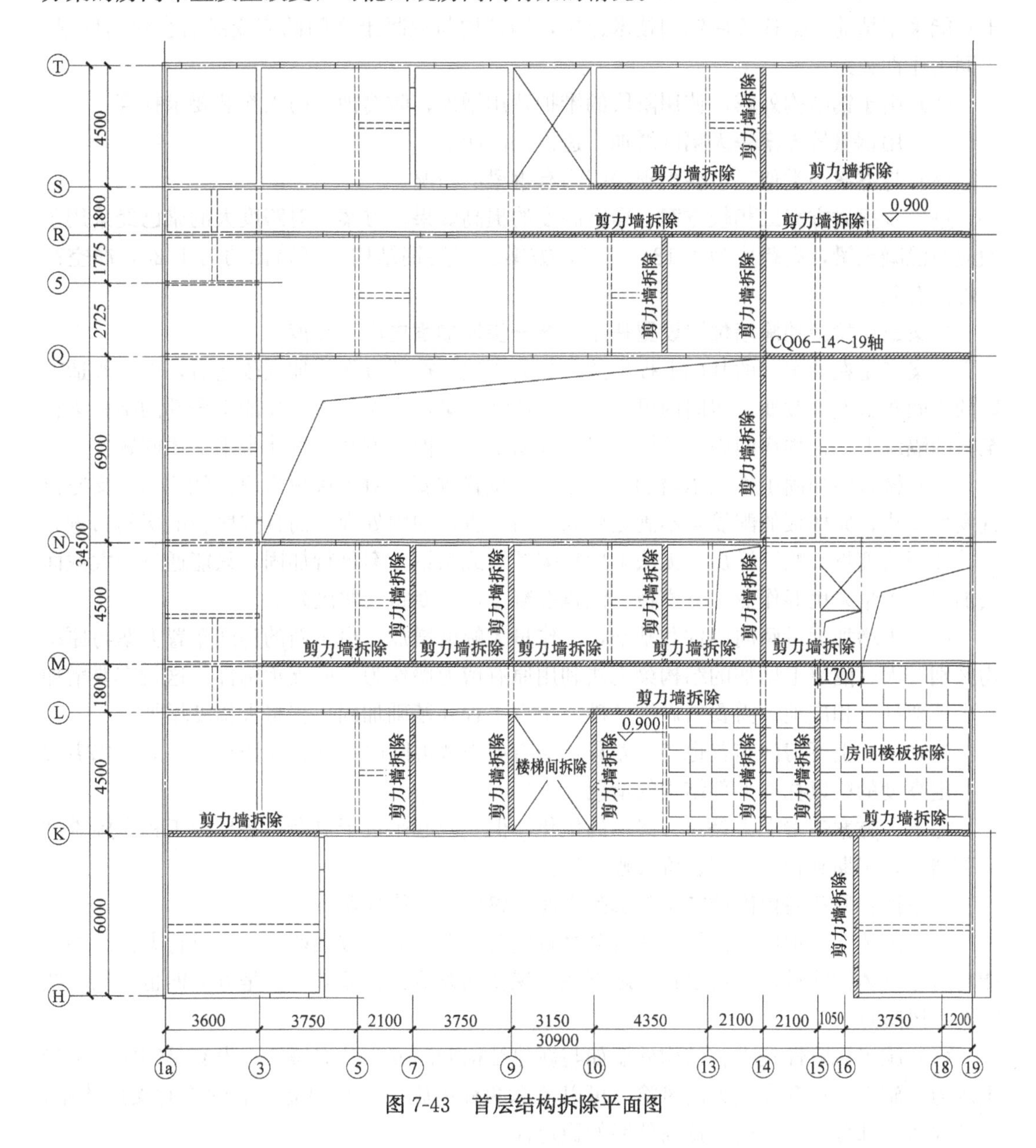

图7-43　首层结构拆除平面图

方案二：新增钢结构框架，将结构体系改为钢框架-混凝土剪力墙结构

方案二与方案一的思路相似，主要的区别在于将混凝土梁柱改为钢结构梁柱，即不是通过对原有剪力墙增大截面加固，而是直接在原有剪力墙两侧增加钢框架结构，实现对拆除剪力墙部分梁板的托换。

方案二的优点主要包括：

(1) 梁的高度较方案一可以进一步降低，实现更大的净空高度；

(2) 现场湿作业较少，施工质量较易控制，工期也进一步缩短。

但是方案二的缺点也较明显：

(1) 加固后的结构成为钢框架-混凝土剪力墙结构，属于混合结构。且由于钢与混凝土只能采用植筋、锚栓等后锚固技术连接，钢结构与混凝土之间的应变滞后会较为明显，协同工作性较差。

(2) 由于钢结构外露，使用阶段的维护费用增加，防腐蚀、防火涂装要求提高。

(3) 用钢量较方案一大幅度增加，造价提高明显。

(4) 与方案一类似，也会出现房间内有钢梁的情况。

进一步探讨方案二相较方案一净空高度的提高效果，方案一对跨度大的梁已经采用了预应力混凝土梁，高跨比为 1/18～1/15，方案二采用钢结构梁高跨比约为 1/20，净空高度提高有限。

方案三：按新的隔墙位置设置托梁，进一步增加室内净空高度

方案三是在方案一的基础上提出的。如前所述，按照方案一加固改造后，由于改造方案的房间布置发生改变，房间内可能出现一些结构梁，影响美观，如能将全部的结构梁移至新的隔墙上，这样房间内的装饰效果更容易实现。但是方案三可能带来下述问题：

(1) 楼板的加固工作大幅增加。由于梁的位置改变，对于楼板来说，就相当于支座位置发生变化，原楼板的配筋将不满足要求，需要进行加固处理。而且按照新的房间布置方案，楼板跨度将大幅度增加，无法采用粘碳纤维或粘钢方案进行加固，只能通过增大截面法加固，大量采用湿作业，支模板、浇筑混凝土，工期将大幅度延长。

(2) 需增加大量竖向构件和基础，工作量大幅度增加。由于新的房间布置方案与原结构区别较大，隔墙上增加的结构梁无法利用原有剪力墙作为竖向支承构件，这就需要增加不少框架柱，相应地也需要新做柱基础，土方工程和基础加固工程将大幅度增加。

(3) 由于上下房间布置也存在差异，原有剪力墙拆除时也存在无法拆至板底，仍需要留一定高度的梁以托换上部结构的情况。

综上，方案三看上去是对方案一的优化，但实现起来过于复杂，将导致工程实施难度显著增加，工期延长，工程造价大幅增加。

方案四：原房屋内部结构全部拆除重建，仅留存结构外墙

由于前述三个加固方案均无法百分之百实现改造方案，方案四不失为可行方案。如果能将房屋整体拆除重建，可以百分之百地实现新的改造方案效果。但是方案四也存在一些问题和风险点：

(1) 施工风险性较大。结构外墙如与新建结构分离成为独立墙体，没有足够刚度承受土压力，施工时将存在较大的风险。可以考虑两种措施，一是建立可靠的临时支撑体系；二是保留一部分内部结构，提高外墙的稳定性。

(2) 保留的外墙可能对结构未来使用带来安全隐患。设计如考虑外墙仍作为与新结构一起受力的结构构件，由于墙体已存在混凝土碳化、钢筋锈蚀等情况，两者的共同工作性能很难判断；如不考虑外墙对新结构的贡献，只作为围护墙体的话，新结构与外墙的连接较难处理。

(3) 工期较长，造价最高。拆除工作量最大，还必须是保护性的拆除。新建工作量也最大。

鉴于该工程工期较紧，综合考虑上述各种方案的优缺点，以及工期、造价、施工可行性等因素，最终确定采用方案一作为加固方案。

7.3.4 加固方案

按照上述加固方案一，对于原有剪力墙拆除的部位，采用墙顶增大截面法加固，形成框架梁的方案对上部结构进行托换，当跨度较大时，梁内设置预应力筋，成为预应力混凝土框架梁（图 7-44）。该方案不改变竖向传力构件的轴线位置，可以减少楼板的加固工程量。

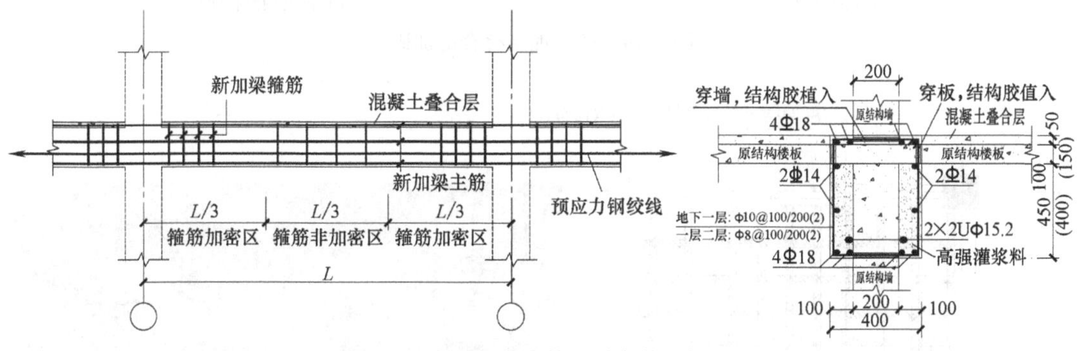

图 7-44 内置预应力筋的增大截面加固法

除了墙顶增大截面形成框架梁外，墙体两端也采用增大截面法形成框架柱（图 7-45），框架梁柱形成有效的竖向承重以及水平抗侧力体系。

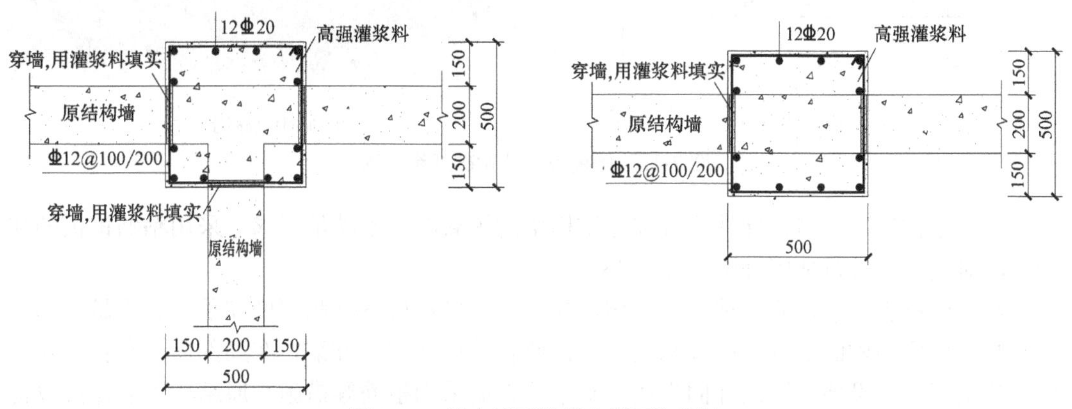

图 7-45 剪力墙两端增大截面加固法

根据鉴定结论，楼板厚度偏小，且存在混凝土碳化问题，对楼板采用板底粘贴碳纤维，板面增加叠合层的加固方法，以提高楼板的耐久性和承载力，如图 7-46 和图 7-47

所示。

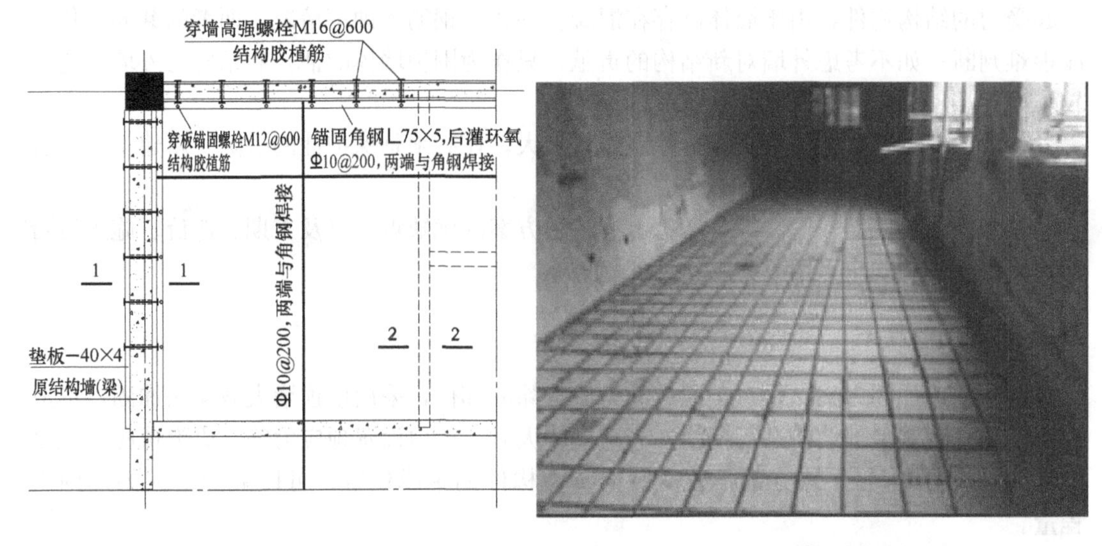

(a) 加固设计图　　(b) 钢筋网绑扎照片

图 7-46　楼板现浇叠合层加固

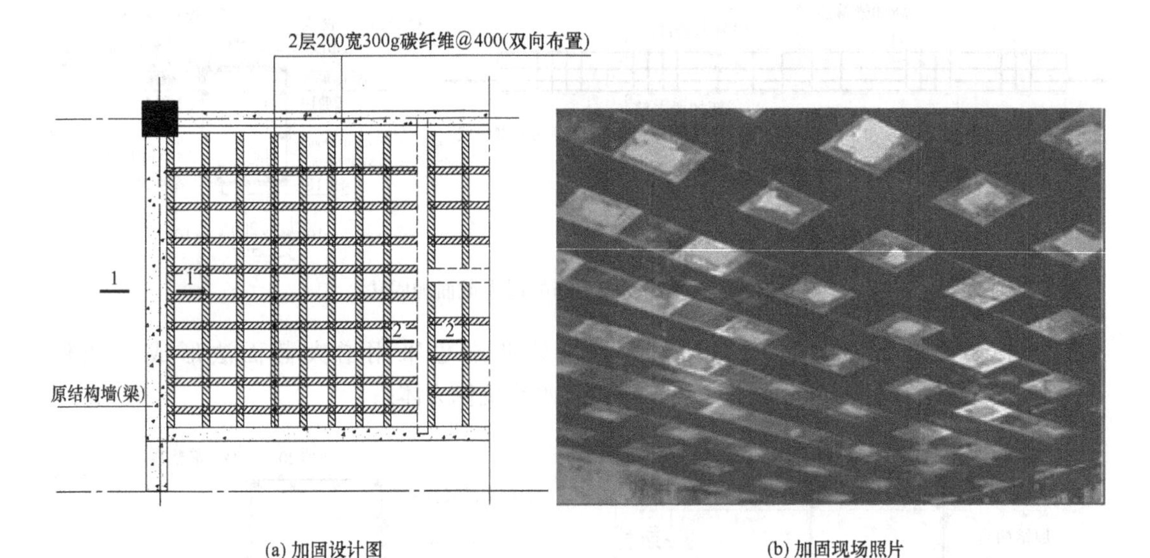

(a) 加固设计图　　(b) 加固现场照片

图 7-47　楼板板底粘贴碳纤维加固

由于结构拆改较多，导致原有部分结构梁的承载能力不满足要求，采用粘贴钢板的加固方法对这些梁进行加固补强（图 7-48）。

经整体抗震验算，原有剪力墙结构拆除较多，导致房屋抗侧刚度和承载力不足。为了提高整体房屋结构的抗侧刚度及承载力，按照新的房间布置方案，在局部需要布置分隔墙的部位采用了增设剪力墙的加固方法。新增剪力墙采用植筋等措施与原结构可靠连接以提高整体抗震能力，如图 7-49 所示。

采用上述加固方案对该结构进行了加固施工，在实现了业主所要求的改造方案的前提下，使结构的安全性能进一步提高，满足后续使用年限 30 年的抗震鉴定要求。

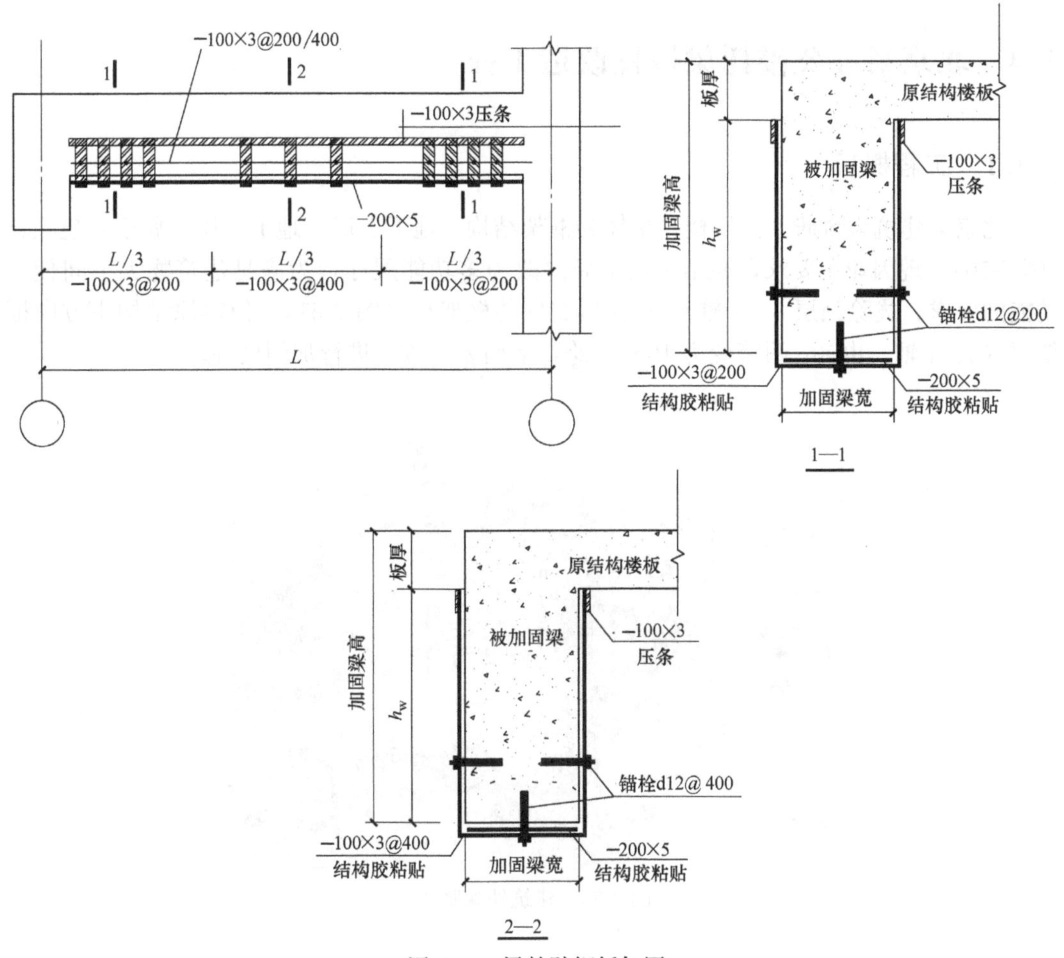

图 7-48 梁粘贴钢板加固

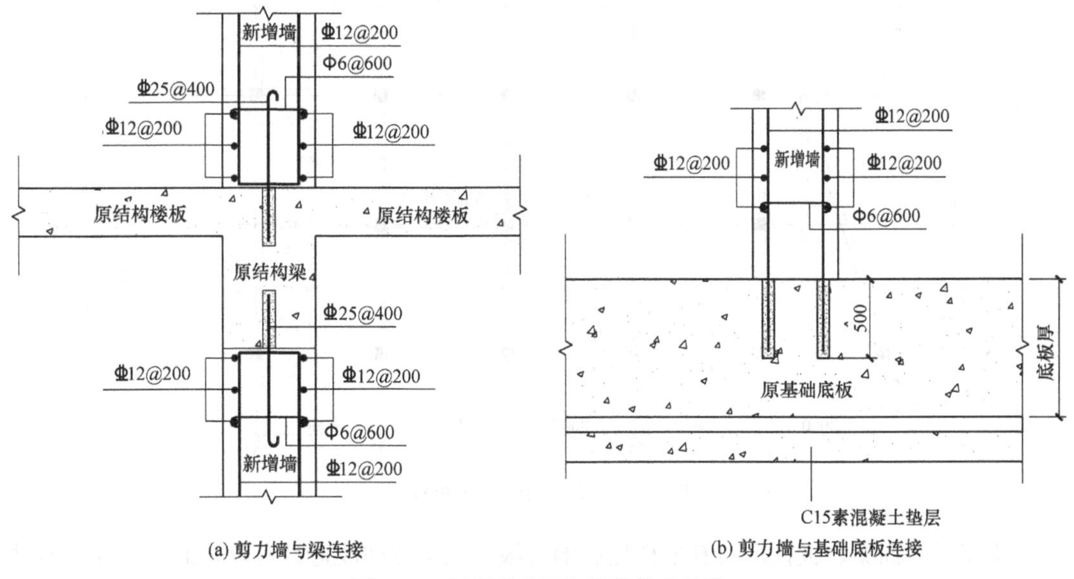

图 7-49 新增剪力墙与原结构的连接

7.4 北京某办公楼托梁拔柱改造工程

7.4.1 工程概况

北京某建筑为科研办公用楼，主体为框架结构，地下 2 层、地上 5 层，属于新建项目（图 7-50）。现因业主要求，原结构顶层局部改为多功能展厅，为满足建筑物大空间使用功能的要求，拔除顶层 3、4 轴与 K 轴相交处的框架柱（图 7-51）；使得原结构主方向框架梁（3、4 轴）由 8m 两跨变为 16m 单跨，从而要对该梁进行加固处理。

图 7-50　建筑外观照片

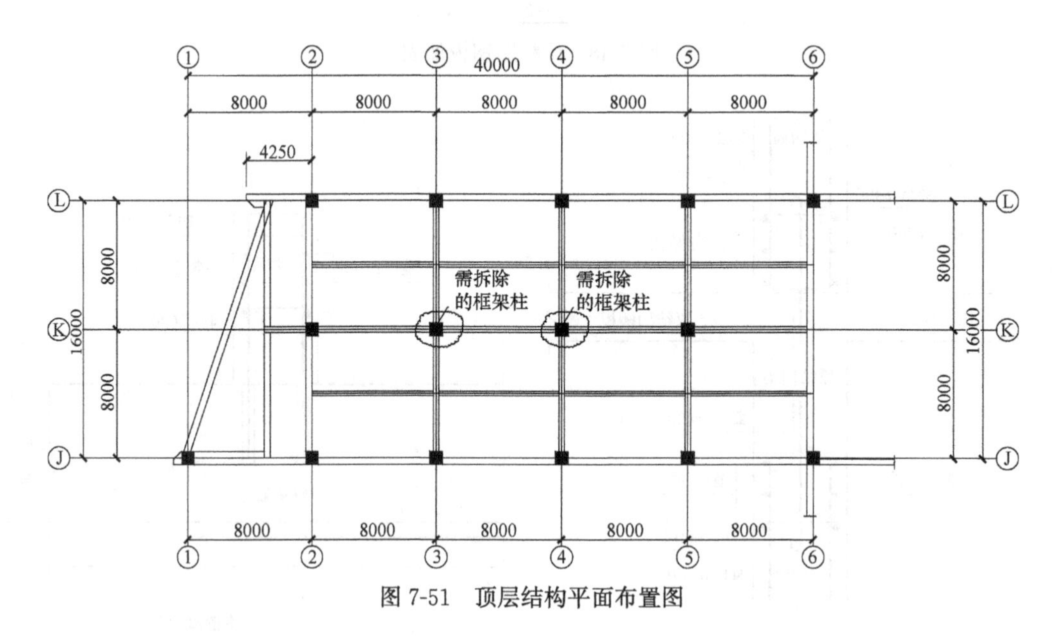

图 7-51　顶层结构平面布置图

由于是屋面梁，拔柱后对其他楼层影响有限，托梁拔柱改造具有较好的可行性。通过对结构设计图纸研究及现场实测发现，柱拆除后具有以下不利因素：

(1) 大跨度梁的挠度控制。本工程对16m大跨度及设计荷载较大的混凝土梁进行加固，仅靠增大截面尺寸等常规的加固方法其挠度难以控制。

(2) 拔除框架柱后，原结构次方向框架梁（K轴）由8m三跨变为24m单跨，需要采用常规加固技术如粘贴钢板等进行处理。

(3) 屋面设计荷载较大，拔柱后，由该柱承担的竖向荷载转移至梁端支承柱，原结构柱承载力不满足设计要求，需要进行加固处理。

7.4.2 体外预应力设计

由于本次改造涉及拆除框架柱，为了解决拆除框架柱时既有结构荷载转换及框架梁跨度大幅度提高带来的挠度和裂缝问题，采用对梁施加体外预应力结合增大截面的加固方法。

采用体外预应力与增大截面法相结合对梁进行托换加固是托梁拔柱改造中一种行之有效的加固方法，一方面通过增大构件截面，增加梁底主受力钢筋，保证梁的抗弯刚度和承载力，使拔除柱的荷载可靠传递给梁端支承柱；另一方面，将预应力筋布置于承载结构主体截面之外，通过与结构主体截面的锚固与转向来传递预应力，可以实现主动卸载的作用，克服了采用其他方法加固时普遍存在的应力滞后问题，保证了体外预应力筋和原结构的整体性与协同工作，不仅能提高其承载力，还可以减小挠度、提高抗裂能力，提高结构的弹性恢复能力，并且施工方便，经济节约。二者的结合使用可以很好地保证结构安全性。

加固设计时，体外预应力采用折线形预应力筋的形式，在所抽柱处形成一个向上的集中力以补偿原柱对梁的支承力，从而有效地控制挠度，所设计的预应力等效荷载主要用于平衡恒载。预应力筋的线形布置如图7-52所示。

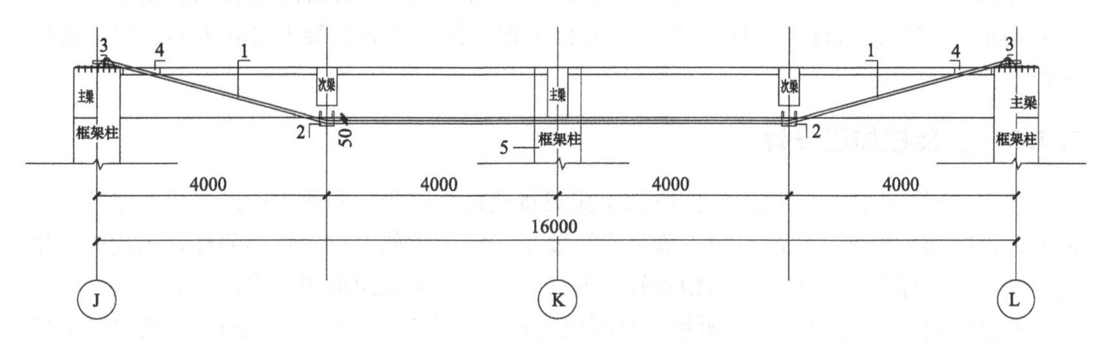

图7-52 预应力筋线形布置图

1—体外预应力筋；2—转向块；3—锚固端；4—楼板穿孔；5—框架柱

预应力筋选用2×5Φ^{s}15.2高强度低松弛无粘结预应力钢绞线，抗拉强度标准值f_{ptk}=1860MPa，预应力筋张拉控制应力0.5f_{ptk}=930MPa，在按规范考虑了各种预应力损失之后，最后预应力筋的有效预应力为0.45f_{ptk}。10根预应力筋分成两束布置在梁的两侧，采用三折线布置。

体外预应力加固设计时，节点设计是关键。本工程预应力筋为折线布置，因属于既有结构，加固时应尽量不改变原结构的受力状态，且不影响建筑功能。体外束的鞍座转向块设置于梁跨四分之一处，锚固块设置在边柱柱顶，锚固块与原结构通过化学锚栓连接，化学锚栓保证足够的受剪承载力。

另外，由于抽柱后梁跨度是原梁的两倍，通过加大梁截面提高梁刚度，由于建筑对净空高度的严格要求，故在原梁两侧增设两道侧梁，增加梁宽却不增加梁高，梁截面尺寸从350mm×850mm变为750mm×850mm。梁增大截面加固示意图如图7-53所示。

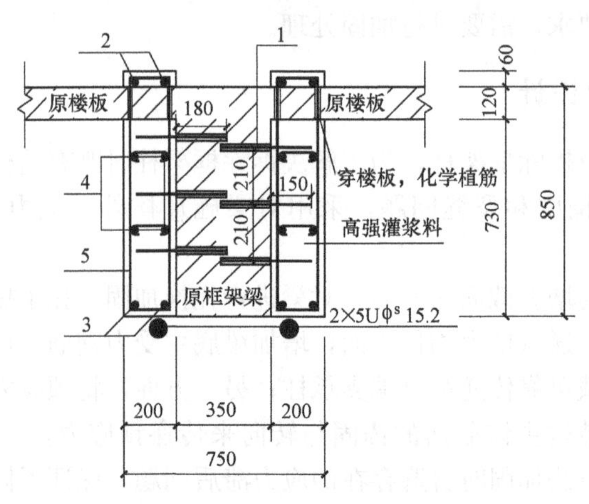

图7-53 梁截面加固示意图

1—抗剪键，错位植筋；2—新梁上部钢筋；3—新梁下部钢筋；4—新梁侧面钢筋；5—新梁箍筋

新加侧梁中，梁顶和梁底各布置2根Φ25的纵筋，两侧沿梁高各布置2根Φ14的构造分布筋，箍筋采用Φ10@100/200（2），预应力强度比为0.51，小于0.75的规范上限值；预应力和非预应力折算配筋率满足要求。

为保证新老混凝土的良好结合，共同受力，在原梁高度范围内布置三排Φ12@200/400钢筋，沿梁长分布错位植筋，形成有效抗剪键，保证新老混凝土之间力的传递，协同工作。

7.4.3 框架柱加固设计

建筑顶层柱拆除后，被拆除柱所承担荷载将通过梁以弯矩和剪力的形式传至梁端支承柱上，顶层部分框架柱的承载力不满足设计要求，对于承载力相差较小的柱，采用外包型钢加固法进行加固，对于承载力相差较大的柱，采用增大截面加固法进行加固。

外包型钢加固法如图7-54所示。原框架柱截面尺寸800mm×800mm，新增4L75×5角钢，沿柱四角纵向布置，角钢直接通过40×4@250的扁钢缀板焊接连接。在柱顶梁柱节点核心区部位，采用等代钢螺杆穿过梁，并与四角角钢焊接，形成封闭箍。

框架柱增大截面加固示意图如图7-55所示。采用三面围套的增大截面法，同时配合建筑要求，原框架柱截面尺寸从800mm×800mm变为1200mm×900mm，新增16根Φ25纵向受力钢筋和两肢Φ10@100箍筋。新增纵向受力钢筋通过化学植筋的方式穿过楼板封顶锚固；新增箍筋通过化学植筋的方式穿过框架梁，并与原框架梁的箍筋互相焊接。

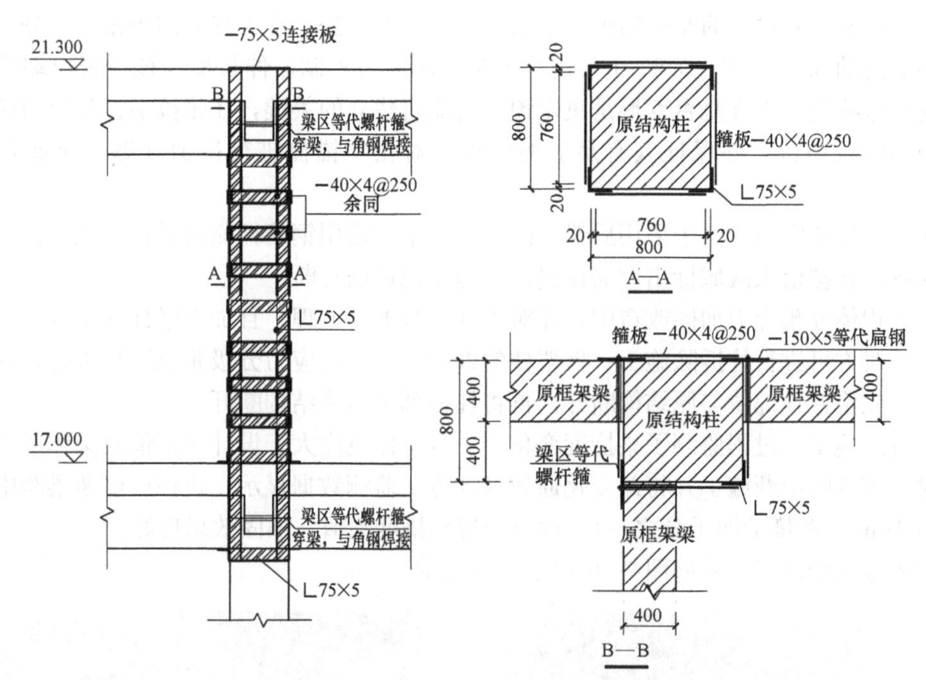

图 7-54 框架柱外包型钢加固做法

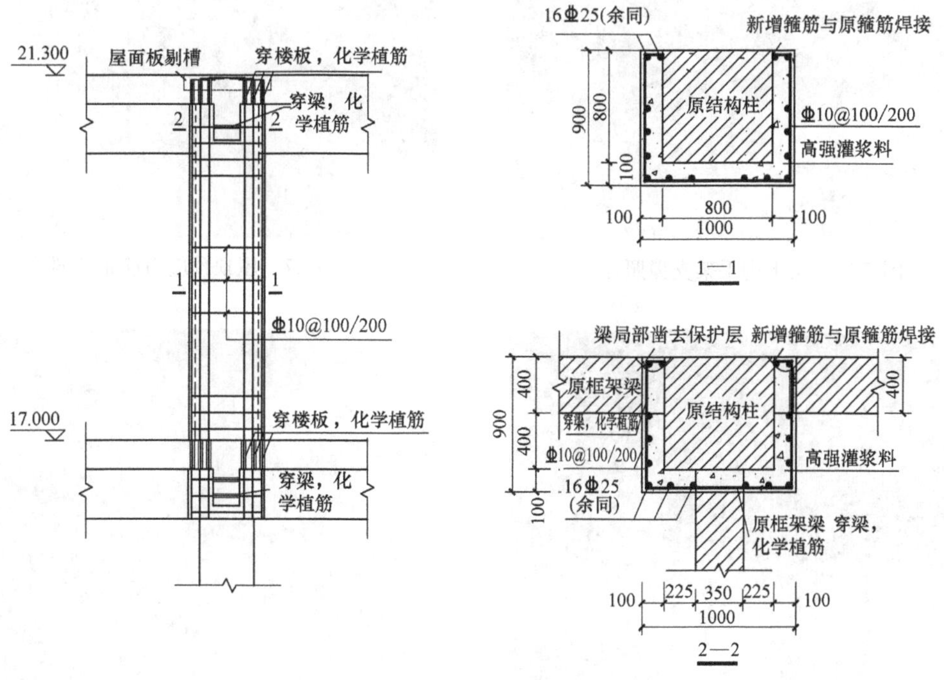

图 7-55 框架柱增大截面加固示意图

7.4.4 体外预应力加固施工要点

预应力钢筋的张拉控制采用一端张拉的方式，张拉过程中应注意两个问题，即防止钢加工件变形和消除过大的摩擦损失。采用分级张拉的方法，本工程分四级张拉，分别张拉至控制应力的0.3、0.6、0.9、1.0倍。张拉采用应力控制、伸长值校核。张拉端及预应力转向块这些钢加工件是否变形是决定预应力能否建立的关键，在张拉端、预应力转向块设计中加强抗剪件，并保证其有足够的刚度，对化学锚栓进行抗剪计算，保证其变形可控。

化学锚栓的安装：由于采用后锚固的施工技术，需用钢筋探测仪对拟植入的构件进行钢筋探测，在拟植入区域标出钢筋位置，以防止把钢筋打断。

本工程体外预应力加固改造中，先对梁柱进行加固处理，且加固梁柱的承载力达到设计承载力时方可进行柱拆除施工；框架柱的拆除工作与预应力分级张拉同步进行，柱拆除施工时，先将柱顶部位与原结构断开，再将柱根部位与原结构断开。

柱拆除施工全过程监测了梁挠度变化，一旦梁体挠度大于设计规范值及梁体产生结构裂缝时，应及时中断施工并将此变化通知设计方。监测数据显示，拔柱后框架梁跨中最大挠度为4mm（跨度的四千分之一），远小于规范挠度限值，加固效果良好。

加固施工的现场照片如图7-56～图7-59所示。

图7-56　梁下脚手架支撑照片

图7-57　屋顶预应力筋张拉照片

图7-58　框架柱截断施工现场照片

图7-59　框架柱拔除后现场照片

托梁拔柱设计中的体外预应力加固是一种积极主动的加固方法，可避免因加固而使结构二次受力造成的应力滞后效应。不同于常规加固方法，对既有结构施加体外预应力属于主动加固法，在原构件的基础上施加与荷载相反效应的等效荷载，提高了构件的承载能力和抗裂能力。体外预应力产生的等效荷载弯矩图与增加荷载产生的弯矩图方向相反，平衡效应在60%以上，加固效果直观明显，安全可靠。经过本工程的实践，体外预应力加固不仅解决了结构承载力、抗裂的要求，同时又作为一种施工手段有效地解决了拆除柱子时既有结构荷载转换的难题，经济节约，在类似的工程改造中值得借鉴和推广。

第8章　砌体结构加固工程

8.1　北京建工局原办公楼加固改造工程

8.1.1　工程概况

北京市建筑工程局成立于1953年1月，是经中央人民政府政务院批准，建筑工程部直属工程公司（即总建筑处直属工程公司）和北京市建筑公司合并，并吸收了中国人民大学修建处组建的，即现在的北京建工集团前身。

北京市建筑工程局原办公楼位于西城区南礼士路19号，建成于1955年。该建筑物由变形缝分为三个区段，两侧区段为砖混结构，地下1层，地上5层；中间区段为砖混局部内框架结构，地下1层，地上6层，总建筑面积约6000m^2。建筑立面如图8-1所示，首层平面图如图8-2所示。

图8-1　加固改造后外观照片

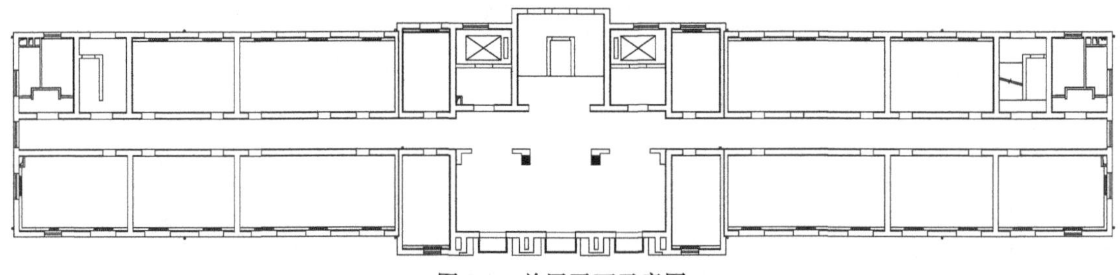

图8-2　首层平面示意图

2003 年 11 月，北京建工集团办公地点由南礼士路 19 号迁至广莲路 1 号建工大厦，原办公楼整体腾空，拟重新装修改造。由于当时该建筑已使用接近 50 年，存在材料老化的隐患，且在 20 世纪 50 年代建造时，国内尚无抗震设计标准，房屋的抗震性能很难满足抗震设防要求，因此，在装修改造前对该建筑进行了抗震鉴定，并在其基础上进行了抗震加固。

8.1.2 抗震鉴定及存在的主要问题

该建筑由变形缝分为三个区段，两侧区段为砖混结构，地下 1 层，地上 5 层；中间区段为砖混局部内框架结构，地下 1 层，地上 6 层，地下室层高 3.5m，首层至六层层高分别为 4.2m、3.65m、3.55m、3.55m、3.7m、4.5m，两侧区段建筑物总高度 18.65m，中间区段总高度为 23.15m，两侧区段基本满足现行抗震鉴定标准对 A 类建筑 8 度区砖混结构总高度不超过 19m 的规定，但中部砖混局部内框架结构的高度则明显超出规范的高度限值。

中间区段楼（屋）盖采用现浇钢筋混凝土板，与内框架梁柱整体浇筑，首层和二层楼板厚度 100mm，三层以上楼板厚度只有 80mm。两侧区段楼（屋）盖采用预制空心钢筋混凝土楼板。结合原设计图纸和现场实际勘察情况表明，该建筑未设置构造柱、圈梁等基本抗震构造措施。

在整体建筑腾空后，对该建筑进行了全面检测和构造及外观普查。主要检测内容包括：混凝土强度、砌筑砂浆强度、现浇构件实际配筋核查、外观质量普查等。

检测结果表明，现浇顶板、承重梁、柱混凝土强度等级为 C20。梁、板、柱主要受力钢筋直径和间距基本与原设计图纸相一致。砌体砖强度等级为 MU7.5，砂浆强度等级为 M5.0。

对房屋的整体主体结构外观质量进行普查，主要在地下一层顶板 10～11、B～C 轴出现水平裂缝，地下 1 层墙体 10～11 轴、A 轴外出现竖向裂缝（图 8-3），但裂缝宽度不大，基本不影响结构的安全性能，可采用环氧胶泥进行表面封闭处理。房屋总体上保持较好，未发现其主要承重结构有因基础不均匀沉降所产生的开裂、倾斜等受损现象。

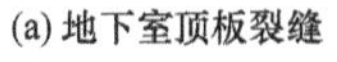

(a) 地下室顶板裂缝

(b) 地下室墙体裂缝

图 8-3 建筑裂缝照片

采用 PKPM 结构设计软件对整栋楼进行了抗震承载力验算，并根据建筑抗震措施的实际情况考虑了相应的体系影响系数和局部影响系数。整楼模型如图 8-4 所示。相关抗震计算结果如图 8-5～图 8-10 所示。

图 8-4　整楼模型

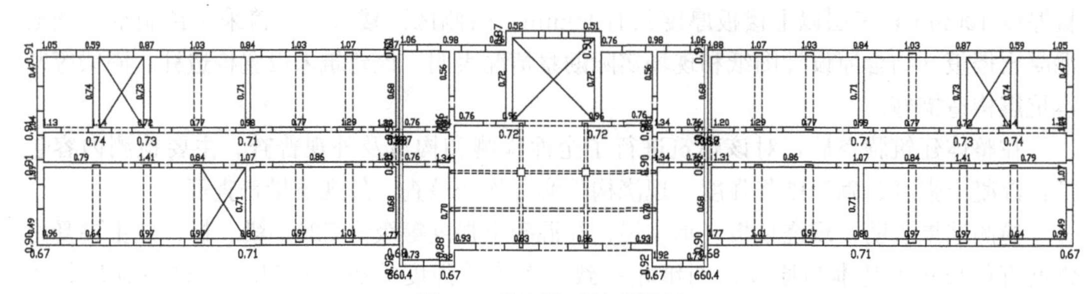

图 8-5　首层抗震计算结果

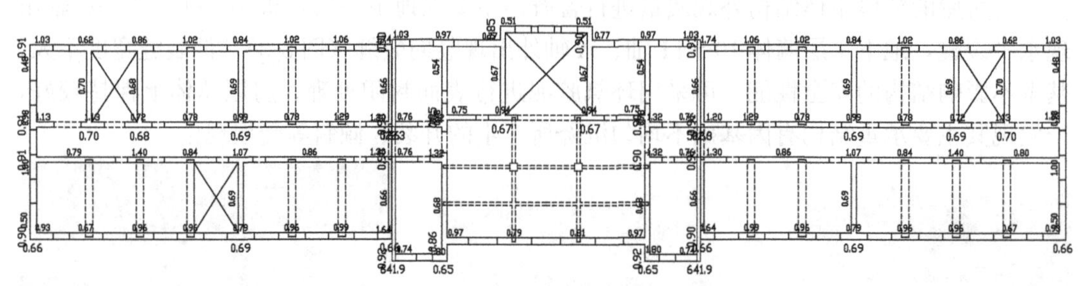

图 8-6　二层抗震计算结果

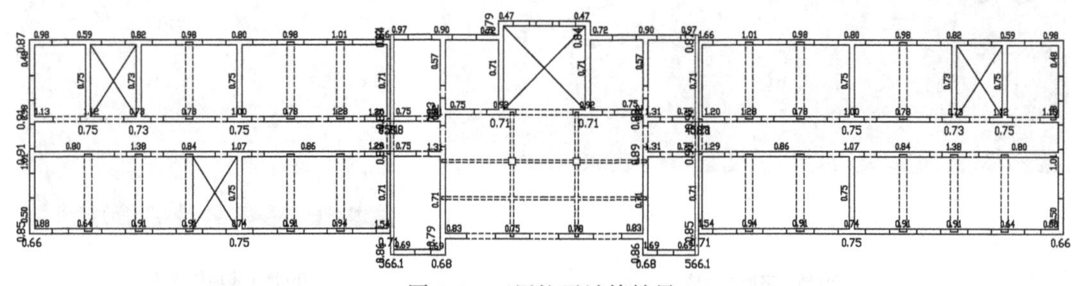

图 8-7　三层抗震计算结果

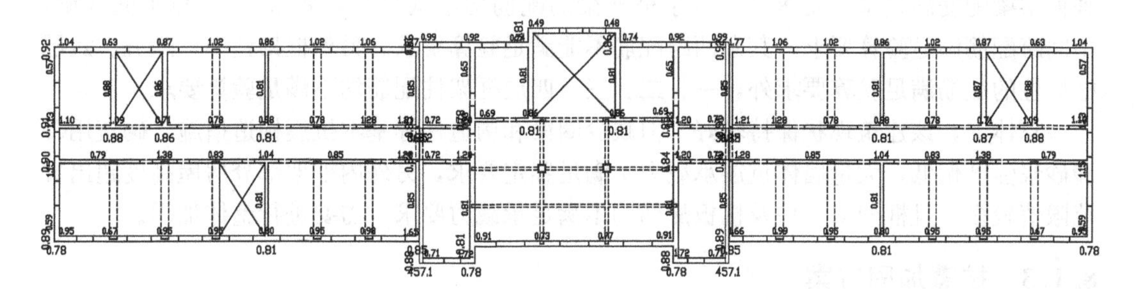

图 8-8　四层抗震计算结果

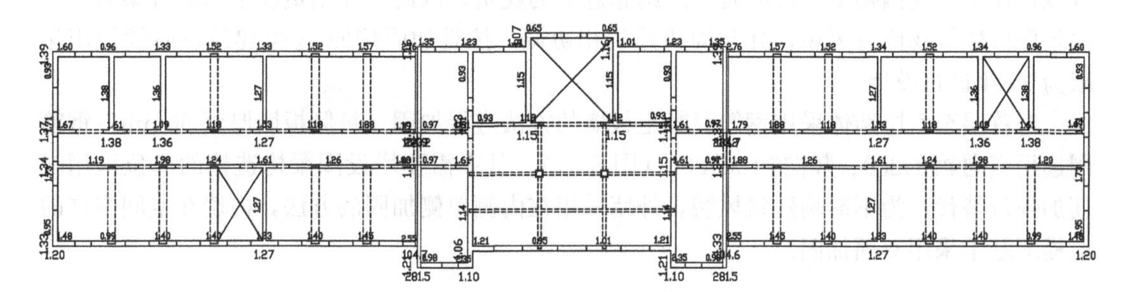

图 8-9　五层抗震计算结果

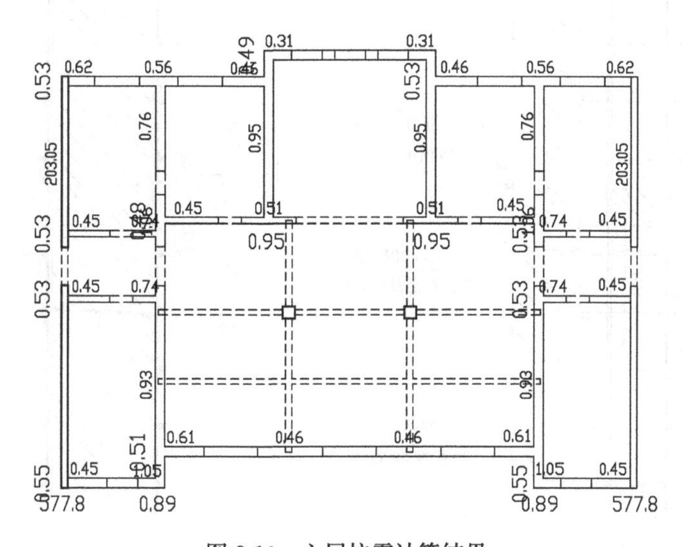

图 8-10　六层抗震计算结果

从以上计算结果可以看出：两侧区段主要是首层到四层有大量墙体不满足抗震鉴定要求，第五层仅有少量墙体不满足要求；而中间区段从首层到六层均有不少墙体不满足抗震承载力要求。从具体抗力与效应之比看，主要墙段介于 0.5～1.0 之间，可通过钢筋混凝土板墙等加固手段提高墙体的承载力。

此外，对中间部分现浇楼板的竖向承载力以及内框架部分的抗震承载力进行了验算，结果表明，从首层至五层大量现浇楼板配筋不满足承载力要求。内框架部分，除 6 层 C

轴框架梁配筋满足验算要求外，其余框架梁的配筋均不满足验算要求。C、D轴间次梁，中间跨配筋满足验算要求，其余两跨配筋不能满足验算要求。另外框架柱中，除五、六层框架柱的配筋满足验算要求外，一、二、三、四层框架柱配筋均不满足验算要求。

总体上，该建筑现状保持较好。但缺少圈梁和构造柱等基本抗震构造措施，砌筑用砖和砂浆强度偏低，大量墙体抗震承载力不满足鉴定要求，另外内框架部分房屋高度超出规范限值较多，且框架梁、柱及楼板配筋均不满足承载力要求，需要进行整体加固。

8.1.3 抗震加固方案

因本建筑物为北京市建筑工程局原办公楼，有一定的历史价值；且位于南礼士路，该区域存在不少建国初期建设的有一定纪念意义的建筑。因此，在制定改造加固方案时，应尽量保持建筑物原有风貌，并与周边建筑相协调。抗震加固按照A类建筑、后续使用年限为30年进行设计。

对首层至六层墙体采用钢筋混凝土板墙的方法进行加固。每侧板墙厚度60mm，钢筋网选用横向Φ6@200、竖向Φ12@200（图8-11）。其中需要增设圈梁构造柱的部位采用配筋加强带替代。为不影响建筑风貌，外墙采用在内侧单侧加固的方法，内墙在空间容许的前提下基本采用双面加固。

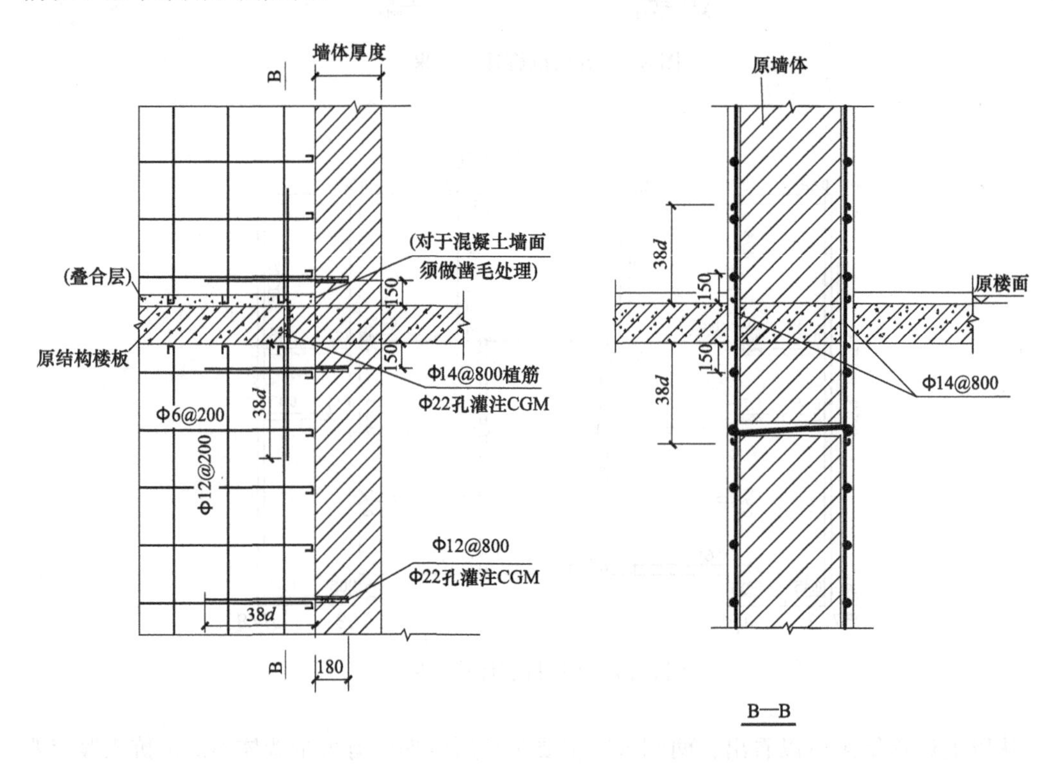

图8-11 钢筋混凝土板墙加固做法

为提高预制楼板的整体性，同时增强现浇楼板的受弯承载力。对于该建筑各层各区段楼板（包括预制楼板和现浇楼板），采用现浇叠合层的方法进行加固，叠合层厚度为40mm，配筋采用双向Φ6@200（图8-12）。

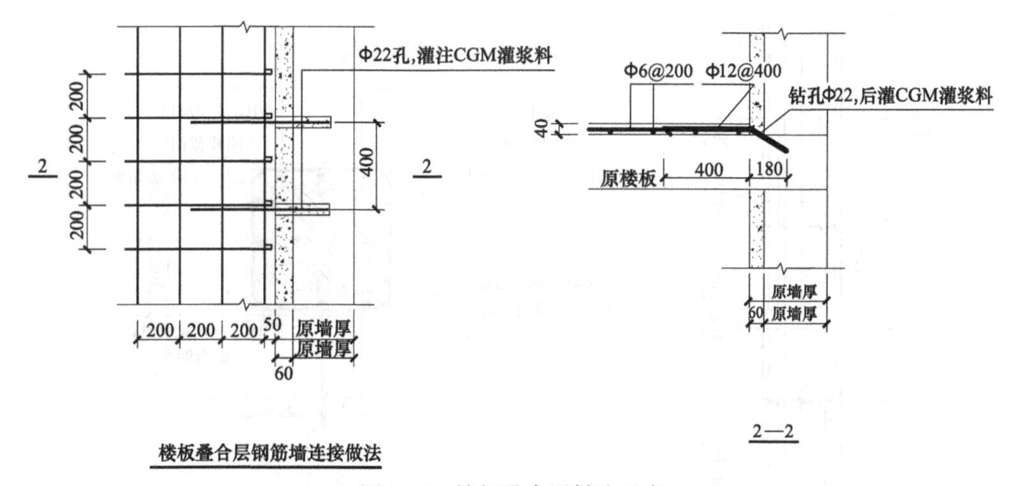

图 8-12 楼板叠合层做法示意

对于中间区段的内框架混凝土梁和柱，由于原有配筋不满足承载力要求，采用增大截面法进行加固，新浇筑混凝土强度等级 C40。典型的梁和柱增大截面法加固做法分别如图 8-13 和图 8-14 所示。

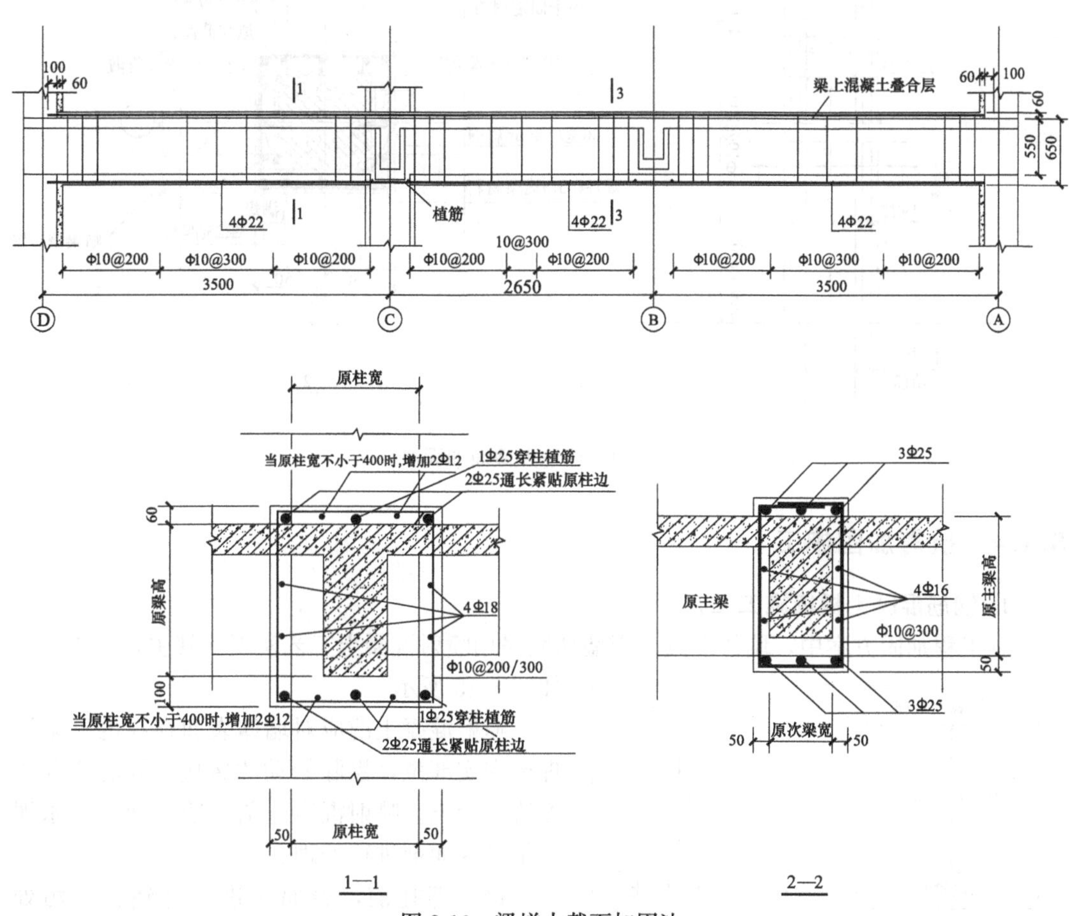

图 8-13 梁增大截面加固法

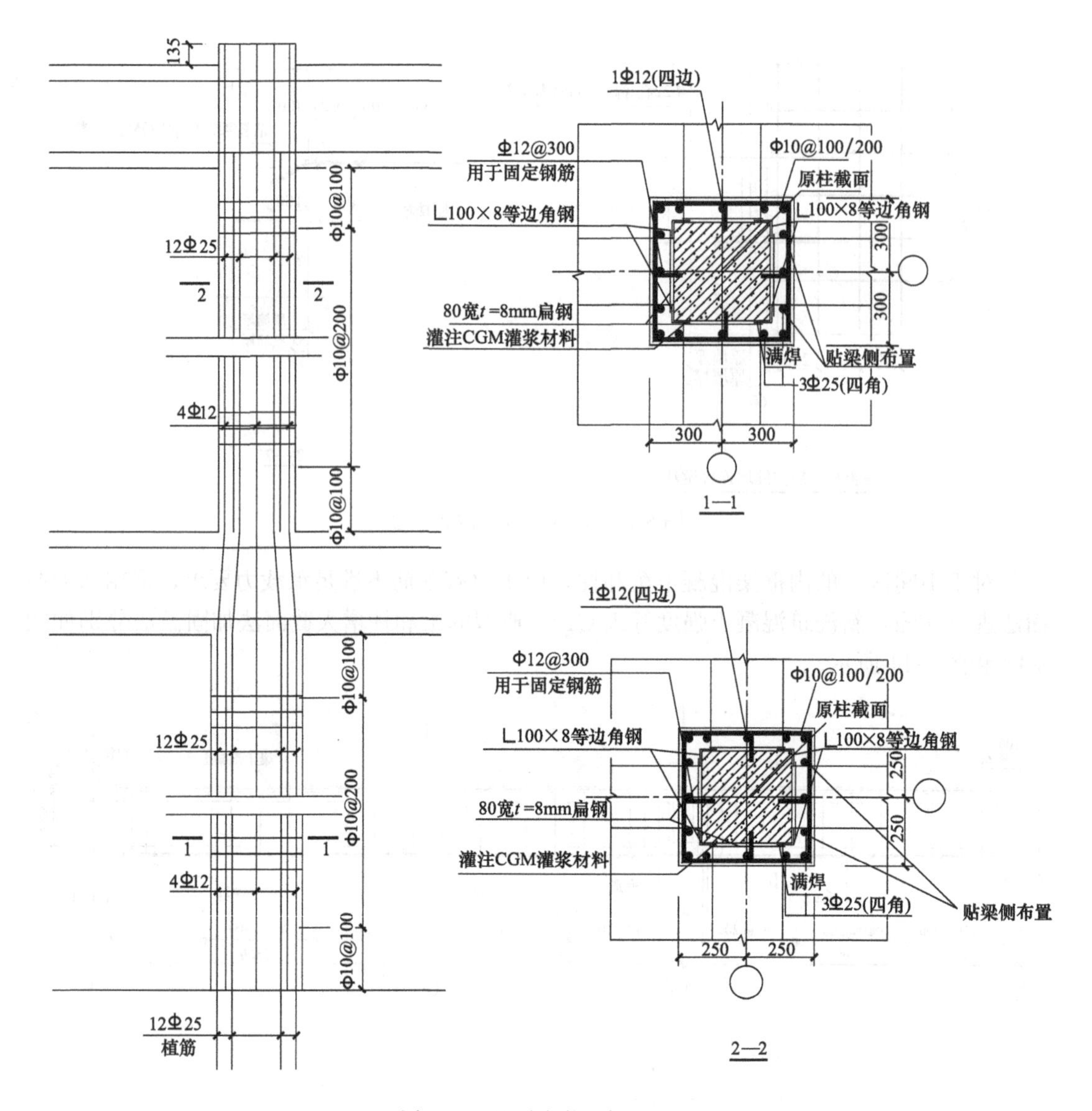

图 8-14 柱增大截面加固法

8.1.4 抗震加固施工

1. 钢筋混凝土板墙施工工艺

本工程加固方案中，墙体混凝土板墙加固采用喷射混凝土工艺实现。其主要施工流程如图 8-15 所示。

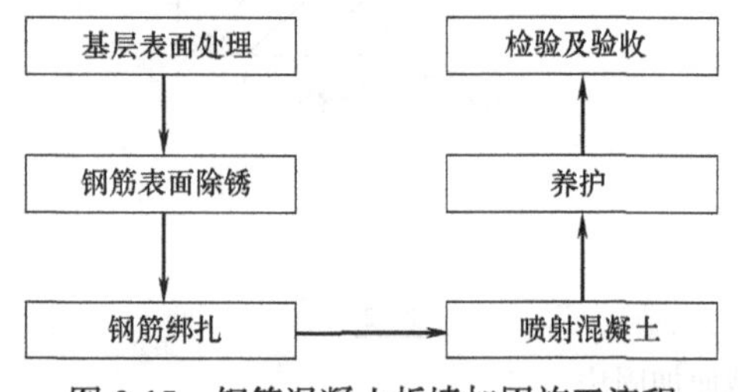

图 8-15 钢筋混凝土板墙加固施工流程

喷射混凝土前应对墙体表面存在的缺陷清理至密实部位，剔除松动的砖块，同时应除去浮渣、尘土。喷射混凝土前，原墙面应以水泥砂浆等界面剂进行处理。

钢筋绑扎前，表面应进行除锈、除污处理。钢筋网片绑扎，竖筋靠墙面，并用钢筋头支起。钢筋网片通过拉结筋化学植筋方法与墙连接固定，拉结筋端后弯钩，将网片钩连绑扎为一体（图 8-16）。

喷射混凝土施工前，应先将砖墙基面喷水湿润。喷射作业应分段分片依次进行，喷射顺序自下而上。分层喷射时，后一层喷射在前一层混凝土终凝后进行。终凝 1h 后再进行喷射时，应先用水清洗喷层表面（图 8-17）。

图 8-16 钢筋绑扎现场照片

图 8-17 喷射混凝土现场作业照片

作业开始时，先送风，后开机，再给料，结束时待料喷完后，再关风。喷射机供料应连续均匀，机器正常运转时，料斗内应保持足够的存料；喷射机的工作风压，应满足喷头处的压力在 0.1MPa 左右；喷射作业完毕或因故中断喷射时，必须将喷射机和输料管内的积料清除干净。

锚喷时喷头与受喷面应垂直，宜保持 0.60～1.00m 的距离；干法喷射时，喷射手应控制好水灰比，保持混凝土表面平整，呈润湿光泽，无干斑或滑移流淌现象；喷射混凝土的回弹率，边墙不应大于 15%，角部不应大于 25%。

喷射混凝土厚度达到设计要求后，应刮抹修平。修平应在混凝土初凝后及时进行。修平时不得扰动新鲜混凝土的内部结构及其与基层的粘结。喷射混凝土终凝 2h 后，应喷水养护；养护时间，一般不得少于 14d。

2. 增大截面法施工工艺

内框架梁、柱采用增大截面法加固时，其主要施工流程如图 8-18 所示。

根据设计图纸要求，测量混凝土梁、柱增大截面尺寸，及梁、柱上植筋位置、主筋位置的布置线。对钢筋进行打磨除锈处理，然后用脱脂棉沾丙酮擦拭干净。对原混凝土构件的新旧结合面进行剔凿，然后用无油压缩空气除去粉尘，或清水冲洗

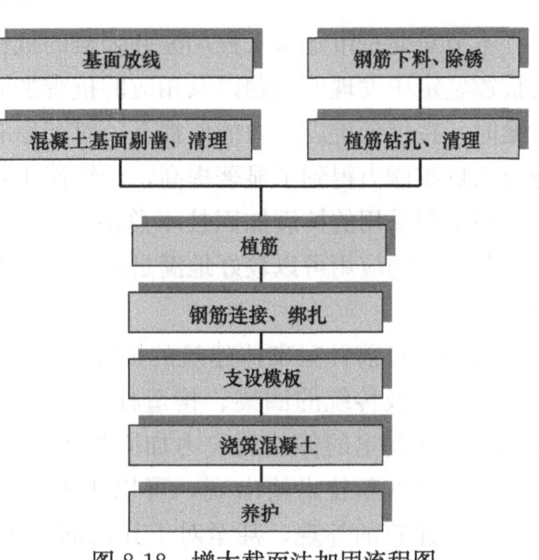

图 8-18 增大截面法加固流程图

干净。按新纵向钢筋位置定位后用电锤钻钻孔，清孔处理后注入植筋胶插入钢筋，锚入深度严格按照设计图纸要求；箍筋、拉结钢筋植筋同纵向受力钢筋。增大截面加固柱、梁钢筋绑扎如图 8-19、图 8-20 所示。

图 8-19　梁增大截面钢筋绑扎

图 8-20　柱增大截面钢筋绑扎

本工程加固构件增大截面柱采用 C40 混凝土浇筑。混凝土浇筑前，须对原结构表面进行清洗处理。清洗完毕后，与原混凝土连接的地方须涂刷水泥净浆作为界面剂。柱增大截面浇筑混凝土时，须在柱与楼板四周凿出与增大截面尺寸相同的缺口，以方便钢筋绑扎和浇筑混凝土。由于模板与原结构表面之间空隙较小，从上浇筑时很难保证浇筑密实，采用将柱模板中间位置开设浇筑口、体外振捣的方法进行浇筑，振捣完毕后，封堵此浇筑口，然后继续浇筑，这样可以保证混凝土的密实度。混凝土浇筑后 4h 以内就开始养护，经常洒水使其保持湿润，养护时间不少于 7d。洒水次数以能保证混凝土表面湿润状态为佳。

8.1.5　小结

本节对北京市建筑工程局原办公楼的抗震加固及改造进行了系统的阐述，重点介绍了其抗震鉴定中发现的问题以及相应的抗震加固方案。该建筑有一定的历史价值，制定加固方案时，在保证抗震能力的前提下，对其原有风貌进行了较好的保护。经过抗震加固，该建筑的抗震能力得到了显著提高，后续使用年限达到 30 年。

该工程采用的抗震加固技术总体上属于传统加固技术，具有很好的实用性和可操作性，其合理的应用可以较好地满足历史建筑保护的需要，具有较高的推广价值及广阔的应用空间。

此外，目前针对砌体建筑的抗震加固技术，除了在该工程中应用的钢筋混凝土板墙加固技术以及传统的圈梁、构造柱加固技术之外，隔震加固技术以及北京建筑工程研究院最新研制出的体外预应力加固技术等又为砖砌体历史建筑的抗震保护提供了更多的选择，这些新技术的出现，可以更好地实现历史建筑保护中“修旧如旧”的理念，不仅对于建筑的外观，甚至对于其内部的布局和风貌，均可以在最大限度上维持原貌，值得大力推广。

8.2 北京某大学学生宿舍楼抗震加固工程

8.2.1 工程概况

北京某大学学生宿舍楼建成于 1991 年，建筑面积 3499m^2，建筑外观照片如图 8-21 所示。

图 8-21 加固改造后外观照片

整体建筑由抗震缝分为三个独立单体结构：结构Ⅰ为 6 层砖混结构，建筑轴线范围 1～11/G～L；结构Ⅱ为设有局部内框架结构的 6 层砖混结构，建筑轴线范围 8～11/B～F，其中 8～9/B～F 轴三层至六层结构采用了局部内框架结构；结构Ⅲ为二层砖混结构，建筑轴线范围 8～11/A～1/A。各单体结构除基础连接在一起外，上部结构由防震缝分开。建筑首层平面图如图 8-22 所示。

原设计图纸中，墙体采用烧结普通黏土砖与混合砂浆砌筑，砌筑用砖强度等级 MU10，一到三层砂浆强度等级 M10，四到六层砂浆强度等级 M7.5。楼、屋盖采用预制圆孔板，框架梁和柱采用 C20 混凝土浇筑。

8.2.2 抗震鉴定及存在的主要问题

该建筑由抗震缝分成的三个独立单体结构均为砖混结构，其中结构Ⅰ和结构Ⅱ为 6 层，各层层高均为 3.3m，建筑总高度 19.8m，建筑层数满足现行国家标准《建筑抗震鉴定标准》GB 50023 中 8 度区 B 类建筑砖混结构楼层数不超过六层的要求，但是建筑总高度则超出规范 18m 的限值规定。

对该建筑进行了全面检测和构造及外观普查。主要检测内容包括：混凝土强度、砌筑砂浆强度、现浇构件实际配筋核查、外观质量普查等。

经现场普查，其承重墙体外观质量良好，承重结构未出现因基础不均匀沉降所产生的倾斜、开裂、受损等情况。但结构Ⅱ三层内框架梁存在钢筋外露、锈蚀情况（图 8-23），但裂缝宽度不大，基本不影响结构的安全性能，可采用环氧胶泥进行表面封闭处理。

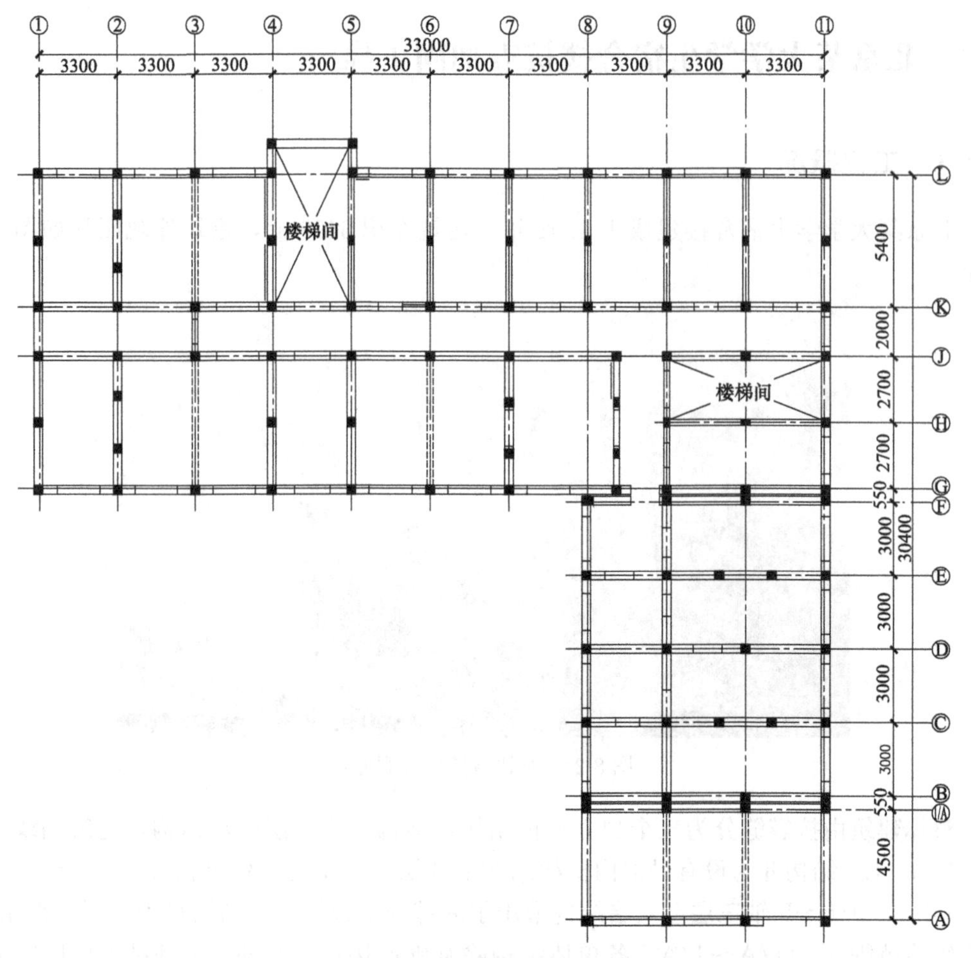

图 8-22　首层平面示意图

图 8-23　结构Ⅱ三层混凝土梁裂缝照片

经检测，该建筑存在的主要问题包括：

首层砖强度回弹推定值低于 4.73MPa，强度等级显著低于 MU7.5，且低于砌筑砂浆强度等级；二层～四层砖强度回弹推定值分别为 5.83MPa、7.12MPa、7.12MPa，强度等级低于 MU7.5，且低于砌筑砂浆强度等级。总体上，首层～四层砖强度等级不满足规范要求，也不满足原设计要求。五层和六层砖强度等级满足要求。

实测首层～六层砌筑砂浆强度推定值分别为 9.63MPa、8.21MPa、9.31MPa、6.36MPa、8.38MPa、7.82MPa，砂浆强度等级虽满足规范最低要求，但首层～四层砌筑砂浆强度等级不满足原设计要求。

结构Ⅱ实测三层～五层内框架梁混凝土强度等级低于 C20，不满足原设计要求，也不满足规范的最低要求。实测各层内框架柱混凝土强度等级均满足原设计要求。但是内框架柱的箍筋直径仅为 6mm，不满足规范 8mm 的最低要求，纵筋配筋率不满足规范的最低要求。

楼、屋盖的连接方面，部分混凝土预制楼板的支承长度不满足要求。圈梁的设置位置及间距满足规范要求，但配置箍筋间距达 250mm，不满足规范 200mm 的上限要求。

根据上述分析可以看出，该房屋结构Ⅰ和结构Ⅱ总高度超出规范限值，部分楼层材料强度偏低，包括砖块体、砂浆以及混凝土强度等，有些不满足规范的最低材料强度要求，也不满足原设计要求；虽按规范要求设置了圈梁和构造柱，但部分配筋不满足规范最低要求；部分预制楼板的支承长度不满足规范要求；初步估算，首层～四层结构承载力不满足要求。

采用 PKPM 结构设计软件对各结构单体进行了抗震承载力验算，并根据建筑抗震措施的实际情况考虑了相应的体系影响系数和局部影响系数。整楼模型如图 8-24 所示。图 8-25～图 8-30 为结构Ⅰ的各层抗震验算结果。

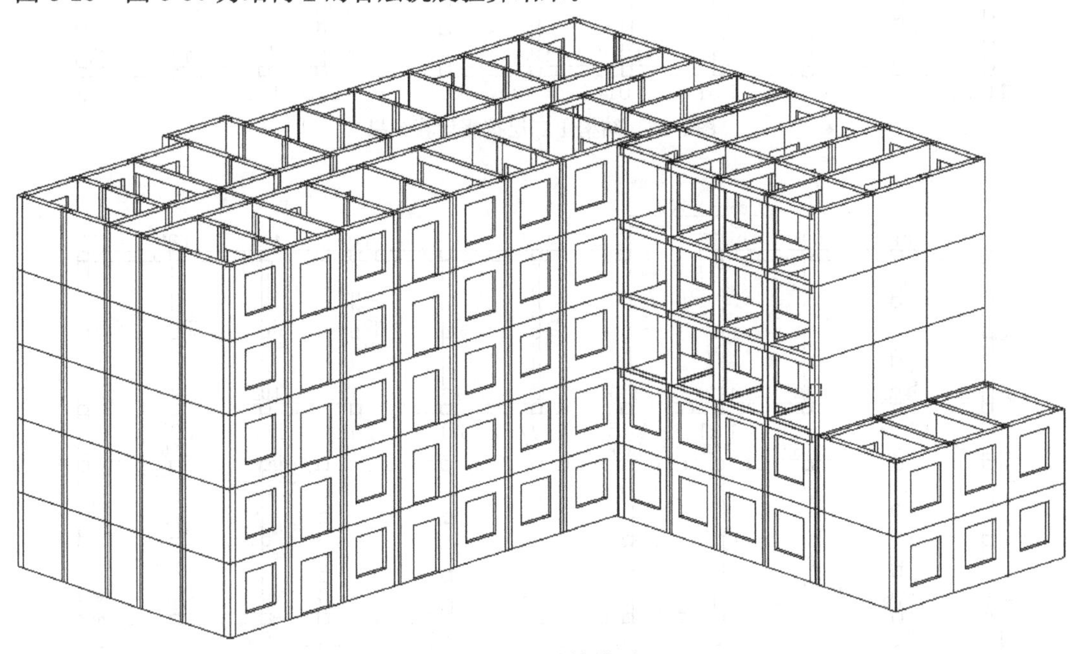

图 8-24 整楼模型

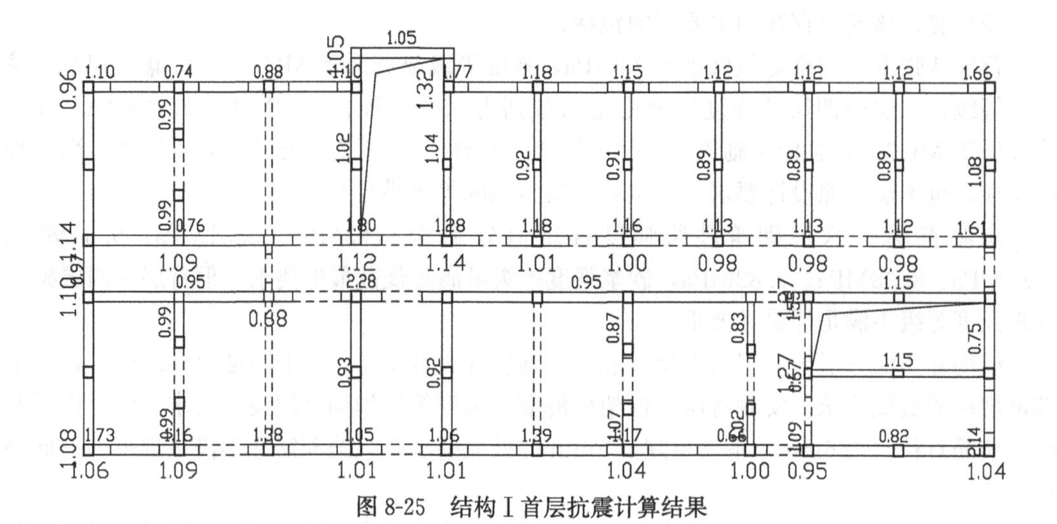

图 8-25　结构Ⅰ首层抗震计算结果

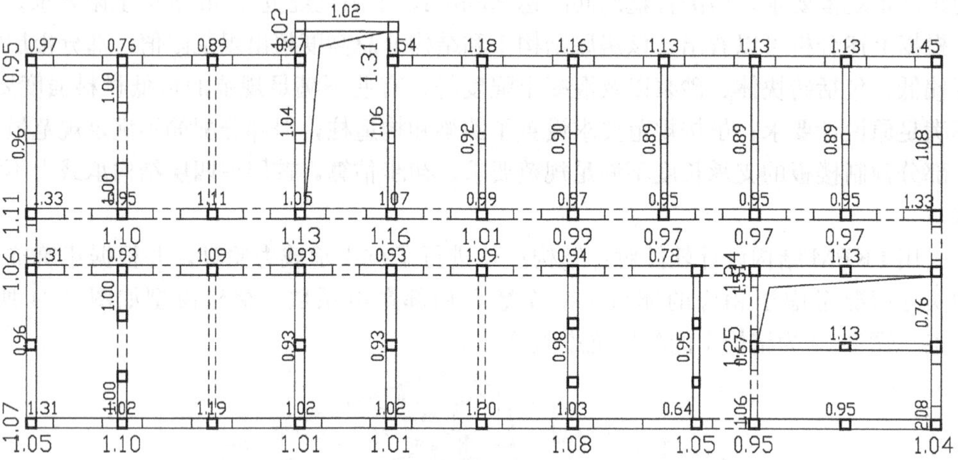

图 8-26　结构Ⅰ二层抗震计算结果

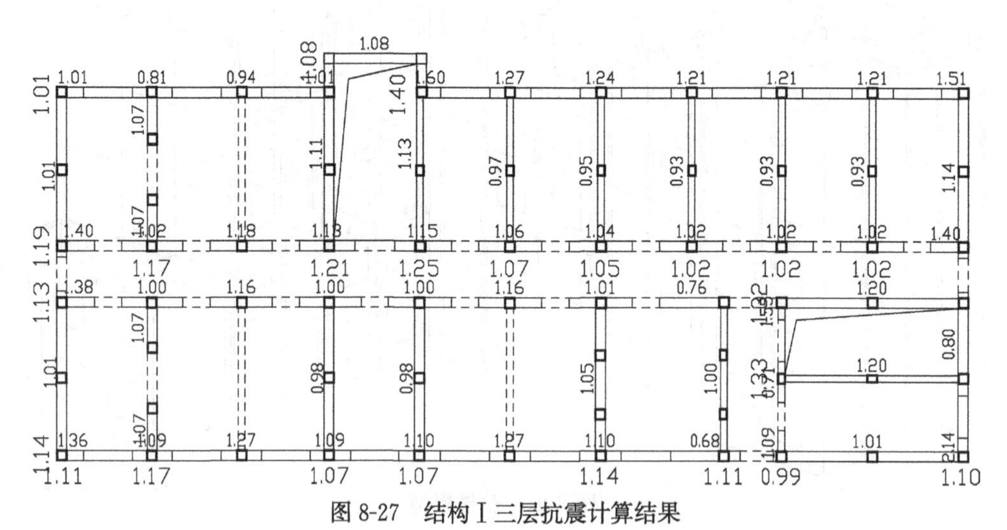

图 8-27　结构Ⅰ三层抗震计算结果

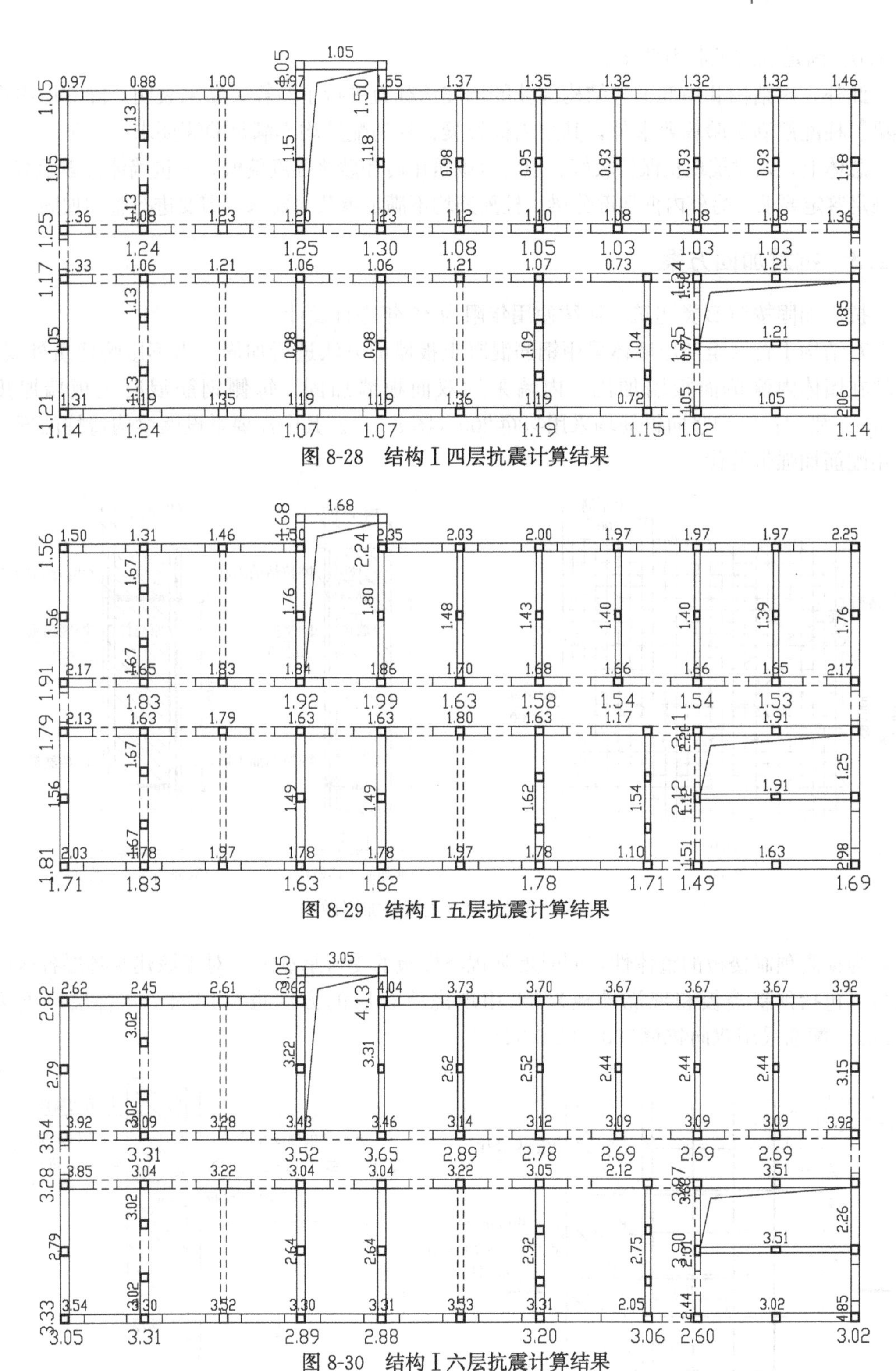

图 8-28 结构Ⅰ四层抗震计算结果

图 8-29 结构Ⅰ五层抗震计算结果

图 8-30 结构Ⅰ六层抗震计算结果

从计算结果可以看出，结构Ⅰ首层～四层大量墙体的抗震验算抗力与效应之比小于 1.0，不满足抗震承载力要求。结构Ⅱ和结构Ⅲ各层墙体的抗震验算抗力与效应之比均大于1.0，满足抗震承载力要求。

此外，对结构Ⅱ局部框架结构部分的抗震承载力进行了验算，结果表明，除6层内框架梁、柱配筋满足验算要求外，其余内框架梁、柱的配筋均不满足验算要求。

总体上，该建筑现状保持较好。但实测砌筑用砖和砂浆强度偏低，大量墙体抗震承载力不满足鉴定要求，另外内框架部分梁、柱配筋均不满足承载力要求，需要进行整体加固。

8.2.3 抗震加固方案

抗震加固按照B类建筑、后续使用年限为40年进行设计。

对结构Ⅰ首层至四层墙体采用钢筋混凝土板墙的方法进行加固。为不影响建筑外观，外墙在墙体内侧单面板墙加固，内墙采用双面板墙加固。每侧钢筋混凝土板墙厚度60mm，横向钢筋和竖向钢筋均采用Φ8@200（图8-31）。其中需要增设圈梁构造柱的部位采用配筋加强带替代。

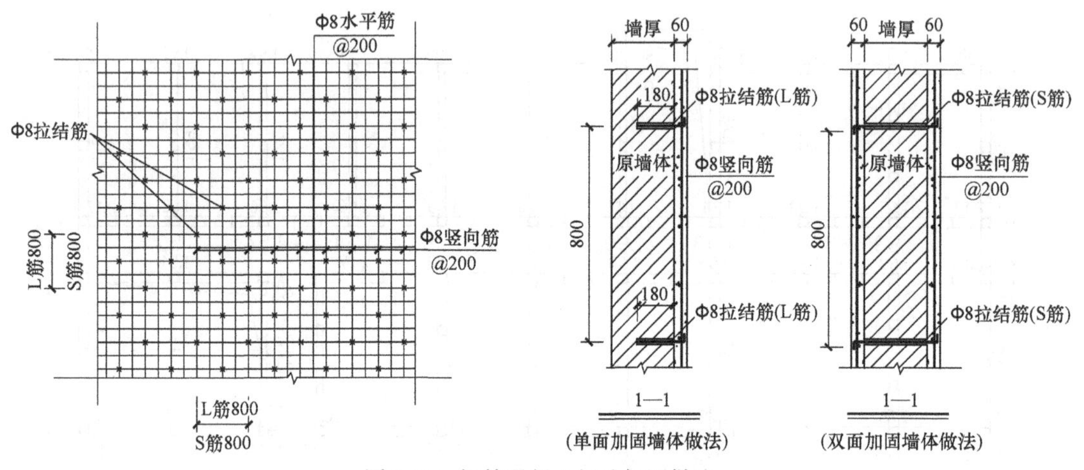

图8-31 钢筋混凝土板墙加固做法

为提高预制楼板的整体性，同时增强现浇楼板的受弯承载力。对于该建筑各层各区段楼板（包括预制楼板和现浇楼板），采用现浇叠合层的方法进行加固，叠合层厚度为40mm，配筋采用双向Φ6@200（图8-32）。

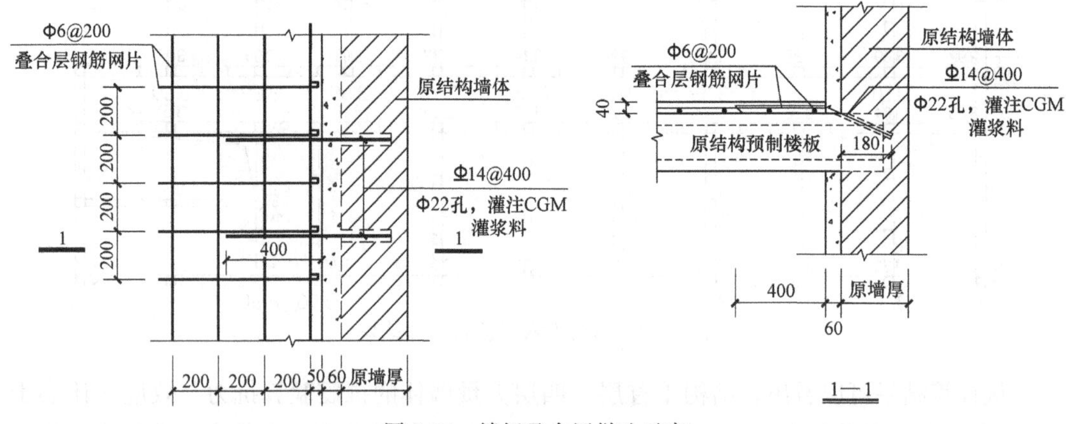

图8-32 楼板叠合层做法示意

对于结构Ⅱ三层～五层的内框架混凝土梁和柱，由于原有配筋不满足承载力要求，采用增大截面法进行加固，由于梁、柱新增截面的厚度较小，采用了高强无收缩灌浆料进行浇筑。典型的梁和柱增大截面法加固做法分别如图 8-33 和图 8-34 所示。

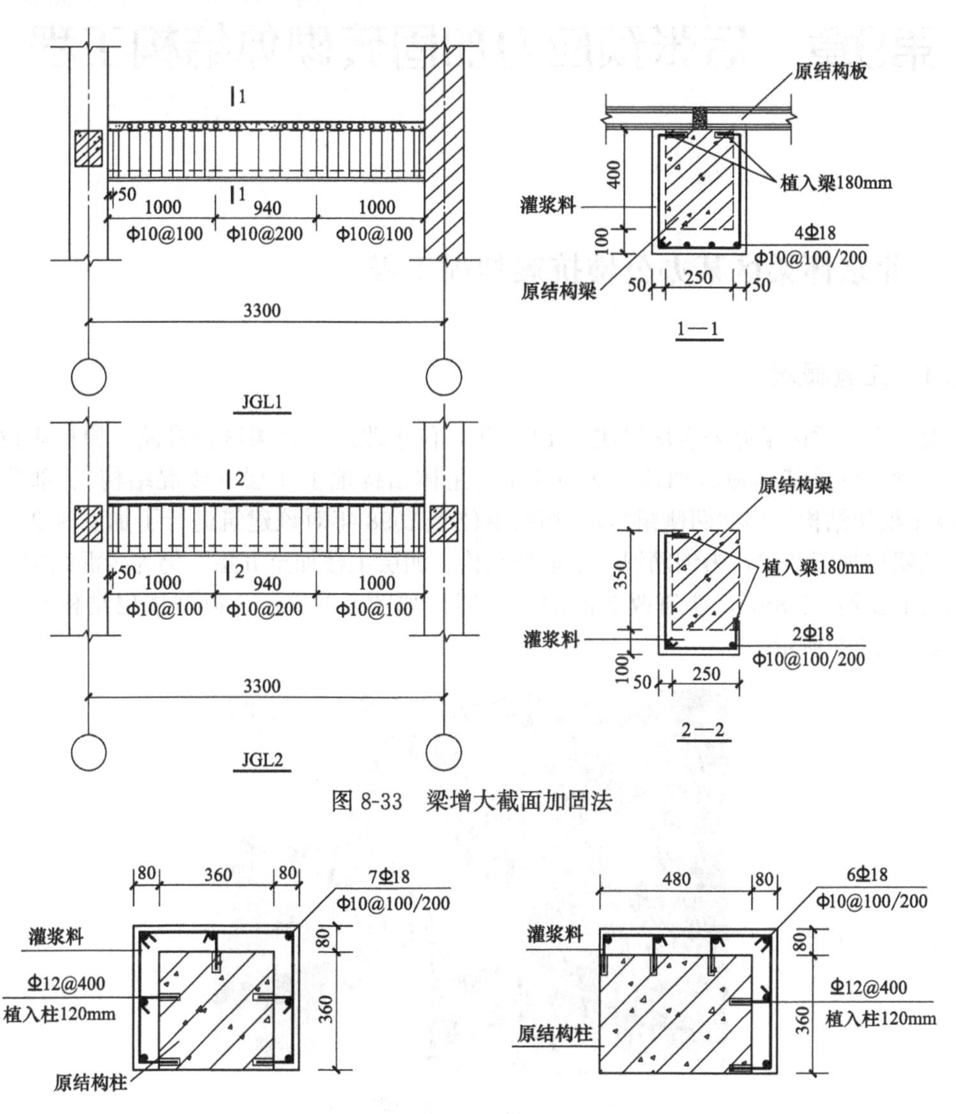

图 8-33　梁增大截面加固法

图 8-34　柱增大截面加固法

第9章 后张预应力加固砖砌体结构工程

9.1 北京怀柔区某办公楼抗震加固工程

9.1.1 工程概况

北京市怀柔区某办公楼房屋建于 1985 年，位于北京市怀柔区青春路，原抗震设防烈度为 7 度，设计基本地震加速度为 0.15g。主体结构地上 4 层（砖混结构）、部分 1 层（混凝土框架结构，南北两侧裙房）。相关单位于 1998 年对该建筑进行了加层改造，南北两侧的裙房加至 2 层，为钢筋混凝土框架结构，四层主楼加至五层，仍为砖混结构。该建筑物总面积约 3208m^2，建筑改造前的外观照片如图 9-1 所示，典型楼层结构平面图如图 9-2、图 9-3 所示。

图 9-1 建筑改造前外观照片

9.1.2 检测鉴定主要结果

加固前对该房屋进行了检测鉴定，原结构混凝土抗压强度经回弹法（钻芯修正）检测，推定值为 18.0～26.3MPa，后增加结构构件混凝土抗压强度推定值为 27.9～44.6MPa。原砖砌体砌筑砂浆抗压强度平均值范围为 3.6～8.9MPa，抗压强度推定值为 4.7MPa，后增加墙体砌筑砂浆抗压强度平均值范围为 7.1～20.3MPa，抗压强度推定值为 9.4MPa。原结构墙体砌筑用砖抗压强度平均值范围为 8.7～12.2MPa，推定抗压强度等级为 MU10。后增加墙体砌筑用砖抗压强度平均值范围为 9.1～15.4MPa，推定抗压强度等级为 MU10。

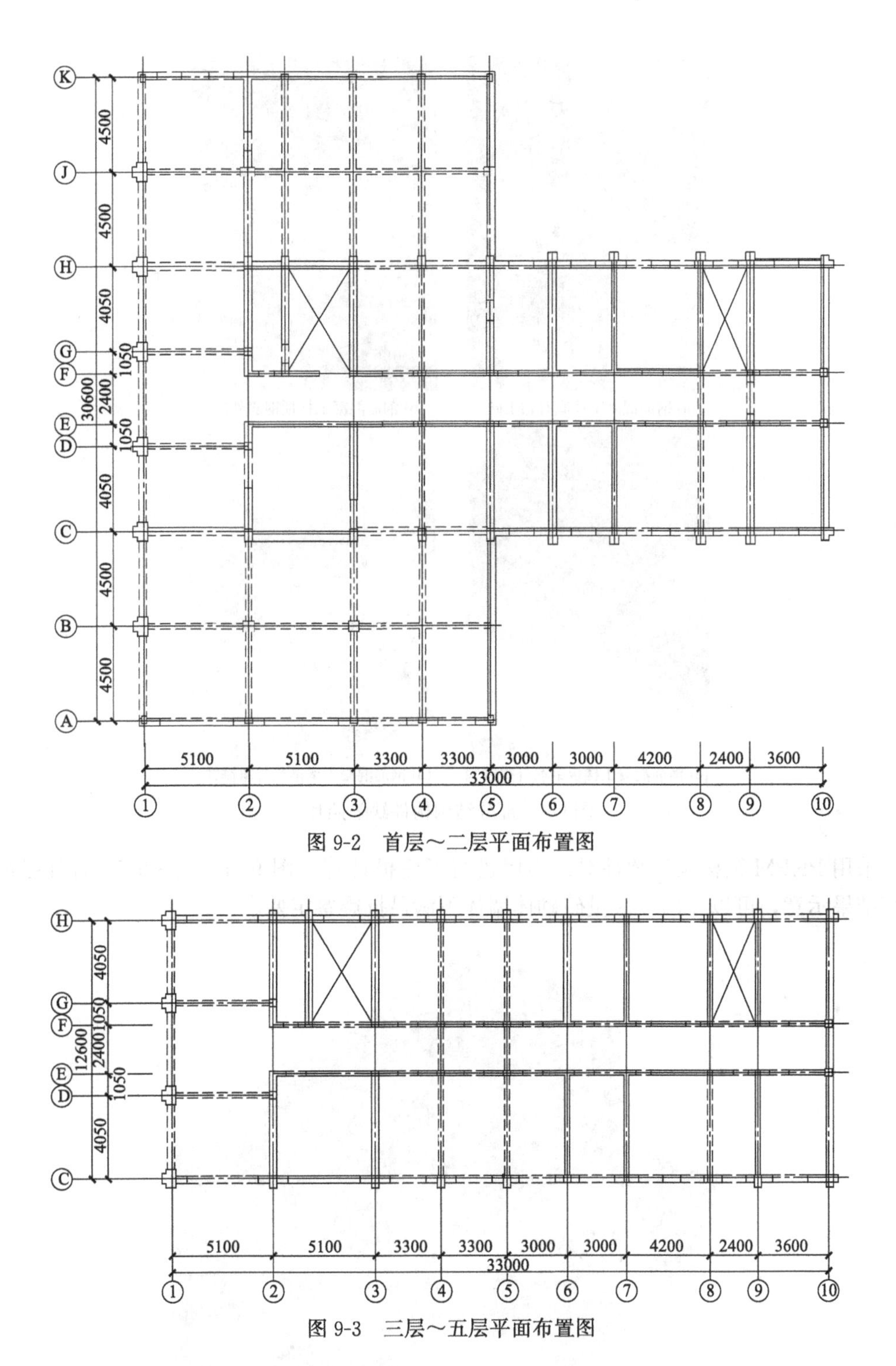

图 9-2　首层～二层平面布置图

图 9-3　三层～五层平面布置图

在现场客观条件允许的情况下，对该建筑进行外观质量普查。经普查，未发现其主体结构主要承重构件有因基础不均匀沉降所产生的开裂、下垂、倾斜等受损现象；部分构件出现露筋、钢筋锈蚀、夹渣、孔洞及钢筋断裂现象，部分典型构件缺陷情况如图 9-4 所示。

(a) 钢筋混凝土柱底有黏土砖

(b) 钢筋混凝土柱顶钢筋外露

(c) 钢筋混凝土楼板钢筋外露锈蚀

(d) 钢筋混凝土梁钢筋外露锈蚀

图 9-4　部分结构构件缺陷照片

采用 PKPM 结构设计软件对该房屋进行了建模计算（图 9-5a），图 9-5b 为首层抗震验算结果示意，可以看出，大量砖砌体墙体不满足抗震鉴定要求。

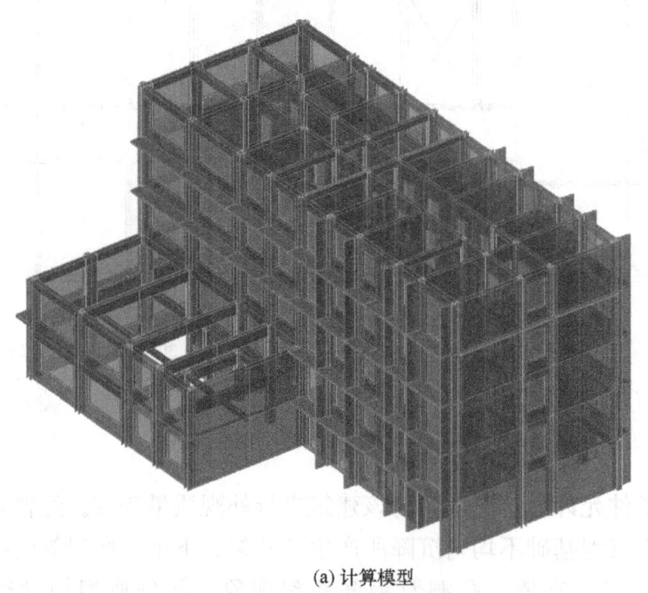

(a) 计算模型

图 9-5　PKPM 模型及计算结果（一）

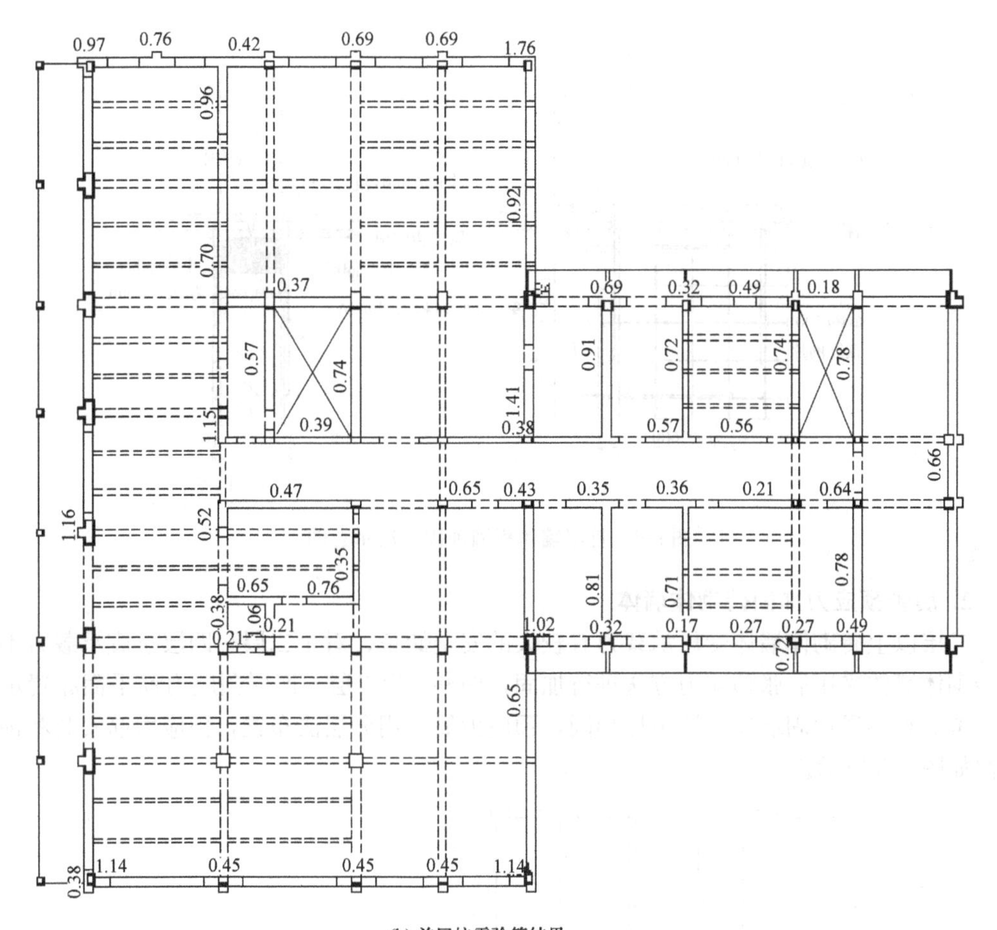

(b) 首层抗震验算结果

图 9-5 PKPM 模型及计算结果（二）

综合其上部主体结构的安全性鉴定和抗震鉴定结果为：

安全性评定为 D_u 级，严重影响整体承载。结构部分抗震措施不满足第一级鉴定要求；一层～四层部分墙体不满足第二级抗震鉴定要求，一层～二层部分框架柱不满足第二级鉴定要求，一层～五层大部分梁均不满足第二级鉴定要求。综上所述，应对该建筑的上部主体结构及时采取加固或其他有效处理措施。

9.1.3 结构加固方案

根据上述结构检测鉴定结果，首层～四层均存在大量砖墙抗震承载力不足，但是首层砌体墙体同时存在受压承载力不足的情况，而二层以上墙体受压承载力有较大的安全储备。基于上述验算结果，对首层承载力不足的墙体采用双面钢筋混凝土板墙的方法进行加固，对二层～四层抗震承载力不足的墙体采用后张预应力方法进行加固。

1. 钢筋混凝土板墙加固砖砌体墙体

首层砌体墙体同时存在受压承载力和抗震承载力不足的情况，因此，对首层承载力不足的墙体采用双面钢筋混凝土板墙的方法进行加固，每侧加固板墙厚度为 60mm，混凝土强度等级 C20，采用喷射混凝土施工工艺，加固做法如图 9-6 所示。

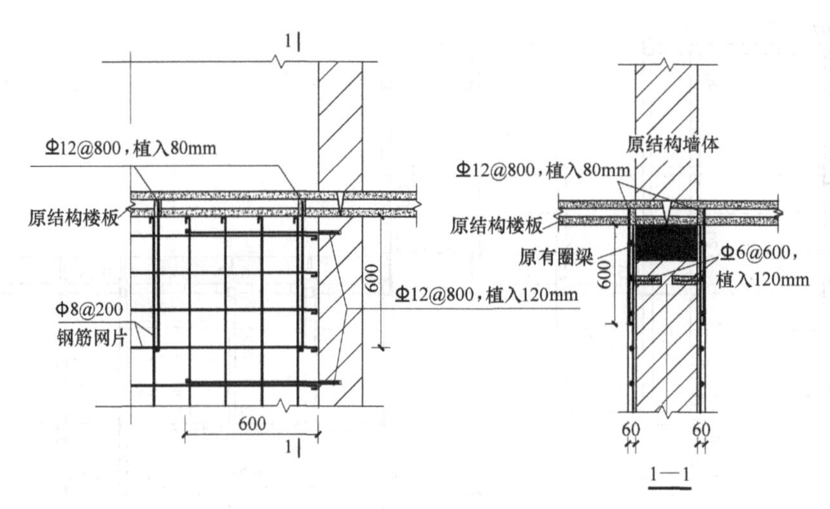

图 9-6　首层墙体板墙加固做法示意图

2. 后张预应力加固砖砌体墙体

二层以上砖砌体墙体受压承载力有较大的安全储备，对于二层～四层抗震承载力不足的砖砌体墙体采用后张预应力方法进行加固，图 9-7 为二层～四层预应力筋平面布置示意图。考虑到各层加固墙体位置不尽相同，预应力筋采用分层法布置，预应力筋安装和锚固做法如图 9-8 所示。

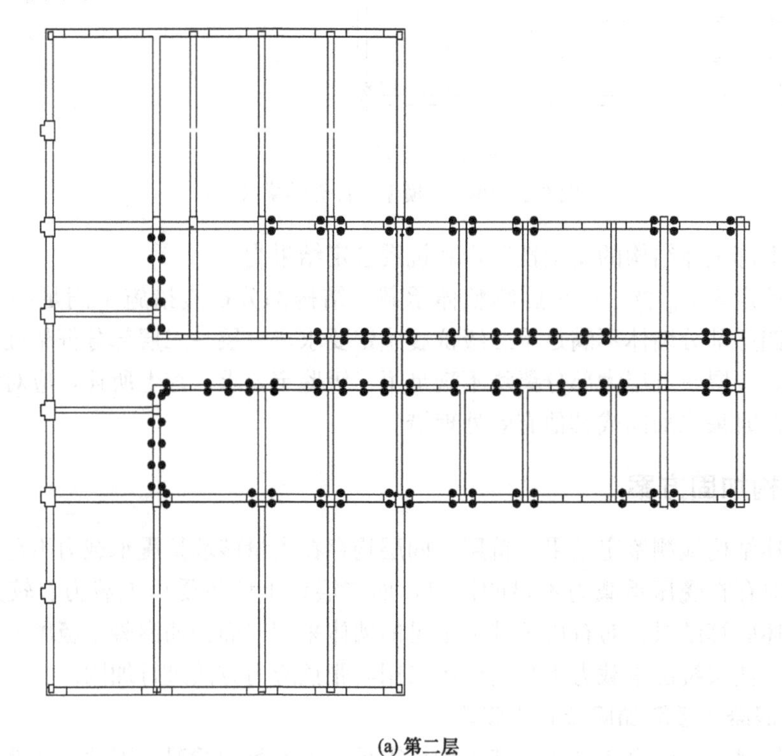

(a) 第二层

图 9-7　二层～四层后张预应力加固墙体平面布置示意图（一）

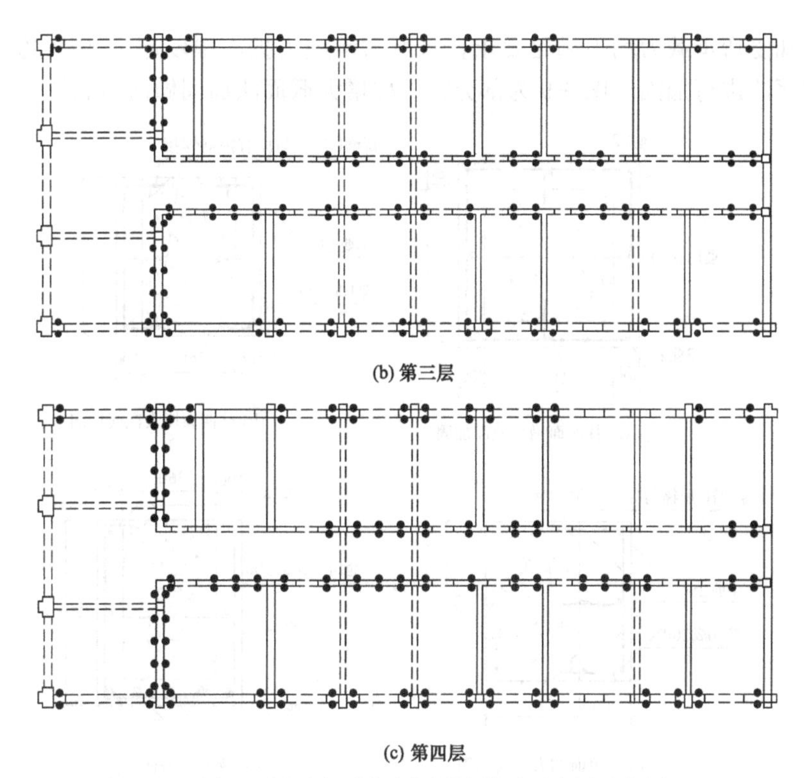

(b) 第三层

(c) 第四层

图 9-7 二层～四层后张预应力加固墙体平面布置示意图（二）

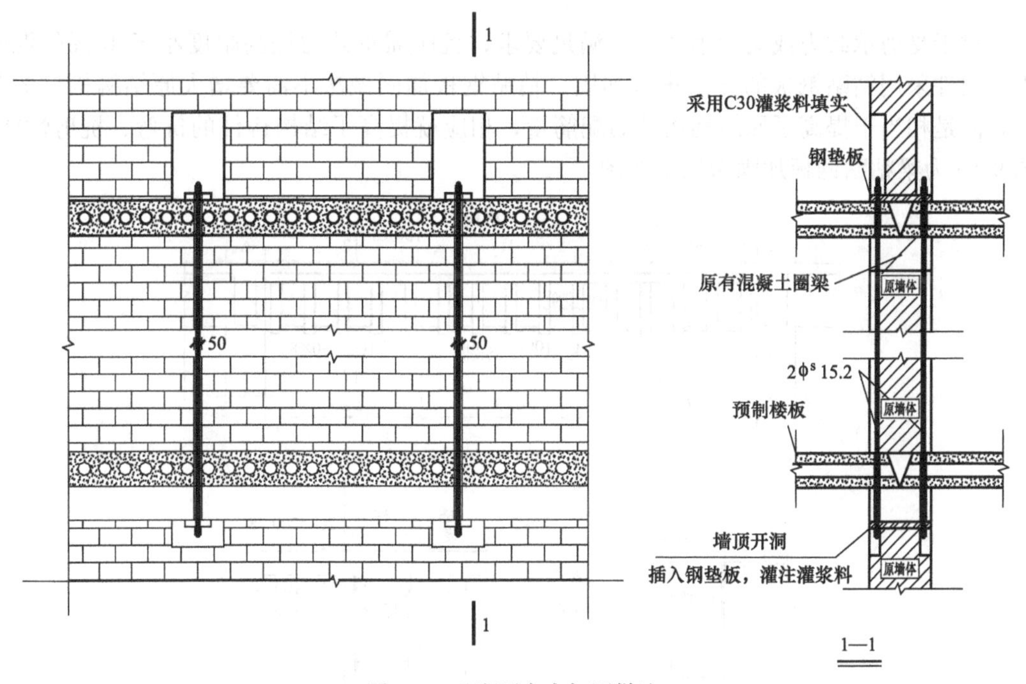

图 9-8 后张预应力加固做法

3. 钢筋混凝土梁、柱加固

根据验算结果，本工程二层裙房范围内部分钢筋混凝土梁、柱不满足鉴定要求。对于受剪承载力和受弯承载力均不满足要求，且所需承载力提高幅度超过40%的梁、柱构件采用增大截面法进行加固。图9-9为部分梁、柱增大截面法加固做法示意图。

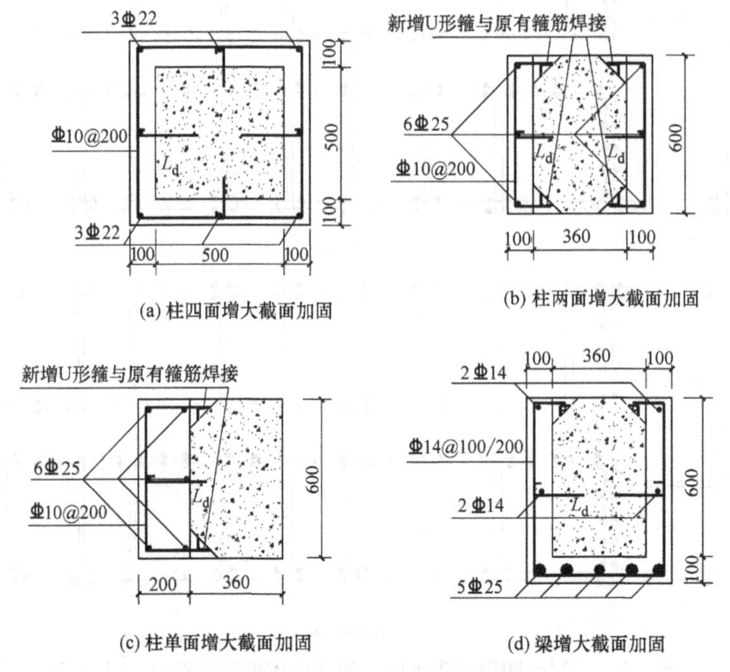

(a) 柱四面增大截面加固

(b) 柱两面增大截面加固

(c) 柱单面增大截面加固

(d) 梁增大截面加固

图9-9　混凝土梁、柱增大截面加固做法

对于受剪承载力或受弯承载力不满足要求，且所需承载力提高幅度小于40%的混凝土梁构件采用粘贴钢板的方法进行加固。粘贴钢板加固做法不需要增大原结构构件的截面，但是相当于提高了原结构构件的配筋量，相应就提高了结构构件的抗弯、抗剪性能。图9-10为梁粘贴钢板加固做法示意图。

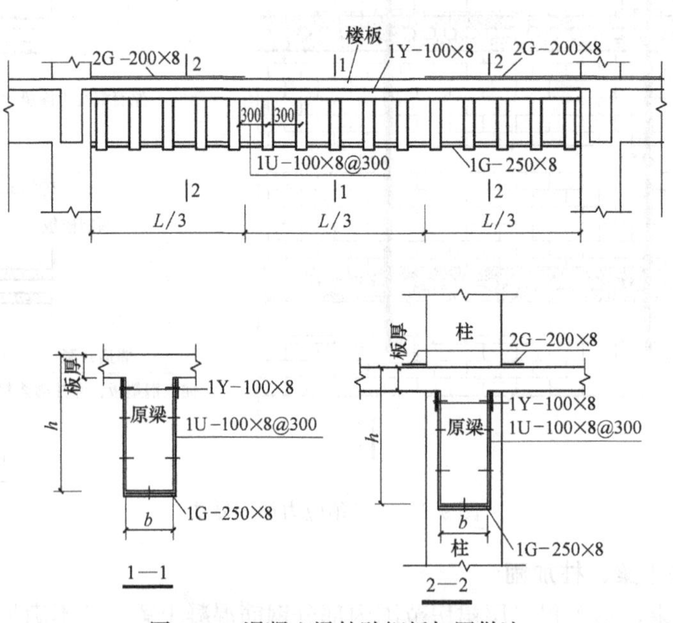

图9-10　混凝土梁粘贴钢板加固做法

9.1.4 预应力加固施工

预应力加固砖砌体墙体的施工主要工序包括：

（1）清理原结构；

（2）在加固墙体上定位放线，标注张拉端和锚固端的位置、预应力筋的位置；

（3）在预应力筋安装部位墙体两侧剔凿出凹槽，张拉端和锚固端墙体开洞，对应位置楼板开洞；

（4）安装并固定预应力筋及其锚固装置、支承垫板等零部件；

（5）预应力筋张拉并锚固；

（6）施工质量检验；

（7）墙、地面恢复，防护面层施工。

张拉现场施工照片如图 9-11 所示。本工程墙上部张拉端部位，采用静力切割的方法开洞，对洞口部位楼板表面进行清理，并安装承压板。墙体表面开槽前应先复核墙内水电管线位置，避免开槽损坏水电管线。可采用云石切割机或其他开槽设备进行开槽施工，开槽应定位准确，确保槽沟为直线，开槽的深度与宽度应保证预应力筋可以完全封闭于墙体内。无粘结预应力筋安装前，应检查其规格尺寸和数量，并安装固定端锚具，确认可靠无误后，方可在工程中使用。预应力筋应穿入事先开好的槽内，在穿筋过程中应防止保护套受到机械损伤，预应力筋铺设就位后方可安装张拉端锚固节点组件。

(a) 墙体定位放线

(b) 墙体开槽

(c) 楼板钻孔

(d) 预应力筋安装

(e) 张拉施工

(f) 墙面封闭

图 9-11 施工现场照片

张拉施工时，沿墙体两侧对称布置的预应力筋必须两根同时张拉，且张拉过程尽可能保持同步。张拉控制应力应符合设计要求。当采用应力控制方法进行张拉时，应校核无粘结预应力筋的伸长值，当实际伸长值与设计计算伸长值相对偏差超过±6%时，应暂停张拉，查明原因并采取措施予以调整后，方可继续张拉。

张拉后应采用砂轮锯或其他机械方法切割超长部分的无粘结预应力筋，其切断后露出锚具夹片外的长度不得小于30mm。张拉后的锚具应进行防护处理。

9.2 北京建工集团党校学员宿舍楼抗震加固工程

9.2.1 工程概况

北京建工集团党校学员宿舍楼为多层砖混结构房屋，建于20世纪80年代中期，建筑面积4108.4m^2，地下1层，地上6层，建筑高度18m。建筑外观照片如图9-12所示，结

图9-12 建筑外观照片

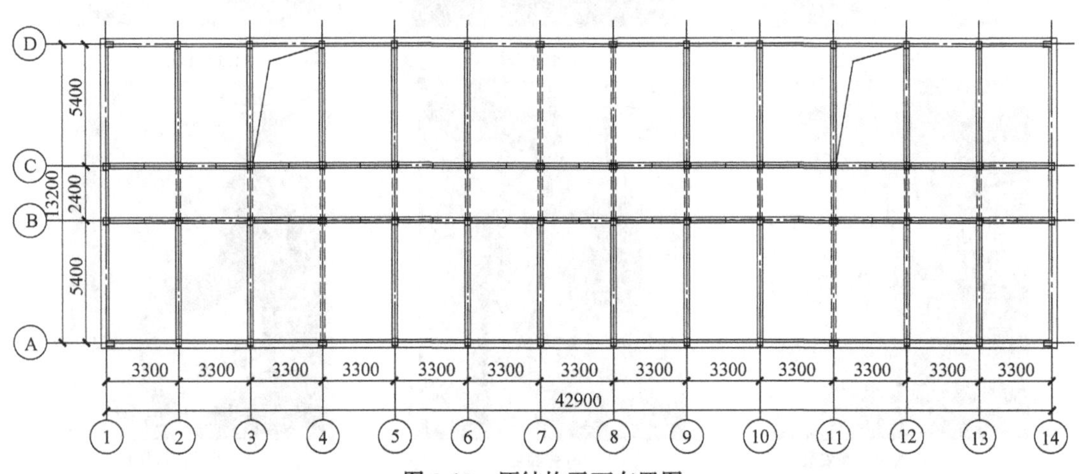

图9-13 原结构平面布置图

构平面布置如图 9-13 所示，长 42.9m，宽 13.2m。墙体采用烧结普通黏土砖与混合砂浆砌筑，楼、屋盖采用预制圆孔板。局部 4/5 轴～C/D 轴以及 9/11 轴～C/D 轴为现浇钢筋混凝土板，板厚 100mm。地基基础采用条形基础。地下一层墙体厚度均为 360mm，其他层外墙厚度 360mm，内墙厚度 240mm。

该房屋拟由办公用房改造为宾馆，需根据新的用途进行装修改造。由于使用功能发生改变，故委托相关鉴定机构对现有房屋进行了结构综合安全性鉴定，并进一步根据安全性鉴定结果和装修改造需求制定了结构加固方案。

9.2.2 结构检测鉴定结果

为了解现有建筑是否满足结构安全性和抗震安全性要求，对该建筑进行了结构综合安全性鉴定。该房屋为标准设防类，即丙类建筑。根据业主要求按后续使用年限 30 年进行抗震鉴定。

安全性鉴定方面，综合原结构设计图纸和现场实际勘测情况，该房屋结构布置合理，形成完整体系，连接构造符合规范要求。经实际检测，砌筑用砖的抗压强度推定等级为 MU7.5，砌筑砂浆抗压强度推定值不大于 1.96MPa。结构安全性鉴定评级为 C_{su} 级，不符合国家现行标准规范的安全性要求，影响整体安全性能。

抗震鉴定方面，该房屋平面、立面布置规则合理，墙体布置对称，房屋基础嵌固标高位于地下室顶板，地下一层不需计入房屋总层数，因此房屋的总高度、总层数和高宽比等均能满足抗震鉴定的要求；整体性连接方面，圈梁、构造柱和楼梯间设置等均能满足现行抗震鉴定标准的要求，另外，房屋局部易倒塌部位墙体尺寸也基本满足抗震鉴定要求。但是，该房屋实测砖和砌筑砂浆的抗压强度推定值低于原设计值，另外，预制楼板在承重墙体上的支承长度也不满足规范要求。

采用 PKPM 系列软件鉴定加固模块建立了该房屋的计算模型。部分楼层抗震鉴定验算结果如图 9-14 所示。

通过对该建筑物进行抗震验算可知：

(1) 地下室、一层、二层、三层大量墙体不满足抗震鉴定要求；四层墙体除 1 轴～14 轴～D 轴墙体满足抗震鉴定验算要求外，其余墙体不能满足抗震验算要求；五层、六层全部内横墙与部分内纵墙不满足抗震验算。

(2) 该结构受压承载力验算除首层 6 轴～9 轴～C 轴不满足要求外，其余墙体均满足要求。

抗震鉴定评级为 D_{se} 级，严重不符合现行标准规范的抗震能力要求，严重影响整体抗震性能。

房屋的综合安全性评级为 D_{eu} 级，亟需进行加固处理。

9.2.3 整体加固方案分析

从综合安全性鉴定结果可以看出，现有房屋的综合安全性评级为 D_{eu} 级。这表明，该房屋即使不进行改造，原结构自身的安全性能已无法满足现行规范要求，需要进行整体加固。

本次装修改造中，该房屋由办公用房改造为宾馆，对使用空间要求较高。原有房屋的

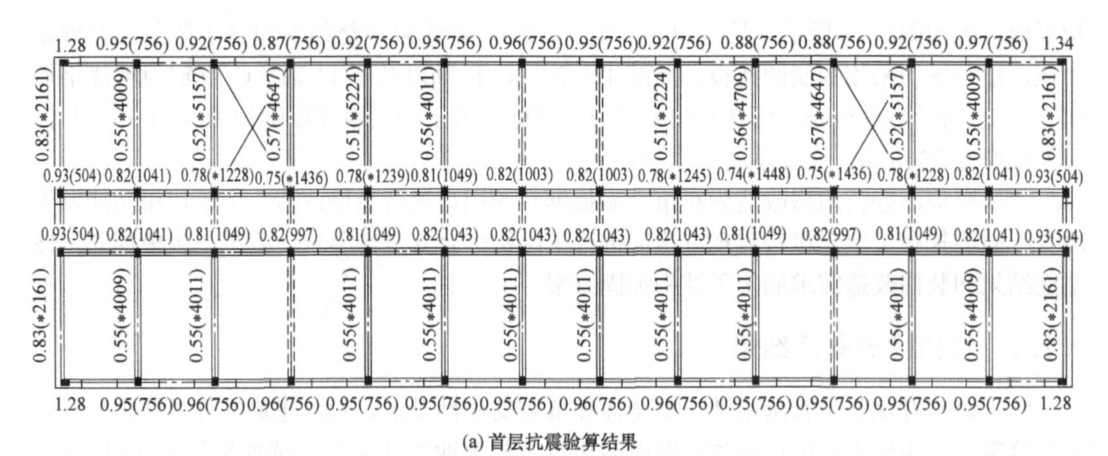

(a) 首层抗震验算结果

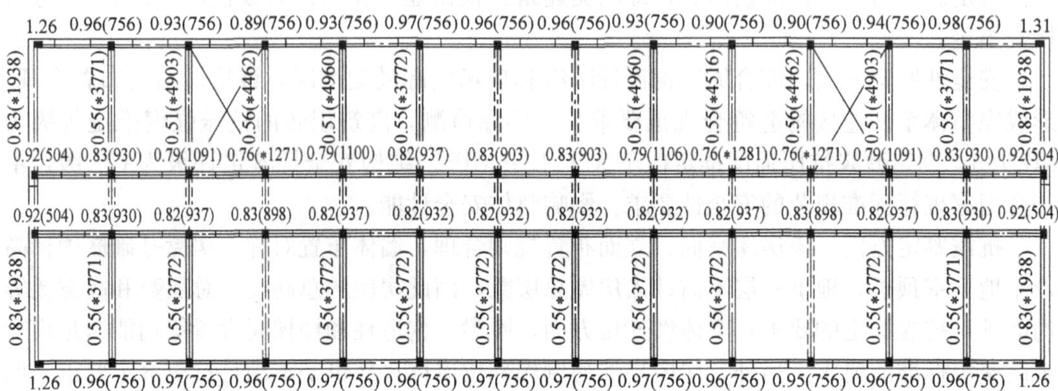

(b) 二层抗震验算结果

图 9-14　首层和二层抗震验算结果

房间布置较为紧凑，因此，要求加固尽量不减少房间的使用面积。

根据新的改造方案，为满足每个房间新增卫生间的功能要求，内纵墙门洞口改变位置，同时部分洞口宽度由原来的 1m 拓宽为 2m，这将进一步削弱墙体的抗震能力。

另外，新的水电管线从预制板新开洞口穿过，同时为了增加楼盖的整体性，需对预制楼板进行加固处理。

同时，此次装修改造应继续保持原有的外立面风貌。

针对上述改造工程特点，对该建筑的纵向墙体、横向墙体以及预制楼板采取了不同的加固措施。

首先，对不满足安全性要求的横向墙体采用后张预应力加固技术进行加固（图 9-15），该技术通过沿被加固墙体两侧均匀对称布置竖向预应力筋，并对墙体施加竖向预应力，从而提高墙体的抗震能力。由于预应力筋可以内嵌于墙体中，采用该技术加固的墙体的厚度不需增加，房间的使用面积不会减少。

对于建筑的纵向墙体，根据抗震鉴定结果，其内、外纵墙均存在不满足抗震鉴定要求的情况。考虑到业主希望不改变建筑外立面的要求，拟采用单面钢筋混凝土板墙加固内纵墙的加固方案。该方案可以同时提高内纵墙的抗震承载力和抗侧刚度，从而减少外纵墙所受地震作用，最终使外纵墙也满足抗震鉴定要求。另外，单面加固的板墙拟布置在内纵墙

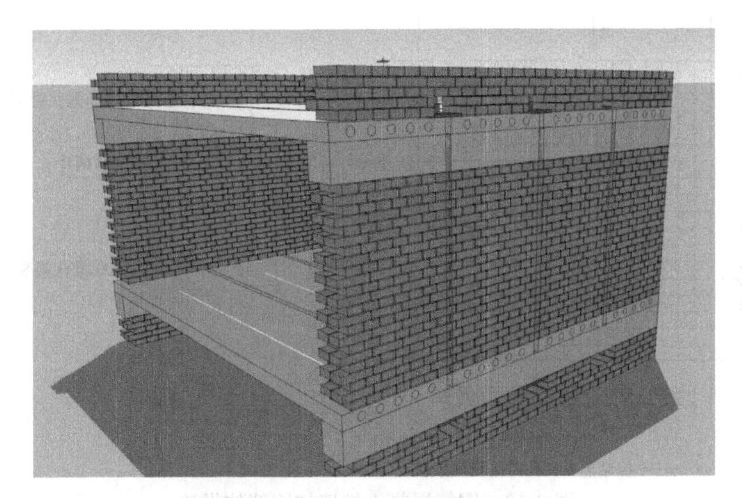

图 9-15 预应力加固砌体示意图

的走廊一侧，也保证了房间使用面积不减少。

对于预制楼板，拟采用板面现浇钢筋混凝土叠合层将其改造为装配整体式楼盖的加固方案。该方案在提高楼盖整体性的同时，也使楼层内地震力的传力机制发生改变，地震力将主要按墙体的抗侧刚度进行分配，这也进一步保证了纵向墙体加固方案的实现。

上述加固方案中，房屋的横向和纵向采用了不同的加固方式，横向墙体采用的新型预应力加固技术可以提高墙体的承载力和延性，但不会提高墙体的弹性抗侧刚度，纵向墙体采用的钢筋混凝土板墙加固技术则将同时提高墙体的承载力、延性和抗侧刚度。由于建筑体型规则，且加固布置均匀对称，两种加固方式将分别提高两方向墙体各自的受力性能，而基本不会引起扭转耦联问题。

9.2.4 加固方案设计

1. 混凝土板墙加固内纵墙

如前所述，对建筑内纵墙拟采用单面钢筋混凝土板墙加固法进行加固处理，即在内纵墙靠走廊的一侧绑扎安装钢筋网，然后浇筑或喷射混凝土并养护，形成“砌体-混凝土”组合墙体。本加固设计采用的单面混凝土板墙的厚度为 60mm，水平与竖向钢筋直径为 8mm，并按梅花形设置拉结筋，植入墙体保证钢筋网与墙体的连接。其典型做法如图 9-16 所示。

该加固方法的特点在于，通过在原有砖墙的表面增加一层钢筋混凝土板墙面层，形成砌体和混凝土能够协同工作的组合墙体，由于钢筋混凝土的弹性模量、强度和变形能力均远高于砖墙体，加固后墙体的抗侧刚度和抗震承载力均大幅度提高，墙体的受压承载力也将显著提高，同时，由于钢筋混凝土更好的延性和变形能力，建筑的整体性和大震作用下的抗倒塌能力均将显著增强。

2. 叠合层加固预制楼板

针对该结构预制楼板在承重墙体上的支承长度不满足规范要求以及预制楼板整体性较差等问题，采用叠合层加固方式。本加固设计方案采用叠合层厚度为 50mm，钢筋规格为 8mm。具体做法如图 9-17 所示。

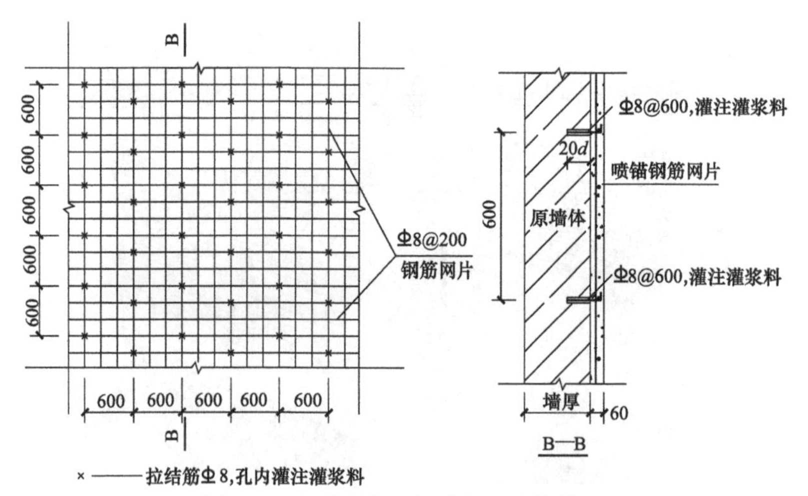

图 9-16 钢筋混凝土板墙加固墙体做法

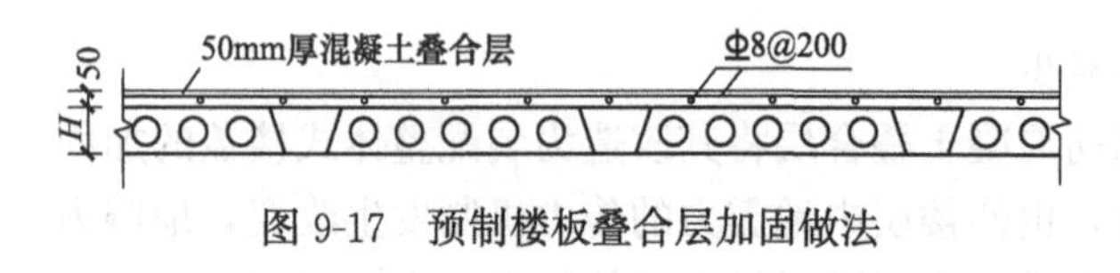

图 9-17 预制楼板叠合层加固做法

此加固方式的特点在于能显著提高预制楼板的整体性，使其成为装配整体式楼盖。一方面解决了楼板搭接长度不足的问题，另一方面也使楼层内地震力的传力机制发生改变，地震力将主要按墙体的抗侧刚度进行分配，这也进一步保证了纵向墙体加固方案的实现。采用该方法加固后，也能够对因开洞而削弱的预制楼板进行补强。

3. 后张预应力加固横墙

从鉴定结果可知，该房屋从地下一层到五层的横墙大部分不满足抗震鉴定要求，拟采用后张预应力技术对其进行抗震加固。

后张预应力加固砖砌体墙体的抗震加固技术已经过大量试验研究和工程应用验证。砖砌体墙体采用后张预应力技术加固后，其抗震受剪承载力将显著提高；一方面由于预应力的施加，使墙体所受正压应力提高，从而导致墙体的抗震抗剪强度提高；另一方面，预应力筋对墙体的裂缝开展有明显的抑制和限制作用，也可提高其承载能力。

预应力加固墙体的平面布置和做法分别如图 9-18 和图 9-19 所示。

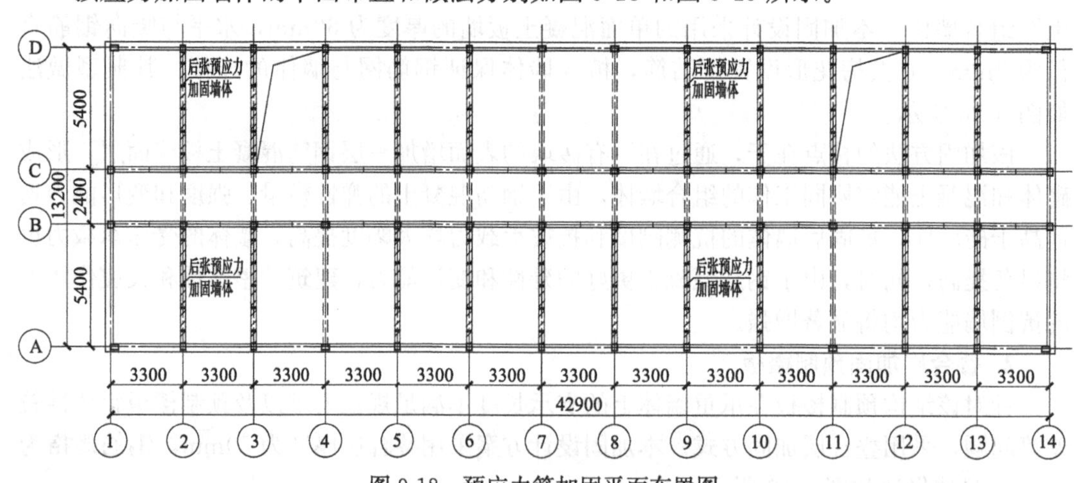

图 9-18 预应力筋加固平面布置图

加固预应力筋采用直径为15.2mm的高强低松弛预应力钢绞线，成对布置，每对预应力筋间隔为1000mm。为了保持预压应力的有效传递，每两层结构设置通长钢绞线。预应力加固做法如图9-19所示。

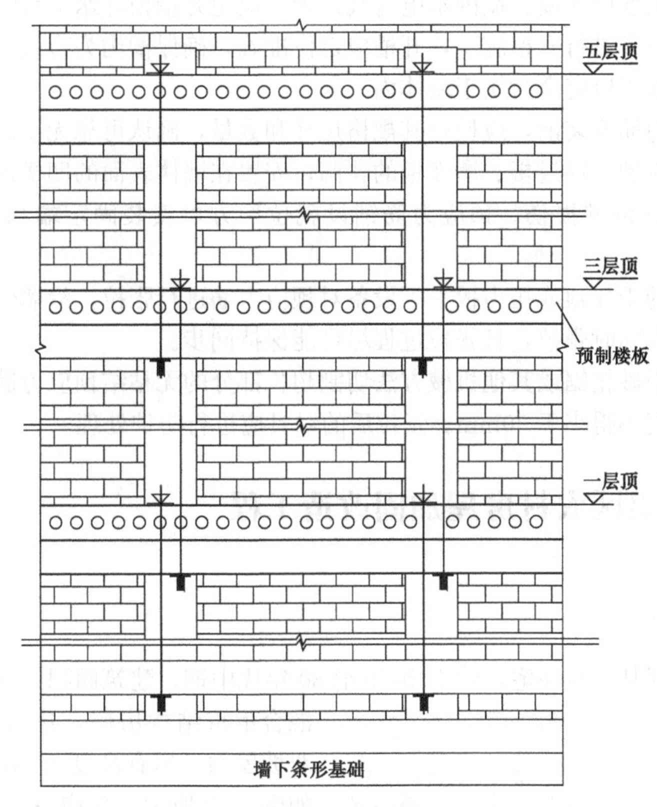

图9-19　预应力筋加固做法示意图

9.2.5　后张预应力加固砖砌体墙施工方法

预应力加固砖砌体墙体的施工工序通常包括下述步骤：

（1）在被加固墙体上定位放线，在墙体和楼板上对预应力筋的安装位置进行标注；

（2）在墙体上沿标注好的位置剔凿出凹槽，同时，在楼板上标注好的位置打孔；

（3）现场对预应力筋进行加工制作、下料，对锚具进行试装配；

（4）预应力筋张拉端和固定端结构或垫块的安装施工；

（5）安装并固定预应力筋及其锚固装置、支承垫板等零部件；

（6）预应力筋张拉并锚固，施工质量检验；

（7）防护面层施工。

当预应力锚固端位于屋面时，应先剔除屋面局部装饰面层，并对屋面板与锚固端结构结合部位的混凝土表面进行打磨处理，锚固端结构可通过化学植筋或化学锚栓固定，底面应与屋面板顶面紧密贴合。

当预应力锚固端位于建筑地坪以下时，应对基础两侧开挖，露出墙下基础，在安装传力垫块部位基础墙上开洞并安装基础传力垫块。

当预应力锚固端位于楼层内时，应在设置锚固垫块的部位采用静力切割的方法开洞，对洞口部位楼板表面进行清理。垫块施工完毕后，应采用高强灌浆材料或高标号水泥砂浆将洞口与垫块之间的缝隙浇筑密实。

墙体表面开槽前应先复核墙内水电管线位置，避免开槽损坏水电管线。可采用云石切割机或其他开槽设备进行开槽施工，开槽应定位准确，确保槽沟为直线，开槽的深度与宽度应保证预应力筋可以完全封闭于墙体内。

无粘结预应力筋安装前，应检查其规格尺寸和数量，确认可靠无误后，方可在工程中使用。预应力筋应顺直穿过楼、屋面板的孔洞，安置在墙体表面的凹槽内，在穿筋过程中应防止保护套受到机械损伤。预应力筋铺设就位后方可安装固定端和张拉端锚固节点组件。

采用标定好的千斤顶或扭力扳手等设备对预应力筋进行张拉，沿墙体两侧对称布置的预应力筋必须两根同时张拉，且张拉过程尽可能保持同步。

张拉后应采用砂轮锯或其他机械方法切割超长部分的无粘结预应力筋，其切断后露出锚具夹片外的长度不得小于30mm。张拉后的锚具应进行防护处理。

9.3 北京怀柔区农村房屋加固改造工程

9.3.1 工程概况

北京市怀柔区某农村住宅，建于20世纪80年代中期，建筑面积约60m²，单层砖木混合承重结构房屋，建筑檐口高度2.7m，双坡屋面，屋脊高度3.9m。房屋外观照片如图9-20所示，结构平面布置如图9-21所示。该房屋为北京农村地区典型农宅，为农民自建房，基本无抗震设防措施。其山墙和后墙为240mm厚砖墙，内隔墙为120mm厚砖墙，采用烧结普通黏土砖与白灰砂浆砌筑，前墙主要为门窗，设置了3根混凝土柱支撑屋顶木柁。屋顶采用木屋盖结构，包括木屋架、檩条、望板、防水油毡和盖瓦。

图9-20 房屋外观照片

该房屋符合《北京市农村4类重点对象和低收入群众危房改造工作方案（2018—2020年）》的相关条件，故前期委托相关鉴定机构对房屋进行了结构安全性鉴定。经鉴定，该房屋危险性定性评定等级为C级，构成局部危房。

综合原房屋结构布置和现场实际勘测情况，该房屋结构体系布置不合理，木屋架大梁一端支撑在后墙上，另一端支撑在前墙混凝土柱上，前后墙刚度差异很大，在地震作用下易发生扭转破坏；另外，纵横墙之间无任何拉结措施，各榀木屋架之间也无支撑连接，房屋整体性很差。无论从危房评定角度，还是从综合安全性鉴定角度，均不满足现行相关标准规范的要求，需进行加固处理。

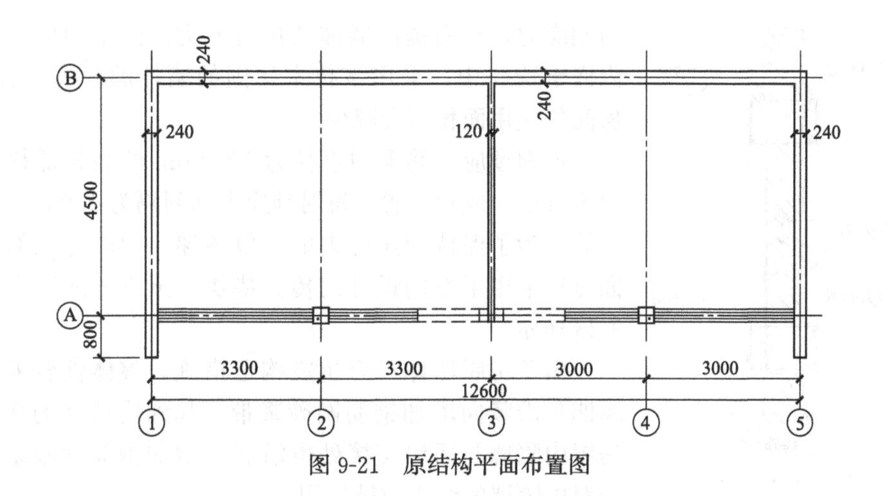

图 9-21 原结构平面布置图

9.3.2 加固方案

改造所涉及农户为贫困户，改造资金由政府全额拨付。如果实际改造费用超出政府资金数额，农户无法负担多出的费用。因此，加固方案首先应考虑经济性。另外，该房屋处于居住使用状态，加固应尽量减少湿作业污染、噪声污染，工期也应尽可能缩短，以最大程度减少由于施工对农户生活带来的影响。

在综合考虑改造方案的经济性、工期以及对农户生活的影响等因素的前提下，确定采用“砌体房屋预应力抗震加固技术”对该房屋进行加固改造。主要加固措施包括：(1) 两侧山墙和后纵墙采用预应力加固法加固；(2) 房屋四角、纵横墙交接处以及前窗间柱采用竖向钢筋网砂浆带加固；(3) 山墙和后纵墙顶采用水平钢筋网砂浆带加固，前屋檐下设置钢拉杆加固；(4) 木屋架设置了两道钢剪刀撑加固，开裂的木柁采用钢箍加固等。

首先，对两端山墙和后墙采用预应力加固技术进行加固，预应力加固的平面布置如图 9-22 所示。该技术通过沿被加固墙体两侧均匀对称布置竖向预应力筋，并对墙体施加竖

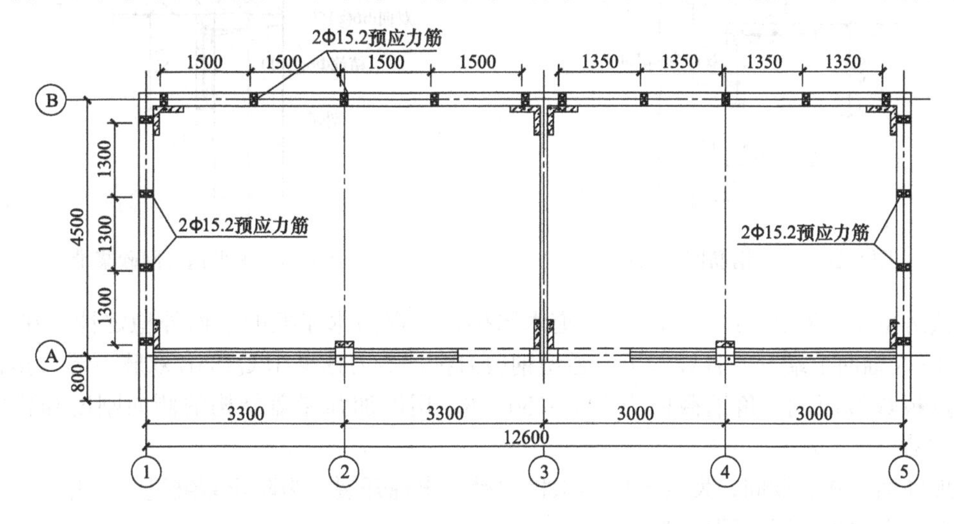

图 9-22 预应力加固砖墙平面布置图

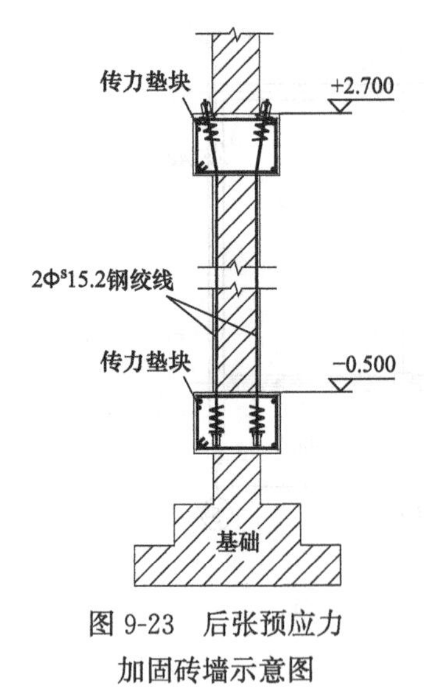

图 9-23　后张预应力加固砖墙示意图

向预应力，从而提高墙体的抗震能力。由于预应力筋可以内嵌于墙体中，采用该技术加固的墙体的厚度不需增加，房间的使用面积不会减少。

加固预应力筋采用直径为 15.2mm 的高强低松弛预应力钢绞线，成对布置，每对预应力筋间隔为 1300～1500mm 不等。为了保持预压应力的有效传递，预应力筋的上下锚固点均采用了专门设计的传力垫块，预应力加固做法如图 9-23 所示。

由于房屋墙体没有抗震构造措施，整体性较差，在房屋四角沿竖向增加钢筋网砂浆带，起到构造柱的作用，在房屋内隔墙与后墙交接处也沿竖向增加钢筋网砂浆带，起到对内隔墙的约束拉结作用。

原有前窗间柱虽为混凝土柱，但混凝土强度较低，配筋较少，采用单侧钢筋网高强砂浆带对其进行加固补强。此外，在山墙和后墙顶部沿水平设置钢筋网砂浆带，在前墙顶增设钢拉杆，形成封闭圈梁体系，可以实现对房屋的整体约束。

该房屋在进行此次改造前，已完成节能保温改造，墙体外侧贴有保温板。为尽量减少加固对外保温的破坏，此次加固的钢筋网砂浆带均布置在墙体内侧。即在房间墙体内侧绑扎安装钢筋网，然后采用 M10 砂浆抹面并养护，单面砂浆面层的厚度为 40mm，水平与竖向钢筋直径为 6mm，并每隔一定间距设置拉结筋，植入墙体保证钢筋网与墙体的连接。其典型做法如图 9-24、图 9-25 所示。

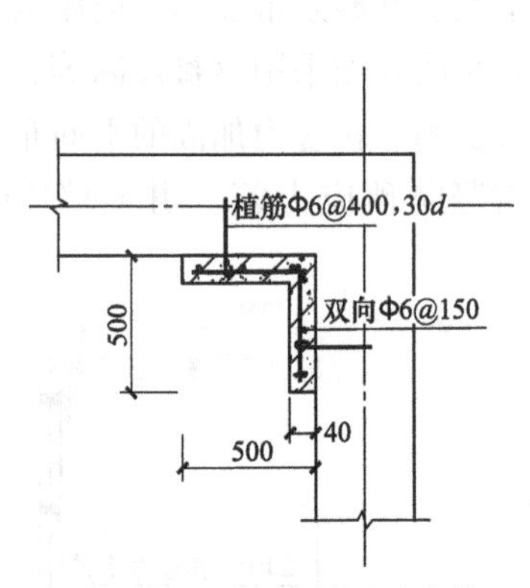

图 9-24　竖向钢筋网砂浆带

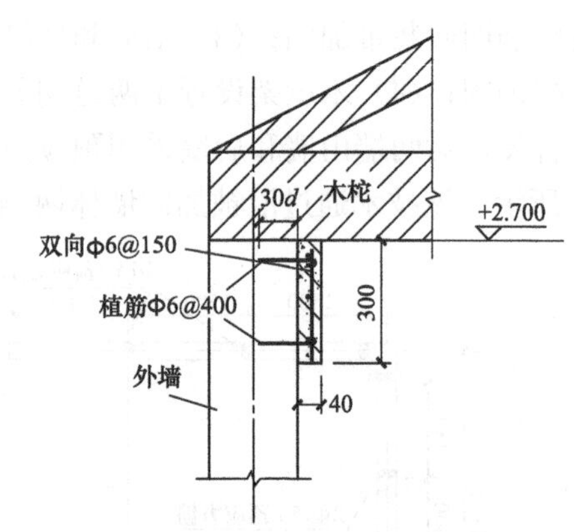

图 9-25　水平钢筋网砂浆带

该房屋屋盖沿 2、3、4 轴一共三道木屋架，为提高木屋架的平面外稳定性，在 1～2 轴和 4～5 轴两个端开间各设置了一道型钢剪刀撑，剪刀撑采用 Q235B 双肢不等边角钢通过节点板焊接而成，角钢截面为 L80×50×6，用以加强屋盖结构的侧向刚度和稳定性（图 9-26）。

现场加固施工期间，发现木屋架木柁主梁均出现开裂，为防止裂缝进一步开展，采用扁钢箍对木柁进行了加固处理。

房屋的整体加固三维效果如图 9-27 所示。

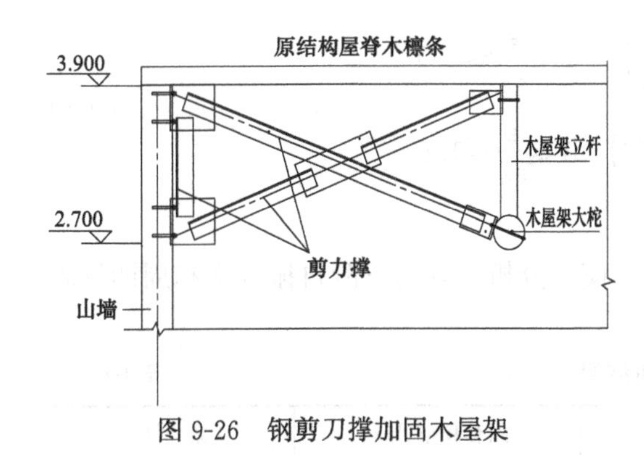

图 9-26 钢剪刀撑加固木屋架

图 9-27 加固方案三维示意图

9.3.3 弹塑性动力时程分析

为验证上述加固方案对房屋抗震性能的提高效果，建立了未加固房屋和加固房屋的有限元分析模型，对两个房屋模型进行了模拟地震作用的弹塑性动力时程分析。

1. 有限元分析模型

有限元分析模型根据上述砖木结构房屋的结构特点进行了合理简化，基本假定如下：

（1）砖砌体墙体采用整体式模型，其材料连续、均匀；

（2）木材视作正交各向异性弹性体；

（3）砖墙和木梁之间不考虑相对滑移；

（4）屋面木板和泥瓦面层只作为荷载传递给木梁，不考虑其对屋盖刚度的贡献。

未加固房屋的有限元模型中建立的主要构件包括砖墙、柱、木梁等。其中砖墙采用壳单元，混凝土柱和木梁采用梁单元。加固房屋模型与未加固模型的外形尺寸、材料完全相同，主要区别就是增加了加固构件，包括预应力筋、钢剪刀撑、钢拉杆以及钢筋网砂浆带等。其中，预应力筋用桁架单元模拟，桁架单元的两个端点分别与砖墙顶部和底相连接，剪刀撑和钢拉杆同样采用桁架单元模拟，水平和竖向砂浆带采用壳单元模拟。加固房屋的有限元模型如图 9-28 所示。

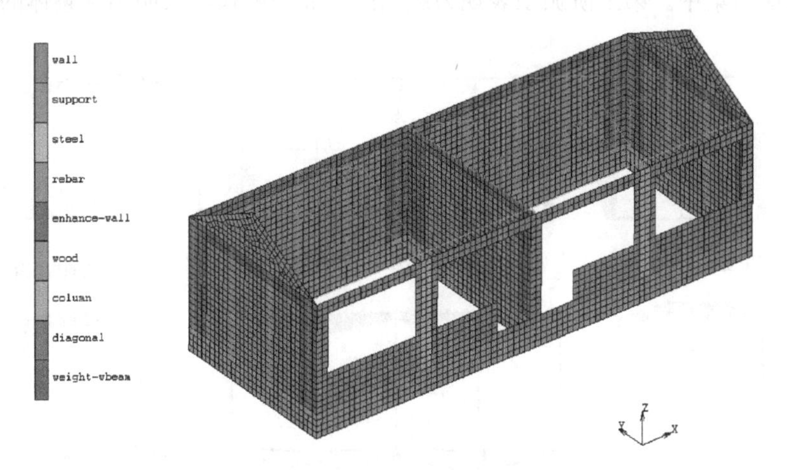

图 9-28 加固结构的有限元分析模型

砌体本构关系采用湖南大学施楚贤提出的公式，上升段为抛物线，下降段为直线：

$$\begin{cases}\dfrac{\sigma}{\sigma_{\max}}=2\left(\dfrac{\varepsilon}{\varepsilon_0}\right)-\left(\dfrac{\varepsilon}{\varepsilon_0}\right)^2 & 0\leqslant\dfrac{\varepsilon}{\varepsilon_0}\leqslant1.0\\ \dfrac{\sigma}{\sigma_{\max}}=1.2-0.2\left(\dfrac{\varepsilon}{\varepsilon_0}\right) & 1\leqslant\dfrac{\varepsilon}{\varepsilon_0}\leqslant1.6\end{cases} \tag{9-1}$$

2. 动力模态分析

首先对未加固和加固的房屋模型进行了动力模态分析，其前三阶自振频率和周期见表9-1，振型图如图9-29所示。

模态分析结果 **表9-1**

模型	振型	方向	固有频率(Hz)	自振周期(s)
未加固	一阶振型	纵向	4.55	0.220
	二阶振型	扭转	6.97	0.143
	三阶振型	横向	7.04	0.142
加固	一阶振型	纵向	4.87	0.205
	二阶振型	扭转	7.07	0.140
	三阶振型	横向	7.10	0.141

从表9-1可以看出，加固可以使房屋的自振频率小幅度提高，这种提高主要来源于屋架间增加的剪刀撑的贡献。预应力加固砖墙由于基本不改变墙体的抗侧刚度，也不增加墙体的重量，对房屋自振频率影响较小。

从振型图中可以看出，未加固房屋和加固房屋的各阶振型基本一致，加固对振型形态影响较小。第一阶振型主要为横墙的平面外变形，其中山墙屋脊处最大，后檐口最小，前屋檐介于两者之间。这主要是由于房屋后墙刚度大，前墙洞口多，刚度削弱较大，同时木屋盖刚度很小，各墙体无法协同工作所导致的。第二阶振型表现为房屋的反对称扭转振型，该振型出现在横向侧移之前，对结构抗震不利，容易引起纵墙门窗洞口角部以及纵横墙连接处的应力集中。第三阶振型表现为纵墙的平面外侧移，表明结构整体的纵向刚度低于横向刚度。

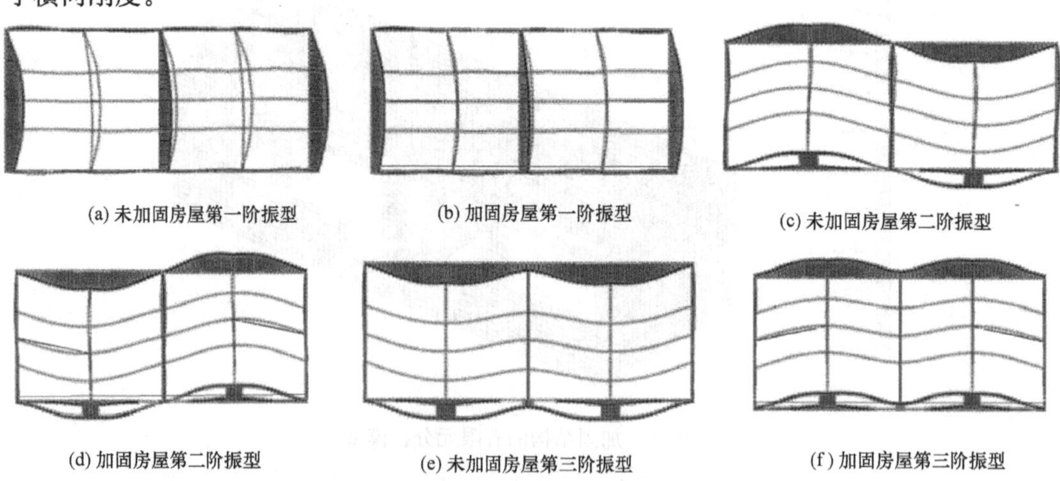

(a) 未加固房屋第一阶振型 (b) 加固房屋第一阶振型 (c) 未加固房屋第二阶振型

(d) 加固房屋第二阶振型 (e) 未加固房屋第三阶振型 (f) 加固房屋第三阶振型

图9-29 房屋模型振型图

3. 地震位移响应

计算输入地震动采用汶川地震卧龙台站地震波，并进行归一化处理，时间间隔为0.005s。鉴于原波时间较长，选取典型波段，时长10s，如图9-30所示。

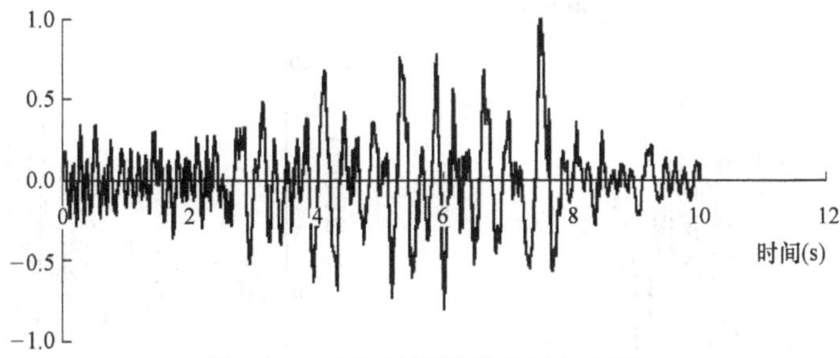

图9-30 汶川地震卧龙台站地震波

时程分析主要模拟了沿房屋纵向输入地震波时房屋的地震响应，地震加速度峰值按抗震设防烈度8度小震、中震、大震分别取值。

图9-31～图9-33分别为未加固房屋和加固房屋在8度多遇地震（70gal）、设防地震（200gal）和罕遇地震（400gal）作用下，屋脊处和前屋檐处的纵向位移时程曲线。

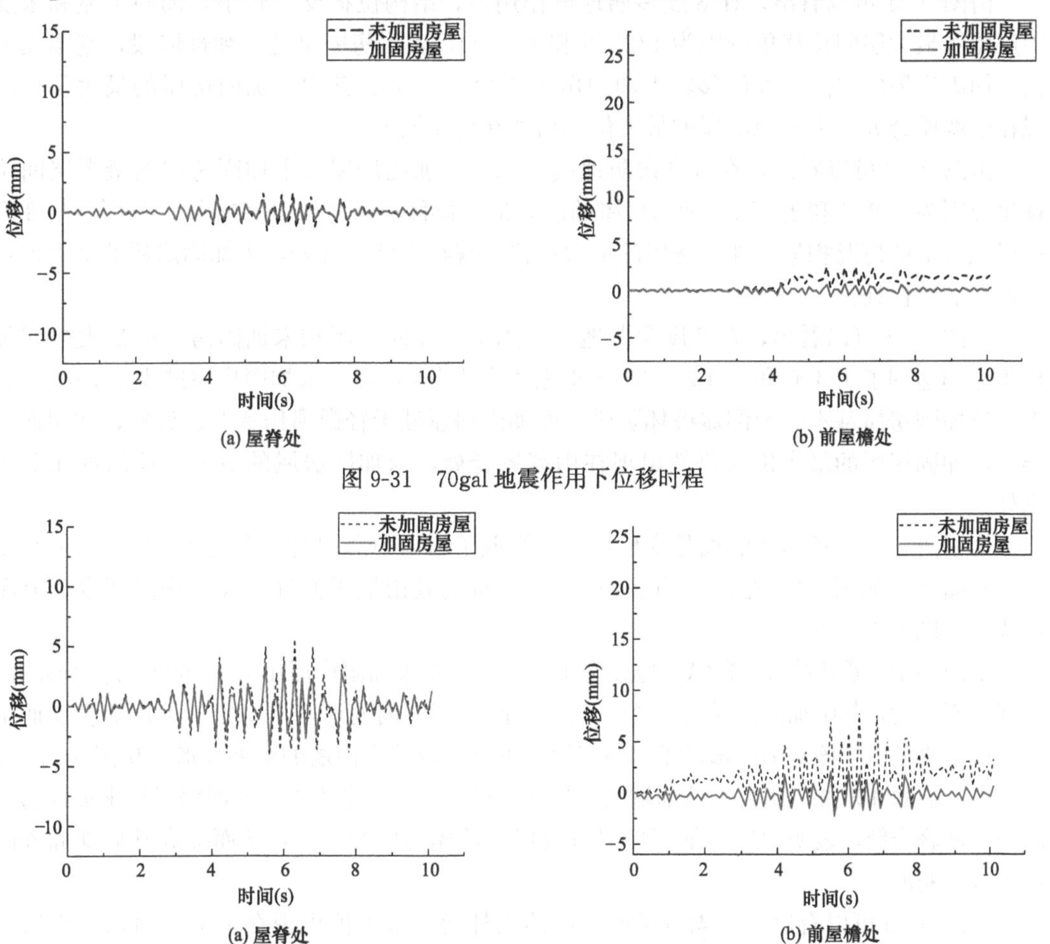

图9-31 70gal地震作用下位移时程

图9-32 200gal地震作用下位移时程

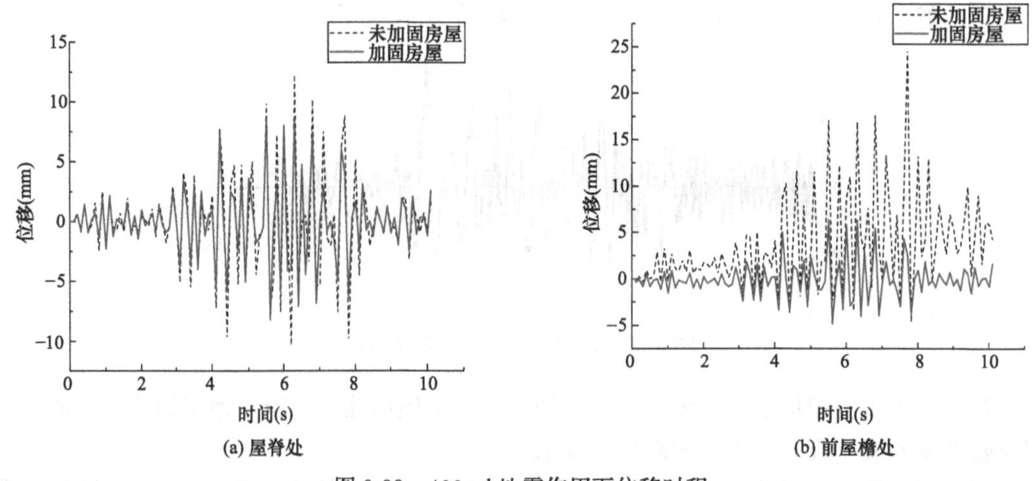

(a) 屋脊处　　(b) 前屋檐处

图 9-33　400gal 地震作用下位移时程

由图 9-31 可以看出，在 8 度多遇地震作用下，结构位移反应较小，加固房屋和未加固房屋的最大层间位移角分别为 1/2820 和 1/1300，表明房屋仍处于弹性阶段，基本无损伤。加固房屋的层间最大位移较未加固房屋减少了 54%。其中，加固房屋的最大位移出现在山墙屋脊处，未加固房屋的最大位移出现在前屋檐处。

由图 9-32 可以看出，在 8 度设防地震作用下，加固房屋和未加固房屋的最大层间位移角分别为 1/932 和 1/420，加固房屋的层间最大位移较未加固房屋减少了 55%。与 8 度多遇地震下的情况相似，加固房屋的最大位移出现在山墙屋脊处，未加固房屋的最大位移出现在前屋檐处。

由图 9-33 可以看出，在 8 度罕遇地震作用下，加固房屋和未加固房屋的最大层间位移角分别达到了 1/400 和 1/134，加固房屋的层间最大位移较未加固房屋减少了 67%。其中，未加固房屋基本处于倒塌破坏阶段，而加固房屋处于轻微损伤状态。另外，在罕遇地震下，加固房屋的最大位移仍然出现在山墙屋脊处，未加固房屋的最大位移出现在前屋檐处。

为了进一步分析墙体的面外变形规律，提取了山墙中部和前端平面外位移沿房屋高度的分布曲线，如图 9-34 所示，同时提取了檐口标高处山墙平面外位移沿房屋宽度的分布曲线，如图 9-35 所示。

从图 9-34a 可以看出，在纵向地震作用下，加固和未加固房屋山墙中部的面外变形均沿高度逐渐增大，其中加固房屋在从檐口到山尖高度范围内变形基本稳定，不再随高度而增加，这主要是由于该范围内增设了钢剪刀撑，可以有效减小山墙的面外变形。从图 9-34b 可以看出，加固和未加固房屋山墙前端的面外变形也沿高度逐渐增大，加固房屋较未加固房屋的变形显著降低，表明预应力加固可以有效提高墙体的抗裂能力，从而提高其后期面外刚度，减小变形。

从图 9-35 可以看出，加固后房屋山墙的面外变形最大值出现在中部，而未加固房屋山墙的面外变形出现在前端，且表现为明显的“外甩”趋势。

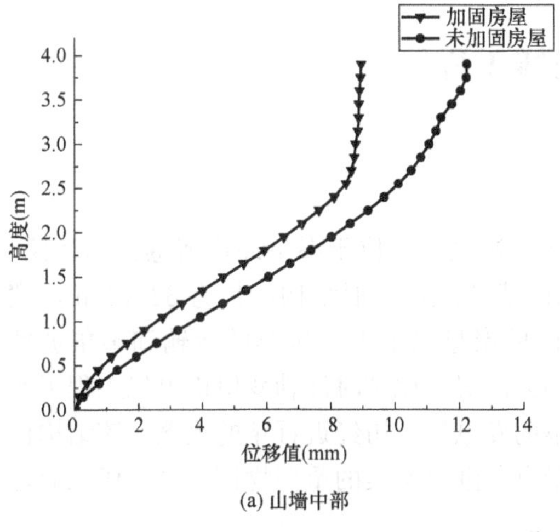

(a) 山墙中部

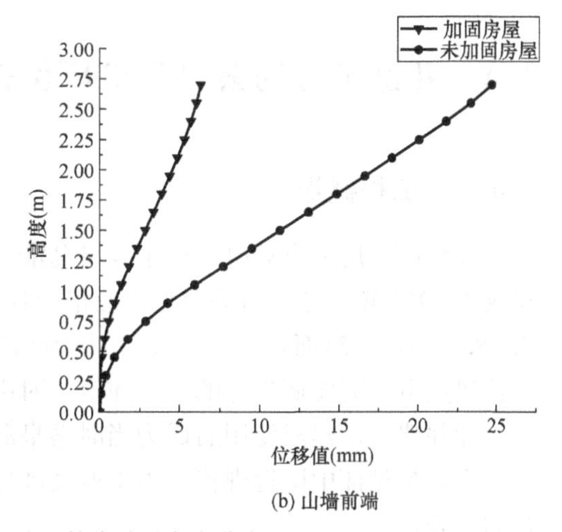

(b) 山墙前端

图 9-34 400gal 地震作用下山墙面外位移沿高度分布

从上述对房屋加固前后进行的数值模拟分析结果可以看出，本文建议的加固方案可以显著改善前墙刚度弱的单层砖木混合承重结构房屋的抗震性能，提高其在大震下的抗倒塌能力。

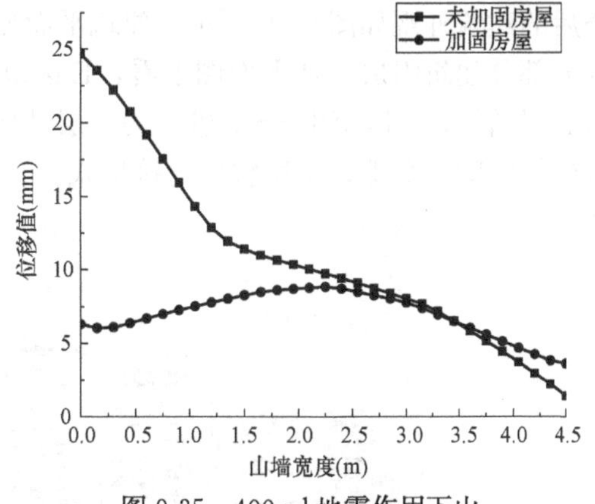

图 9-35 400gal 地震作用下山墙面外位移沿宽度分布

图 9-36 为预应力加固施工现场照片。

本节针对北京地区典型农村住宅中砖木混合结构的特点，提出了将砖墙预应力抗震加固技术与传统的钢筋网砂浆面层法、钢拉杆、剪刀撑等加固技术有机结合起来的综合加固方案，在提高整体房屋抗震安全性的同时，成功实现了不减少房间使用面积、不改变建筑外观、提升建筑功能等改造需求，为北京地区典型的砖木混合承重农宅的抗震加固提供了一种新的解决方案，可供同类工程参考。

(a) 安装预应力筋

(b) 预应力筋张拉

图 9-36 施工现场照片

9.4 开滦矿务局秦皇岛电厂保护修缮工程

9.4.1 工程概况

开滦矿务局秦皇岛电厂属于秦皇岛港口近代建筑之一，位于秦皇岛市海港区东环路，建成于1927年。该建筑为典型的巴洛克风格的欧式建筑，砖混结构，长为62.125m，宽为28.65m，建筑面积约1800m^2，是为满足当时的秦皇岛港电力机车的运输和耀华玻璃厂扩建用电的需要而兴建的。该建筑当时由英国人出资，比利时沙勒罗伊市电气工程工作坊设计并建造，建成使用后成为当时秦皇岛最早的发电厂。历经近百年的沧桑，该结构保存至今，是见证中国近现代电力工业发展史和秦皇岛港口发展的重要物证，是近代工业建筑的代表作。

建筑外观保存较为完好，改造加固前的外观和内部照片如图9-37和图9-38所示，翻修后的建筑外观如图9-39所示。建筑平面如图9-40所示，整体建筑由不同高度不同层数的五部分建筑组成，从平面图上看，E区范围1～3轴，为3层结构，D区范围3～6轴，为2层结构，C区范围6～8轴，为单层结构，A、B两区范围8～12轴，为2层结构。各区建筑之间无缝隙，采用整体连接形式。

图9-37 未加固前外部立面

图9-38 未加固前内部结构布置

图9-39 翻修后建筑立面图

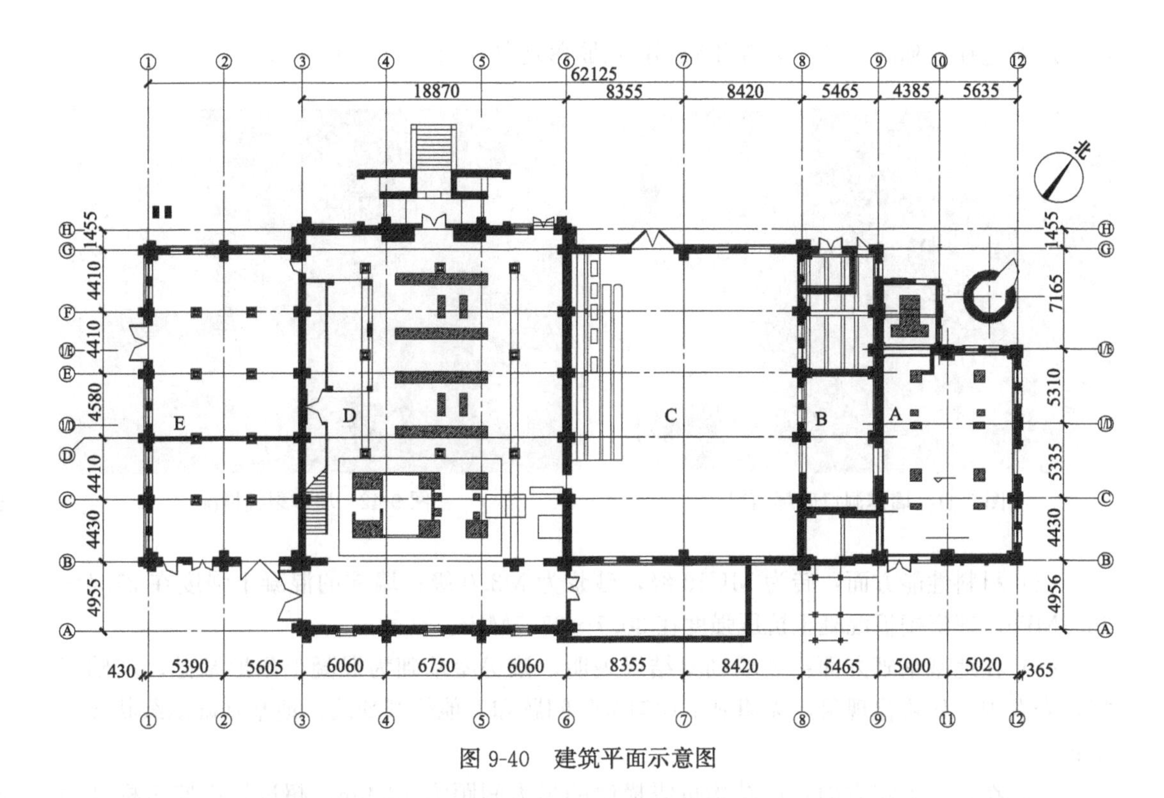

图 9-40 建筑平面示意图

建筑墙体采用开滦耐火砖和白灰浆砌筑。部分房间墙体有抹灰修饰，但因建筑废弃多年、门窗破损、屋顶渗漏、自然风化等原因，普遍存在抹灰陈旧空鼓、裂缝和脱落现象。门窗过梁为耐火砖砌筑的圆拱过梁。结构楼板屋面分为几种，部分为钢构三角形桁架上铺木质板或铁瓦顶，部分为混凝土板，部分为砖砌拱形板上铺混凝土板组合而成。外跨式楼梯为砖砌楼梯，室内楼梯为钢构式防滑楼梯。该建筑为砌体承重墙承重，其中设备间部位由混凝土墙柱、钢梁、钢柱与砖砌拱形板上铺混凝土板组合成承重体系。

由于该建筑在中国近代工业历史上有标志性意义，并且具备良好的保护和利用的工作基础，于2018年被选入《国家工业遗产名单》，因此，需要对原有建筑进行改造修缮。

9.4.2 检测鉴定主要结果

为全面了解该建筑结构的安全性能，业主方委托专业检测机构对该建筑的主体结构进行了综合安全性鉴定，为后续修缮改造提供技术依据。主要鉴定结果如下：

（1）在外观质量方面：建筑物的使用年限较长，墙砖的风化、剥蚀问题较多，局部比较严重，部分墙体存在泛碱现象；部分门窗过梁附近墙体出现竖向或斜向裂缝；部分墙体中断断续续有裂缝、错位现象，横纵墙交接处有不少部位没有很好地进行咬槎，出现竖向和斜向裂缝，甚至有的部位出现严重错位现象；不少墙体因设备的穿过、人为或者外界的破坏等原因造成了损坏，填补、多处开洞损坏现象严重；部分砖构造柱受到一定程度的损坏；钢柱、钢梁节点处较为可靠，但钢柱、钢梁有明显锈蚀痕迹；钢构三角形桁架锈蚀现象严重，上面覆盖的木质板存在损坏开洞现象，铁瓦板表面也有腐蚀破坏的痕迹；部分支撑桁架处的附近墙体出现水平横向裂缝；20世纪50年代建筑一层楼板多次开洞断裂，破损严重；设备间拱形楼板也有部分断裂破坏现象；室内吊顶、抹灰等装修层破损较多；室内抹灰普遍存在陈旧空鼓、裂缝和局部抹灰脱落现象（图 9-41、图 9-42）。

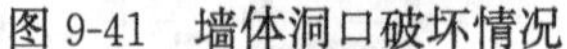
图 9-41　墙体洞口破坏情况

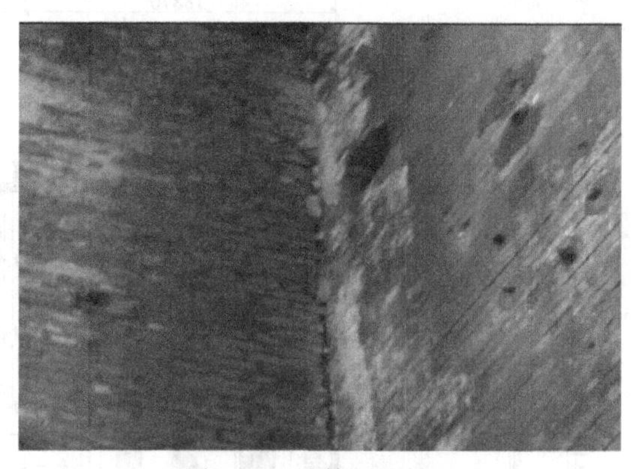

图 9-42　墙体裂缝情况

（2）材料性能方面：砖为 MU10 级，砂浆为 M3.0 级；墙柱的混凝土强度在 21.4～33.2MPa；现浇楼板混凝土抗压强度在 30.7～37.7MPa。

（3）在地基基础方面：现场勘察结果表明，该房屋基础为混凝土条形基础，基础完好，未发现明显粉化现象，无明显不均匀沉降问题和其他静载缺陷，地基基础承载状况基本正常。

（4）在抗震鉴定方面：该结构抗震横墙的最大间距为 18.9m，超过抗震鉴定标准规定的限值 11m（地震烈度为 7 度时）；部分纵横墙体交接处无可靠连接，没有较好的咬槎，不满足抗震鉴定标准的要求；该结构楼面及屋面处均无圈梁，不满足抗震鉴定标准的要求；该结构构造柱为砖柱，经计算部分不满足要求，楼面处也无圈梁，不能和圈梁起到整体拉结抗震作用；整体计算时部分钢柱抗震验算不满足抗震规范的要求；该建筑结构计算层高最高达 10 余米，虽部分位置有楼板产生一定的侧向支撑作用，但没有圈梁起到降低层高的作用，超过了砌体规范和抗震规范规定的多层砌体承重房屋最大层高 3.6m 的要求。

经计算分析，该结构 4.8～6.2m 范围内，1～3 轴区域有部分墙体不满足抗震鉴定要求；7.3～10.2m 范围内，结构的大部分墙角抗震承载力不足；12.7～20.4m 范围内，3～6 轴的四个墙角抗震承载力不满足要求。从具体抗力与效应之比看，主要墙段介于 0.6～1.0 之间。

根据现场检查结构现状勘察，墙体损坏严重，建筑外观质量较差，受力体系不合理，部分抗震构造措施不满足规范要求，经过结构整体计算分析，抗震承载力存在严重不足，结构整体安全性评定为 C_{su} 级，建议进行加固和维修处理。

9.4.3　结构加固方案

该建筑 C、D、E 三个区段前期已进行了加固修缮。此次进行的结构加固主要针对 A 区和 B 区。

在制定加固改造方案时，考虑到该建筑属于国家工业遗产保护文物，具有重要的历史价值，因此，采用的加固方案尽量避免破坏该建筑的原有风貌，并与周边建筑相协调。出于这种考虑制定了适合该建筑的加固修复方案。

1. 钢筋混凝土板墙加固方式

对抗震及抗压承载力不足的墙体采用钢筋混凝土板墙的方法进行加固，即在加固墙体的侧面绑扎安装钢筋网，然后浇筑或喷射混凝土并养护，形成“砌体-钢筋混凝土”组合墙体。采用的单面混凝土板墙的厚度为100mm，水平与竖向钢筋直径为12mm，并按梅花形设置拉结筋，植入墙体保证钢筋网与墙体的连接。为不影响建筑风貌，外墙采用在内侧单面加固的方式，内墙采用双面加固的方式。其典型做法如图9-43所示。

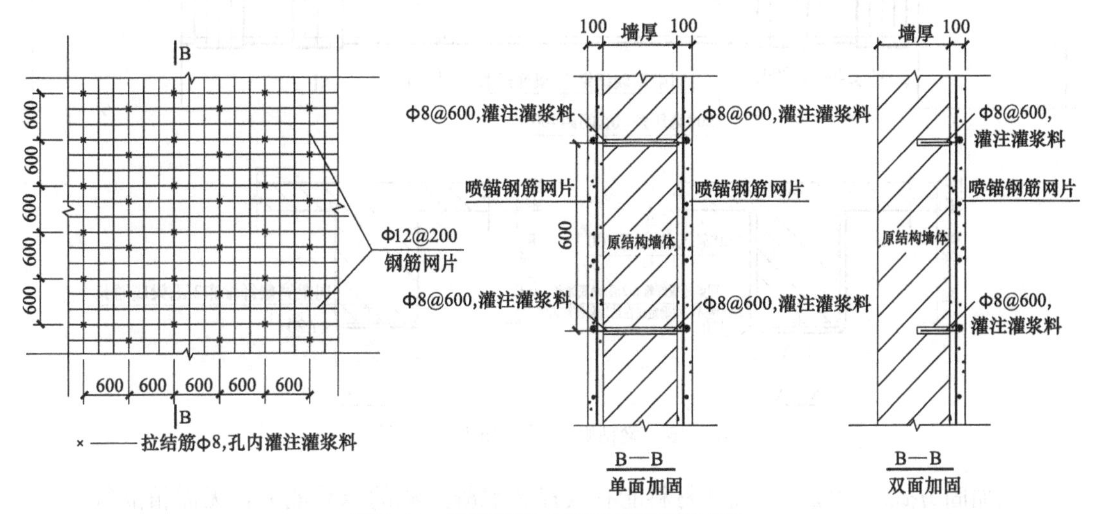

图9-43 钢筋混凝土板墙加固墙体做法

该加固方法的特点在于，通过在原有砖墙的表面增加一层钢筋混凝土板墙面层，形成砌体和混凝土能够协同工作的组合墙体，由于钢筋混凝土的弹性模量、强度和变形能力均远高于砖墙体，加固后墙体的抗侧刚度和抗震承载力均大幅度提高，墙体的受压承载力也将显著提高，同时，由于钢筋混凝土更好的延性和变形能力，建筑的整体性和大震作用下的抗倒塌能力均将显著增强。

2. 混凝土叠合层加固楼板

针对该结构楼板破损开裂及漏筋锈蚀严重的情况，板顶采用叠合层加固方式，板底采用粘贴碳纤维布加固方式。板顶叠合层加固设计方案采用叠合层厚度为50mm，钢筋规格为⏀12，间距200mm。板底碳纤维加固设计方案采用单层双向的一级碳纤维布，碳纤维布宽度为100mm，规格为200g，间距300mm。具体做法如图9-44所示。

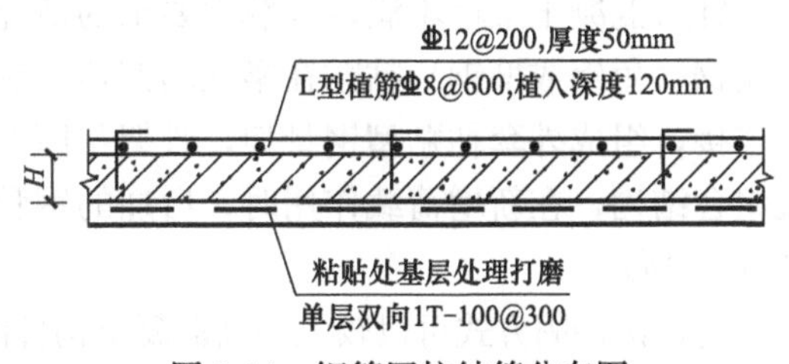

图9-44 钢筋网拉结筋分布图

此加固方式的特点在于能显著提高楼板的整体性和承载能力。一方面解决了楼板搭接长度不足的问题，另一方面也使楼层内地震力的传力机制发生改变，地震力将主要按墙体的抗侧刚度进行分配。采用该方法加固后，也能够对因开洞而削弱的楼板进行补强。

3. 粘贴碳纤维加固混凝土梁

对于钢筋锈蚀严重且承载力不足的部分混凝土梁采用粘贴碳纤维的加固方式。具体加固做法如图 9-45 所示。

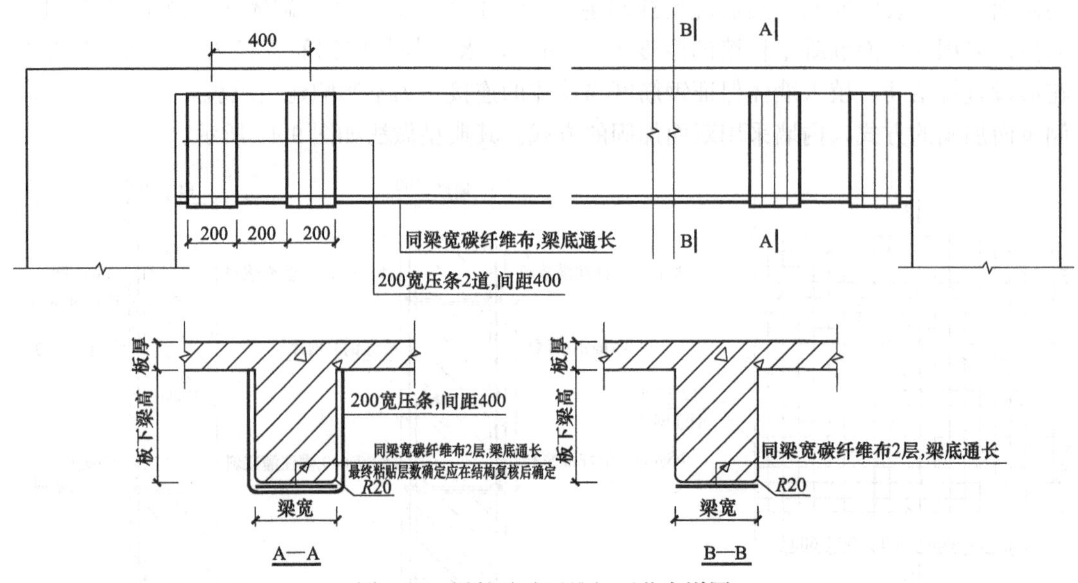

图 9-45　梁粘贴碳纤维加固节点详图

该加固方式所用碳纤维高强材料能有效提高混凝土梁的承载能力，无需植筋等方式，对原混凝土梁损伤小，起到对梁的保护作用。

4. 预应力加固砌体墙

针对受压承载力满足要求，但抗震承载力不满足要求的墙体，采用后张预应力加固方式。

本工程中出于对结构墙体的保护，预应力筋未嵌入墙内，而是紧贴墙体结构面，并采用套管灌浆的方式进行防护。图 9-46、图 9-47 为墙体预应力筋布置图与适用于该工程的做法。

5. 外包型钢加固混凝土梁、柱

针对混凝土梁柱不满足承载力要求的情况采用外包型钢加固方式。用改性环氧树脂胶将型钢（角钢或槽钢）粘贴在梁柱的四角。然后用箍板（对梁）或缀板（对柱）与纵向型钢连接，组成外套粘贴型钢骨架，骨架与原混凝土结构用胶粘剂或胶粘剂加锚栓连接，形成组合结构，在新增荷载作用时，后加的钢骨架与原结构协同工作。具体做法如图 9-48、图 9-49 所示。

通过该加固方式可以较大提高混凝土构件的承载力，且施工较快，较易保证施工质量。

6. 角钢-钢拉杆加固方式

由于该结构的构造柱为砖柱，经计算部分不满足要求，楼面及屋面处也无圈梁，不能和圈梁起到整体拉结作用。针对该问题，采用竖向角钢与横向钢拉杆体系组成加固体系，加强墙体之间的拉结，提高建筑的整体性。角钢规格为∟125×8，钢拉杆直径 14mm。平面布置及加固详图如图 9-50、图 9-51 所示。

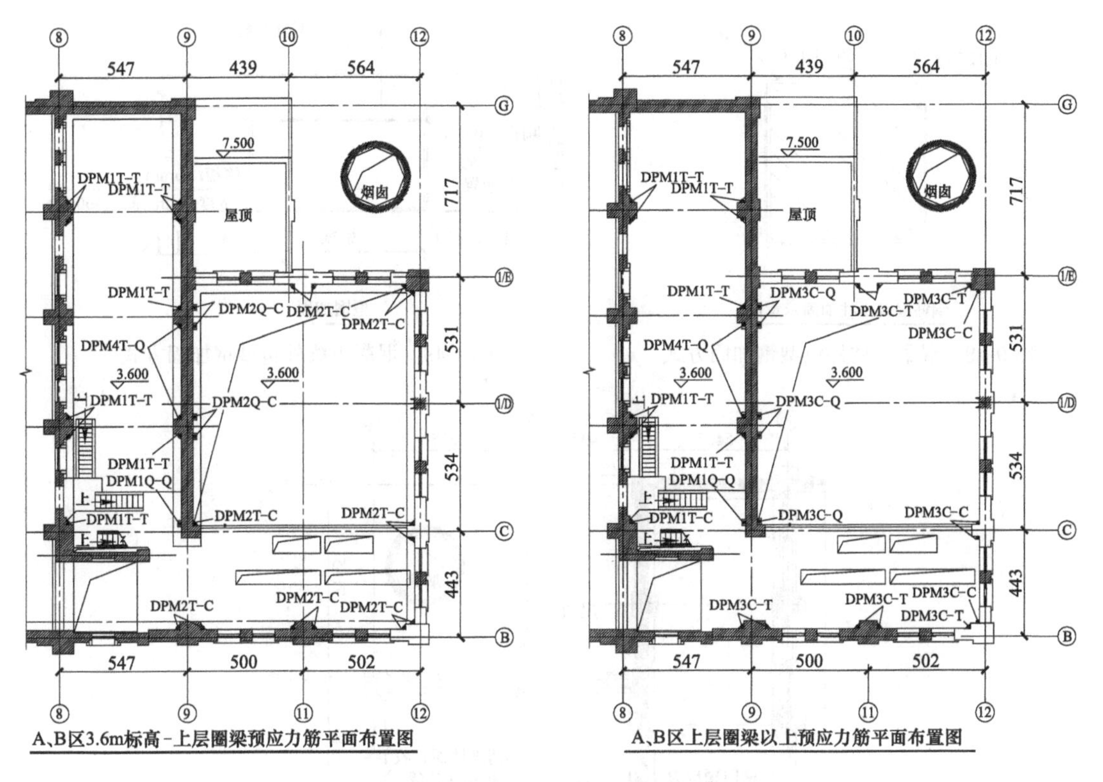

图 9-46　预应力筋平面布置图

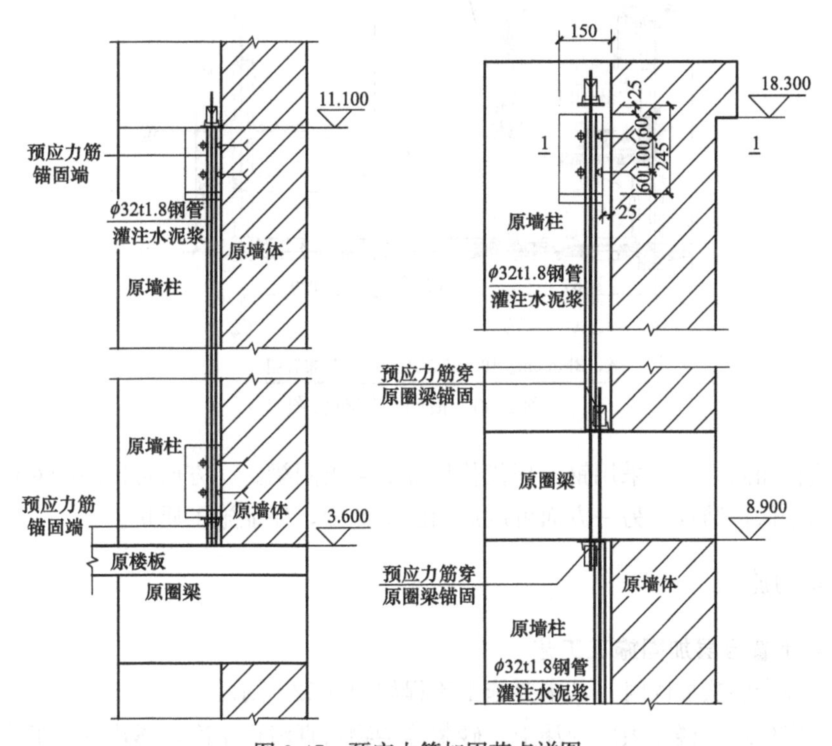

图 9-47　预应力筋加固节点详图

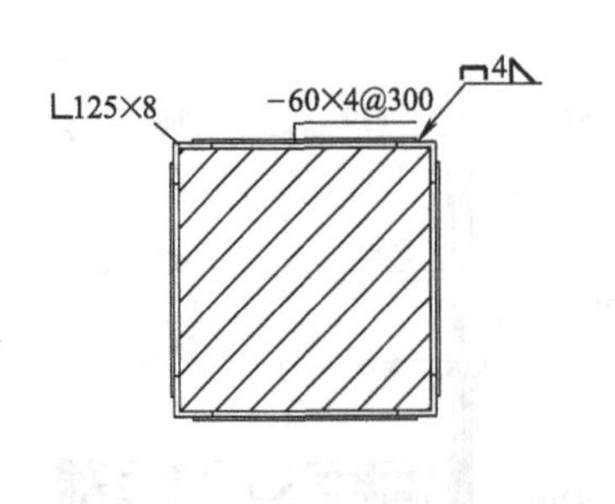

图 9-48 混凝土柱外包型钢加固方式

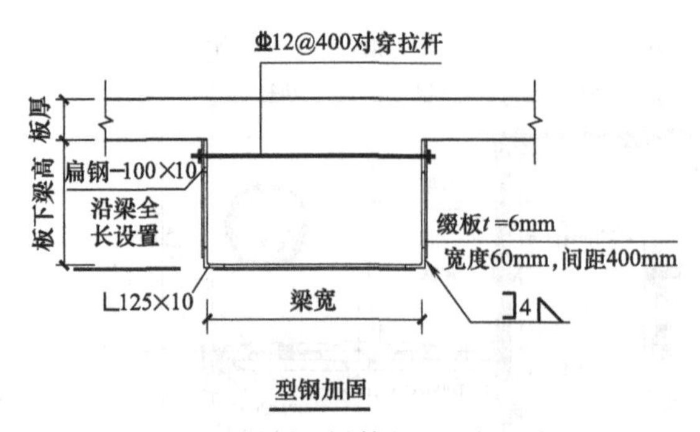

图 9-49 混凝土梁外包型钢加固方式

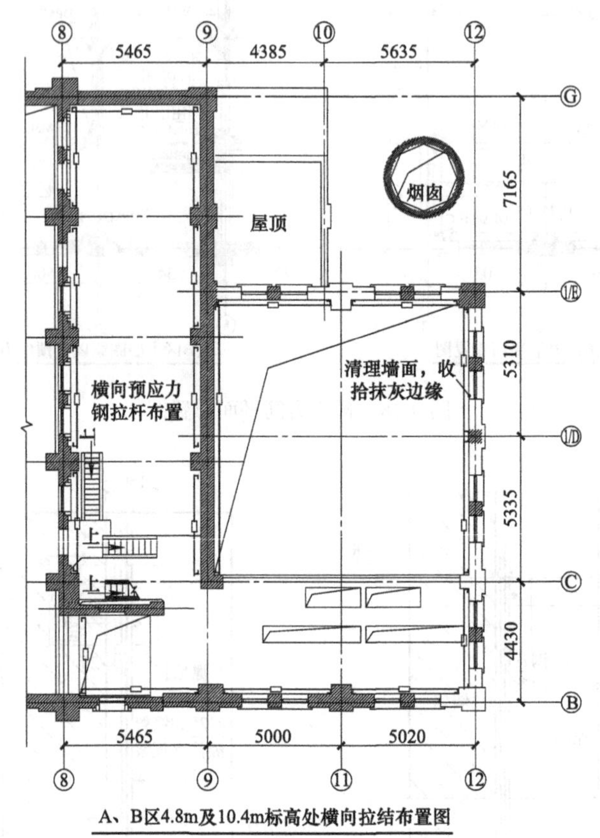

图 9-50 横向拉结布置图

通过此种加固方式，采用钢拉杆代替传统混凝土圈梁。一方面可以减少对结构的植筋损伤，有利于保护结构。另一方面可以加固施工速度，保证施工质量。

9.4.4 加固施工

1. 混凝土叠合层加固施工工艺

混凝土叠合层法加固时，其主要施工流程如图 9-52 所示。

（1）基层处理：楼板表面的浮土、砂浆等杂物认真清理干净，露出基层原有混凝土表面，对混凝土表面进行凿毛处理，然后均匀涂刷一层结构界面胶。结构界面胶采用改性环氧类界面胶，应满足 A 级胶要求。

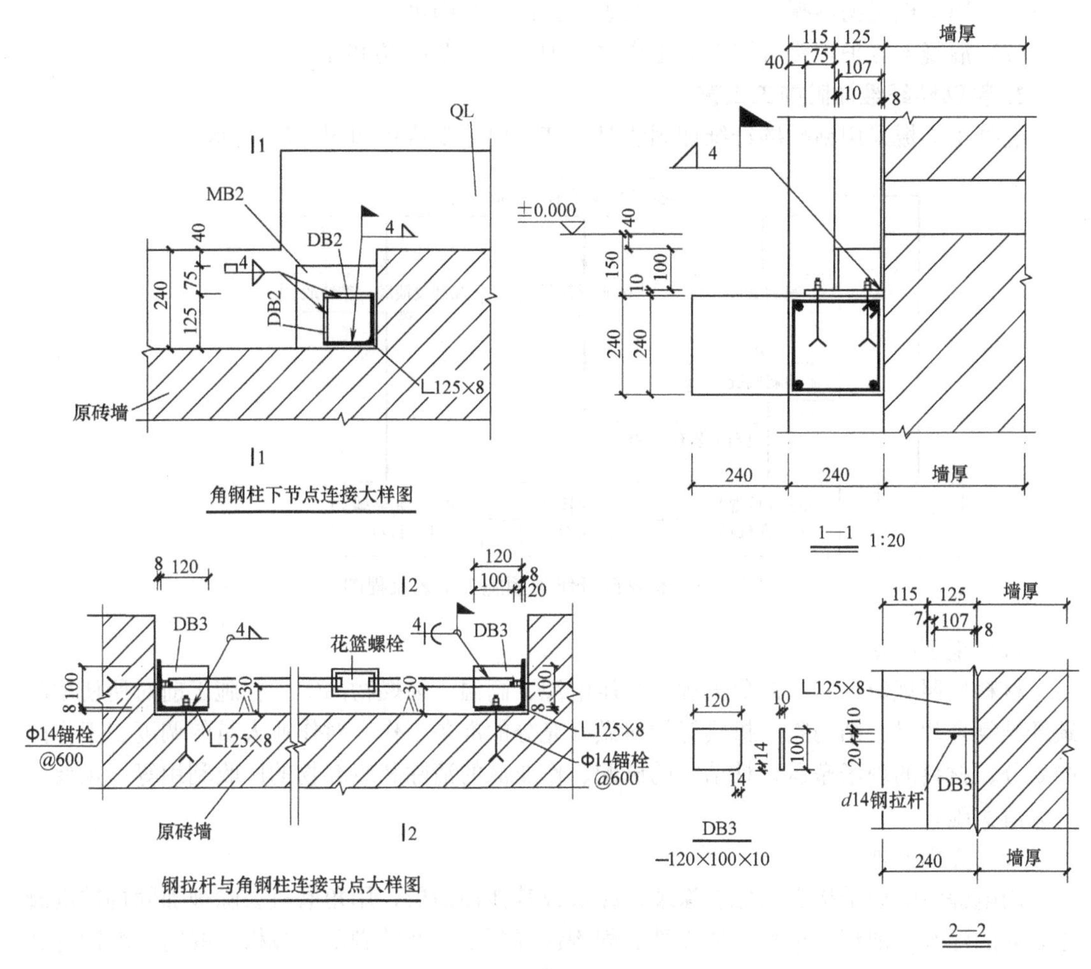

图 9-51　角钢及钢拉杆节点详图

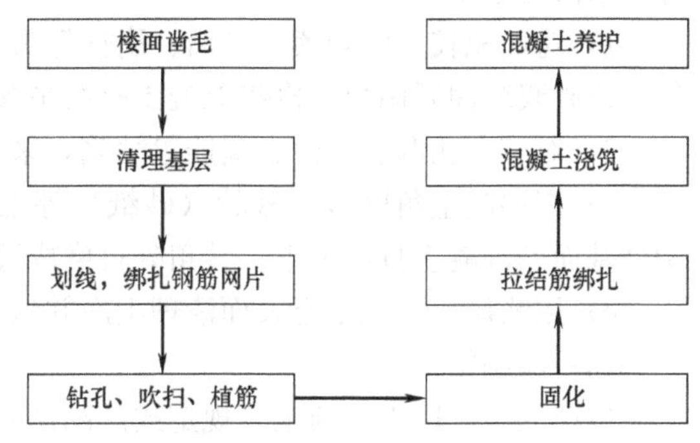

图 9-52　混凝土叠合层加固施工流程

(2) 湿润基层：施工前浇水彻底湿润基层，但不得有积水现象。

(3) 钢筋绑扎：将⏀12 钢筋按 200mm 间距双向铺设，双向钢筋交叉点处，以梅花形用 22 号镀锌铁丝绑扎牢固，局部用垫块垫好，钢筋接头按 25%交错，搭接长度为 $30d$，满足钢筋绑扎要求。

(4) 钻孔植筋：在楼板上按梅花形间距 600mm 钻孔，孔深 120mm、孔径 10mm，然后用气泵清孔，将拉结筋用植筋胶植入孔内锚固、待植筋胶固化后，将拉结筋与钢筋网片进行绑扎。

(5) 混凝土的搅拌：现场严格控制混凝土配合比，材料按比例、顺序下料，搅拌均匀，并且控制好水灰比，不得随意加水。

（6）混凝土浇筑：叠合层混凝土强度为C25，搅拌好的混凝土运至浇筑地点后，人工浇筑，并用平板振捣器振捣密实，直至表面振出浆来即可。

（7）混凝土养护：叠合层混凝土浇水养护不少于7d，方可上人行走。

2. 粘贴碳纤维加固施工工艺

混凝土梁板采用粘贴碳纤维加固法时，其主要施工流程如图9-53所示。

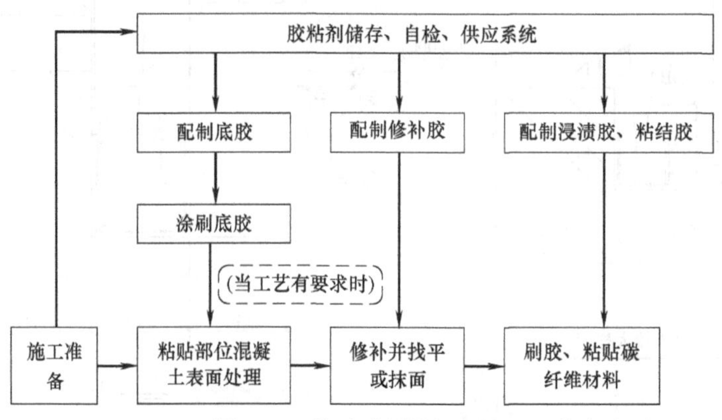

图9-53 粘贴碳纤维加固施工工艺流程图

（1）施工准备

材料按照规定存库，避免火源、高压电源、高温、易燃物品等。在施工前对所使用的碳纤维复合片材、结构胶、机具等材料做好充分的准备工作，对作业人员的调度、工作区的划分、材料的现场搬运、粘结胶的试配、作业面的清除和废弃物的回收利用等一定要分开分清实施。

（2）界面处理

用电锤清除原结构表面原有涂装、抹灰或其他饰面层，用角磨机去除被加固构件混凝土表面的浮浆、油渍等杂物，清除被加固构件混凝土表面的剥落、疏松、蜂窝、腐蚀等劣化混凝土，露出混凝土结构层。经修整露出骨料新面的混凝土加固粘贴部位，进一步按设计要求修复平整。

1）对面积较大的剥落、蜂窝、腐蚀等劣化现象部位，剔除后应用聚合物砂浆进行修复，待砂浆凝固后用角磨机将混凝土打磨平整。

2）对较大孔洞、凹面、漏筋等缺陷，采用结构修补胶进行修补、复原。

3）用混凝土角磨机、砂轮（砂纸）等工具，去除混凝土表面的浮浆、油渍等杂物，构件基面的混凝土打磨平整，转角处打磨成圆角（R=20mm），如图9-54所示。

4）用吹风机将混凝土表面清理干净并保持干燥，用脱脂棉沾丙酮擦拭混凝土表面。

（3）涂刷粘结胶

按产品生产厂提供的工艺规定或产品说明书上提供的数据、方法及注意事项配制粘结胶；采用滚筒刷将底层粘结胶均匀涂抹于混凝土表面；在底层粘结胶表面指触干燥后尽快进行下一工序的施工。

（4）粘贴碳纤维复合片材

按设计要求的尺寸裁剪碳纤维复合片材；将碳纤维复合片材用手轻压贴于需粘贴的位置，采用专用的滚筒顺纤维方向多次滚压，挤除气泡，使粘结胶充分浸透碳纤维复合片

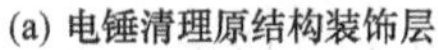

(a) 电锤清理原结构装饰层

(b) 转角处角磨机打磨成圆角

图 9-54 混凝土界面处理

材，滚压时不得损伤碳纤维复合片材；多层粘贴时应重复上述步骤，并宜在纤维表面的粘结胶指触干燥后尽快进行下一层粘贴。

3. 体外预应力加固施工工艺

墙体体外预应力加固时，其施工流程如图 9-55 所示。

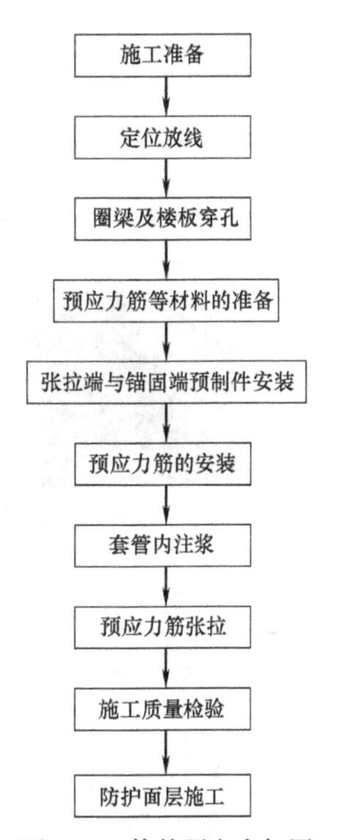

图 9-55 体外预应力加固墙体施工流程图

（1）施工准备

准备预应力筋张拉用操作平台、现场小型机具用电（220V）和张拉设备用电（380V）及存放张拉设备及锚具的库房；准备施工现场预应力材料临时堆放的场地，预应力筋垂直运输（铺放预应力筋前需将预应力筋运到施工部位）。

（2）定位放线

在被加固墙体上定位放线，在墙体和楼板上对预应力筋的安装位置进行标注。需要注意的是需要保持线位上下垂直，确定预应力钢绞线的位置。

（3）圈梁及楼板穿孔

在墙体上标注好位置的上下部，采用静力设备对楼板及突出的圈梁打孔，孔径比预应力筋大 2～3mm。注意保持上下孔位的垂直度。具体如图 9-56 所示。

（4）预应力筋等材料的准备

根据图纸及现场结构尺寸，现场对预应力筋进行加工制作、下料，同时校核预应力筋长度是否满足要求；对锚具的质量进行检查，符合规范要求后进行试装配；张拉端及锚固端预制钢件应根据图纸要求在工厂制作好后运至施工现场。

（5）张拉端与锚固端预制件的安装

预先在张拉端及锚固端的位置进行定位，打锚栓孔，并安装化学锚栓。待锚栓固化后安装预制钢件，并确保钢件的垂直度。具体如图 9-57、图 9-58 所示。

图 9-56 楼板穿孔

(6) 预应力筋的安装

预应力筋先安装在锚固端位置，并使下端固定。之后套入保护套管，长度与预应力筋外露长度等长，该套管主要是后期起到对预应力筋的保护作用。预应力筋上端穿过楼板或突出的圈梁后，保持预应力筋上下垂直后临时固定张拉端。具体如图 9-59 所示。

(7) 套管内注浆

预应力筋安装完毕后，封堵套管的下端，上端灌注水泥浆。待管内水泥浆凝固后再进行下一步施工。具体如图 9-60 所示。

图 9-57 锚栓打孔

图 9-58 预制钢件的安装

图 9-59 预应力筋的安装

图 9-60　套管注浆

(8) 预应力筋张拉

待水泥浆固化后安装张拉端特制锚具，采用力矩扳手先对预应力筋进行预紧，之后按照要求进行张拉。在张拉前后测量张拉端预应力筋的伸长值以校核预应力筋的应力达到要求。具体如图 9-61 所示。

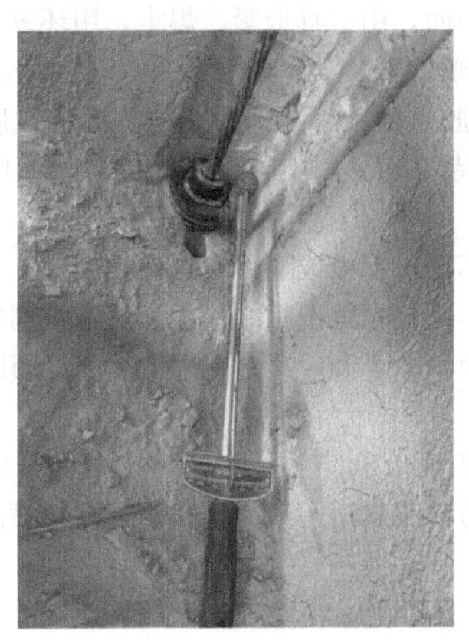

图 9-61　预应力筋的张拉

(9) 施工质量检验

检查预应力筋根数、位置是否正确；检查张拉端及锚固端的安装质量；检查预应力筋顺直偏差；检查洞口与预应力筋关系等是否正确。

(10) 防护面层施工

张拉后应采用砂轮锯或其他机械方法切割超长部分的无粘结预应力筋，其切断后露出锚具夹片外的长度不得小于 30mm。张拉后的锚具应进行防护处理。

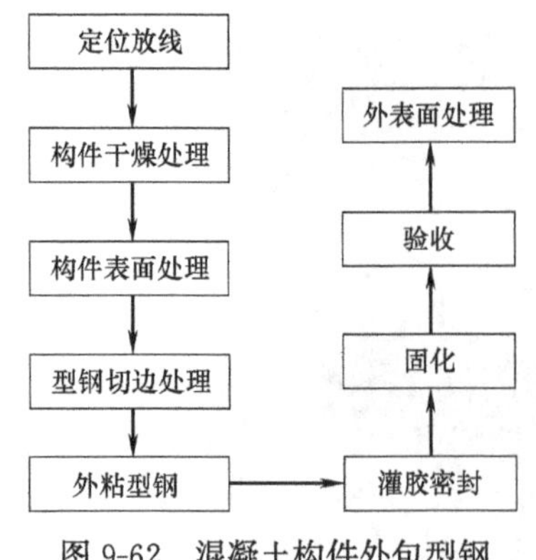

图 9-62 混凝土构件外包型钢加固施工工艺

4. 外包型钢加固施工工艺

混凝土构件外包型钢加固施工工艺如图 9-62 所示。

定位放线：加固部分施工之前现用经纬仪和水准仪在原结构上标出原结构的轴线及标高，再按照图纸中要求标明各加固部位尺寸位置。

构件的干燥处理：加固之前结构表面应保持干燥，对于表面潮湿的构件应用碘钨灯对构件进行烘烤，或用吹风机将构件吹干，且保持构件表面的相对湿度不大于 70%。

钢板和混凝土构件表面处理：包钢施工之前应清除被加固构件表面混凝土缺陷，直至完全露出坚实致密基层，冲洗干净，然后用高强灌浆料将孔洞处填补平整，构件表面平整度应控制在 5～8mm 之间。角钢、钢板的结合面也应除锈，并磨出金属光泽，打磨出的粗糙度越大越好，打磨纹路与钢件受力方向垂直，然后用丙酮擦拭 2～3 遍。

型钢切坡口边处理：本工程中角钢扣到构件的四角，缀板与之横向焊接。因为角钢与缀板对接焊，且角钢翼缘的坡口位置在紧贴混凝土柱面靠里，故直接焊接难以满足设计及图纸要求。为解决这一难题，将角钢翼缘坡口切除，与缀板间隙呈竖向一字型，然后再与缀板对接焊。

外粘型钢并注胶：将型钢骨架贴附在柱表面，用卡具卡紧、焊牢，用环氧胶泥将型钢周围封闭，留出排气孔，并在有利灌胶处粘贴灌胶嘴，间距 2～3m。待灌胶嘴粘牢后，通气试压，即以 0.2～0.4MPa 的压力将灌钢胶从灌胶嘴压入；当排气孔出现胶液后，停止加压，用环氧胶泥堵孔，再以较低压力维持 10min 以上方可停止灌胶，灌胶后不应再对型钢进行锤击、移动、焊接。

固化：固化期间应加强对构件的保护，不得对钢板或型钢有任何扰动。

检验与验收：拆除临时固定设备后，用小锤轻轻敲击粘结钢板，从音响判断粘结效果或用超声波探测粘结密实度。如锚固区粘结面积少于 90%，非锚固区粘结面积小于 70%，则此粘结件无效，应重新补注胶。

外表面处理：粘贴施工完毕后，钢板外表面应刷防锈漆。先除掉钢板表面的焊缝熔渣，打磨平整，用钢丝刷刷掉锈斑，均匀刷防锈漆二道，最后进行防火涂料喷涂。

5. 角钢-钢拉杆加固施工工艺

角钢-钢拉杆加固施工工艺流程如图 9-63 所示。

定位放线：安装角钢之前先用经纬仪和水准仪在原结构上标出原结构的轴线及标高，再按照图纸中要求标明各加固部位尺寸位置。

界面处理：由于角钢需要紧贴结构面，因此需要对墙面装饰面层剔除。面层剔除宽度比角钢肢宽大 5～10mm。另外对加固位置处结构破损部位采用高强聚合物砂浆或灌浆料补实平整，这样有利于增大角钢与结构的接触面，保证加固的有效性。

角钢安装：钢埋板根据定位固定于结构上，并保证可靠连接。角钢的底部应稳固连接在钢埋板上。角钢的每肢沿高度方向采用间距 600mm、直径 14mm 的锚栓与墙体进行连接。对于长度较大的墙段，由于钢栏杆长度较长，加固作用不足。因此可以在中间间隔一定距离设置槽钢，把钢拉杆分为几段，减小其长度。

钢拉杆安装：角钢在设置钢拉杆的连接位置处设置肋板，使钢拉杆焊接在此肋板上，保证钢拉杆与角钢的连接强度。

钢拉杆预紧：钢拉杆安装完毕后，利用钢拉杆中间的花兰螺栓，张紧钢拉杆，使其不松动。之后对钢拉杆及角钢柱等进行防锈防火处理。

检验及验收：检查角钢的垂直度；检查钢拉杆的松紧程度，保证加固效果。

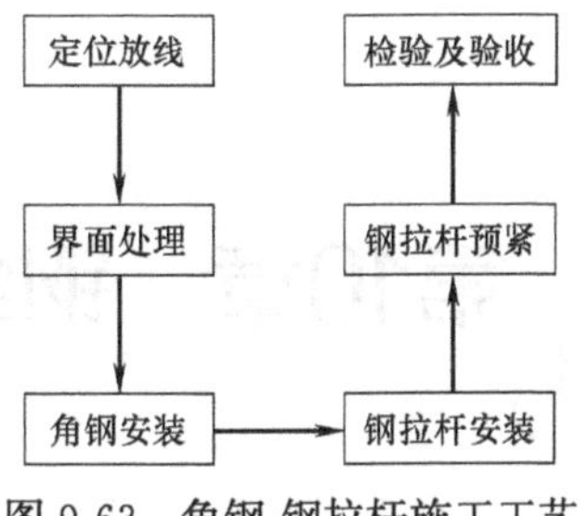

图 9-63　角钢-钢拉杆施工工艺

9.4.5　小结

本节对开滦矿务局秦皇岛电厂的抗震加固及改造进行了较为系统地阐述，重点介绍了其抗震鉴定中发现的问题以及相应的抗震加固方案。该建筑作为保护文物，制定加固方案时，主要考虑在保证抗震能力的前提下，对其原有风貌进行较好地保护，为此，除了首层墙体由于抗压强度不足采用钢筋混凝土板墙加固外，其二层墙体均采用了建筑内部设置体外预应力筋的方法对砖砌体墙体进行了抗震加固，局部设置了型钢扶壁柱，沿水平向设置钢拉杆加强纵横墙体之间的拉结。这些加固方法的实施，在完全不改变建筑外观的前提下，使该建筑的抗震能力得到了显著提高，后续使用年限延长，成功地实现了历史建筑保护中“修旧如旧”的理念。

第10章 钢结构加固工程

10.1 某玻璃采光屋面钢结构加固工程

10.1.1 工程概况

某产业园研发中心位于内蒙古赤峰市，为二层钢筋混凝土框架结构，其中展览中心大厅位于建筑中部，平面尺寸为 36m×24.3m，为实现大空间效果，采用大跨度钢结构屋盖体系，玻璃采光屋面。钢结构屋盖采用主次梁结构体系，主梁跨度 24.3m，间距 7.2m，两端支承于周边钢筋混凝土框架柱顶设置的钢结构柱上，整体钢结构屋面高于周边混凝土屋面 1.5m，钢结构屋面屋脊标高 9.400m，支座标高 9.300m。钢结构主梁采用 H600×200×20×20 型钢，次梁采用 H250×150×12×12 型钢，边梁采用 H400×200×16×16 型钢，均为 Q345B 钢材，其结构平面图如图 10-1a 所示，主梁立面图如图 10-1b 所示。

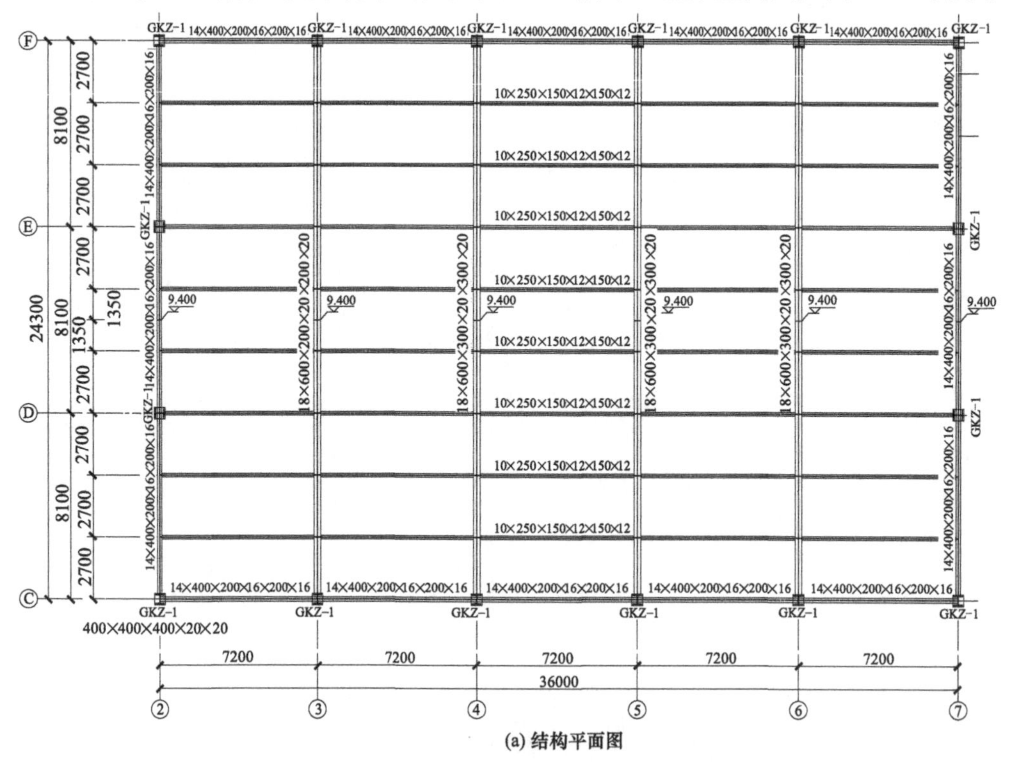

图 10-1 展览中心原钢结构屋面梁平面、立面图（一）

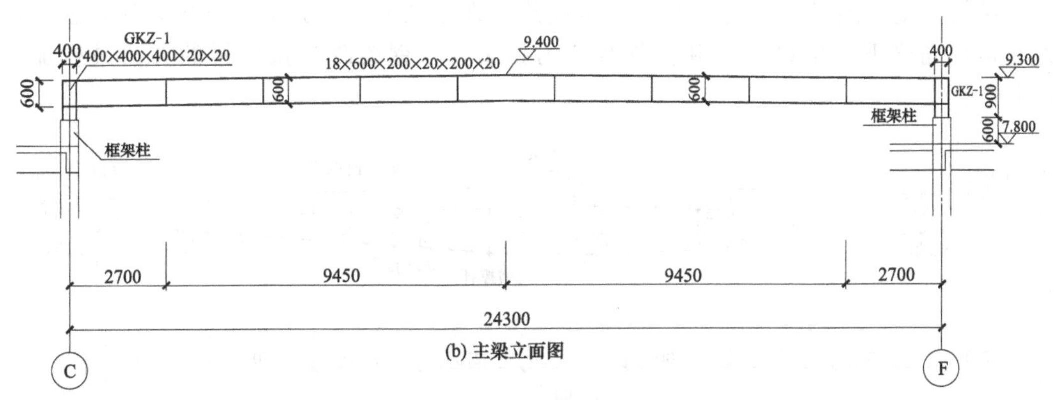

图 10-1　展览中心原钢结构屋面梁平面、立面图（二）

该工程在屋面玻璃安装之后，玻璃屋盖出现了大面积不均匀变形（图 10-2），雨天出现积水和漏水，已严重影响正常使用，亟需在保证工期和节约费用的前提下采取合理的加固措施解决上述工程难题。

图 10-2　屋面的不均匀变形

10.1.2　检测分析和加固方案的确定

1. 检测分析

通过现场检测、勘验，对比原设计图纸可以看出，主梁跨中采用非刚性螺栓拼接如图 10-3 所示，未能实现原设计图纸对钢梁跨中不允许拼接、保证连续刚性的要求。钢梁跨中的非刚性拼接，相当于改变了钢梁的边界约束条件，使钢梁的受力偏离了原设计图纸的计算模型。现场实测梁跨中挠度最大值为 110mm，超出了 $L/400$ 的挠度限值。同时，钢梁的这种改变也造成支座垫板变形并与支座垫板下混凝土脱开（图 10-4），加剧了钢梁向下的挠度。

图 10-3　屋面钢梁跨中拼接节点

图 10-4　钢柱支座节点

2. 加固方案的确定

考虑到该工程已完成屋面结构的施工，且存在的主要问题是屋面梁刚度不足、挠度超限，综合考虑施工周期和现场实际情况，确定采用体外预应力主动加固技术以实现提高结构刚度，同时使结构挠度恢复至规范容许范围的加固方案。具体来说，就是通过在被加固梁下方增设撑杆和体外预应力拉索，将钢梁改为张弦梁的方法进行加固（图 10-5）。

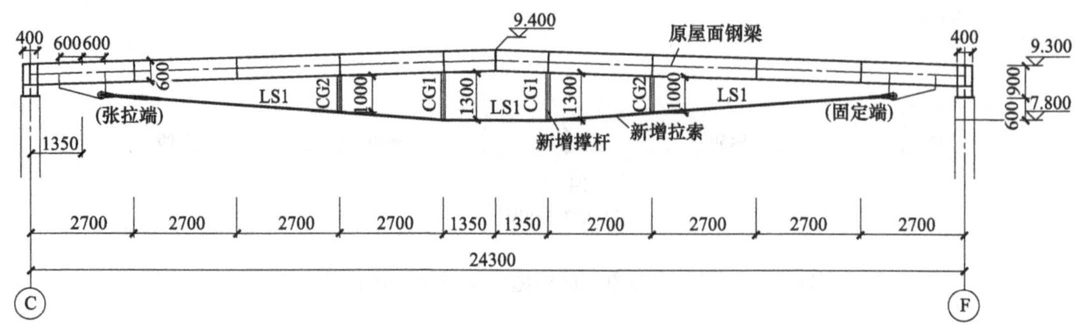

图 10-5　体外预应力加固方案

3. 加固方案设计和计算

结合现场勘验，对由原设计提供的荷载条件进行复核，确定了屋面钢梁各节点荷载组合，如图 10-6 所示。

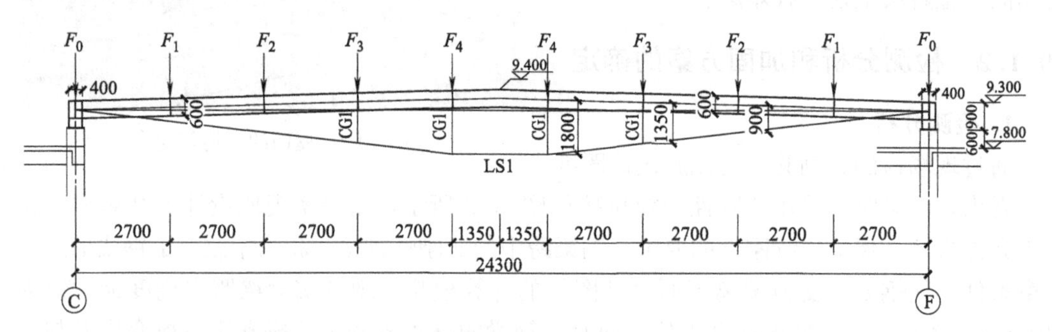

项次＼荷载	F_0	F_1	F_2	F_3	F_4
不利荷载组合	15kN	30kN	38.4kN	38.4kN	38.4kN
标准组合	11.664kN	23.328kN	29.328kN	29.328kN	29.328kN
次梁自重	6.48kN	3.6kN	3.6kN	3.6kN	3.6kN
24.3m跨钢梁自重	1.4kN/m				

F_1与F_2～F_4的区别在于F_2～F_4考虑屋顶吊灯的荷载，尚未安装。

图 10-6　新结构体系的荷载条件

由图 10-6 的荷载条件可以得出，在标准组合下钢梁各节点荷载及钢梁自重合计为 321.73kN，钢梁等效均布荷载为 13.24kN/m，为提高挠度的改善幅度，选择平衡荷载 q_e=13.24kN/m。根据预应力等效平衡荷载计算所需拉索预应力，选择 ϕ48 高钒索，拉索破断力为 2030kN。拉索和撑杆的截面参数见表 10-1。

预应力张弦结构的截面参数　　**表 10-1**

原钢屋面梁	新增撑杆 CG-1	新增撑杆 CG-2	新增拉索 LS-1
H600×200	ϕ108×6	ϕ108×6	ϕ48 高钒索，A_p=1380mm²

利用有限元分析软件建立了新结构体系的有限元模型，根据有限元计算模型对新结

构体系进行了多工况分析，分析了新结构体系的受力和变形情况，各工况下的分析结果见表 10-2。

各工况下分析结果汇总　　　　表 10-2

工况	位移(mm)	索力(kN)	备注说明
工况 1 预应力＋屋面结构自重	－6.0	450	验算施工时结构变形和拉索内力
工况 2 预应力＋1.0 恒载＋1.0 活载	－40	—	验算正常使用状态结构变形
工况 3 预应力＋1.2 恒载＋1.4 活载	—	502	验算承载力极限状态结构内力

图 10-7 和图 10-8 分别为工况 1 和工况 2 的变形和拉索内力云图，可以看出，在工况 1 只有屋盖结构自重的情况下，结构体系的挠度平衡较好，向下变形仅为－6mm；工况 2 结构体系的挠度为 40mm，能满足挠度限值要求，与实测 110mm 向下挠度相比，挠度改善幅度为 70mm 左右。

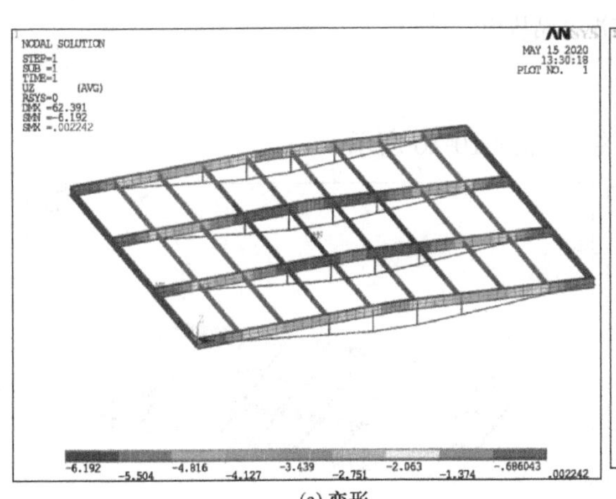

(a) 变形

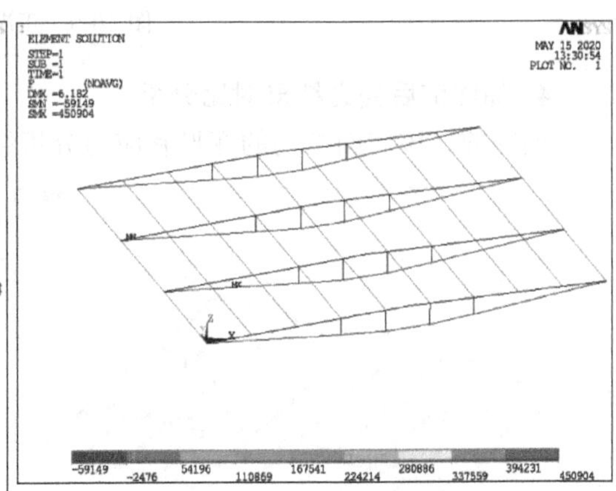

(b) 拉索内力

图 10-7　工况 1 结构变形和拉索内力

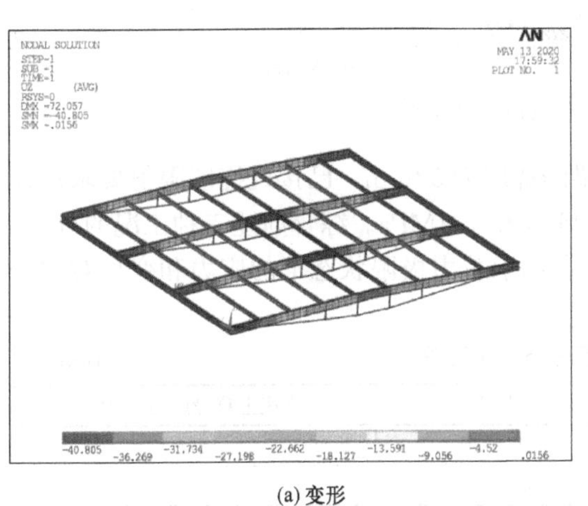

(a) 变形

(b) 拉索内力

图 10-8　工况 2 结构变形和拉索内力

图 10-9 为工况 3 的情况下，结构的内力分布情况，可以看出，当索张拉力为 450kN 时，工况 3 最不利荷载基本组合下，原钢梁上翼缘的应力仅为 183MPa，索的最大拉力为 502kN，能满足设计要求。

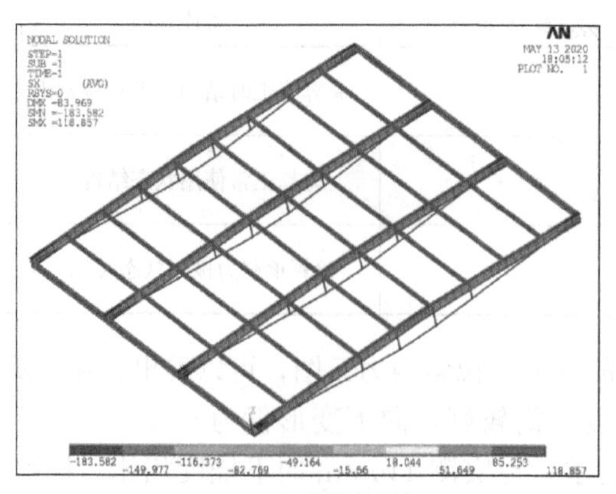

(a) 钢结构应力

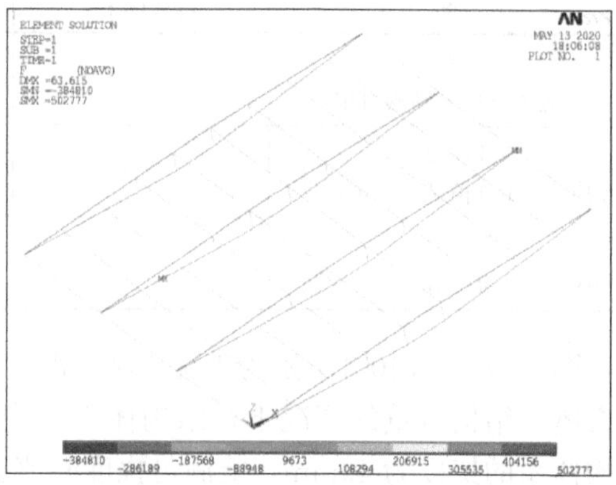

(b) 拉索内力

图 10-9　工况 3 结构内力

4. 加固前后受力结果对比分析

加固前，该屋面结构的变形和应力分析结果如图 10-10 所示。

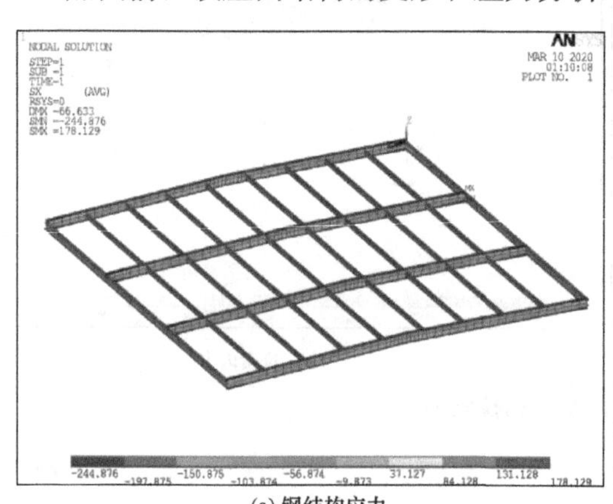

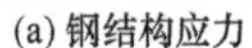
(a) 钢结构应力

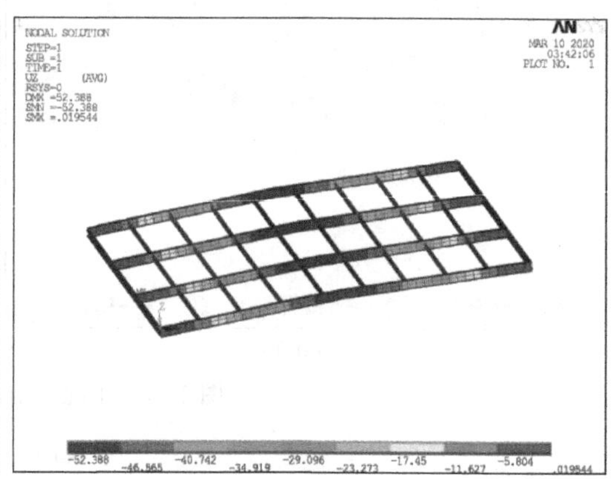

(b) 钢结构变形

图 10-10　加固前结构内力和变形

从图中可以看出，在标准组合下，屋面梁的挠度为 52mm，已接近挠度限值要求；在最不利组合下，梁上翼缘的应力分别为−244MPa 和 178MPa。综合前述三种工况的分析，表 10-3 列出了屋面梁加固前后在正常使用状态和承载力极限状态下的应力和变形对比分析结果。

屋面梁加固前后分析结果汇总　　表 10-3

加固前/加固后	位移(mm)	跨中上翼缘应力(MPa)	支座上翼缘应力(MPa)
加固前	−52	−244	178
加固后	−40	−183	118

表 10-3 对比分析结果表明，在较小的索张拉力（450kN）之下，屋面梁加固后，挠

度变形改善幅度达到23%，钢梁的应力改善幅度在25%左右。因此，该体外预应力加固方案是可行可靠的，索截面参数和索张拉力值的选择是合理的。

10.1.3 既有钢梁挠度复位的预应力技术实施与监测

由于该工程的钢结构次梁、檩条和玻璃面板均已安装完毕，考虑到若先卸载（即拆除主梁上方次梁、檩条及玻璃面板）再张拉钢拉索，将大幅增加工期和费用。因此，该加固方案的实施采取带恒载施工的原则，即在不卸载既有屋盖荷载情况下，通过对拉索施加预应力，使得屋面钢梁跨中挠度向上复位，直至满足规范和屋面坡度要求。

新增杆件预制完成后现场按图组装，使之形成预应力张弦梁钢结构体系。施工流程：搭设施工平台架→梁顶及支座标高测量→安装耳板和撑杆→安装拉索及张拉→实时监测梁顶标高，现场施工照片如图10-11所示。

图10-11 现场施工照片

张拉前对结构进行了施工仿真分析（见工况1），选择工况1下的索力450kN为施工现场索张拉控制力值。张拉采取分级分步的原则进行，跨中位移为过程控制指标。

预应力张拉施工全过程中，对屋面梁的位移进行了监测，选择钢梁拼接处的屋脊为标高控制点，实时监控张拉前后标高控制点相对基准线的位移变化，通过对钢梁逐级施加预应力，将四道钢梁复位至统一标高。标高控制点张拉前后监控的标高变化数据如图10-12所示。

从图10-12可以看出，3/4轴梁底张拉前距离基准线为300mm，张拉后为360mm，梁顶标高向上复位60mm；5/6轴梁底张拉前距离基准线为340mm，张拉后为370mm，梁顶标高向上复位30mm；综上可以看出，张拉完成后3轴至6轴的梁底距基准线均为360mm左右，钢梁挠度得到了复位，各梁顶相对基准线的标高基本一致。

体外预应力加固技术实施后的现场照片如图10-13所示，屋面外观满足了使用要求，取得了良好的经济效益和社会效益。

10.1.4 小结

本工程将体外预应力技术与既有钢结构屋面梁有机结合，形成了预应力张弦钢结构体系，增加了屋面梁的竖向刚度，改善了既有钢结构屋面梁的受力性能，理论分析和现场实测结果表明，钢梁的挠度和应力水平得到了显著改善。体外预应力加固技术在不拆除既有

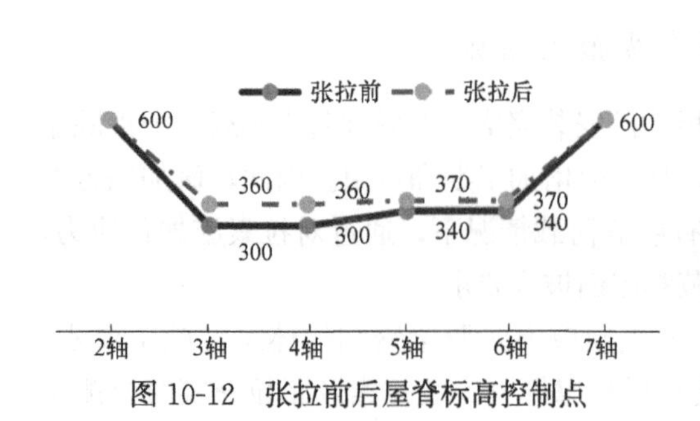

图 10-12　张拉前后屋脊标高控制点相对基准线的标高

图 10-13　加固后现场照片

屋面玻璃的情况下，成功实现了钢梁挠度的向上复位，解决了屋面的变形问题，大幅节约了工期和费用，可为同类工程问题的解决提供参考。

10.2　某工业厂房钢屋架结构加固工程

10.2.1　工程概况

某工业厂房建于 1975 年，为单层厂房，建筑长度 36m，跨度 12m，建筑高度约 12m，建筑面积约 432m^2；钢筋混凝土排架结构，吊车已经废弃不用，三角形钢屋架，屋面系统之檩条、次檩、拉条均为木质，瓦面为石棉瓦；厂房北侧排架嵌砌 240mm 厚墙体，东侧、西侧山墙嵌砌 360mm 厚墙体，南侧排架与其他厂房相接，设置悬空墙，悬空墙下方留有通道。建筑平面示意图如图 10-14 所示，钢屋架上弦、下弦杆件和立面图分别

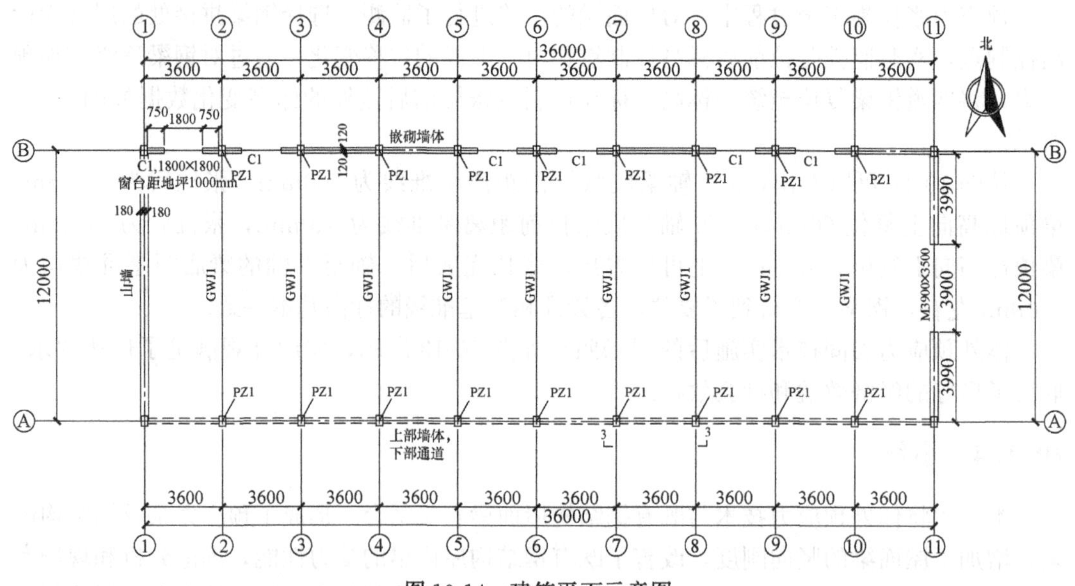

图 10-14　建筑平面示意图

如图 10-15～图 10-17 所示。

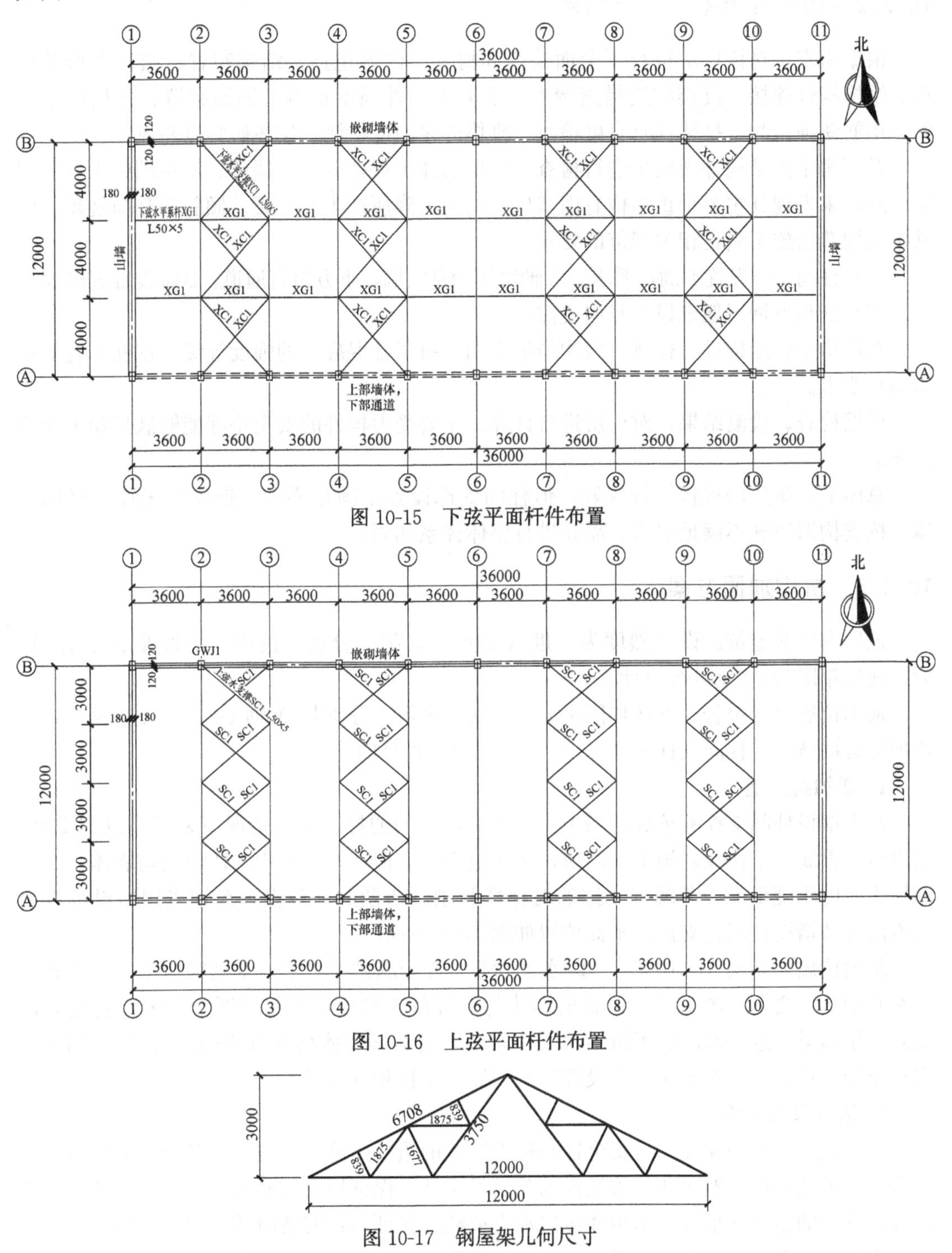

图 10-15　下弦平面杆件布置

图 10-16　上弦平面杆件布置

图 10-17　钢屋架几何尺寸

该厂房已使用近 40 年，存在材料老化的隐患，且抗震设计规范至今已数次修编，房屋的抗震性能很难满足抗震设防要求，为保证该建筑的使用安全，对该建筑物进行了抗震鉴定，并在其基础上进行了抗震加固。

10.2.2 结构检测鉴定主要结果

根据需求，对该厂房进行了全面检查和检测，内容包括：结构布置、结构变形及损伤、结构构件连接、抗震构造措施调查、混凝土构件强度检测、钢筋布置、几何尺寸检测、钢筋锈蚀检测、排架柱垂直度检测、砌体砂浆强度检测、砌体砖强度检测等。

对厂房主体结构外观质量进行检查，厂房总体上保持较好，墙体、承重结构未发现明显裂缝，未发现其主要承重结构有因基础不均匀沉降所产生的开裂、倾斜等受损现象。但其抗震构造措施不满足相关规范的要求：

（1）柱间支撑设置不满足要求。A 轴墙体为悬空墙，下方留有通道，B 轴设置嵌砌墙。

（2）三角形钢屋架未设置竖向支撑。

对厂房主体结构进行检测，检测结果表明，排架柱混凝土的强度等级、钢筋布置等基本满足要求。

根据检查、检测结果，对厂房进行计算，主要受力构件的安全裕度能够满足相关规范的要求。

总体上，该厂房现状保持较好，但柱间支撑设置不满足要求、钢屋架未设置竖向支撑，抗震构造措施不满足要求，需要进行整体体系加固。

10.2.3 抗震加固方案

该厂房所在地抗震设防烈度为 6 度（0.05g），第一分组；抗震加固按照 A 类建筑、后续使用年限为 30 年进行设计。

根据抗震鉴定报告，本次加固主要涉及两个内容，分别是 A 轴 1-2、4-5、7-8、10-11 增加抗震墙体代替柱间支撑和 2-3、9-10 屋架间增加竖向支撑。

1. 增加抗震墙

此类增设柱间支撑的抗震加固中，考虑到施工的便捷，通常情况下采用增设钢支撑，增设钢支撑属于干作业，施工速度快，影响范围小。但在该项目中，B 轴嵌砌墙体，嵌砌墙体平面内刚度很大，考虑到支撑的对称性和刚度协调的一致性，A 轴采用增设抗震墙的方法代替增设柱间钢支撑，平面位置如图 10-18 所示。

新增抗震墙采用 MU10 砖、M5 水泥砂浆；砌于基础梁之上，基础梁两端置于排架柱预制基础杯口之上（图 10-19）；新增墙体与原混凝土排架柱拉结（图 10-20），新增墙体混凝土压顶梁与悬空墙的底梁拉结（图 10-21），沿新增墙体高度每 600mm 设置一道 C20 混凝土带，在混凝土带相应位置设置拉筋与原排架柱相互拉结。

2. 增设屋架支撑

厂房屋架支撑是保证厂房安全性和抗震性能的重要措施，其有着极其重要的作用，设置合理的屋架支撑能够保证屋盖结构的几何稳定性、保证屋盖的刚度和空间整体性、为弦杆提供适当的侧向支承点、承担并传递水平荷载、保证结构安装时的稳定与方便。

常用钢屋架的形式有三角形钢屋架、梯形钢屋架。三角形钢屋架常见于屋面坡度较大的屋盖结构中。内力变化较大，弦杆内力在支座处最大，在跨中最小，材料强度不能充分发挥作用，一般用于中小跨度的轻屋盖结构。梯形钢屋架常见于屋面坡度较小的屋盖中，受力性能比三角形屋架优越，适用于较大跨度或荷载的工业厂房。用于无檩体系屋盖，屋面材料大多用大型屋面板。

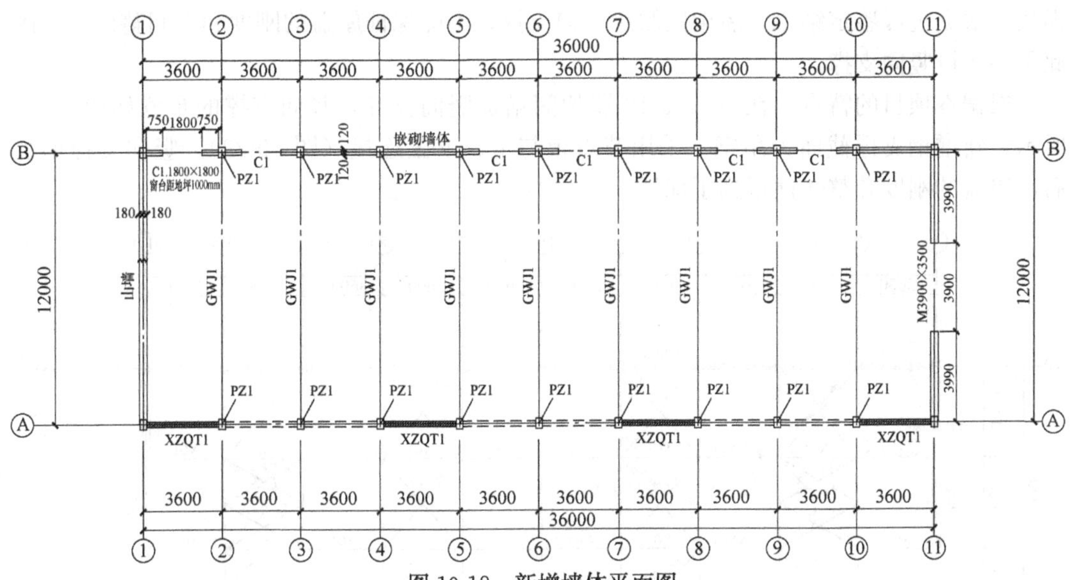

图 10-18　新增墙体平面图

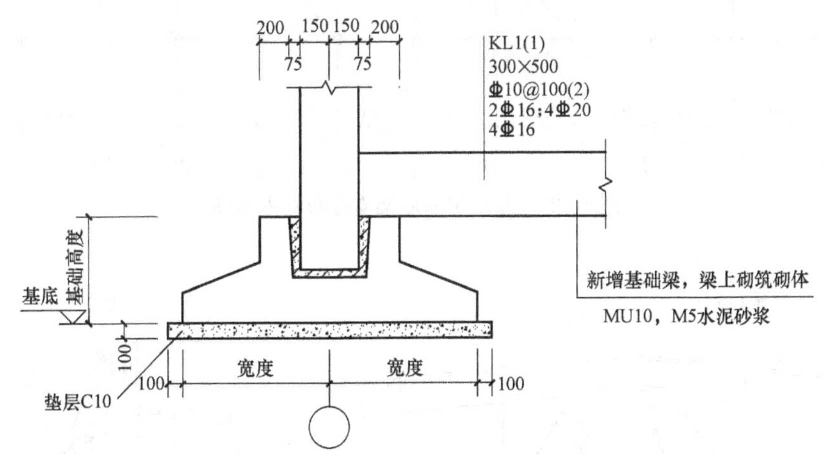

图 10-19　新增基础梁与原基础连接

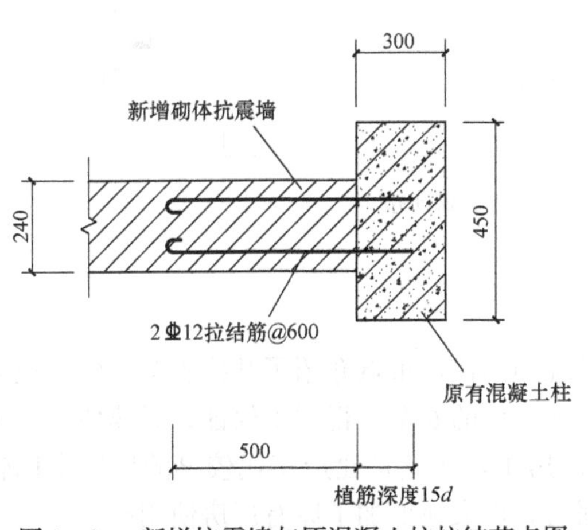

图 10-20　新增抗震墙与原混凝土柱拉结节点图

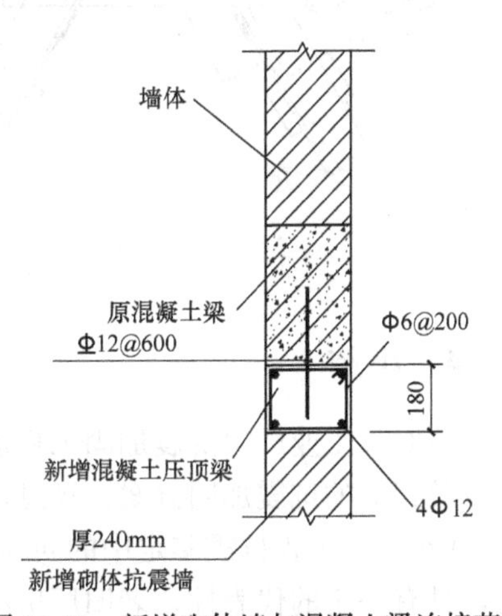

图 10-21　新增砌体墙与混凝土梁连接节点

该项目中钢屋架为三角形钢屋架，屋面系统之檩条、次檩、拉条均为木质，瓦面为石棉瓦。根据抗震鉴定结果，屋架间缺少竖向支撑，不能保证屋盖的刚度和空间整体性，因此需要增设竖向支撑。

根据本项目的特点，在2-3、9-10屋架间增加竖向支撑，竖向支撑的布置如图10-22所示。新增钢支撑截面为角钢，采用节点板与上、下弦连接（图10-23）。竖向支撑增加后，屋盖的刚度和整体性得到了保证。

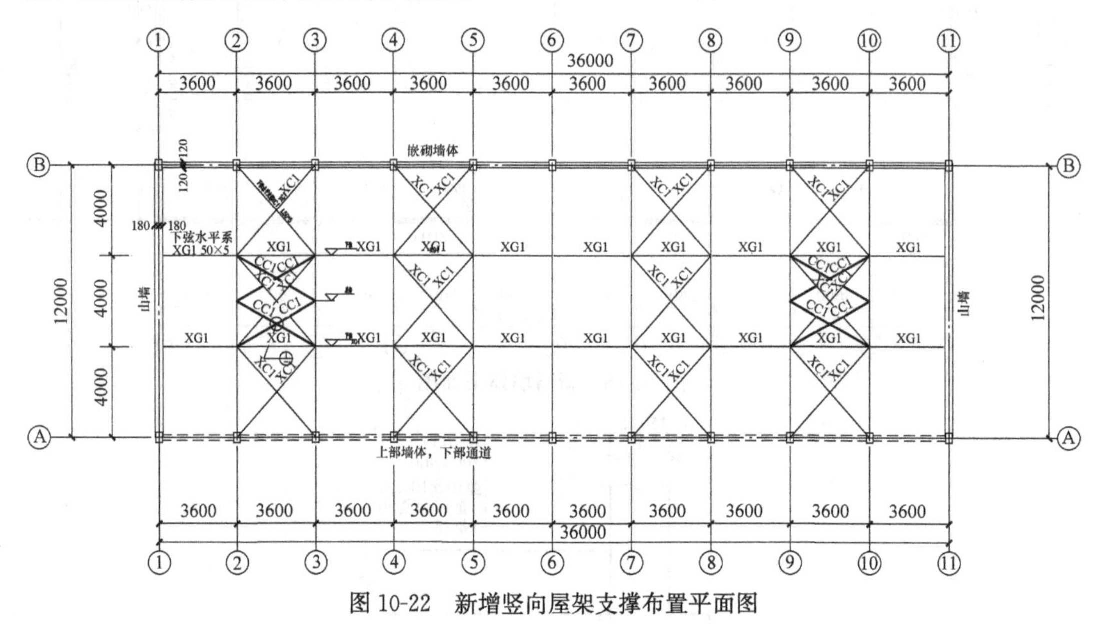

图10-22　新增竖向屋架支撑布置平面图

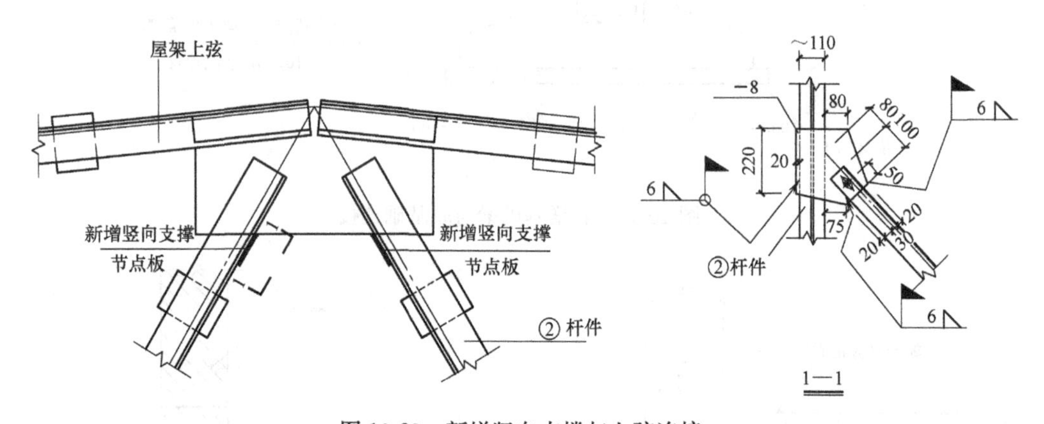

图10-23　新增竖向支撑与上弦连接

10.2.4　小结

本节对某工业厂房抗震加固工程进行了系统的阐述，重点介绍了其抗震鉴定中发现的问题以及相应的抗震加固方案。经过加固后，该厂房的安全性得到了保证，后续使用年限达到30年。本工程抗震鉴定中的问题在老旧厂房中，尤其是建造年代较早的厂房中比较常见，具有一定的代表性，老旧厂房经过加固后，极大地增加了原有厂房使用周期，具有明显的经济性。

10.3 某工业设备系统钢结构平台加固工程

10.3.1 工程概况

某工业设备系统钢结构平台位于西北某地，建筑面积约5000m^2，建于2009年并投入运行，采用模块化安装技术，共包含A、B、C、D、E五个模块。五个模块钢平台结构形式如下：

(1) A模块结构形式为中心支撑钢框架，轴线长度约18m，宽度约5.5m，分为四层，钢柱及钢梁多采用H型钢或工字钢，中心支撑采用钢管。

(2) B模块结构形式为中心支撑钢框架，轴线长度约49m，轴线宽度约16.5m，分为两层，钢柱及钢梁多采用H型钢或工字钢，中心支撑采用钢管。

(3) C模块结构形式为中心支撑钢框架，轴线长度约24.7m，轴线宽度约8.4m，分为三层；钢柱采用小截面H型钢或小截面工字钢，无重型设备或受力较小的梁采用小截面H型钢或小截面工字钢；有重型设备或受力较大的梁，采用小截面H型钢或小截面工字钢组成的桁架梁；中心支撑采用钢管。

(4) D模块结构形式为中心支撑钢框架，轴线长度约24.7m，轴线宽度约8.4m，分为三层；柱、梁、支撑采用的形式与C模块基本一致。

(5) E模块结构形式为中心支撑钢框架，轴线长度约24.7m，轴线宽度约8.4m，分为三层；柱、梁、支撑采用的形式与C模块基本一致。

系统运行后，钢结构平台发生普遍的锈蚀现象，钢梁系统锈蚀程度严重于钢柱及钢支撑系统，钢梁系统绝大部分已经发生严重锈蚀，出现严重锈蚀分层现象。因此，为保证安全生产，对该系统平台进行了安全性鉴定，并在其基础上进行加固处理。

10.3.2 安全性鉴定及存在的主要问题

现场对系统平台进行了详细的检查，并对病害进行分类、分级；对钢构件的强度、截面尺寸进行了详细的检测，对锈损量进行了统计分析。

经检查，平台发生普遍的锈蚀现象，钢梁系统锈蚀程度严重于钢柱及钢支撑系统，钢梁系统绝大部分已经发生严重锈蚀，出现锈蚀分层现象（图10-24～图10-26）；钢栅格板发生锈蚀现象，部分栅格板钢材截面明显变小；摩擦型高强螺栓大部分锈蚀，部分锈蚀严重，扭矩不满足要求，封闭螺杆未发生锈蚀。

经检测，钢材牌号为Q235；完好构件截面尺寸满足钢材产品标准要求；抽检的钢梁、柱、桁架、支撑、节点板等构件绝大多

图10-24 桁架锈蚀分层

数锈蚀量大于10%，构件平均锈蚀量36.2%，构件最大锈蚀量77.2%。

经安全性鉴定，系统平台五个模块平台危险性评级均为D级。

图10-25　钢构件锈蚀明显

图10-26　钢梁截面明显变小

10.3.3　加固方案

1. 方案选择

该平台所处地区抗震设防烈度为6度（0.05g），不考虑抗震加固。根据鉴定结论，着重考虑了三种处理方案：

(1) 平台拆除重建；

(2) 平台锈蚀严重构件进行替换；

(3) 平台整体进行加固。

方案比选认为，方案(1)影响生产，并且重建周期长、花费高；方案(2)对锈蚀严重构件进行替换，需要设备拆除、重新安装、重新调试，周期长、花费高；方案(3)在不拆除设备的情况下，进行整体加固，既不影响生产、同时周期和花费基本可控。因此最终决定采用方案(3)。

2. 设计原则

对平台进行加固时，充分考虑了以下原则：

(1) 加固方案为负荷加固，但加固施工时，应停止使用并清除原料，即施工时卸载活荷载。

(2) 对于易于更换的构件，宜进行更换；对于有设备的构件进行加固处理。

(3) 加固完成后，进行重防腐，按照高要求进行防腐处理。

3. 加固方法

根据平台的实际的设备布置情况，同时考虑到施工的可实施性，采用了加大构件截面、改变结构传力方式等加固方法；根据现场的实际情况，采用灵活多样的加固处理方式，典型加固处理方式如图10-27～图10-30所示。

(1) 钢梁加固

钢梁上安装有机械设备，不同设备支座形式各异，为了达到施工条件，加大构件截面采取了多种形式。图10-27a上翼缘采用角钢加固，下翼缘采用钢板加固，腹板采用钢板

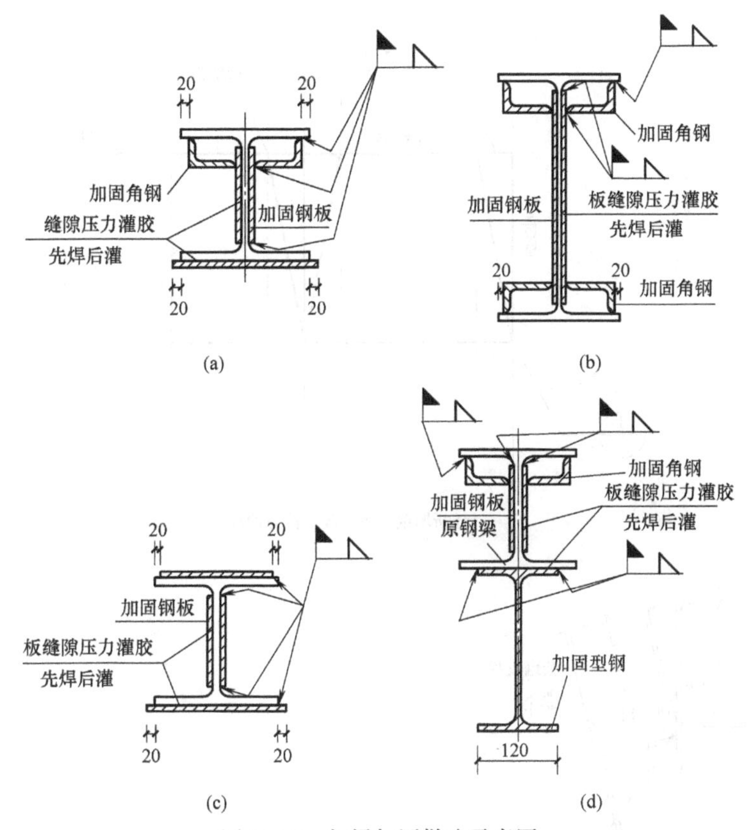

图 10-27　钢梁加固做法示意图

加固；图 10-27b 上下翼缘均采用角钢加固，腹板采用角钢加固；图 10-27c 上下翼缘及腹板均采用钢板加固；图 10-27d 上翼缘及腹板采用钢板加固，下翼缘增加型钢加固。

（2）钢支撑加固

钢支撑原构件截面形式为钢管，图 10-28 钢管支撑采用四片角钢进行加固。

（3）钢柱加固

钢柱原有构件截面形式多为 H 型钢，图 10-29 翼缘及腹板均采用钢板进行加固。

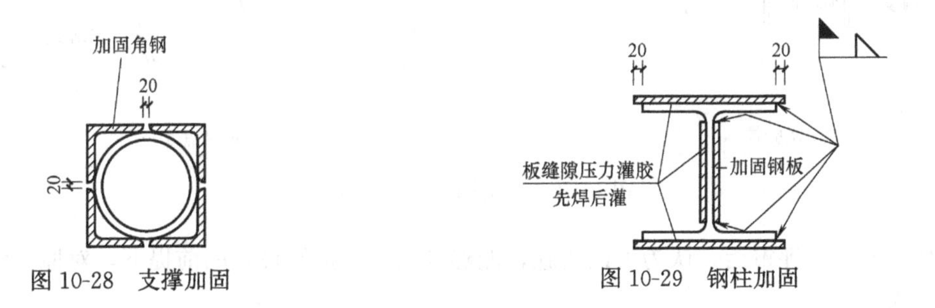

图 10-28　支撑加固

图 10-29　钢柱加固

（4）改变传力途径

现场对于某些特殊的部位，如重型且体积庞大设备支座处，加大截面的方法施工时不易实现或施工质量不易保证，采用改变力的传递途径的方法进行加固。图 10-30 采用新增钢支撑，局部改变结构的传力途径，从而保证加固的效果。

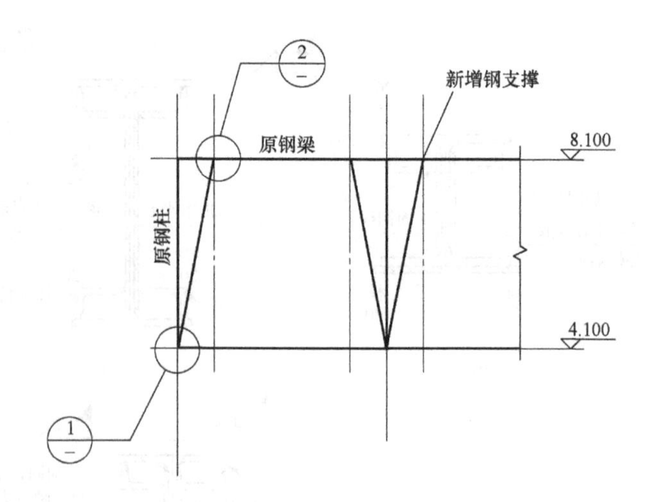

(a) 新增钢支撑，改变传力途径

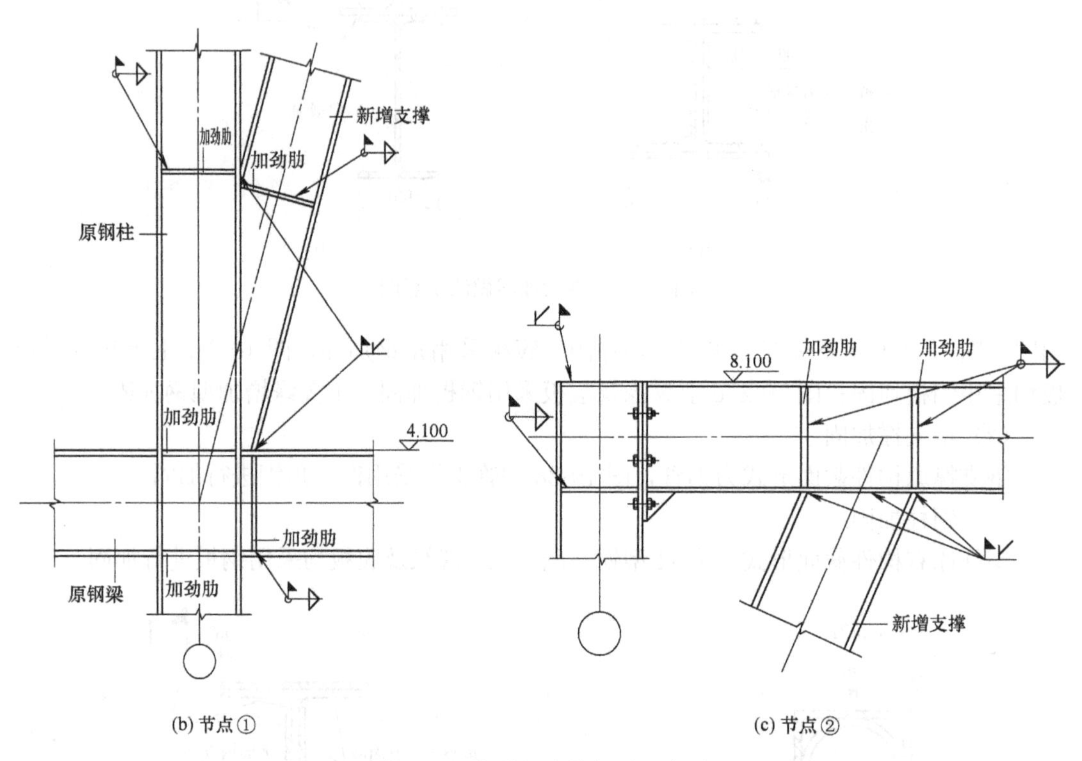

(b) 节点①

(c) 节点②

图 10-30　新增钢支撑加固示意图

加固方案经评审后，认为可以实施，能够满足在不拆卸设备的前提下，对原有钢平台进行加固。

10.3.4　加固施工

1. 加大截面法加固施工工艺

本工程加固方案中，加大截面法加固施工主要通过焊接的方式实现。其主要施工流程如图10-31所示。

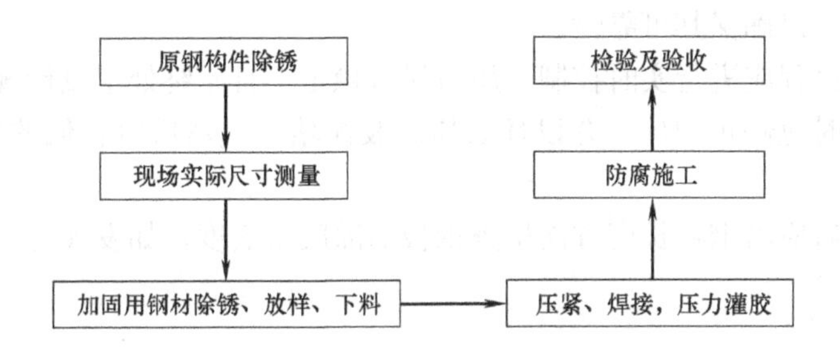

图10-31 加大截面加固施工流程

本工程中大量采用焊接施工工艺，焊接施工工艺尤其具有独特性，加固焊接施工的质量及焊接顺序直接关系到构件加固的质量，因此应特别注意以下事项：

（1）加固材料应抛丸除锈，根据实际情况放样、下料；材料保证材质与尺寸的准确。

（2）在负荷下进行结构加固时，其加固工艺应保证被加固的截面因焊接加热、附加钻、扩孔洞等所引起的削弱影响尽可能的小，为此必须制定详细的加固施工工艺和要求的技术条件，并据此按隐蔽工程进行施工验收。

（3）制定的加固方案，尽量避免立焊和仰焊，多采用平焊，焊接材料应与钢材牌号相适应。

（4）焊接时将加固件与被加固件沿全长互相压紧，用20～30mm间断300～500mm焊缝定位焊接后，再由加固件端向内分区段（每段不大于70mm）施焊所需要的连接焊缝，依次施焊区段焊缝，间歇时间2～5min。对于截面有对称的成对焊缝时，应平行施焊；有多条焊缝时，应交错顺序施焊；对于两面有加固件的截面，应先施焊受拉侧的加固件，然后施焊受压侧的加固件；对一端为嵌固的受压杆件，应从嵌固端向一端施焊，若其为受拉杆件，则应从另一端向嵌固端施焊。对于钢构件的加固要有临时支撑（如脚手架、撑杆），防止钢构件受热变形而倒塌。

2. 压力注胶施工工艺

本工程加固方案中，压力注胶的主要施工流程如图10-32所示。

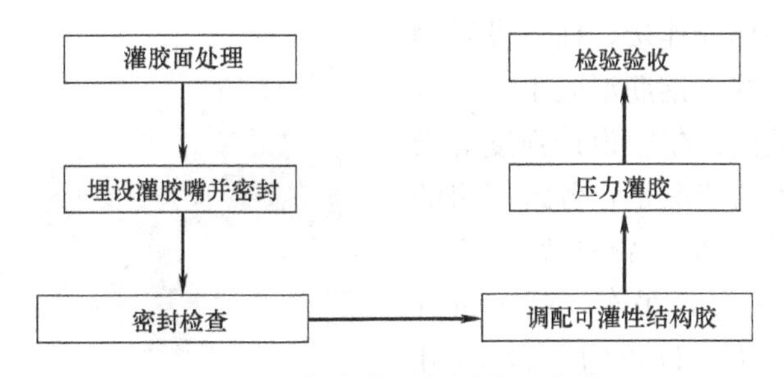

图10-32 加大截面加固施工流程

当出气孔出胶后，证明钢板内已充分灌胶，可用缠生胶带的螺栓堵塞，本段钢板灌胶完毕，继续进行下一段钢板的灌胶。灌胶压力1～2kg/cm^2，避免灌胶压力过大导致钢板变形起拱。

注胶孔的位置与间距应规范要求。注胶设备及其配套装置在注胶施工前应进行适应性检查和试压，其流动性和可灌性应符合施工要求；若达不到要求，应查明原因，采取相应有效的技术措施，以确保其可靠性。

对加压注胶过程应进行实时控制。压力保持稳定，且始终处于设计规定的区间内。当排气孔冒出胶液时应停止加压，并以环氧树脂胶泥堵孔。然后以较低的压力维持 10min，方可停止注胶。

结构胶固化后应沿钢板长度方向检查钢板的灌胶密实度，如发现有空隙，应在钢板上钻孔补灌胶液。

10.3.5 小结

本节对某工业设备系统钢结构平台加固工程进行了系统地阐述，重点介绍了其安全性鉴定中发现的问题、加固方案的比选、加固设计方案的原则、具体的加固设计方案以及加固施工中要着重注意的问题。

该工业设备系统钢结构平台在未拆卸机械设备的情况下，经加固后，使用功能得以恢复，既满足了生产周期的要求，又具有很高的经济性。

该工程采用的加大截面加固法和改变结构传力方式加固法总体上属于成熟的钢结构加固技术，具有很好的实用性和可操作性。在加固方案设计时，应注意施工的可实施性，尤其是安装有复杂工业设备系统的平台或建筑，要充分考察现场的实际情况，采取灵活多变的加固方式，否则现场难以或不易实施，难以保证加固的质量。

10.4 某公司节能设备生产基地综合厂房加固工程

10.4.1 工程概况

某公司节能设备生产基地综合厂房（图 10-33）原建成于 2004 年，建筑面积为 7359.29m^2。该综合厂房原为单层三跨钢结构厂房、门式刚架结构，三跨的跨度均为 18.0m。厂房原设计每跨设有 1 台 A5 级工作制吊车，设计吊车起重量为：A～B 跨为 5 吨，B～C 跨为 20 吨，C～D 跨为 10 吨。门式刚架结点处为高强螺栓连接，柱下设置钢筋混凝土短柱，采用柱下钢筋混凝土独立基础，独立基础及短柱的混凝土设计强度等级为 C25。而实际使用的情况是，各跨厂房的吊车均超出设计负荷设置：A～B 跨为 2 台 5 吨吊车；B～C 跨为 2 台吊车，起重量分别为 10 吨和 20 吨；C～D 跨为 3 台 10 吨吊车。

图 10-33 综合厂房外观照片

此外，该综合厂房因使用需要，在原有基础上又增建了一跨厂房，轴线范围 D～E，跨度为 20.8m，现场设置 3 台 5 吨吊车。该厂房增建后的结构平面图如图 10-34 所示，剖面图如图 10-35 所示。为保证结构安全，业主方委托检测单位，对增建后厂房按实际使用状况进行结构安全性鉴定。

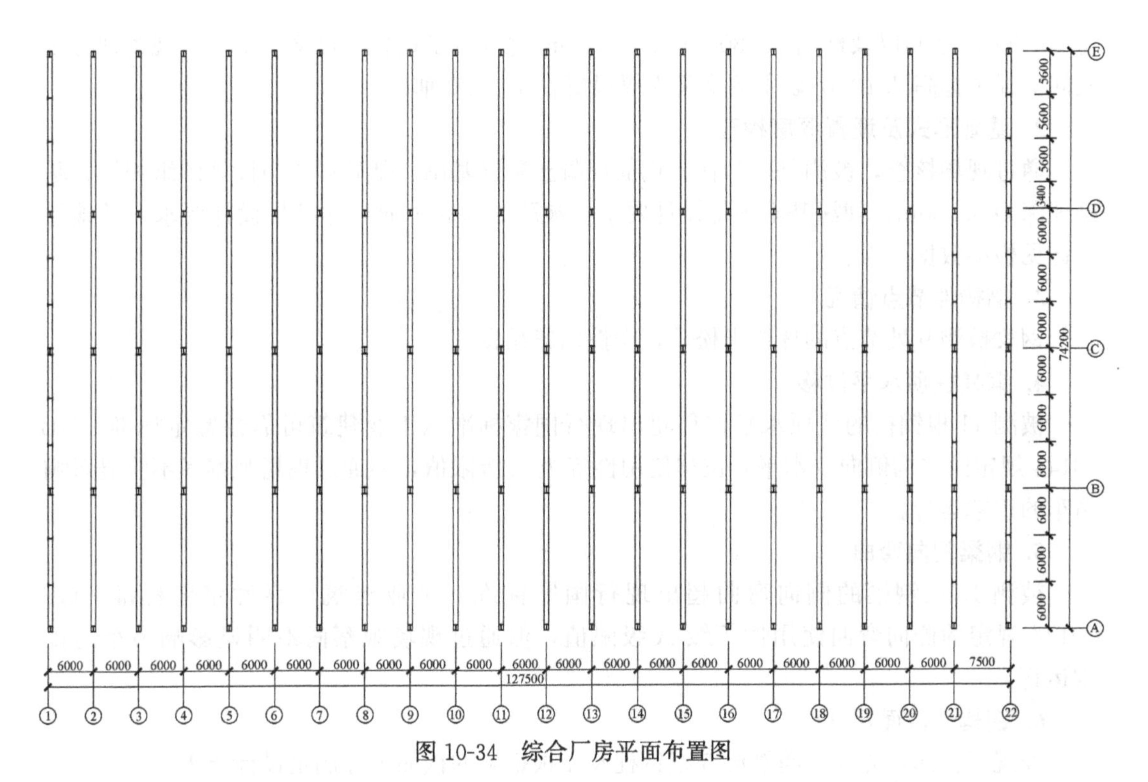

图 10-34 综合厂房平面布置图

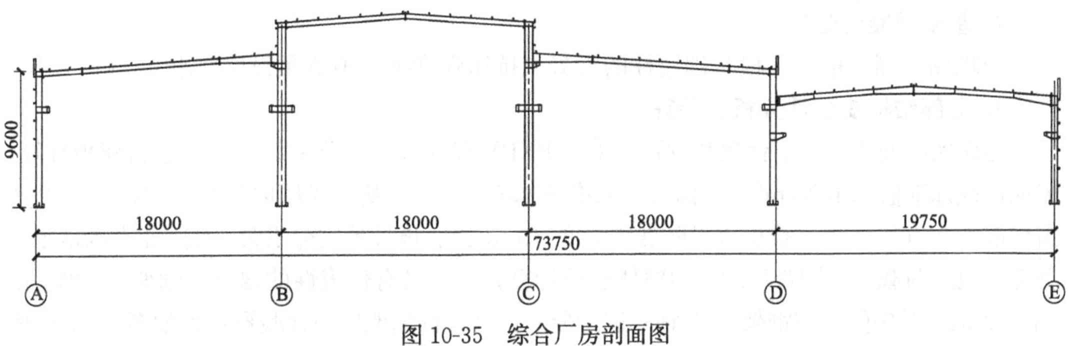

图 10-35 综合厂房剖面图

10.4.2 检测鉴定及存在的主要问题

1. 外观质量普查

本次检测在客观条件允许的情况下，经现场宏观普查，未发现其主体结构主要承重构件有因基础不均匀沉降所产生的开裂、下垂、倾斜等受损现象；主体结构主要承重构件未出现严重锈蚀情况，焊缝未出现开裂现象。

经现场普查，该建筑物存在以下情况：

(1) 吊车荷载：设计图纸中 A～B 跨为 1 辆 5 吨吊车，现场设置 2 辆 5 吨吊车；设计图纸中 B～C 跨为 1 辆 20 吨吊车，现场设置 2 辆吊车，起重量分别为 10 吨和 20 吨；设计图纸中 C～D 跨为 1 辆 10 吨吊车，现场设置 3 辆吊车，起重量均为 10 吨。

(2) 柱间支撑设置：设计图纸中 B 轴与 C 轴在 20～21 轴处设置有柱间支撑，支撑形式为：标高 7.100m 和 10.800m 处设置 2 道水平支撑，标高 7.100m 以下、标高 7.100m

与10.800m之间以及标高10.800m与13.000m之间分别设置3道交叉支撑。现场则将该柱间支撑中标高7.100m以下的交叉支撑设置在19～20轴处。

2. 基础形式及埋置深度检查

通过现场核查，被测基础为柱下钢筋混凝土独立基础，基础形式与设计图纸相符；基础埋深为3.150m，埋深基本满足设计要求；被测处基底平面尺寸满足设计要求。基础尺寸详见检测数据列表。

3. 钢构件节点情况

钢梁被测9处节点的螺栓未松动，摩擦面紧贴良好。

4. 钢柱柱顶水平位移

被测11根钢柱的柱顶水平位移超出现行国家标准《工业建筑可靠性鉴定标准》GB 50144规定的结构侧向（水平）位移使用性等级A级限值，但通过现场观察尚不明显影响吊车的正常运行。

5. 钢梁侧向弯曲

被测13根钢梁的侧向弯曲超出现行国家标准《工业建筑可靠性鉴定标准》GB 50144规定的侧向弯曲使用性等级A级限值，但通过现场观察尚不明显影响吊车的正常运行。

6. 钢构件截面尺寸

经现场检测，先建三跨被测5根钢柱及4根钢梁的截面尺寸满足设计要求。

7. 基础混凝土强度

经现场检测，被测1根基础短柱的混凝土抗压强度推定值满足设计要求。

8. 上部结构安全性分析、验算

考虑实际使用的吊车台数及设置，采用PKPM结构设计软件对综合厂房进行建模计算，屋面恒载标准值0.4kN/m^2，屋面活载标准值0.5kN/m^2。基本风压取为0.45kN/m^2，基本雪压取为0.40kN/m^2。按抗震设防烈度7度（0.15g）、设计地震分组第一组及Ⅲ类场地土类型考虑地震荷载。对增跨后的厂房整体建模计算，选取具有代表性的端跨主刚架（1轴、21轴、22轴）及中间跨主钢架（18轴）进行分析，其各榀钢架应力比验算结果如图10-36～图10-39所示。

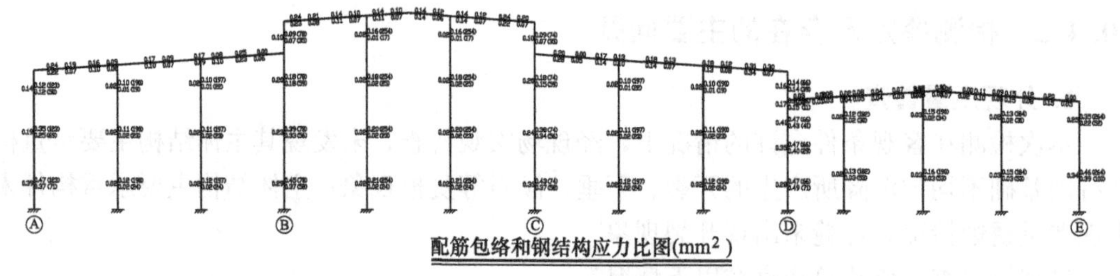

钢结构应力比图说明：

对于按《GB 50017-2003》计算的柱、梁
柱左：强度计算应力比
右上：平面内稳定应力比(对应长细比)
右下：平面外稳定应力比(对应长细比)
梁左上：上翼缘受拉时截面最大应力比
右上：梁整体稳应应力比(0表示没有计算)
左下：下翼缘受拉时截面最大应力比
右下：剪应力比
对于按轻钢规程计算的柱、梁
柱左：作用弯矩与考虑屈曲后强度抗弯承载力比值
左上：平面内稳定应力比(对应长细比)
右下：平面外稳定应力比(对应长细比)
梁上：作用弯矩与考虑屈曲后强度抗弯承载力比值
左下：平面内稳定应力比
右下：平面外稳定应力比

图10-36 原厂房1轴钢架各构件应力比计算结果

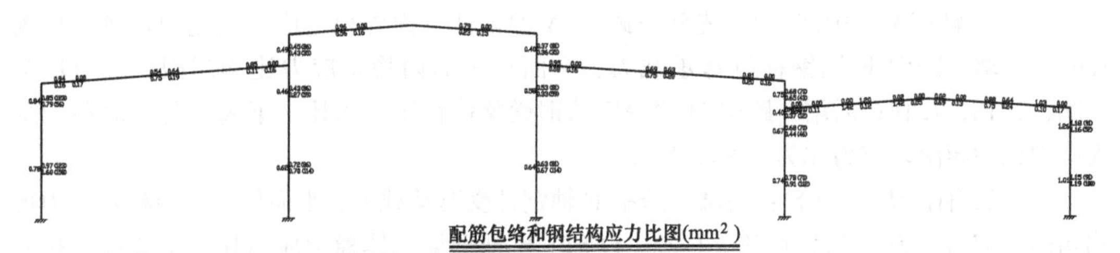

配筋包络和钢结构应力比图(mm^2)

钢结构应力比图说明：

对于按《GB 50017-2003》计算的柱、梁
柱左：强度计算应力比
右上：平面内稳定应力比(对应长细比)
右下：平面外稳定应力比(对应长细比)
梁左上：上翼缘受拉时截面最大应力比
右上：梁整体稳应应力比(0表示没有计算)
左下：下翼缘受拉时截面最大应力比
右下：剪应力比
对于按轻钢规程计算的柱、梁
柱左：作用弯矩与考虑屈曲后强度抗弯承载力比值
左上：平面内稳定应力比(对应长细比)
右下：平面外稳定应力比(对应长细比)
梁上：作用弯矩与考虑屈曲后强度抗弯承载力比值
左下：平面内稳定应力比
右下：平面外稳定应力比

图 10-37 原厂房 18 轴钢架各构件应力比计算结果

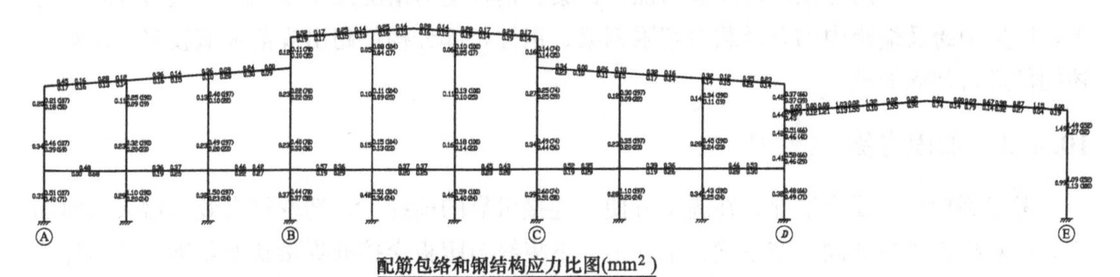

配筋包络和钢结构应力比图(mm^2)

钢结构应力比图说明：

对于按《GB 50017-2003》计算的柱、梁
柱左：强度计算应力比
右上：平面内稳定应力比(对应长细比)
右下：平面外稳定应力比(对应长细比)
梁左上：上翼缘受拉时截面最大应力比
右上：梁整体稳应应力比(0表示没有计算)
左下：下翼缘受拉时截面最大应力比
右下：剪应力比
对于按轻钢规程计算的柱、梁
柱左：作用弯矩与考虑屈曲后强度抗弯承载力比值
左上：平面内稳定应力比(对应长细比)
右下：平面外稳定应力比(对应长细比)
梁上：作用弯矩与考虑屈曲后强度抗弯承载力比值
左下：平面内稳定应力比
右下：平面外稳定应力比

图 10-38 原厂房 21 轴钢架各构件应力比计算结果

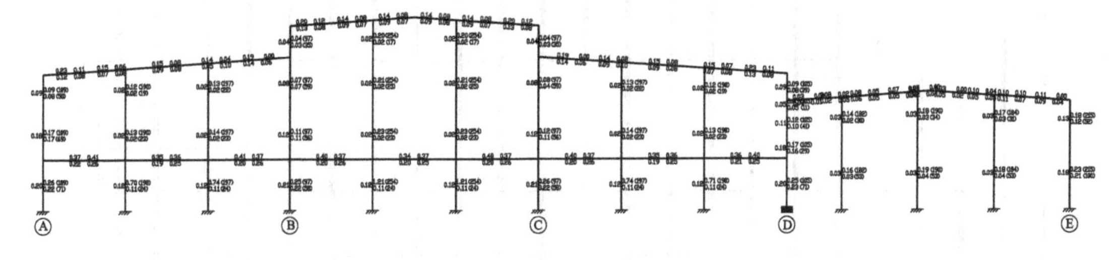

配筋包络和钢结构应力比图(mm^2)

钢结构应力比图说明：

对于按《GB 50017-2003》计算的柱、梁
柱左：强度计算应力比
右上：平面内稳定应力比(对应长细比)
右下：平面外稳定应力比(对应长细比)
梁左上：上翼缘受拉时截面最大应力比
右上：梁整体稳应应力比(0表示没有计算)
左下：下翼缘受拉时截面最大应力比
右下：剪应力比
对于按轻钢规程计算的柱、梁
柱左：作用弯矩与考虑屈曲后强度抗弯承载力比值
左上：平面内稳定应力比(对应长细比)
右下：平面外稳定应力比(对应长细比)
梁上：作用弯矩与考虑屈曲后强度抗弯承载力比值
左下：平面内稳定应力比
右下：平面外稳定应力比

图 10-39 原厂房 22 轴钢架各构件应力比计算结果

从以上计算结果可以看出：

（1）18 轴钢架（中间跨）：先建三跨中 A 轴钢柱平面外稳定应力比超限，应力比为 1.60；后增一跨中 E 轴钢柱抗弯承载力、平面外平面内稳定应力比均超限，应力比为 1.26、1.18、1.16；后增一跨中 D 轴～E 轴钢梁整体稳定应力比、下翼缘受拉时截面最大应力比均超限，应力比为 1.20、1.42。

（2）21 轴钢架（端跨）：后增一跨中 E 轴钢柱受弯承载力、平面外平面内稳定应力比均超限，应力比为 1.49、1.49、1.27；D 轴～E 轴钢梁整体稳定应力比、下翼缘受拉时截面最大应力比均超限，应力比为 1.32、1.55。

（3）各榀钢架内除前述部位钢柱、钢梁承载能力不足外，其余钢柱的作用弯矩与考虑屈曲后强度受弯承载力比值、钢柱的平面内稳定应力比及长细比、钢柱的平面外稳定应力比及长细比、钢梁的上翼缘受拉时截面最大应力比、钢梁的整体稳定应力比、钢梁的下翼缘受拉时截面最大应力比及钢梁的剪应力比均满足要求。

（4）后增建一跨导致厂房荷载增加，钢梁、钢柱受力情况发生变化，承载力极限状态下，厂房中跨及端跨中均有承载力超限钢梁、钢柱，部分构件超出规范限值较多，需对上述构件进行加固处理。

10.4.3 加固方案

考虑到构件的受力情况，在施工方便、连接可靠的前提下，选取最有效的增大截面加固方式对构件进行加固。在钢梁、钢柱上、下翼缘与腹板交接处焊接新增角钢。加固计算时，忽略钢梁、钢柱腹板侧角钢肢的有利影响，直接考虑翼缘侧角钢肢对钢梁、钢柱的增强作用。通过增加钢柱、钢梁上、下翼缘厚度，从而增大构件的截面惯性矩、截面模量，提高构件的承载能力，加固设计图如图 10-40～图 10-42 所示。

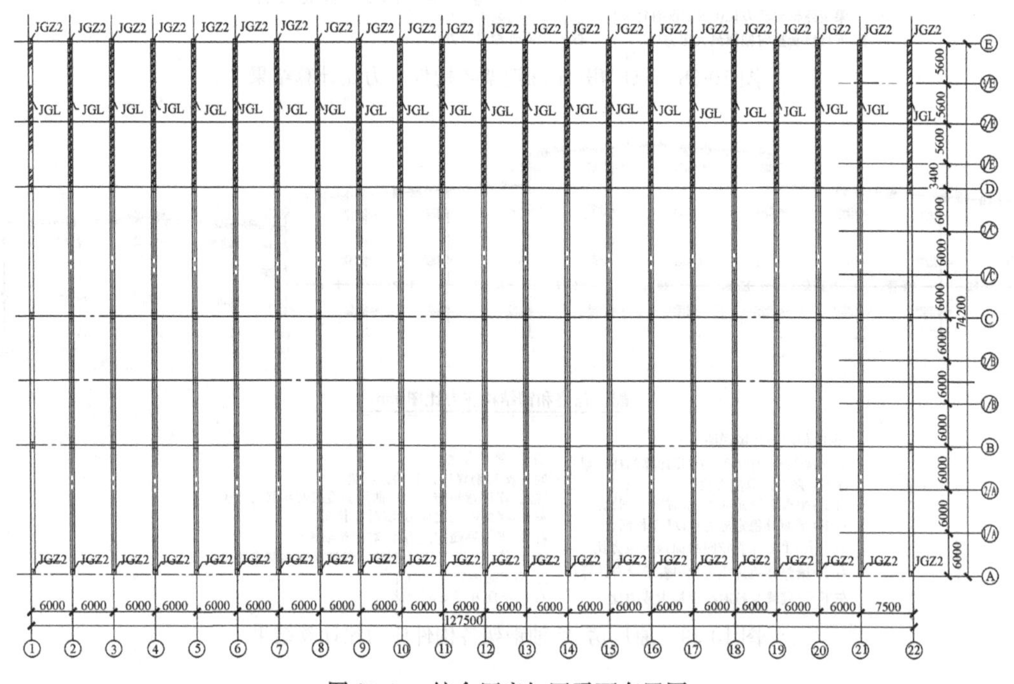

图 10-40　综合厂房加固平面布置图

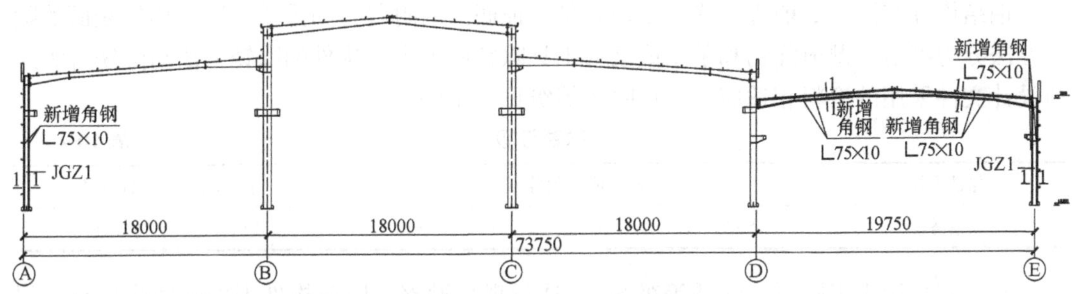

图 10-41 综合厂房加固剖面布置图

对加固后的钢构件截面采用直接增加钢梁、钢柱翼缘有效厚度的方法进行折算，经验算，加固后钢柱的作用弯矩与考虑屈曲后强度受弯承载力比值、钢柱的平面内稳定应力比及长细比、钢柱的平面外稳定应力比及长细比、钢梁的上翼缘受拉时截面最大应力比、钢梁的整体稳定应力比、钢梁的下翼缘受拉时截面最大应力比及钢梁的剪应力比均满足要求。

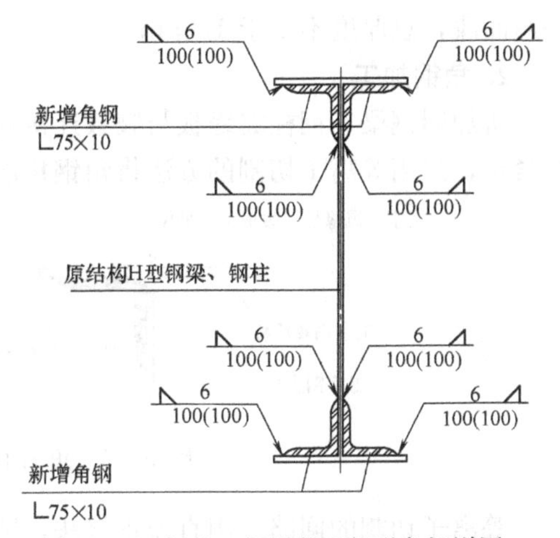

图 10-42 钢柱、钢梁截面新增角钢详图

10.4.4 加固施工

本加固工程中，钢梁、钢柱增大截面加固工艺主要施工流程如图 10-43 所示。

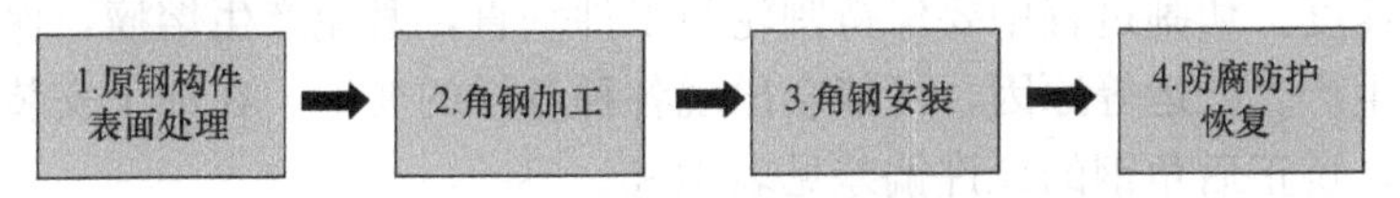

图 10-43 钢梁、钢柱增大截面加固施工流程

1. 原钢构件表面处理

经现场勘察，原结构钢柱表面喷有厚约 5mm 的防火涂料，为保证新增角钢与原结构钢柱紧密结合，加固前需剔除原钢柱表面的防火涂料。剔除区域为钢柱工字截面翼缘板内侧，以及钢柱腹板两面上下两端各 80mm（图 10-44），以保证新增角钢与钢柱接触区域能够紧密结合。

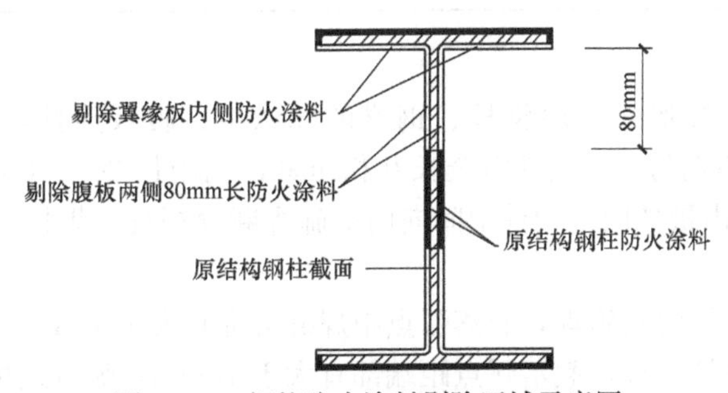

图 10-44 钢柱防火涂料剔除区域示意图

钢结构件在涂装之前进行除锈处理，是保证底漆的附着力的重要工序。构件表面的除锈方法分为喷射、抛射除锈和手工或动力工具除锈两大类。构件的除锈方法与除锈等级应与设计文件采用的涂料相适应。构件除锈等级见表 10-4。

除锈等级　　表 10-4

除锈方法	喷射或抛射除锈			手工和动力工具除锈	
除锈等级	Sa2	Sa2 1/2	Sa3	St2	St3

本工程采用手工除锈，除锈等级 St2。通过现场勘察，原钢构件表面防锈涂层存在局部破损，对局部表面防锈漆破损、缺失部位进行修补。修补采用醇酸防锈漆，一遍底漆，一遍面漆，总厚度不小于 120μm。

2. 角钢加工

所加固钢梁、钢柱翼缘板与腹板连接处均有倒角处理，为保证角钢与所加固工字钢连接紧密，采用等离子切割的方法将角钢角部通长切除，切角尺寸如图 10-45 所示。

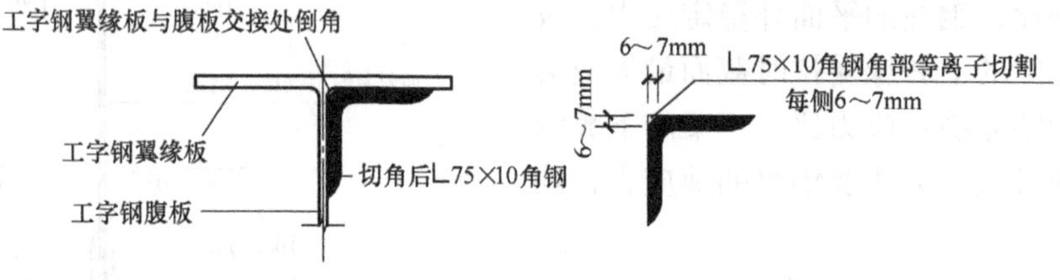

图 10-45　角钢角部等离子切割示意图

等离子切割的回路采用直流正接法，即工件正接，钨棒接负，减少电极的烧损，以保护等离子弧的稳定燃烧。手工切割时不得在切割线上直接引弧。自动切割时，应调节好切割规范和行走速度。切割过程中要保持割轮与工件垂直，避免产生熔瘤，保证切割质量。

钢材由于生产、贮运等原因，可能会出现各种各样的变形。在加工安装前，需对其进行矫正与调直，矫正后角钢的允许偏差见表 10-5。

角钢矫正后的允许偏差　　表 10-5

项次	偏差名称	示意图	允许偏差
1	角钢、槽钢、工字钢的挠曲矢高 f		长度的 1/1000 但不大于 5
2	角钢肢的垂直度 Δ	Δ　b	$\leqslant b/100$ 但双肢铆接连接时角钢的角度不得大于 90°

3. 角钢焊接

角钢采用断续焊接形式与原钢柱、钢梁的翼缘板、腹板连接，断续焊接间隔距离 100mm。施焊前，角钢与被加固件沿全长互相压紧，先用长 20～30mm 的间断焊缝定位角钢，间距 1m。再由被加固钢构件中间向两端施焊断续焊缝，焊接时应成对且对称地进行焊接施工。

焊缝转角处宜连续绕角施焊，起落弧点距焊缝端部宜大于 10mm，角焊缝端部不设置引弧板和引出板的连续焊缝，起落弧点距端部宜大于 10mm，弧坑应填满。焊接时，焊工应遵守焊接工艺，不得自由施焊及在焊道处的母材上引弧。

施焊顺序十分重要，否则影响安装后的角钢是否能够与原结构钢构件协同工作。施工时应采用结构对称、节点对称的全方位对称焊接法，并进行焊接工艺评定，使焊接变形及残余应力控制在最小范围内。根据焊接顺序的一般原则：先焊收缩量较大的焊缝，后焊收缩量较小的焊缝；先焊约束度较大而不能自由收缩的焊缝，后焊约束度小的而能自由收缩的焊缝。

钢柱焊接角钢加固中，工字钢翼缘板比腹板厚，约束度大，因此按图10-46所示顺序焊接，即两名焊工先同时对翼缘板的角钢一肢（焊缝①、①′）进行施焊，接着对腹板的角钢的另一肢（焊缝②、②′）进行施焊，同样的方法完成另一半的角钢焊缝（焊缝③、③′，焊缝④、④′）。立面上，钢柱为一端嵌固的受压杆件，施焊时应从柱脚向柱顶焊接。采用断续焊接的方法施焊，每段100mm长焊缝区段完成后，应间隔3～5min，再完成下一区段的焊缝。每段100mm的焊缝区段分为3段小区段，按先两端后中间的顺序施焊完成，柱立面焊接顺序如图10-46所示。

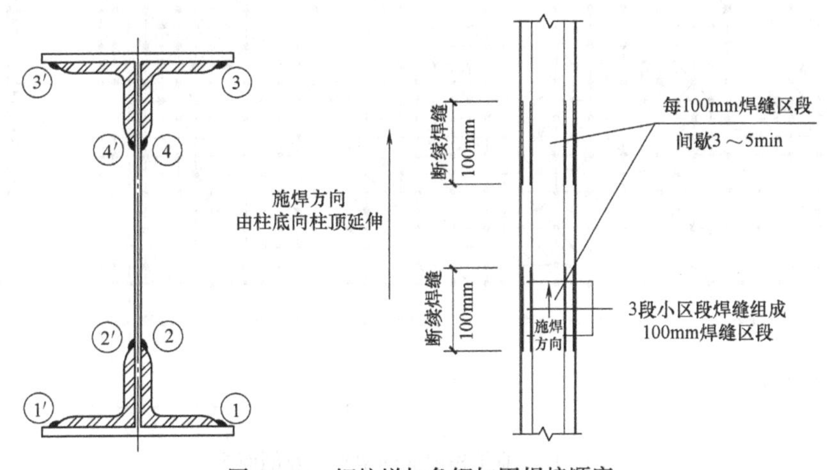

图10-46 钢柱增加角钢加固焊接顺序

钢梁焊接角钢加固中，其施焊的方法与钢柱加固方法类似。应先施焊受拉侧的角钢（焊缝①、①′，焊缝②、②′），然后施焊受压侧的加固件（焊缝③、③′，焊缝④、④′）。整体施焊应从钢梁的中间向两边延伸。

10.4.5 小结

本节介绍了某公司节能设备生产基地综合钢结构厂房的鉴定、加固设计和加固施工要点，重点介绍了其鉴定中发现的问题以及相应的加固方案。该工程采用的加固技术总体上属于钢结构传统加固技术，具有很好的实用性和可操作性，其合理的应用可以较好地满足类似钢结构厂房加固的需要，具有较高的推广价值及广阔的应用空间。

10.5 某大跨钢网架结构加固改造工程

10.5.1 工程概况

某数据中心改造工程位于北京市东城区，原建筑结构为二层钢筋混凝土框架结构，首层楼盖为现浇钢筋混凝土梁板结构，二层为满足原来的使用功能，只保留了边框架柱，屋盖结构采用了大跨度网架结构，网架结构平面尺寸为 74.69m×35.344m，网架结构高度 2.6m。网架整体沿东西方向存在 2.5m 高的错层，采用倾斜网架实现过渡。屋盖网架整体布置如图 10-47 所示，现场照片如图 10-48 所示。

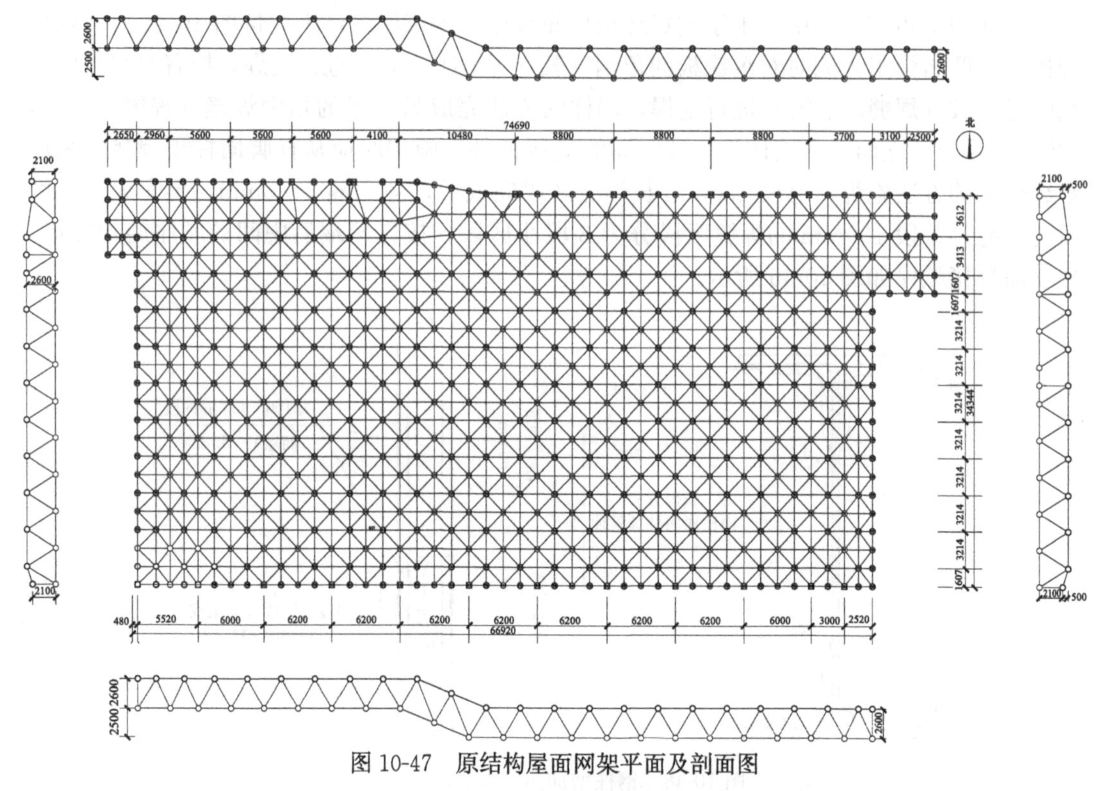

图 10-47　原结构屋面网架平面及剖面图

本项目由于使用功能发生改变，需增加建筑室内净空高度，减小原有屋盖结构高度。且由于周边环境限制，施工必须在保留原屋面不变的情况下进行。

图 10-48　原网架结构局部现场照片

10.5.2　主要检测结果

项目前期对原有网架结构进行了检测鉴定，主要结果如下：

该工程屋面钢网架为圆钢管杆件（上下弦和腹杆）及螺栓球组成的正放四角锥网架，对圆钢管及螺栓球截面尺寸进行检测，与原设计图纸相符。屋面檩条均为 C 型钢，截面尺寸为 C120×60×20×2.5。

现场采用测试里氏硬度推断钢材抗拉强度的检测方法推定钢材强度，本工程网架圆钢管杆件（上下弦和腹杆）钢材材质符合 Q235 要求，螺栓球钢材材质符合 Q345 要求。

现场对钢结构构件表面锈蚀程度进行全面检查，网架上弦、腹杆及下弦等钢构件未发现存在锈蚀现象，屋面檩条及网架支座均未发现存在锈蚀现象。经现场检测，本工程钢网架的个别钢构件漆膜厚度不满足规范要求。

现场检查，各杆件之间通过螺栓球螺栓连接，网架支撑形式均为平板支座，各支座支撑于钢筋混凝土柱顶面上，支座形式均为十字支座，支座下部过渡钢板尺寸为230mm×230mm×12mm，十字板厚为10mm，支座高度为180mm，支座与螺栓球焊接连接，与混凝土柱为螺栓连接，检测结果符合原设计图纸要求。

现场检查，未发现网架杆件、节点存在明显变形现象，未发现球节点存在开裂等缺陷，支座处混凝土未发现存在变形、开裂破坏现象，未发现屋面网架存在明显变形现象。

检查屋面板与网架檩条连接情况，未发现屋面板与网架檩条存在开裂、脱开等现象，未发现屋面板存在渗漏的现象，未发现存在灾害损伤、环境侵蚀损伤和人为损伤现象。

从上述检测结果可以看出，该网架结构整体情况较好。

10.5.3 加固改造方案

项目要求在原屋面保留且整体标高不变的情况下，增加室内建筑净空高度。根据现场检测并查看原设计图纸，原网架结构高度2.6m，支撑在周边混凝土框架柱上。如想达到减小屋盖结构高度的效果，可以考虑从两方面进行改造：

（1）在建筑内部增加结构柱，减小屋盖的跨度

由于该建筑首层为多跨框架结构，可以将原有首层部分框架柱向上接长，将二层改为多跨结构，这样就可以实现减小屋盖跨度的效果。根据改造后的二层使用功能要求，在建筑内增设两排结构柱，将原有单跨屋盖结构改为三跨结构，这样屋盖最大跨度由原来的35.344m减小为19.921m。增设的结构柱采用型钢柱，固定在原有首层框架柱顶，增设结构柱的布置如图10-49所示。

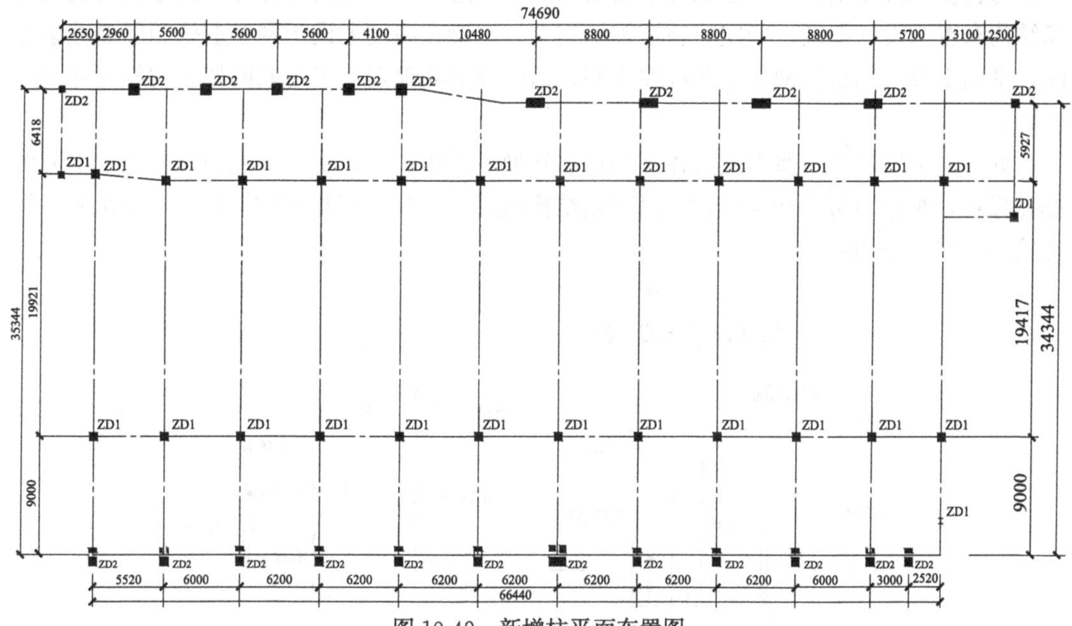

图10-49 新增柱平面布置图

（2）改变结构形式

按上述增加结构柱，减小屋盖跨度后，为减小屋盖结构高度，提高使用净空，拟采用

实腹式钢结构主次梁结构体系替换原有钢网架结构，其中主梁中间跨由于最大跨度超过19m，为减少用钢量，在钢梁下方增加撑杆和预应力拉索，形成张弦梁结构。新增钢结构主、次梁平面布置如图 10-50 所示。

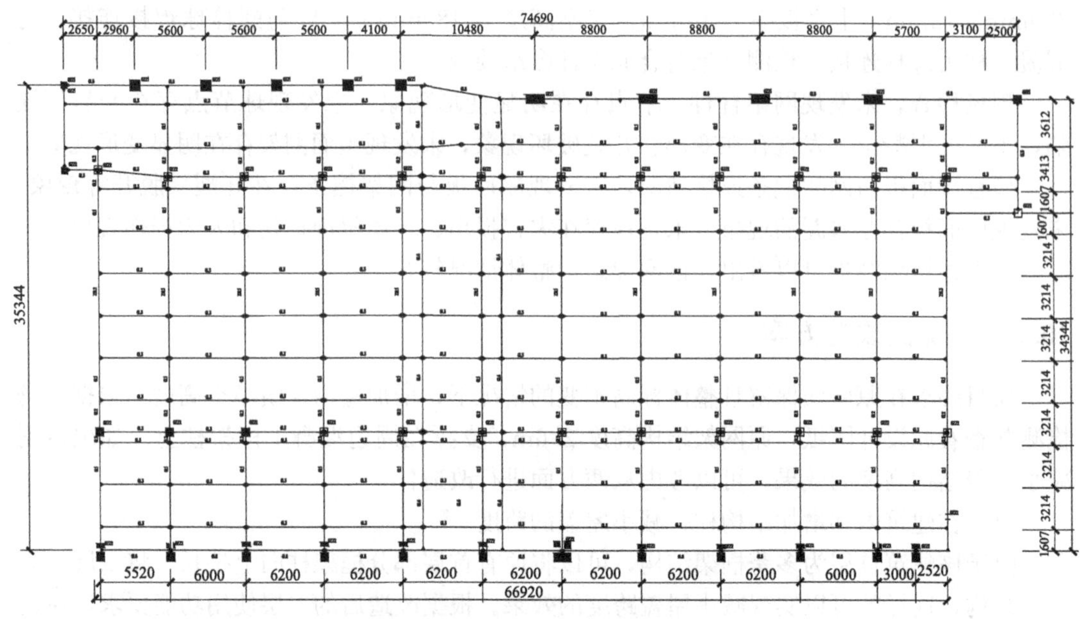

图 10-50　新增钢结构主次梁平面布置图

由于该工程需保留原结构屋面，施工时无法先拆除钢网架，需先安装新增钢结构，实现受力转换后拆除钢网架，这就要求新增钢梁需要避开原网架结构杆件。经过认真复核现场结构布置和设计图纸，确定将新增钢结构主、次梁在高度上设于网架上弦和屋面檩条之间，平面上设于四角锥网架上弦杆件之间，这样就成功地避免了与原网架结构相互冲突的问题。

此外，为实现原有屋面受力体系的可靠转换，采用了不改变原有屋面、檩条及下方的檩托撑杆，根据原有檩托撑杆位置设置钢结构次梁，檩托撑杆与钢结构次梁采用承载夹板连接的方案（图 10-51）。

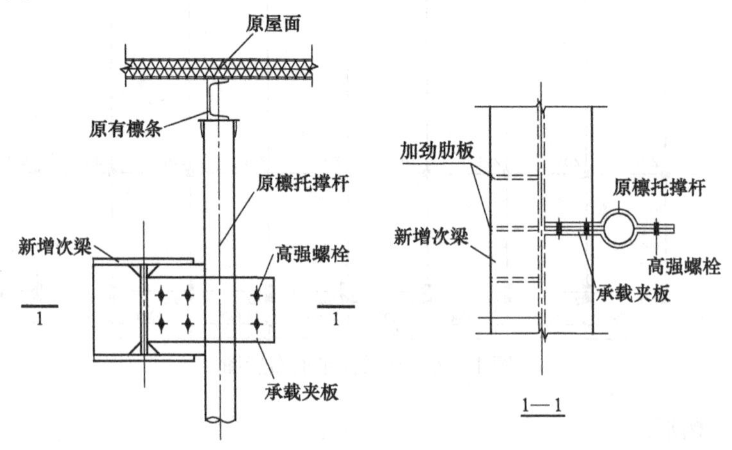

图 10-51　檩托撑杆与次梁连接节点

10.5.4 计算分析

设计的张弦梁结构如图10-52所示，沿跨度方向共设置5根撑杆，其中跨中部位撑杆最大高度1.5m，按此方案改造后，结构高度较原网架高度降低超过1m，明显提高了室内净空高度。张弦梁上弦及相邻两跨的钢梁均采用焊接箱形截面型钢，截面尺寸为300×200×10×10。次梁采用高频焊接薄壁H型钢，截面尺寸为250×150×6×9，边梁采用箱形截面型钢，截面尺寸为350×250×10×10，钢材牌号均为Q345B。

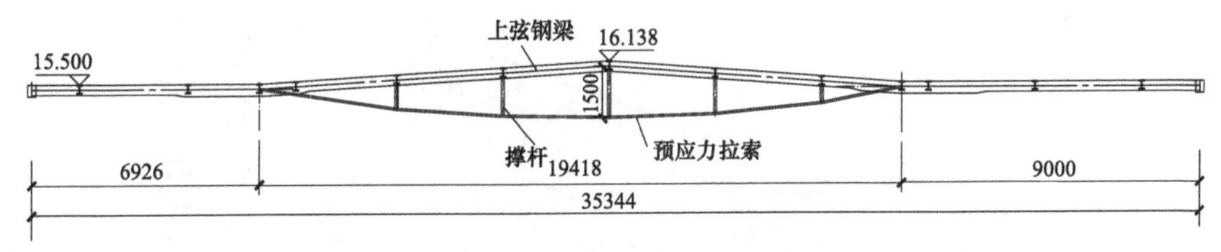

图10-52 张弦梁结构示意图

张弦梁下弦预应力拉索采用高强度、低松弛、耐腐蚀的半平行钢丝束，外包双层PE护套。钢丝束强度为1670MPa，钢丝直径为5mm，采用了两种拉索，分别为5×55和5×37，索两端均为单螺杆式可调节锚具。

结合原设计图纸和现场实际勘测情况，确定了屋面荷载，恒载为1.5kN/m^2，活载取值为0.75kN/m^2，施工时在冬季，温度作用考虑升温工况55℃，降温工况−5℃；基本风压值取0.45kN/m^2，地面粗糙度为C类。采用有限元分析方法对屋面结构进行了计算，计算模型如图10-53所示，各荷载工况见表10-6。

主要荷载工况 表10-6

工况编号	组合说明	验算项目
1	1.0恒载+1.0预应力	变形
2	1.0恒载+1.0活载+1.0预应力	变形
3	1.0恒载+1.0活载+0.6风+0.6温升+1.0预应力	变形
4	1.0恒载+1.0活载+0.6风+0.6温降+1.0预应力	变形
5	1.2恒载+1.4活载+1.0预应力	内力
6	1.2恒载+1.4活载+1.4×0.6风+1.4×0.6温升+1.0预应力	内力
7	1.2恒载+1.4活载+1.4×0.6风+1.4×0.6温降1.0预应力	内力

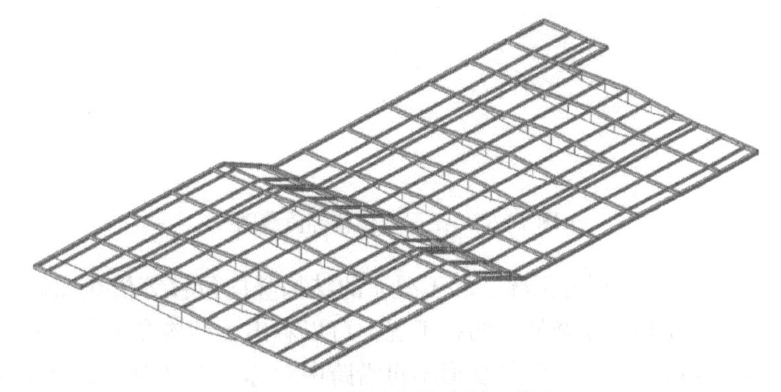

图10-53 屋盖结构有限元模型

确定拉索的张拉力时，主要考虑平衡标准组合工况下的荷载，中间榀张弦梁索张拉力为 180kN，边榀索张拉力为 120kN。

图 10-54 为工况 1 作用下，结构的竖向位移等值线图。该工况为张弦梁索张拉完毕后、结构安装就位后的状态，可以看出，在只有结构自重的情况下，通过预应力拉索的张拉可以使屋盖出现向上的反拱变形，最大反拱值约为 26.6mm，约为跨度的 1/730，满足规范要求。

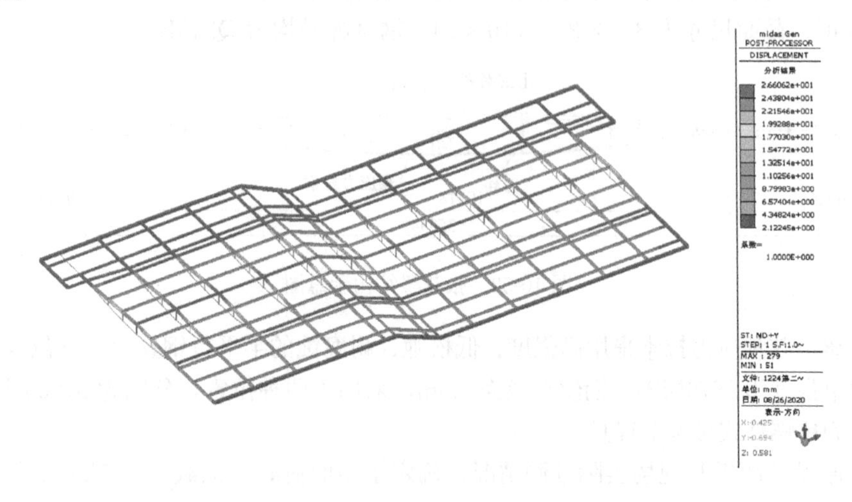

图 10-54　工况 1 位移等值线图

图 10-55 为工况 2 的标准组合作用下，结构的竖向位移等值线图。可以看出结构在屋面恒载和活荷载标准值的作用下，仍然呈现一定的反拱位移，结构整体的最大位移约为 11.5mm，约为跨度的 1/1688，满足规范要求。

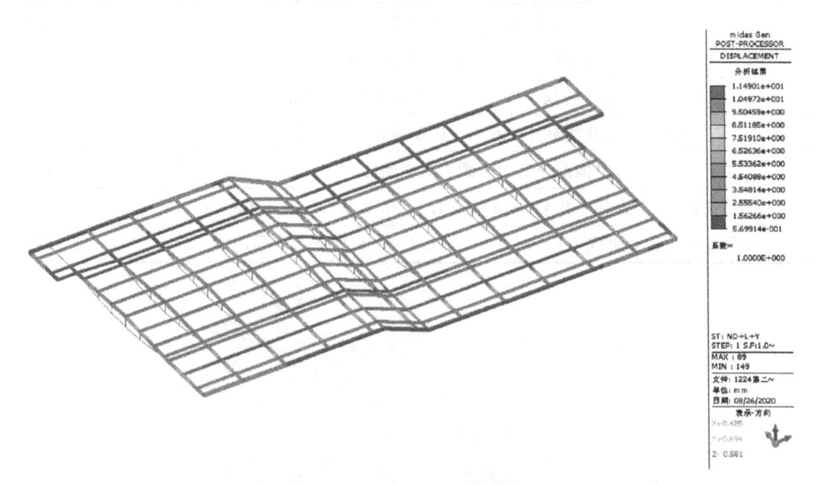

图 10-55　工况 2 位移等值线图

图 10-56 和图 10-57 分别为工况 3 和工况 4 的结构竖向位移等值线图，分别对应风荷载参与组合后温度升高和温度降低的两种工况。可以看出，结构在风荷载和温度参与组合后，其竖向变形仍为反拱状态，但是变形不再沿跨中对称，而呈现西南角反拱变形大、东

北角变形小的特点。温度升高的工况 3，最大反拱变形约为 18.4mm，约为跨度的 1/1055，出现在屋盖西南角；温度降低的工况 4，最大反拱变形约为 14.8mm，约为跨度的 1/1312，出现在屋盖靠南侧。最大变形数值均满足规范限值要求。

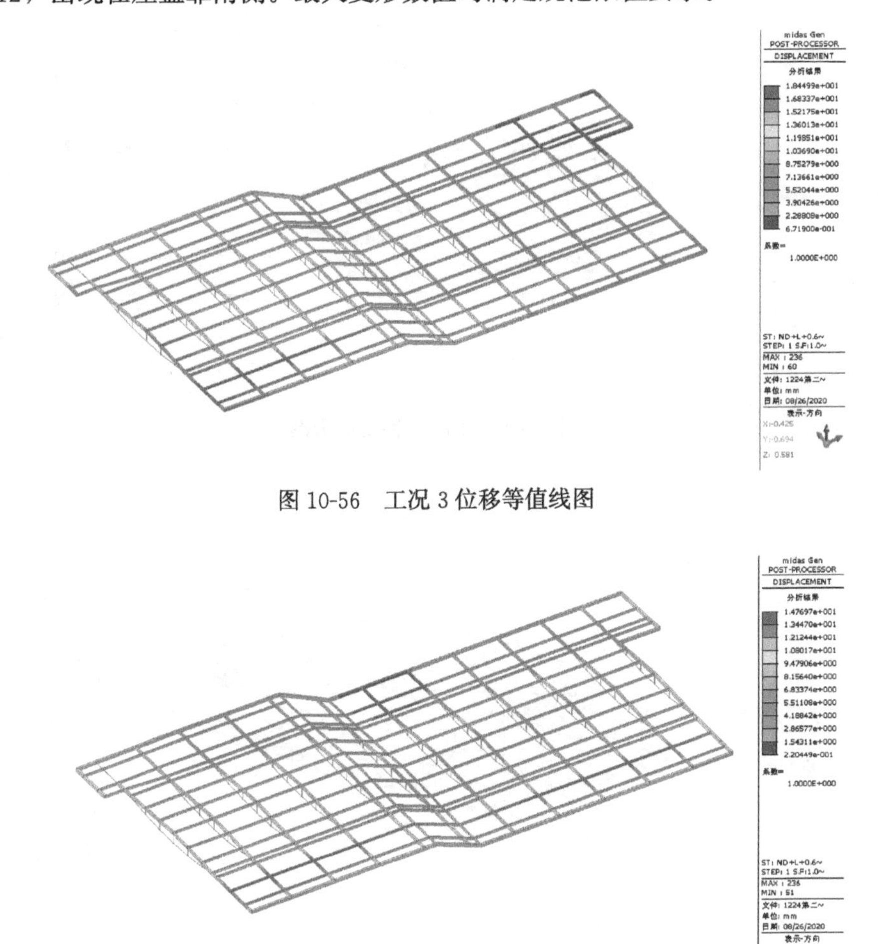

图 10-56 工况 3 位移等值线图

图 10-57 工况 4 位移等值线图

图 10-58～图 10-60 分别为工况 5～工况 7 作用下，结构钢梁应力图。可以看出，在各种不利工况下，钢梁应力最大值为 89MPa，远低于材料屈服强度，结构安全可靠。

另外，在各种不利工况下，张弦梁预应力拉索的最大内力为 230.5kN，远小于 0.5 倍破断力，满足规范要求。

10.5.5 加固施工

由于本工程需要保留原有屋面，新增钢结构的施工与原有网架的拆除穿插进行。将整个屋架屋盖结构由东向西划分为四个单元，单元间流水施工。每个单元范围内钢结构施工的工艺流程如下：

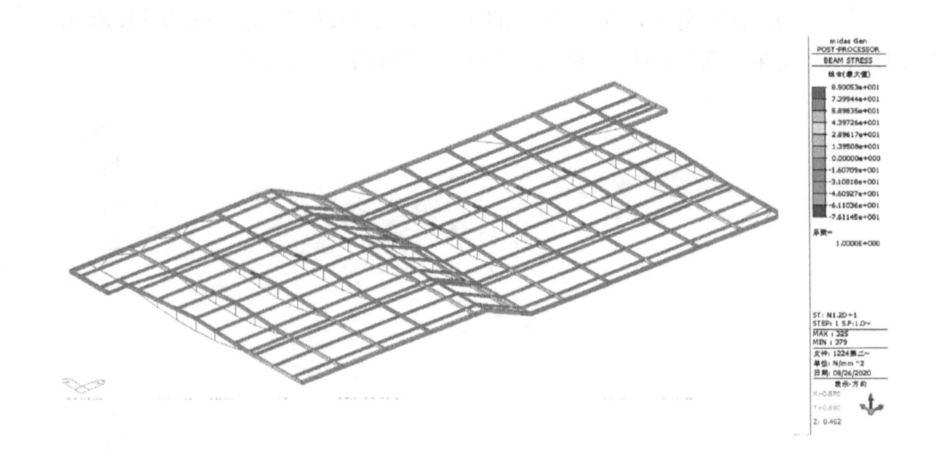

图 10-58　工况 5 钢梁应力图

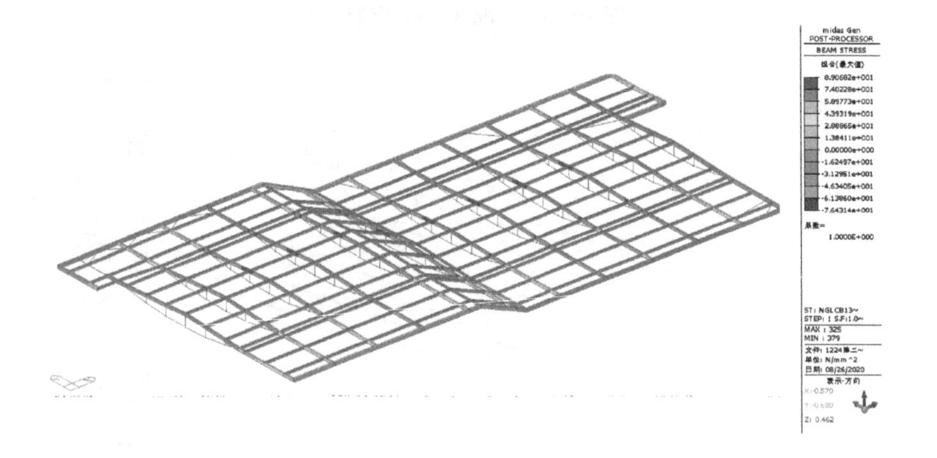

图 10-59　工况 6 钢梁应力图

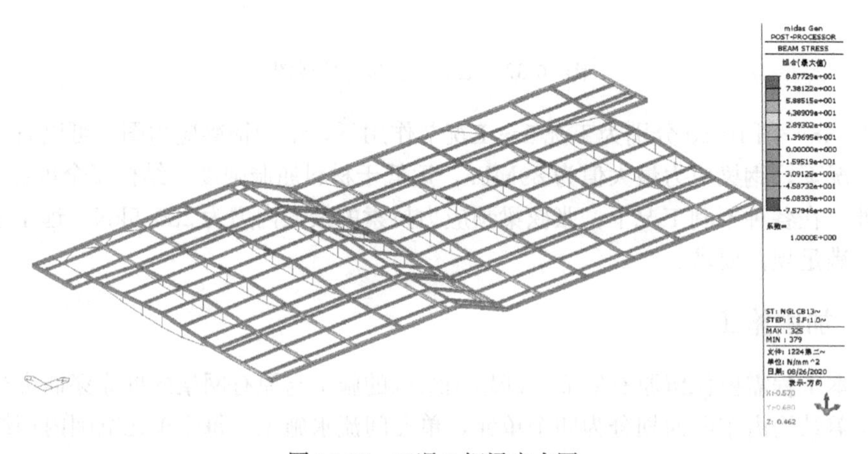

图 10-60　工况 7 钢梁应力图

(1) 在第一个单元范围内搭设满堂红脚手架，对网架结构进行支撑；
(2) 拆除影响钢结构主次梁安装的部分网架下弦杆和腹杆；
(3) 安装单元范围内的主梁，主梁两端固定于结构柱顶支座；
(4) 在主梁间安装次梁；
(5) 安装檩托撑杆与次梁连接节点，保证两者可靠连接；
(6) 拆除单元范围内网架全部杆件；
(7) 安装张弦梁撑杆和下弦拉索；
(8) 张拉预应力；
(9) 拆除该单元范围内的脚手架。

按照上述顺序依次施工四个单元，完成整个屋盖体系的托换施工。

由于张弦梁撑杆和拉索的安装与网架结构存在碰撞的问题，必须先拆除网架后才能施工张弦梁的撑杆和下弦拉索，满堂红脚手架支撑体系主要用于保证网架拆除过程中的稳定，保证屋面结构安全。

图 10-61 为施工现场脚手架搭设照片。

图 10-61 施工现场脚手架搭设照片

图 10-62 为拉索安装完毕后的现场照片，图 10-63 为无拉索处网架拆除后的钢结构照片。

图 10-62 张弦梁张拉完成后照片

图 10-63 网架拆除后照片

10.5.6 小结

本项目通过采用减小屋盖跨度及改变结构体系的方法，对原有大跨度网架结构进行了改造，建筑室内净空高度明显提升。项目在保留原屋面的情况下，将跨度超过 35m 的空间正放四角锥网架结构改为三跨钢结构主次梁结构体系，并将中间较大跨度部分设计为张弦梁结构。通过对张弦梁结构的下弦拉索施加预应力，保证了整体屋盖结构在施工过程中变形可控，保证屋面的整体稳定，成功解决了原屋面保留条件下新旧结构的完美置换。将空间网架结构改造为张弦梁结构，在不增加荷载情况下可以大幅减少原网架结构所占用的空间，提高室内净空，从而为建筑物内部使用提供更多便利和灵活性，可以为今后同类工程提供参考。

参考文献

[1] 魏琏. 地震工程及房屋抗震 [M]. 北京：中国建筑工业出版社，1984.

[2] 叶耀先. 中国唐山地震十周年 [M]. 北京：中国建筑工业出版社，1986.

[3] 清华大学. 汶川地震建筑震害调查与灾后重建分析报告 [R]. 北京：中国建筑工业出版社，2008.

[4] 程绍革. 中国抗震鉴定加固五十年回顾与展望 [J]. 建筑科学，2018，34 (9)：26-32.

[5] 罗开海，黄世敏.《建筑抗震设计规范》发展历程及展望 [J]. 工程建设标准化，2015，7：73-78.

[6] 日本抗震加固研究会. 图解钢筋混凝土结构抗震加固技术 [M]. 北京：中国建筑工业出版社，2010.

[7] 日本隔震结构协会. 被动减震结构设计·施工手册 [M]. 北京：中国建筑工业出版社，2008.

[8] 日本隔震结构协会. 图解隔震结构入门 [M]. 北京：科学出版社，1998.

[9] 日本建筑保全中心. 建筑改建工程监理指针.

[10] 塚越英夫. 建筑改建工程监理指针，中国耐震建筑研修培训讲义.

[11] 福山洋. RC 建筑物的抗震改造技术，中国耐震建筑研修培训讲义.

[12] 李延和，从卫民，吕恒林，等. 砌体结构房屋抗震鉴定与加固成套技术 [M]. 北京：知识产权出版社，2014.

[13] 曲哲，张令心. 日本钢筋混凝土结构抗震加固技术现状与发展趋势 [J]. 地震工程与工程振动，2013，33 (4)：61-74.

[14] FEMA356，Prestandard and commentary for the seismic rehabilitation of buildings，Federal Emergency Management Agency，2000.

[15] Eurocode 8,. Design of structures for earthquake resistance，Part 3：Assessment and retrofitting of buildings. European Committee for Standardization，2005.

[16] 刘洁平，李小东，张令心. 浅谈欧洲规范 Eurocode 8-结构抗震设计 [J]. 世界地震工程，2006，22 (3)：53-59.

[17] 吴家骝. 国外工程抗震科技发展概况 [J]. 建筑技术，1979，10 (11)：43-48.

[18] 尚守平. 中国工程结构加固的发展趋势 [J]. 施工技术，2011，40 (6)：12-14.

[19] 赵彤，刘明国，张景明. 抗震加固方法在国外的若干新发展 [J]. 建筑结构，2001，31 (3)：26-30.

[20] 潘鹏，曹海韵，叶列平，等. 混凝土框架增设摇摆墙前后抗震性能比较 [C]. 第八届全国地震工程学术会议论文集，2010.12，中国重庆：43-45.

[21] 尹保江，吉飞宇，程绍革，等，外部附加带框钢支撑加固框架结构抗震性能试验研究 [J]. 工程抗震与加固改造，2019，41 (6)：114-119.

[22] 敬登虎，乔墩，朱明吉，等，钢板带加固砖填充墙 RC 抗震性能试验研究 [J]. 建筑结构学报，2020，(7)：43-45.

[23] 陈盈，盛飞翔，张文学. 钢筋混凝土框架结构自复位加固研究 [J]. 震灾防御技术，2019，14 (3)：574-583.

[24] 刘航，华少锋. 后张预应力加固砖砌体墙体抗震性能试验研究 [J]. 工程抗震与加固改造，2013，35 (5)：71-78.

[25] 刘航，班力壬，兰春光，等. 后张预应力加固无筋砖砌墙体抗震性能试验研究 [J]. 建筑结构学报，2015，36 (8)：142-149.

[26] 刘航，韩明杰，兰春光，等. 预应力加固两层足尺砖砌体房屋模型抗震性能试验研究 [J]. 土木工程学报，2016，49 (3)：43-55.

[27] 刘航，兰春光，华少锋，等. 多层砖砌体建筑预应力抗震加固新技术研究进展 [J]. 建筑结构，2016，46 (5)：67-74.

[28] 苗启松. 既有砌体住宅装配化外套加固技术与方法 [J]. 城市与减灾，2019，5：25-29.

[29] 邓明科，杨铄，王露. 高延性混凝土加固无筋砖墙抗震性能试验研究与承载力分析 [J]. 工程力学，2018，35 (10)：101-111.

[30] 荆磊，尹世平，徐世烺. 纤维编织网增强水泥基材料加固砌体结构研究进展 [J]. 土木工程学报，2020，53 (6)：79-89.

[31] JGJ 116—2009 建筑抗震加固技术规程 [S]. 北京：中国建筑工业出版社，2009.

[32] DB11/689—2016 建筑抗震加固技术规程 [S]. 北京：北京市城乡规划标准化办公室，2017.

[33] DBJ61/T 112—2016 高延性混凝土应用技术规程 [S]. 北京：中国建材工业出版社，2016.

[34] GB 50367—2013 混凝土结构加固设计规范 [S]. 北京：中国建筑工业出版社，2013.

[35] GB 50702—2011 砌体结构加固设计规范 [S]. 北京：中国建筑工业出版社，2011.

[36] GB/T 50448—2015 水泥基灌浆材料应用技术规范 [S]. 北京：中国建筑工业出版社，2015.

[37] GB 50728—2011 工程结构加固材料安全性鉴定技术规范 [S]. 北京：中国建筑工业出版社，2011.

[38] GB 50023—2009 建筑抗震鉴定标准 [S]. 北京：中国建筑工业出版社，2009.

[39] DB11/637—2015 房屋结构综合安全性鉴定标准 [S]. 北京：北京城建科技促进会，2015.

[40] JGJ/T 279—2012 建筑结构体外预应力加固技术规程 [S]. 北京：中国建筑工业出版社，2011.

[41] CECS 161：2004 喷射混凝土加固技术规程 [S]. 北京：中国建设标准化协会，2004.

[42] GB 51367—2019 钢结构加固设计标准 [S]. 北京：中国建筑工业出版社，2019.

[43] CECS 77：96 钢结构加固技术规范 [S]. 北京：中国工程建设标准化协会，1996.

[44] JGJ 337—2015 钢绞线网片聚合物砂浆加固技术规程 [S]. 北京：中国建筑工业出版社，2015.

[45] JGJ 145—2013 混凝土结构后锚固技术规程 [S]. 北京：中国建筑工业出版社，2013.

[46] CECS 146：2003 碳纤维片材加固混凝土结构技术规程 [S]. 北京：中国计划出版社，2003.

[47] GB 50010—2010 混凝土结构设计规范（2015 年版）[S]. 北京：中国建筑工业出版社，2015.

[48] JGJ 92—2016 无粘结预应力混凝土结构技术规程 [S]. 北京：中国建筑工业出版社，2016.

[49] GB 50011—2010 建筑抗震设计规范（2016 年版）[S]. 北京：中国建筑工业出版社，2016.

[50] JGJ 102—2003 玻璃幕墙工程技术规范 [S]. 北京：中国建筑工业出版社，2003.

[51] 李国胜. 建筑结构裂缝及加层加固疑难问题的处理——附实例 [M]. 北京：中国建筑工业出版社，2006.

[52] 李晨光，刘航，段建华，等. 体外预应力结构技术与工程应用 [M]. 北京：中国建筑工业出版社，2008.

[53] 刘航，李晨光，白常举. 体外预应力加固混凝土框架梁的试验研究 [J]. 建筑技术，1999，12.

[54] 刘航，李晨光. 体外预应力加固钢筋混凝土承重梁计算方法研究 [C]. 第六届后张预应力学术交流会论文集，杭州，2000.

[55] 李晨光，刘航. 体外预应力加固钢筋混凝土框架梁试验研究和计算方法 [A]. 结构工程师，2000 年增刊，第五届全国预应力结构理论及工程应用学术会议，上海，2000.

[56] 熊学玉，顾炜，雷丽英. 体外预应力混凝土结构的预应力损失估算 [J]. 工业建筑，2004，34 (7)：16-18.

[57] 孔保林. 体外预应力加固体系的预应力损失估算 [J]. 河北建筑科技学院学报（自然科学版），2002，19 (3)：27-29.

[58] 胡志坚，胡钊芳. 实用体外预应力结构预应力损失估算方法 [J]. 桥梁建设，2006，01.

[59] Virlogeux M. Nonlinear analysis of externally prestressed structures [C]. Proceedings of the FIP Symposium, Jerusalem, Sept. 1998.

[60] Harajli M H. Strengthening of concrete beams by external prestressing [J]. PCI Journal, 1993, 38 (6).

[61] Angel C. Aparicio and Gonzalo Ramos. Flexural strength of externally prestressed concrete bridges [J]. ACI Structure Journal, 1996, 93 (5).

[62] 牛斌. 体外预应力混凝土梁极限状态分析 [J]. 土木工程学报，2000，33 (3)：7-15.

[63] 张仲先，张耀庭. 体外预应力混凝土梁体外筋应力增量的试验与研究 [J]. 铁道工程学报，2003，4：75-80.

[64] 王彤，王宗林，张树仁，等. 任意配筋条件下体外预应力混凝土简支梁极限分析 [J]. 中国公路学报，2002，2：61-67.

[65] 蓝宗建，庞同和，刘航，等. 部分预应力混凝土梁裂缝闭合性能的试验研究 [J]. 建筑结构学报，1998，1：33-40.

[66] J. M. 盖尔，W. 韦孚. 杆系结构分析 [M]. 边启光，译. 北京：水利电力出版社，1983.

[67] 杜拱臣. 现代预应力混凝土结构 [M]. 北京：中国建筑工业出版社，1988.

[68] 熊学玉. 体外预应力梁挠度分析 [J]. 工业建筑，2004，07.

[69] 蓝宗建，朱万福，黄德富. 钢筋混凝土结构 [M]. 南京：江苏科学技术出版社，1988.

[70] 杨晔. 体外预应力混凝土桥梁抗剪承载力试验研究 [D]. 上海：同济大学硕士学位论文，2004.

[71] 李国平，沈殷. 体外预应力混凝土简支梁抗剪承载力计算方法 [J]. 土木工程学报，2007，02.

[72] 刘明国. 应用碳纤维布增强钢筋混凝土柱抗震能力的试验研究 [D]. 天津：天津大学硕士学位论文，2001.

[73] 赵彤，谢剑. 碳纤维布补强加固混凝土结构新技术 [M]. 天津：天津大学出版社，2001.

[74] Shuenn-Yih Chang，Yeou-Fong Li，Chin-Hsiung Loh. Experimental study of seismic behaviors of as-built and carbon fiber reinforced plastics repaired reinforced concrete bridge columns [J]. Journal of Bridge Engineering，ASCE. 2004.

[75] 沈观林. 复合材料力学 [M]. 北京：清华大学出版社，1996.

[76] 刘航，宗海. 碳纤维布加固混凝土构件轴压性能试验研究 [J]. 工业建筑，2004 增刊：662-664.

[77] 包世华，方鄂华. 高层建筑结构设计 [M]. 北京：清华大学出版社，1990.

[78] 吴文奇，刘航，李晨光，等. 体外预应力托梁拔柱技术在某工程改造中的应用 [C]. 第五届预应力结构理论与工程应用学术会议，2008，35：231-233.

[79] 熊学玉. 体外预应力结构设计 [M]. 北京：中国建筑工业出版社，2005.

[80] 郑毅敏，熊学玉，耿耀明. 体外预应力混凝土结构设计若干问题的探讨 [J]. 工业建筑，2000，30 (5)：24-27.

[81] 胡晓倩，韦成明. 体外预应力在混凝土结构加固中的应用 [J]. 山西建筑，2010，36 (12)：153-154.

[82] 马人乐，蒋璐，梁峰，等. 体外预应力加固砌体结构振动台试验研究 [J]. 建筑结构学报，2011，32 (5)：92-99.

[83] Mojsilovic N，Marti P. Load tests on post-tensioned masonry walls [J]. TMS Journal，2000，18 (1)：65-70.

[84] Wight G D，Ingham J M，Wilton A R. Innovative seismic design of a post-tensioned concrete masonry house [J]. Canadian Journal of Civil Engineering，2007，34 (11)：1393-1402.

[85] Ismail N，Ingham J M. Time-dependent prestress losses in historic clay brick masonry walls seismically strengthened using unbonded posttensioning [J]. Journal of Materials in Civil Engineering，2013，25 (6)：718-725 .

[86] Brooks J J，Tapsir S H，Parker M D. Prestress loss in post-tensioned masonry：influence of unit type [J]. Structures Congress - Proceedings，1995，1：369-380.

[87] Chuang S，Zhuge Y，McBean P C. Seismic retrofitting of unreinforced masonry walls by cable system [C]. 13th World Conference on Earthquake Engineering，Vancouver，B. C.，Canada，August 1-6，2004.

[88] Najif Ismail，Peter Laursen，Jason M. Ingham. Out-of-plane testing of seismically retrofitted URM walls using posttensioning [C]. Proceedings of The AEES Conference，Newcastle，Australia，11-13 December 2009.

[89] Wight G D，Kowalsky M J，Ingham J M. Shake table testing of posttensioned concrete masonry walls with openings [J]. J. Struct. Eng.，2007，133 (11)：1551-1559.

[90] Wight G D，Ingham J M，and Kowalsky，M J Shake table testing of rectangular posttensioned concrete masonry walls [J]. ACI Struct. J.，2006，103 (4)：587-595.

[91] Rosenboom O A，Kowalsky M J. Reversed in-plane cyclic behavior of posttensioned clay brick masonry walls [J]. J. Struc. Eng.，2004，130 (5)：787-798.

[92] 刘航. 砖混结构抗震加固技术与方法 [J]. 城市与减灾，2019，(5)：11-17.

[93] 刘航，岳永盛，韩明杰，等. 预应力抗震加固技术在农村危房加固改造中的应用 [J]. 建筑结构，2020，50 (9)：127-132.

[94] 刘航，朱晓锋，李晨光，等. 全玻幕墙玻璃肋支承结构面内受弯加固试验研究 [J]. 工业建筑，2009，11.

[95] 刘崇焱，刘航，李晨光，等. 单层索网玻璃幕墙玻璃-索网分离模型有限元分析 [J]. 建筑技术开发，2009，06.

[96] 朱晓峰，刘航，李晨光，等. 面内受弯玻璃肋的承载性能及加固方法研究 [J]. 建筑技术开发，2009，6：4-6.

[97] 朱晓锋. 既有全玻幕墙加固试验与计算方法研究 [D]. 北京：北京建筑工程学院硕士学位论文，2008.

[98] 王元清，张恒秋，石永久. 玻璃承重结构的工程应用及其设计分析 [J]. 工业建筑，2005，02：6-10.

[99] 王元清，张恒秋，石永久. 面内受弯玻璃板承载性能的有限元分析 [J]. 建筑结构，2008，02：120-122.

[100] 董文堂，邹东峰. 幕墙玻璃板的非线性力学分析 [J]. 土木工程学报，2001，05：97-99.

[101] 龚沁华，张谦，李硕. 单索支承点支式玻璃幕墙玻-索联合工作的受力分析 [J]. 钢结构，2008，01：1-5.
[102] 刘航，李晨光，秦杰，等. 复杂钢结构施工技术研究及工程应用 [C]. 全国钢结构学术年会论文集，成都，2009.
[103] 刘航，高会宗，杨学中，等. 后张体外预应力加固技术及其工程应用 [J]. 建筑技术，2012，43 (1)：49-53.
[104] 刘航，孙巍，李晨光. 体外预应力空间双弦钢结构张拉状态试验研究 [J]. 钢结构，2003，(05)：22-25.
[105] 曹霞，严琛，金凌志，等. 预应力加固技术在某改造工程中的应用 [J]. 施工技术，2013，42 (09)：70-73.
[106] 王永梅，周爱民，沙学勇. 单层厂房预应力钢结构加固补强设计与施工 [J]. 施工技术，2013，42 (03)：44-48.
[107] 王金花，张晓光. 体外预应力加固钢结构的研究与发展 [J]. 低温建筑技术，2013，35 (10)：46-49.
[108] 王元清，宗亮，施刚，等. 钢结构加固新技术及其应用研究 [J]. 工业建筑，2017，47 (02)：1-6.